■ 高等学校理工科化学化工类规划教材

过程装置技术

PROCESS EQUIPMENT TECHNOLOGY

主编　王立业　代玉强

编著　王立业　代玉强　谢国山

　　　李鸿雁　钟海悦

大连理工大学出版社

DALIAN UNIVERSITY OF TECHNOLOGY PRESS

图书在版编目(CIP)数据

过程装置技术 / 王立业，代玉强主编. 一 大连：
大连理工大学出版社，2014.9
ISBN 978-7-5611-9482-9

Ⅰ. ①过… Ⅱ. ①王… ②代… Ⅲ. ①化工设备—设
计—高等学校—教材②化工设备—设备安全—高等学校—
教材 Ⅳ. ①TQ05

中国版本图书馆 CIP 数据核字(2014)第 203513 号

大连理工大学出版社出版
地址：大连市软件园路 80 号　邮政编码：116023
发行：0411-84708842　邮购：0411-84708943　传真：0411-84701466
E-mail：dutp@dutp.cn　URL：http://www.dutp.cn
大连力佳印务有限公司印刷　　　大连理工大学出版社发行

幅面尺寸：185mm×260mm　印张：21.25　字数：491 千字　插页：4
2014 年 9 月第 1 版　　　　　　　2014 年 9 月第 1 次印刷

责任编辑：于建辉　　　　　　　　　　　责任校对：李　慧
封面设计：季　强

ISBN 978-7-5611-9482-9　　　　　　　定　价：45.00 元

前 言

通常,化工厂、石油化工厂、石油炼厂以及制药厂等过程装置除了具有工艺设备外,还有管道、公用工程设施、控制系统及其他辅助设备等。过程装置工程的设计、研发工作对于从事过程装置方面的广大技术人员提出了更加宽广的知识基础和实践基础的要求。尤其随着国家质量技术监督部门对压力容器及压力管道的设计、制造、安装、使用等管理的规范化,广大工程技术人员普遍存在对化工过程装置技术进行继续学习的需求。随着过程装置的国际化和用人机制的改革,国际化大市场对过程装置与控制工程专业的学生提出了扩大知识面、强化综合实践能力的要求。

本书是过程装置与控制工程专业的一门综合性专业课教材。它以过程装置设计、建设所需具备的知识为构架;以"工程材料"、"化工原理"、"过程设备设计"、"过程流体机械"和"过程装置控制技术及应用"等课程为基础;内容涉及装置投资估算、装置工艺设计、过程控制、压力管道设计、管道绝热设计与施工、压力管道工程施工与验收、在役压力容器及管道风险评估等工程设计与技术知识,以及压力容器与压力管道管理方面的工程知识。

本书集编者多年教学和工程实践经验,所涉及的技术标准和管理标准都是我国现行有效的标准。全书的内容选取和编写格式更接近工程实际,有很强的综合性和实践性。通过本书的学习,可以使读者基本学会运用现行有效国家技术标准,无缝连接相关行业的设计、研发、生产、使用及管理的实际工作,大大降低校门到工作岗位的"台阶"。本书也可供各行业从事过程装置工业生产的技术人员和技术管理工作人员参考。

参加本书编写工作的有:代玉强(第1~4章)、王立业(第5~7章)、谢国山(第8章)、钟海悦、李鸿雁(第9、10章)。全书由王立业和代玉强统稿并最后定稿。

本书引用了许多文献资料,在此谨向原著者致以诚挚的谢意。在本书编写过程中得到大连理工大学胡大鹏教授、刁玉玮教授及院系领导的大力支持和帮助,在此深表谢意。

　　由于编者水平有限,所述内容会有错漏不妥之处,衷心希望读者不吝赐教,编者不胜感谢。

　　您有任何意见或建议,请通过以下方式与大连理工大学出版社联系:

邮箱　　jcjf@dutp.cn

电话　　0411-84707962　　84708947

编　者

2014 年 8 月

目 录

第1篇 过程装置工艺设计

第 2 篇　压力管道设计

第3篇　在役压力容器及管道风险评估

第4篇　压力容器与压力管道管理

第 1 篇

过程装置工艺设计

管道仪表流程图是装置工艺设计的最终产品，是设计者与业主方最有效、最清晰的技术沟通工具，是整体设计与土建工程、设备设计与选型、管道设计、电气设计、控制系统设计、公用工程设计、吊装运输设计、消防安全设计等相关专业分头开展设计的联系纽带，是各相关专业设计整合的唯一依据。

作为设计技术人员以及技术管理人员，应该把设计合理、经济合算、达到工程项目的各项指标要求作为技术工作的宗旨。因此，装置投资估算也是技术人员所必备的知识。

本篇重点是根据 GB/T 20591-2009《工艺设计施工图内容和深度统一规定》，对过程装置的工艺流程施工图的设计阶段、设计内容及设计方法做了较为系统的介绍；简要介绍了装置投资估算的基本思路和方法，以及基本单元操作的过程控制原理和方法。

通过本篇内容的学习，可以较为全面地掌握过程装置的工艺设计各阶段的内容和深度；可以基本掌握工艺设计施工图的设计思路、设计程序和设计方法，并且能根据工艺要求完整地进行施工版管道仪表流程图的设计；可以较深入地了解过程装置的投资估算思路与方法，基本掌握过程装置单元操作的过程控制原理与方法。

第1章

概　述

1.1　过程装置概念

典型的过程装置一般是由生产装置、公用工程装置、储存装置、入厂和出厂装置、废物处理装置以及附属装置(办公室、实验室等)构成的。这些装置有机地组合在一起,成为一个系统,发挥其整体功能和作用。

生产装置要根据外部条件进行工艺评价与选择。如果是像炼油装置那样形成了工艺的复合体时,对各工艺的评价及选择就不能单独进行,应把它作为一个工艺复合体进行评价、选择。根据对工艺的评价与选择,确定工艺过程能力。

为了使装置系统发挥整体效益,往往要进行各种工艺的组合,以确定最佳工艺组合。例如,构成炼油厂的各工艺的生产能力会因所处理的原油不同而不同。因此,原油的选择对工艺的组合有较大的影响。同样,产品的选择对原油的选择也有较大影响,进而影响工艺的组合。

将几种工艺进行组合时,往往会收到如下一些整体效果:

(1)将不同的工艺过程直接串联,可以省去重复使用的设备,例如储罐、冷却器、加热炉等。

(2)如果将同种工艺过程合并,则可获得扩大规模的效果,并且容易运转。

(3)通过不同工艺过程间的热量交换,可以大幅度提高系统整体热效率。

工艺组合也存在下述缺点:

(1)局部故障将影响整个系统,因此要提高单个设备的可靠性。

(2)系统整体的灵活性将受到子系统更强烈的制约,所以,各子系统都要具备较大的富裕能力。

(3)装置的启动与停车较为困难。

公用工程装置一般是同时对几套生产装置供应所需要的水、电、蒸汽、燃料,所以它必须具备承受公用工程的需求量发生大幅度变化的能力,特别应具备适应生产装置全部运转时的负荷能力,并且要比生产装置具有更高的可靠性。原因是某个生产装置停止运行了,其他装置可继续运行。而如果公用工程装置停止运转,将导致全部生产装置停止运转。

近年来,随着装置的大型化,比较盛行在生产装置上进行热量回收和动力回收,生产装置成为公用工程源的倾向越来越大,生产装置和公用工程装置之间的界限不分明了。因此,抛开生产装置来规划公用工程装置,孤立地确定公用工程的单价一般是比较困难的。不过,由于公用工程单价对生产装置及工厂整体的最佳化来说是主要因素之一,所以,还需要以其单价为指标进行具体研究。因此,必须从工厂全局出发,考虑与这些生产装置相关的各种条件规划公用工程装置。

一般应根据各生产装置的扩建情况决定公用工程装置的能力。但为了提高其可靠性,公用工程装置必须设几个系列,以备适应因事故引起的停车或定期检修的需要。当然还要注意,由于生产设备和公用工程设备的折旧年限不同,公用工程设备的建设费一般比生产设备高,对折旧年限不同的两类设备如何进行建设资金分配也是一个重要问题。

另外,公用工程整体上的问题是季节变化上的用量变化。夏季冷却水的用量、冬季蒸汽的用量就是例子。但作为公用工程设备,应该避免以最高使用量作为最大供给能力,而应该在考虑年开工率以及缓冲库存量,调整生产的基础上决定公用工程的设备能力。

储存设备是为了生产系统和运输系统之间的缓冲,以及生产系统内各工艺过程之间的缓冲而设置的。系统及工艺过程大致分为连续的和间断的两种。按操作分类,又可分为稳定的、变动的及切换的三种。因此,储存设备的设置方式要因系统及工艺过程而异。

有的储存设备是为了紧急时以及定期检修时储备物料,或是为了季节变化对产品需求的储备而设置的。图1-1为炼油厂储存设备和生产设备之间的关系图。在炼油厂,由于是不同种原油分别炼制,将得到的各种产品调和后作为市场销售产品。所以,在如图1-1所示的原油蒸馏为单一装置的情况下,需要分批运转,为了所处理原油的切换,需要更多的储罐。如果设置多个生产装置,则可以省去若干个储罐,运转管理也容易多了。

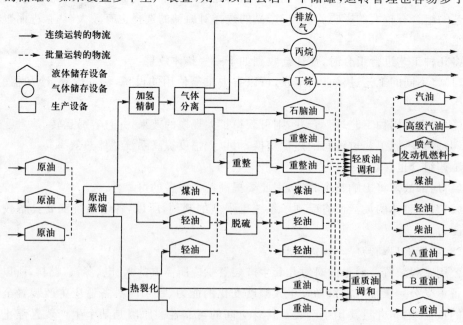

图 1-1　炼油厂储存设备和生产设备之间的关系

像炼油厂的原油储存设备那样,对各种原油不设特定的储存设备,而是适当共用储存设备。用储存设备缓冲因天气突变造成的运输障碍,或因季节变化引起的产品需求量变化等各种情况,必须根据预想条件运用一定规则进行模拟,决定所需要的储存容量及储存设备的台数。

确定储存设备的存储能力,还要考虑到出售时的产品状态是市售产品还是待调和成市售产品的半成品。另外,存储能力还因出厂时间及出厂量变化而异。但是不管在什么情况下都不能脱离运作规则和信息系统来决定产品的存储能力。

1.2 厂址选择

1.2.1 厂址选择概述

厂址选择是工业基本建设的一个重要环节,是一项政策性、技术性很强的工作。厂址选择工作的好坏对工厂的建设进展、投资数量、经济效益、环境保护及社会效益等方面都会带来重大的影响。

从宏观上说,它是实现国家长远规划,决定生产力布局的一个基本环节。从微观上看,厂址选择又是进行项目可行性研究和工程设计的前提。因为只有项目的建设地点选择和确定之后才能比较准确地估算出项目在建设时的基建投资和投入生产后的产品成本,也才能对项目的各种经济效益进行分析,最终得出建设项目是否可行的结论。

厂址选择工作在阶段上讲属于建设前期工作中的可行性研究的一个组成部分。但是在有条件的情况下,在编制项目建议书阶段即可开始厂址选择工作。选择厂址报告也可以先于可行性研究报告提出。但它属于预选,仍然应看作可行性研究的一个组成部分。可行性报告一经批准,便成为编制工程设计的依据。

本节就厂址选择中应遵循的原则和厂址选择的工作内容、工作组织等作概要的叙述。

1.2.2 工厂地理位置的重要性

工厂的地理位置对于工业企业的成败具有重大影响,所以必须十分重视厂址的选择。工厂应该位于生产成本和销售费用最低的地方,同时其他因素如扩建余地以及总的生活条件也很重要。

在设计项目达到详细评价之前,对工厂的位置应有一个大致的概念。厂址的选择应该以不同的地理区域优缺点的充分调查为依据,最后按照可利用不动产的优缺点做出决定。

在选择厂址时应该考虑如下各项因素:

(1)原料

各种原料的来源是影响厂址选择的最重要的因素之一。如果生产要消耗大量的原料,这一因素尤为重要。因为工厂地理位置靠近各种原料产地可以大大减少运输和储存费用。应该注意原料的收购价格、供应来源的距离、运输费用、供应的可能性和可靠性、原料的纯度,以及原料储存的要求。

(2)市场

市场或中间分销中心的位置影响产品的分销费用以及运输所需要的时间。紧靠主要市场是选择厂址的一个重要依据,因为顾客一般认为就近采购比较方便。必须注意,副产品同主要的最终产品一样,也是需要市场的。

(3)能源

在大多数工厂中,需要大量的动力和蒸汽,而动力和蒸汽通常需要由燃料来提供。因此在选择厂址时可以把动力和燃料合并为一个主要因素。电解工艺需要大量的电源,所以有电解工艺的工厂往往要靠近大型水力发电站。如果工厂需要大量的石油或煤,则厂址靠近这样的燃料地点,对其达到较高经济效益是十分必要的。应该购买动力还是自行发电,需视电力价格而定。

(4)气候

如果工厂位于气候寒冷地带,由于需要把工艺设备安放在保护性的建筑物中,投资就有可能增加。如果气温高,可能需要特殊的凉水塔或空调设备。湿度极高或者特别热、特别冷,对工厂的经济效益都有重大的影响,所以这些因素在选厂址时都应该调查清楚。

(5)运输设施

水路、铁路和公路是大多数工业企业常用的运输途径。最适用的运输设备的形式应由产品和原料的种类和数量决定。在任何情况下,都应当注意当地的运费高低和现有的铁路线路。应该尽量考虑靠近铁路枢纽以及利用运河、河流、湖泊或海洋进行运输的可能性。公路运应该作为铁路运输和水运的有效补充。如果可能,厂址应该能够使用以上三种类型的运输设施,当然至少要有两种类型可以利用。在工厂和公司总部之间通常需要有方便的航空和铁路运输。

(6)供水

化工装置在运行中使用大量的水,用于洗涤、冷却和生产蒸汽,水为一种原料。因此,化工装置必须位于水源供应可靠的地方,靠近大的河流或湖泊比较好。如果所需水量不是很大,则深井或自流井也可满足需要。对现有的地下水位的相关资料需查阅当地的地质测量资料,并进行核对,应取得地下水位稳定程度以及当地河流或湖泊整年水量等有关资料。如果供水有季节性波动,可能就要建设一座水库或者打几口备用井。在选择水源时,还必须考虑水的温度、矿物质含量、淤泥或砂子含量、细菌含量以及供水和净化处理的费用。

(7)废物处理

对工厂排出的废物的处理方法,近年来做了很多法律限制,所选择的厂址,应该便于妥善地处理废物。在选厂址时应该仔细考虑各种废物处理方法所能达到的处理程度,并应认真考虑可能需要的废物处理补充设施。

(8)劳动力的来源

选厂址时必须调查所要建厂当地能够得到的劳动力的种类和数量。应考虑当时当地的工资水平,每周工作时数的限额,有无竞争性企业可能在员工中引起不满或导致员工流动的问题,种族问题,以及员工中技术和才能的差异等。

(9)税收和法律限制

国家及地方对财产、收入、失业保险项目的税率是因地而异的。同样,关于城市规划、建筑规范、公害情况和运输设施等方面的当地条例,对最后选定厂址也有重大的影响。另外,还要考虑各种必要的许可证的取得等问题。

(10)土地特点

应该仔细调查所建议厂区的土地特点。必须考虑拟建厂地的地形和土壤结构,因为两者之一或两者同时都可能对建设费用有明显的影响。土地价格和当地的建设费用及生活条件是同样重要的。另外,即使一时没有扩建计划,一座新厂也应该建在还有多余空地可利用的地方。

(11)防汛及防火

很多工厂位于河流沿岸或靠近大的水系,有受洪水及飓风损害的危险。在选定厂址之前,应该调查该地区这类自然灾害的历史情况,并考虑这些灾害发生后的影响。能够防止火灾造成损失是选择厂址时的另一重要因素,在发生大火时应该有可能从外部消防部门得到帮助。厂区附近发生火灾的危险也不容忽视。

(12)社会因素

厂区周围环境特点及设施对工厂的地理位置的选择有相当的影响。如果不具备满足工厂工作人员生活需要最低限度的设施,则出资建设这种设施往往会成为工厂的负担。厂区周围的文化设施、服务设施、医疗卫生设施、学校、幼儿园等对工厂的稳定和发展是十分重要的。

1.2.3 厂址选择应遵循的基本原则

根据我国国情,厂址选择工作是在长远规划的指导下,在指定的一个或数个地区(开发区)内选择符合建厂要求的厂址。在选择厂址时,应遵循以下基本原则:

(1)厂址位置必须符合国家工业布局、城市或地区的规划要求,尽可能靠近城市或城镇原有企业,以便生产上的协作,生活上的方便。

(2)厂址选择宜选在原料、燃料供应和产品销售便利的地区,并在储运、机修、公用工程和生活设施等方面有良好的基础和协作条件。

(3)厂址应靠近水量充足、水质良好的水源地,当有城市供水、地下水和地表水三种供水条件时,应该进行经济技术比较后选用。

(4)厂址应尽可能靠近原有交通线(水路、铁路、公路),即应有便利的交通运输条件,以避免为了新建企业需修建过长的专用交通线,增加新企业的建厂费用和运营成本。在有条件的地方,要优先采用水运。对于有超重、超大或超长设备的工厂,还应注意沿途是否具备运输条件。

(5)厂址应尽可能靠近热电供应地。一般地,厂址应该考虑电源的可靠性,并应尽可能利用热电站的蒸汽供应,以减少新建工厂的热力和供电方面的投资。

(6)选厂址应注意节约用地。不占或少占良田、好地、菜园、果园等。厂区的大小、形状和其他条件应满足工艺流程合理布置的需要,并应有发展的可能性。

(7)选厂址应注意当地自然环境条件,并对工厂投产后对环境可能造成的影响做出预评价。工厂的生产区、排渣场和居民区的建设地点应同时选定。

(8)厂址应避免低于洪水水位或在采取措施后仍不能确保不受水淹的地段；厂址的自然地形应有利于厂房管线的布置、内外交通联系和场地的排水。

(9)厂址附近应有生产污水、生活污水排放的可靠排除地，并应保证不因为新厂建设使当地受到新的污染和危害。

(10)厂址不应妨碍或破坏农业水利工程。应尽量避免拆除民房或建（构）筑物，砍伐果园和拆迁大批墓穴等。

(11)厂址应避免布置在下列地区：

①地震断裂带地区和基本裂度为 9 度以上的地震区；

②土层厚度较大的Ⅲ级自重湿陷性黄土地区；

③易受洪水、泥石流、滑坡、土崩等危害的山区；

④有开采价值的矿藏地区；

⑤对机场、电台等使用有影响的地区；

⑥国家规定的历史文物，如古墓、古寺、古建筑等地区；

⑦园林风景区和森林自然保护区、风景游览地区。

1.2.4 方案比较

在若干个可供比较的厂址方案中，选择最合理的方案。方案比较的内容着重在工程技术、建设投资和经营费用等方面。比较的具体项目有：

①地理位置；

②周围环境和厂区内现有设施和农田耕作情况；

③自然环境和环境保护现状；

④厂区与城市、居住区的关系；

⑤厂区占地面积和外形；

⑥自然地形和地貌特点；

⑦工程地质和水文地质；

⑧主要原材料、燃料供应和产品销售状况；

⑨水路、铁路、公路的运输条件和工程量；

⑩水源（水质、水量）和供水工程；

⑪排水、排渣、排洪工程；

⑫电源及供电、通信工程；

⑬供热工程；

⑭协作条件（上、下游产品的衔接，包装材料的供应，机修，储运以及基础设施等条件）；

⑮当地施工、安装力量和建筑材料供应；

⑯技术工人和技术人员来源；

⑰建设投资（主要指厂内外工程和因地制宜费用的差异，以及因地区条件不同所引起的费用，如高寒地区或地震设防地区等）；

⑱经营费用。

以上方案比较的内容及其结论构成选厂址报告的基本内容。报告反映的内容要正确,结论要中肯,文字要简洁。

1.2.5 工作内容和工作组织

厂址选择是工业基本建设的一个重要环节。厂址选择工作的好坏对工厂的建设进度、投资数量、经济效益以及环境保护等方面会带来重大的影响。

为了避免和减少建厂决策的失误,提高建设投资的综合效益,国家要求工业建设必须做好建设前期工作。在一般情况下,建设前期工作包括项目建议书、可行性研究报告、计划任务书和初步设计各个阶段。可行性研究报告一经批准,便成为编制计划任务书的依据。

厂址选择一般可划分为三个阶段:准备工作阶段、现场工作阶段和编制报告阶段。

1. 准备工作阶段

首先要做好必要的准备工作,其中包括拟定选厂指标和设计基础资料收集提纲。

选厂指标工作的主要内容有:

(1)工厂的产品方案——产品的品种和规模;

(2)基本工艺流程;

(3)工厂组成——主要项目表;

(4)原材料、燃料和产品的品种、数量,以及它们的供应来源和销售去向及其适用的运输方式;

(5)职工人数;

(6)水、电、气等公用系统的耗量和参数;

(7)三废排放数量、性质及可能造成的污染程度;

(8)工厂(包括住宅区)的理想总平面图——占地面积;

(9)工厂需要外协的项目;

(10)工厂可能发展的趋向。

2. 现场工作阶段

现场工作的主要任务是现场踏勘工作和设计基础资料的收集工作。如果有条件,设计基础资料的收集工作大部分应该在现场踏勘工作之前,由建设单位提供。他们可以使现场工作更有针对性,从而提高工作效率。

对每一个现场来说,现场踏勘工作的重点是在收集资料的基础上进行实地调查和核实,并通过实地观察和了解,获得真实的和直观的形象。它们应该包括如下工作内容:

(1)踏勘地形图所表示的地形、地貌的实际状况——研究厂区自然地形的改造和利用方式,以及场地上原有设施加以保留或利用的可能性;

(2)研究工厂在现场基本区划的几种可能方案;

(3)确定铁路专用线的接轨地点和进线走向,航道和建筑码头的适宜地点,公路的连接和工厂主要出入口的位置;

(4)实地调查厂区历史上洪水淹没情况;

(5)工程地质现象(溶洞、滑坡等)的实地观察;

(6)工厂水源地、排水出口、热电厂及场外各种管线可能走向的踏勘;

(7)现场环境污染状况的了解;

(8)周围地区工厂和居民点分布状况和协调要求。

3. 编制报告阶段

编制报告阶段的主要工作内容是在现场调查的基础上,选择几个可供比较的厂址方案,经过各方面条件的优劣比较,得出结论性意见,并写成厂址选择报告,作为整个可行性研究报告的一个组成部分。

可行性研究一般采取主管部门下达计划或建设单位向设计(咨询)单位委托任务的方式。根据国家规定,负责编制可行性研究报告的单位要经过资格审查,并对工作成果的可靠性和准确性承担责任。因而,厂址选择工作应由经过批准的设计(咨询)单位负责。为了做好这一工作,对主持和参加厂址选择工作人员的政策和技术水平无疑应有较严格的要求。

厂址选择工作的组织一般由若干个主要专业——工艺、土建、供排水、供电、运输和技术经济等——的专业人员组成,并由项目总负责人主持工作。

目前我国厂址选择工作,大多采取由主管部门主持、设计部门参加的组织形式。由于厂址选择工作涉及面很广,设计(咨询)部门承担这项工作时,必须主动争取业务主管部门、地方政府和建设单位的密切支持,充分听取他们的意见,并吸收其中合理部分,才能将这项工作做好。

1.3 工厂总平面布置

选好了工厂的场地,确定了其面积和形状之后,就应该决定厂区各装置的位置,也就是决定生产单元区块、原料区、产品库房以及出厂设施、公用工程设备、服务部门、管理部门、主要道路的布置。这种布置对建设费用可以起到重要的决定性作用,因此必须精心地设计,并应注意未来可能发生的问题。由于各工厂的特点不同,做这些规划不能一概而论。但是在各种情况下,布置图均包括生产区、仓库区和装卸区的安排,应使之互相协调。

1.3.1 装置平面布置设计时应考虑的主要问题

1. 合理施工

要按施工进度表的规定期限完成施工。为保证工期和施工质量,在开工之前要进行认真的准备和缜密的研究。为此,必须制订好有关设备、材料运往现场的时间和顺序,以及运输方法、运输路线等实施计划。对于安装施工,同样也要事先制订好程序。

另外,由于近几年工程施工的机械化日趋普遍,因此,根据机械化施工程度,在编制施工机械使用计划时,也和运送上述设备的情况一样,需要先研究将施工机械运送现场的运输路线以及施工场地的具体情况。这对于运送大型的特殊设备尤为重要。

在对上述内容作了慎重的考虑之后,方可确定平面布置。倘若考虑不周或考虑失误,在安装时就会发生像必须拆除一部分厂房或设备基础这样一些意想不到的情况。所以对此必须予以重视。

实际上,完全按照工程进度表的顺序进行施工是困难的。由于各种原因,有时会使设备的供货期或供货顺序发生变化,因此,安装顺序也要相应变动。在平面布置图上要留有足够的余量,以便能够采取相应措施适应这些变化。

2. 方便生产与操作

厂区布置首先要保证径直和短捷的生产作业线,尽可能避免交叉和迂回,使各种物料的输送距离为最短。同时将公用系统耗能大的车间尽量集中布置,以形成负荷中心,并与供应来源靠近,使各种公用系统介质的输送距离最短。厂区布置也应该使人员的交通路线径直和短捷。不同货流之间、货流与人流之间都应该尽可能避免交叉和迂回。

现代化装置从控制到检测,其自动化技术都是很先进的。另外,从节省劳动力的观点出发,要求用最少的人员使复杂的工艺装置能无故障地连续运转。因此,从平面布置上要求设法使运转装置的监控、检查及其他手动操作能够得以有效而安全地进行。

对于定期需要检测的现场仪表和手动阀门的安装位置及其周围的空间,首先要考虑设置在操作工易于靠近的地方,并要设置操作通道、走廊和平台等。对于需要经常检查或操作的旋转机械,要尽可能将同类设备集中布置,以便采取相同程序并避免误操作。从全局观点看,装置所有的设备和管线的平面布置都要有利于人们观察设备等的运行情况和了解掌握平面布置与工艺流程之间的关系。

3. 维护与检修方便

对于连续运转的装置,其运行中的设备发生故障、失调,设备或管线系统发生泄漏或局部出现断裂破损的现象,这在长周期运行中是不可避免的。对设备进行定期或不定期检查,是避免以上现象发生的预防措施。在设备发生故障时要采取有效的应急措施,以保证设备的连续运行。为能有效地进行保养和维修,工厂的布置要紧凑。要考虑的有关重要事项如下:

(1)对于需要定期更换零部件、补充润滑油以及要进行简单维修的泵、压缩机、鼓风机等旋转机械,要按组集中布置,布置时以端面对齐为原则,并要留出足够而合理的维修空间。由于在对这些设备进行定期维修时,要进行诸如拆卸、检查、清扫等繁杂的工作,所以,对布置要予以特殊的考虑。

(2)在检修加热炉和换热器等设备,并需要抽出其管束时,在抽出的方向要留有足够的空间。对于反应器、蒸馏塔等类型的设备,也要给出能方便抽出、易于装进内部构件或填料的足够空间。同时,还要考虑设置用于施工安装的单轨吊车、吊杆等设施。总之,平面布置设计不仅要能保证操作、检验和维修等作业的需要,而且还要能够满足施工的要求。所以,在确定布置方案时,必须对装置内所有设备的维护措施等进行认真而细致的考虑。

4. 符合安全要求

根据以往的统计资料可见,化工行业所发生的安全事故较之其他行业多得多。这是因为在化学工业中,几乎所有的化工厂或化工装置的操作物料在物理性质上大都属于危险物品,而且操作条件一般都是在一定压力、一定温度下进行。发生各种安全事故的原因一般是:一是没有意识到潜在的危险;二是缺乏必要的预防措施。

所以,在进行化工装置平面布置设计时,必须认真执行有关法律法规的规定。有关化工厂或化工装置的安全规定有:《高压气体管理法》、《消防法》、《石油联合企业防灾法》等。相对而言,遵守这些法规只是最低的要求,对于日益多样化的化工工艺及其所具有的特性,还要考虑采取相应的安全措施。

仅从工厂平面布置图的设计来看,前面所谈到的有关施工、操作和维修方面的问题中就已经顾及到了生产工艺的安全问题,在安全措施方面也有许多共同之处。这反映在当考虑装置的安全性时,不仅要对已建装置的安全运行进行分析,还要对设计、施工全过程的安全性进行综合考虑。

另外,在进行工厂布置设计时,从安全角度还要注意以下两点:

(1)为防止对厂内其他区域设备和设施的危害,设备之间要考虑留有一定的距离,同时还要注意风向、地形等自然环境。

(2)一旦发生事故,要考虑到能使有关人员安全而迅速地撤离到安全地带,这一点是很重要的。为此,在设计通道时,必须考虑至少能从两个方向到达同一场所,类似于环形的通道,通道不得是死胡同。另外在设计道路时,为保证消防车通行,首先要考虑的就是设计的路面要有足够的宽度。

5. 经济性好

从经济性角度考虑工厂的平面布置时,首先要研究确定设备的布置方案。建成一个既经济又易于操作的装置,需要注意收集有关设备布置方面的资料。从惯例来看,在建厂投资中,都是着眼于配管所占比例最大这一事实,并把既不影响设备性能,又能减少配管工程费用作为重点。因此,将配管长度尤其是将价格昂贵的合金钢和大直径的管线的长度缩到最短程度,这是降低工程费用的最有效的措施。要缩短管线长度,就要尽可能地缩小设备间的距离,使全厂的布置紧凑。但实际上,对于高温、高压、大直径的管线,因为要消除热应力,布置时需要留有很大的距离。所以要仔细地研究分析有关这些配管原则与设备布置间的关系,以便确定尽可能经济的布置方案。

6. 考虑发展的要求

由于工艺流程的不断更新,以及加工程度的不断深化,产品品种的变化和综合利用的增加等原因,化工厂厂区的布局要求有较大的弹性,要求对工厂的发展变化有较大的适应性。就是说,随着工厂不断的发展变化,尽管厂区不断扩大,但在厂区的生产布局和安全布局方面仍能保持合理的布置。

1.3.2 决定总平面布置的要点

1. 给定施工基准面

施工基准面一般都与计划地基面一致。计划地基面应不受高潮位、洪水、地形等影响。另外,如果占地面积大或地势高低相差很大,也可将占地分为若干区,分别给定基准面。在设计图纸上标注各设备尺寸时,应标注施工基准面以上的高度尺寸。将施工基准面定为0,是因为有利于决定设置在低处的设备的基础高度,以保证这些基础起码不受水淹。

2. 设定主干道及次干道

在厂区及中间设置主干道,将全厂划分为几个区域,每个区域的大小一般是 90 m×

120 m。考虑到安全,可适当增加空间。主干道的宽度一般为 15～30 m。在一个区域内如果有两个以上装置,在装置之间要设次干道。次干道的宽度也要考虑到装置的施工及维修,一般为6～8 m。设置主干道和次干道应不影响消防及地下埋设物的维修,不应有死路。

3. 设定排水沟

排水沟及暗沟应沿道路设置。排水系统应考虑到排雨水的面积、各设备的排水量、发生火灾时消防用水的排水量、地势的高低及排水口的高度等,设适当的排水坡度。

4. 设定原料的接收、生产及产品的出厂系统

原料的接收、储存设备及产品的储存、出厂设备等,应充分考虑到利用厂区周围的铁路、公路、船舶等运输工具,各装置之间的原料、中间产品、产品等物料的流动不应交叉,途径应最短。因此在作系统计划之前,应将工厂周围的物资运输情况及工厂内主要物料的流动情况调查清楚。尤其是处理石油等危险品的工厂,作计划时应注意下列事项:

(1)安全方面要求,储罐类应设置较大空间,应很好地理解和执行有关法令和标准。

(2)装置地坪应比储罐地坪高,以防止在发生事故时大量原料及产品流向装置区内。

(3)储罐类不应设置在像火炬那样的危险设备的上风侧。

5. 公用工程设备的设定

发电和变电设备、锅炉、工业用水设备、净化水设备、空气设备、惰性气体供给设备等公用工程设备最好集中设置在厂区中央。因为这样可以缩短公用工程设备与各装置之间的距离,以最短路线连接,既可减少施工费用,又可方便生产。但是像炼油厂等使用危险物料的工厂在发生火灾及其他紧急情况时需要及时顺利地提供蒸汽、水、动力等,所以公用工程设备应离开装置适当距离。

6. 管线的配置

管线应沿道路配置,其规划应与道路规划同时进行。

(1)装置周围的管线

装置周围为管架结构的,高度一般为 3～4 m,过路时,应高出地面 4.5 m 以上。管架上排管宽度,在初步规划时要考虑将来备用的空间,应留出大约 30% 的余量。管架、道路同装置的关系如图 1-2 所示。

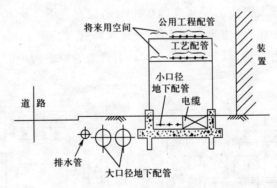

图 1-2 管架、道路同装置的关系

（2）罐区配管

罐区的配管应为滑动结构,其高度一般为地上 25～30 cm。与道路的交叉处为地沟或地下埋管。

（3）废液、废物处理设备

关于废液、废气的处理,应从防止公害角度出发,很好地调查周围环境,其处理设备应离开其他设备,要有充分的占地面积以确保发生火灾时的安全。

7. 办公室、福利设施的设置

办公室及福利设施,从安全角度出发一般都与生产设施分开,设在工厂大门附近。这对来访者保守生产设备的机密也是有好处的。

1.3.3　竖向布置

平面布置和竖向布置是工厂布置不可分割的两个部分。工厂平面布置的任务是确定全厂建（构）筑物、铁路、道路、码头和工程管线的平面坐标;工厂竖向布置的任务则是确定它们的标高。其目的是利用和改造自然地形使土方工程量为最小,并使厂区的雨水能顺利排出。

竖向布置的方式分为平坡式和台阶式两种。平坡式布置的场地由连续的、不同坡度的坡面组成。而台阶式布置则由不连续的、不同地面标高的台地组成。在平原地区（一般自然地形坡度小于 3%时）采用平坡式布置是合理的。在丘陵地区,在满足厂内的交通和管线布置的条件下,为了减少土方工程量,可以采用台阶式布置。一般说来,平坡式布置较之台阶式易于处理。但是,对于台阶式布置如果处理得当,对以流体输送为主的化工厂来说,能充分利用地形高差,使不利地形变为有利地形,在许多场合还是可取的。

1.3.4　总平面布置举例

图 1-3 是一个化工厂的基本布置实例。图 1-3（a）是最基本的一种布置形式,公用设备以道路为界并列布置。如果以后再扩建时,可以公用设备为中心在另一侧设置同等规模的装置。较适合于大型化工厂且有邻接空地的情况。图 1-3（b）所示平面布置力图使管理机构和装置集中化,可使配管环状化,便于维修管理。图 1-3（c）所示平面布置是为了进行装置运转的集中管理,以分析化验及运转管理的管理室为中心,工厂全部设施在中央集中。

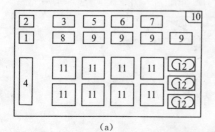

(a)

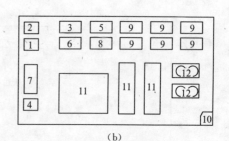

(b)

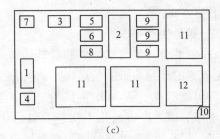

（c）

图1-3 化工厂的基本布置

1—办公室；2—化验室；3—备品库；4—包装出厂库；5—维修车间；6—变电室；7—供水设备；

8—锅炉；9—装置；10—污水处理装置；11—中间产品及产品储罐；12—原料储罐

以上三种布置形式的共同点是：

（1）装置区、原料区和产品区由道路隔开；

（2）所有道路都是环状的；

（3）所有设备都划分成方块区；

（4）由里及外布置大致是装置区、中间产品区、产品区、原料区。原料区最远，这是为了配管的简化和安全；

（5）原料进厂和产品出厂分开，避免运入和运出互相交叉；

（6）污水处理设备尽量远离其他设备，以求发生火灾时确保安全；

（7）为了确保安全，锅炉房、电源变压设备都离生产装置和其他设备有一定距离；

（8）同类设备尽量集中；

（9）为了维修方便，在交通比较方便的地方设置维修车间及备品仓库。

图1-4是具体的化工厂的布置实例。

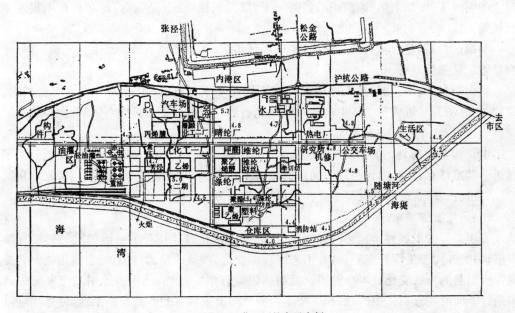

图1-4 化工厂的布置实例

图 1-4 主要考虑了如下三方面：

(1)流程合理,负荷集中,满足生产要求。

流程合理,是指总平面布置结合厂址自然条件和厂外运输条件,保证各生产装置短捷的生产作业线,尽可能避免流程的迂回曲折。负荷集中,是指总图布置上将水、电、气和汽等公用系统耗量大的单元尽可能形成中心,同时将供应来源靠近负荷中心,力求减少管道输送距离和压力损失。图中布置以生产石油化工初级原料的化工厂为中心,与生产合成纤维单体和化工原料的化工二厂靠近,二者又分别与纺丝厂近邻,尽量缩短化工单体的输送距离,构成整个工厂的生产中心。

中心以北是内河装卸区,以南是铁路装卸区,使原料和成品输送线路最短捷,在注意流程合理的同时,还考虑水、电、气和汽等公用系统耗量较大的单位予以适当集中,并将热电厂和水厂与负荷中心靠近,既方便生活又节约能源。

(2)满足防火、卫生要求,确保安全。

厂区按不同危害性质加以功能分区,在布置上考虑风向、地形等自然条件,并设置安全距离。

本工业区夏季主导风向是东南风,冬季主导风向是西北风。根据这个气象因素,将生活区布置在滩地东面,生产区布置在西面,呈平行风侧布置。然后按各分厂不同的污染危害程度由东向西依次布置,辅助厂(机修、热电、水厂等),纺丝厂(相当于半个化工厂)和化工厂。使化工厂的生产装置离生活区的边缘在 2 公里左右,纺丝厂的化工装置部分也在1.5 公里左右,都超过了卫生标准规定一倍以上,既满足了卫生要求,又使土地获得充分利用。

在防火方面本装置图根据生产特点突出三个重点：

①明火源(如加热炉、裂解炉的各类炉子,以及机修、变电设施等)均布置在上风或平行风侧。

②罐区,特别是液化石油气罐区,实行成区集中,并布置在下风侧或平行风侧,或布置在靠近厂区偏远地带。

③火炬,是一个火源,在点燃失灵情况下又是一个污染源,但首先要作为火源考虑。因此,在总图上尽可能与主要生产装置和液化石油气罐区呈平行风侧布置,并保持较大距离。

本工程利用滩地的特点,将火炬布置在海堤外面,离厂区边界在 200 m 以上。由于利用了地形特点,没有因保持较大间距而浪费土地。但是,火炬可对农业生产带来不利影响,从全局出发,该装置将火炬布置在上风侧,避免影响厂区北部的农田。

(3)满足发展要求。

关于工厂的发展要求包括两方面含义：一方面是在设计任务中明确规定的远期发展规模;另一方面是工厂投产后,随着工艺流程的变化,产品产量的增加、综合利用能力的提高等所引起的发展变化。本布置图对近期工程实行集中布置,从而为远期工程发展创造了条件。同时在近期集中的原则下,按不同的分厂要求各自预留适当的余地,使之在可以预见的将来不致打乱整个生产和安全布局。

1.4 装置区内设备的布置

1.4.1 设备布置

1.装置区内设备布置计划资料

在进行设备布置之前,必须做好资料准备。具体资料准备主要有以下三个方面:

(1)工艺流程图(PF 图)和管道仪表流程图(PI 图)

要标明设备的外形、主要尺寸、主要材质及运输条件;配管的走向、条件、尺寸、材质、介质成分(气体、液体、淤浆、糊膏等);工艺方面或操作上要特别注意的事项。

(2)设备数据表及设备装配图

要标明设备的数量、详细尺寸、维修空间、支撑方法等;人孔、接管及管嘴位置,保温或保冷厚度;设备空重、充水量以及操作时的重量。

(3)防止工艺介质发生危险的要求

有关的限制法令、法规,如防火墙、防爆墙的要求,设备安装间距等;运转时室内是否需要通风,是否需要必要的劳动保护用具。

2.设备布置的一般要求

中小型化工厂的设备,一般采用室内布置,尤其是气温较低的地区。但是,生产中一般不需要经常操作的或可用自动化仪表控制的设备,例如塔、冷凝器、液体原料储罐、成品储罐、气柜等都可布置在室外。需要大气调节温湿度的设备,如凉水塔、空气冷却器等也都露天布置。对于有火灾及爆炸危险的设备,露天布置可降低厂房的耐火等级。

(1)生产工艺对设备布置的要求

①在布置设备时,要满足工艺流程的顺序,保证水平方向和垂直方向的连续性。在设备布置时,应充分利用高位差布置有压差的设备。例如,通常把计量槽、高位槽布置在最高层,主要设备如反应器等布置在中层,储槽等布置在底层。这样既可利用位差进出物料,又可减少楼面荷重,降低造价。在垂直布置时,应避免操作人员在生产过程中过多地往返于楼层之间。

②相同设备或同类型的设备应尽可能布置在一起,例如塔设备应集中布置,热交换器、泵成组布置在一处等。

③布置设备时,应留有一定的间隙,有利于操作和维修。

④对于运转设备,应考虑其备用设备的布置。

⑤尽可能缩短设备间的管线。

⑥车间内要留有原料、中间体、产品的储存及运输、操作通道。

⑦要考虑到运转设备安装安全防护装置的位置。

⑧考虑物料的防火、防爆、防毒及控制噪音的要求,譬如对噪声大的设备,宜采用封闭式间隔等,生产剧毒物及处理剧毒物料的场所,要和其他部分完全隔开,并单独设置自己的生活辅助用室。

⑨根据生产发展的需要,适当预留扩建余地。

⑩设备之间以及设备与墙体之间的净距大小,见表 1-1,此数据适用于中小型化工厂,可供一般设备布置参考。

表 1-1　　　　　　　　　　设备布置安全距离

序号	项目	净安全距离/m
1	泵与泵的距离	不小于 0.7
2	泵与墙的距离	不小于 1.2
3	泵列与泵列之间的距离	不小于 2.0
4	计量罐与计量罐之间的距离	0.4～0.6
5	储槽与储槽之间的距离(一般的小容积)	0.4～0.6
6	换热器与换热器之间的距离	不小于 1.0
7	塔与塔之间的距离	1.0～2.0
8	离心机周围通道	不小于 1.5
9	过滤机周围通道	1.0～1.8
10	反应罐上传动装置离天花板的距离(搅拌轴拆装应另外考虑)	不小于 0.8
11	反应罐底部与人行通道之间的距离	不小于 1.8～2.0
12	反应罐卸料口与离心机之间的距离	不小于 1.0～1.5
13	起吊物品与设备最高点之间的距离	不小于 0.4
14	往返运动机械的运动部件与墙的距离	不小于 1.5
15	回转机械与墙的距离	不小于 0.8～1.0
16	回转机械相互间距	不小于 0.8～1.2
17	通廊、操作台通行部分的最小净空管道	不小于 2.0～2.5
18	不经常通行的地方净高	不小于 1.9
19	操作台梯子的斜度	一般情况不大于 45°,特殊情况 60°
20	控制室、开关室与炉子之间的距离	不小于 15
21	工艺设备与道路的距离	不小于 1.0

(2)设备安装专业对布置的要求

①根据设备大小及结构,考虑设备安装、检修、拆卸及更换时所需要的空间、面积及运输通道。

②考虑设备安装和更换时能顺利进出车间。设置大门或安装孔,大门宽度比最大设备宽 0.5 m。不经常检修的设备,可在墙上设置安装孔。

③通过楼层的设备,楼面上要设置吊装孔。厂房比较短时,吊装孔设在靠山墙的一端。厂房长度超过 36 m 时,则吊装孔应设在厂房中央。

④多层楼面的吊装孔应在每一层相同的平面位置。吊装孔不宜开得过大,一般控制在 2.7 m 以内。

⑤考虑设备检修、拆卸等的起重运输设备。

(3)建筑厂房对设备布置的要求

①笨重设备或运转时会产生较大震动的设备,如压缩机、真空泵、粉碎机等,应该布置在厂房的底层,并和其他生产设备隔开,以减少厂房楼面的荷载和震动。如由于工艺要求离心机不能布置在底层时,应由土建专业在结构设计中采取有效的减震措施。

②有剧烈震动的设备,其操作台和基础不得与建筑物的柱、墙连在一起,以免影响建

筑物的安全。

③布置设备时要避开建筑物的柱子和主梁,如果在柱子或梁上吊装设备,其荷重及吊装方式需事先告知土建专业人员,并进行商议。

④必须统一考虑操作台,以防止平台支柱林立。

⑤设备不应布置在建筑物的沉降缝或伸缩缝处。

⑥在厂房的大门或楼梯旁布置设备时,要求不影响开门并确保行人出入畅通。

⑦设备应避免布置在窗前,以免影响采光和开窗,如必须布置在窗前时,设备与墙间净距应大于 600 mm。

⑧布置设备时应考虑设备的运输路线、安装、检修方式,以解决安装孔、吊钩及设备间距等。

1.4.2 单元设备布置方法

1. 泵和压缩机的布置

(1)泵的布置

小型车间生产用泵多数安装在抽吸设备附近,大中型车间用泵,数量较多,应该尽量集中布置。集中布置的泵应排列成一直线,可单排或双排布置,但要注意操作和检修方便。大型泵通常编组布置在室内,便于生产检修,如图 1-5 所示。

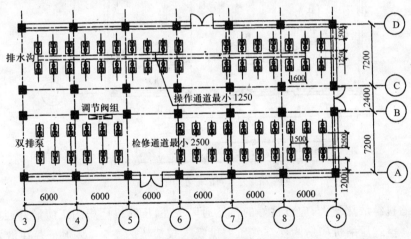

图 1-5 大型泵编组布置(单位:mm)

泵与泵间距应视泵的大小而定,一般不宜小于 0.7 m。双排泵电机端与电机端的间距不宜小于 2 m。泵与墙间的净间距至少为 0.7 m,以利通行。成排布置的泵,其配管与阀门应排成一条直线,管道要避免跨越泵和电动机。

泵应布置在高出地面 150 mm 的基础上。多台泵置于同一基础上时,基础必须有坡度,以便泄漏物流出。基础四周要考虑排液沟及冲洗用的排水沟。不经常操作的泵可露天布置,但电机要设防雨罩,所有配电及仪表设施均应采用户外式的,气温低的地区要考虑防冻措施。

重量较大的泵和电机应设检修用的起吊设备,建筑物高度要留出必要的净空。

（2）压缩机的布置

压缩机是装置中功率最大的关键设备之一，所以在平面布置时，应尽可能使压缩机靠近与它相连接的主要工艺设备。压缩机的进出口管线应尽可能短和直。

①为了有利于压缩机的维护和检修，方便操作人员的巡回检测，压缩机通常布置在专用的压缩机厂房内，厂房内设有吊车装置。

②压缩机基础应考虑隔震，并与厂房的基础脱开，避免因压缩机震动影响厂房结构强度。

③中小型压缩机厂房一般采用单层厂房，压缩机基础直接放在地面上，稳定性较好。大型压缩机多采用双层厂房，分上、下两层布置，压缩机基础为框架高基础，主机操作面、指示仪表、阀门组布置在上层，辅助设备和管线布置在下层。

④多台压缩机布置一般是横向并列，机头都在同一侧，便于接管和操作。如图1-6所示。布置的间距要满足主机和电动机的拆卸检修和其他要求，例如主机卸除机壳取出叶轮或活塞抽芯等工作。压缩机和电动机的上部不允许布置管道。主要通道的宽度应根据最大部件的尺寸来决定，宽度不小于 2.5 m 的压缩机，其通道宽度不小于 2.0 m。

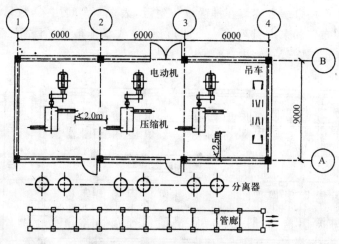

图 1-6 压缩机的布置（单位：mm）

⑤压缩机组散热量大，应有良好的自然通风条件，压缩机厂房的正面最好迎向夏季的主导风向。空气压缩机厂房为使空气压缩机吸入较清洁的空气，必须布置在散发有害气体的设备或散发灰尘场所的主导风向上方位置，并与其保持一定距离。处理易燃易爆气体的压缩机的厂房，应有防火防爆的安全措施，如事故通风、事故照明、安全出入口等。

2. 容器的布置

容器分立式容器和卧式容器。从装置布置设计角度出发，中间储罐尽可能布置在装置外作为中间储罐区，从而可以减小装置占地面积，对于安全生产和装置布置有利。

大型容器和容器组应布置在专设的容器区内。一般容器按流程顺序与其他设备一起布置。布置在管廊一侧的容器，如果不与其他设备中心线或边缘取齐时，与管廊立柱的净距可保持 1.5 m。

（1）立式容器的布置

立式容器的外形与塔类似,只是内部结构没有塔的内部结构复杂,塔和立式容器可以布置在一起,立式容器的布置方式和安装高度等可参考塔的布置要求,另外还要考虑以下诸因素:

①为了操作方便,立式容器可以安装在地面、楼板或平台上,也可以穿越楼板或平台用支耳支撑在楼板或平台上。

②立式容器穿越楼板或平台安装时,为观察和检修方便起见,应尽可能避免容器上的液面指示、控制仪表也穿越楼板或平台。

③立式容器为了防止黏稠物料的凝固或固体物料的沉降,其内部可能带有大负荷的搅拌轴时,为了避免震动的影响,应尽可能从地面设置支撑结构,如图1-7所示。

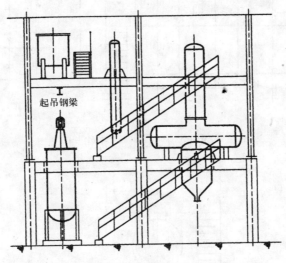

图1-7 穿越楼板立式容器的立面布置

④对于顶部开口的立式容器,需要人工加料时,加料点的高度不宜高出楼板或平台1 m,如高出1 m时,应考虑设加料平台或台阶。

⑤为了便于装卸电动机和搅拌器,须设吊车梁。

⑥应校核拆卸并取出搅拌器的最小净空。

(2)卧式容器的布置

布置卧式容器一般应考虑如下一些因素:

①成组布置卧式容器。成组布置的卧式容器应按支座基础中心线对齐或按封头切线对齐。卧式容器之间的净空可按0.7 m考虑。

②在工艺设计中确定卧式容器的尺寸时,尽可能选用相同长度不同直径的容器,以利于设备的布置。

③确定卧式容器的安装高度时,除应满足物料重力流或泵吸入高度等要求外,还应满足如下要求:

a.容器下部有集液包时,应留出集液包的操作与检修仪表所需的足够高度;

b.容器下方需要设置通道时,容器底部配管与地面净空高度不应小于2.2 m;

c.不同直径的卧式容器成组布置在地面或同一层楼板或平台上时,直径较小的容器中心线标高需要适当提高，与直径较大的容器筒体顶面标高一致，以便于设置联合平台。

④当地下布置卧式容器时，应妥善处理坑内的积水和有毒、易爆、可燃介质的积聚，坑内尺寸应满足容器的操作和检修要求。

⑤卧式容器平台的设置，要考虑人孔和液面计的操作因素。对于集中布置的卧式容器可设联合平台，如图1-8所示。顶部平台标高应比顶部管嘴法兰面低150 mm，如图1-9所示。液面计应装在直梯附近，以便于检修。

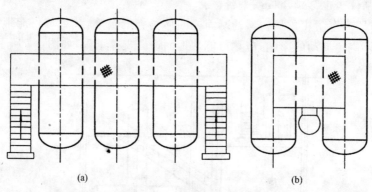

(a)　　　　　　　　　　　　(b)

图1-8　卧式容器联合平台

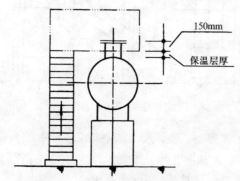

图1-9　卧式容器顶部平台标高

3. 换热器的布置

化工厂中使用最多的是列管式换热器与再沸器，这些设备都有定型的系列图可供选用。设备布置设计是将它们布置在适当的位置，决定支座等安装结构、管口方位等。必要时在不影响工艺要求的条件下，可以调整原换热器的尺寸和安装方式。

换热器的布置原则是顺应流程和缩短管道长度，所以它的位置取决于与它密切联系的设备的位置。塔的换热器要近塔布置，再沸器及冷凝器则与塔以大口径的管道连接，以减小阻力，故应近塔布置，通常将它们布置在塔的两侧。热虹吸式再沸器是直接固定在塔上，采取口对口的直接连接。塔的回流冷凝器除要近塔外，还要靠近回流罐与回流泵。从容器（或塔底）经换热器抽出液体时，换热器要靠近容器（或塔底），使泵的吸入管道最短，以改善吸入条件。

一般从传热角度考虑，细而长的换热器较为有利。但是布置空间受限制时，可以换成粗而短的换热器。另外,也可将卧式换热器换成立式换热器,以减少占地面积;立式换热器换成卧式换热器,以降低高度。可根据具体情况各取所长。

换热器常是成组布置,多个卧式换热器相串联时可以上下重叠布置。非串联的相同的或大小不同的换热器都可以重叠。换热器重叠布置,除了节约面积外,还可合用上下冷却水管。为便于抽取管束,上层换热器不能太高,一般管壳顶部高度不能大于 3.6 m,将进出口管改成弯管可降低安装高度。

换热器外壳和配管净空,对于不保温外壳最小为 50 mm,对于保温外壳最小为 250 mm。

两个换热器外壳之间有配管,但无操作要求时,其最小间距为 750 mm。

塔和立式容器附近的换热器,与塔和立式容器之间应有 1 m 宽的通道。两台换热器之间无配管时最小距离为 600 mm。

换热器的间距,换热器与其他设备的间距至少要留出 1 m 的水平距离;位置受限制时,最小也不得小于 0.6 m。如图 1-10 所示。

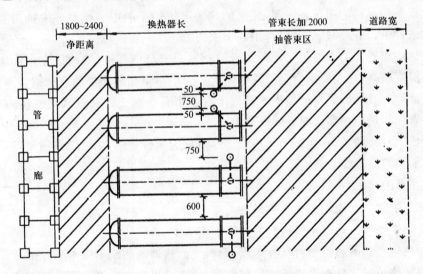

图 1-10 地面换热器布置(单位:mm)

4.罐区的布置

罐区布置主要考虑的是安全问题。对液体罐区和气体罐区的要求是不一样的。

(1)液体罐区

液体罐区尽量布置在工艺装置区的一侧,既有利于安全,又为将来工艺装置或罐区发展提供方便。

罐区设计要严格执行建筑设计防火规范及有关安全、卫生等标准及规定。罐区四周都要有可以连通的通道。罐区通道的宽度要考虑消防车能方便进出。

储罐应成排、成组排列。易燃易爆的液体储罐的四周要设围堤或围堰。围堤的隔法和容积大小要根据储存物料性质及储罐大小、台数而定。一般单个储罐的围堤容积应与储罐容积相等,多台储罐在采取了足够措施后,容积可酌减,但不得少于最大储罐的容积及储罐总容积的一半,并要取得消防部门的同意。易燃易爆储罐须有冷却措施,也可采用地下或半地下式安装,以避免太阳直射,有利于安全。易燃易爆罐区宜布置在居民区下风向,以减少对居民的影响。液态燃爆危险品储罐的间距应根据建筑设计防火规范(GB 50016—2006)的规定布置。

性质不同或灭火方法不同的介质和产品要编组分别储存,不得布置在一个围堤内。

所有进出物料用的输送泵不应布置在围堤内,以免损坏泵。

(2)气体罐区

气体储罐有常压和加压两种。常压储罐主要有湿式气柜,气柜压力略高于大气压4 kPa。加压储罐有压力储罐、钢瓶等。无论哪种储罐都必须遵守有关规范及要求进行布置和使用,特别是易燃易爆气体,更应严格执行。某些专门罐区,如液化石油气站、氮氧站、液氯站等,更应执行专用的各项标准和规范。

5. 加热炉的布置

一般加热炉被视为明火装置之一,因此加热炉通常布置在装置区的边缘地区,最好布置在工艺装置常年主导风向的下风侧,以免泄漏的可燃物触及明火,发生事故。加热炉与其他明火设备应尽可能布置在一起,几座加热炉可按炉子的中心线对齐成排布置。在经济合理的条件下,几座加热炉可以合用一个烟囱。

加热炉应布置在离含油工艺设备15 m以外(只有反应器例外)的地方。从加热炉出来的物料温度较高,往往要用合金钢管道输送。为了尽量缩短昂贵的合金钢管道,减小压力降和温降,减少投资,常常把加热炉靠近反应器布置。对于设有蒸汽发生器的加热炉,汽包宜设置在加热炉顶部或邻近的框架上。

当加热炉有辅助设备,如空气预热器、鼓风机、引风机等时,辅助设备的布置不应妨碍其本身和加热炉的检修。

应该注意的间距是:

(1)两座加热炉净距不宜小于3 m。

(2)加热炉外壁与检修道路边缘的间距不应小于3 m。

(3)加热炉与其附属的燃料气分配罐、燃料气加热器的间距不应小于6 m。

(4)当加热炉采用机动维修机具吊装炉管时,应有机动维修机具通行的通道和检修场地。对于带有水平炉管的加热炉,在抽出炉管的一侧,检修场地的长度不应小于炉管长度加2 m。

6. 釜式反应器的布置

釜式反应器通常为间歇式操作,布置时要考虑便于加料和出料。液体物料通常是经高位槽计量后依靠位差加入釜中。固体物料大多是用吊车从人孔或加料口加入釜内,因此,人孔或加料口离地面、楼面或操作平台面的高度以800 mm为宜,如图1-11所示。

釜式反应器一般用耳架支撑在建(构)筑物上或操作台的梁上。对大型、重量大或震动大的设备,要用支脚支撑在地面上或楼板上。

两台以上相同的反应器应尽量排成一条直线。反应器之间的距离,应根据设备大小、附属设备和管道具体情况而定。管道阀门应尽可能集中布置在反应器的同一侧,以便于操作。

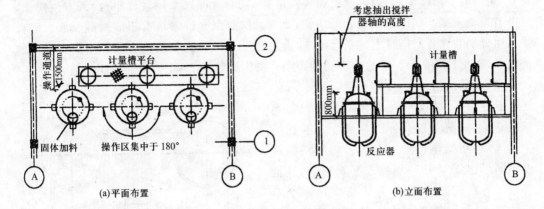

图 1-11 釜式反应器布置示意图

带有搅拌器的反应器,其上部应设置安装与检修用的起吊设备。小型反应器若不设起吊设备,则必须设置吊钩,以便临时设置起吊设施。设备顶端与建筑物之间必须留有足够的高度,以便检修时抽出搅拌器的轴。

要考虑反应器底部的出口离地面的高度。物料从反应器底部出料口自流进离心机的进料口时,要有 1～1.5 m 的距离;反应器底部若不设出料口,并有人通过时,该反应器底部离基准面的最小距离为 1.8 m;搅拌器安装在反应器的底部时,应留出抽取搅拌器轴的空间,净空高度不应小于搅拌器轴的长度。

易燃易爆的反应器,特别是反应激烈、易出事故的反应器,进行布置设计时要考虑足够的安全措施,包括泄压和排放方向。

7. 塔设备的布置

大型塔设备多数是露天布置。多个塔设备可按流程成排布置,并尽可能处于同一条中心线上。其辅助设备的框架及其接管布置在一侧,另一侧用于安装、检修塔的场地。一般塔上要设置平台,相互联结,既便于操作,又可使整体结构得到加固。塔的四周应分成几个区进行布置。配管区也称操作区,专门布置各种管道、阀门、仪表。通道区布置走廊、楼梯、人孔等。塔的安装高度必须考虑塔釜泵的净正吸入压头,以及热虹吸式再沸器的吸入压头。塔顶冷凝器回流罐可置于塔顶,介质靠重力回流。塔的布置形式很多,要求在满足工艺流程的前提下,可以把高度相近的塔相邻布置。

塔设备布置的方式大体有如下几种:

(1)独立布置

单塔或特别高大的塔设备可采用独立布置,利用塔身设置操作平台,供人孔处人的进出、操作、维修仪表及阀门之用。平台的位置由人孔位置与配管要求而定,具体的结构与尺寸可由设计标准查取。塔或塔裙常布置在设备区外侧,其操作侧面对道路,配管侧面对管廊,以便于施工安装、维修与配管。塔的顶部设有吊杆,用以吊装塔盘等零件。填料塔常在装料孔上方设吊车梁,供吊装填料用。

(2)成列布置

将多塔中心排成一条直线,并将高度相近的塔相邻布置,通过适当调整安装高度和操作点(适当改变塔盘间距、内部管道布置及塔裙高度)就可以采用联合平台,既方便操作,又节省投资及提高整体稳定性。采用联合平台时,必须允许各塔有不同的热膨胀。联合平台由分别装在各塔塔身上的平台组成,通过各平台间的铰接或留有缝隙来满足不同的伸长量,以免拉坏平台。相邻小塔间的距离一般为塔径的 3～4 倍。

(3)成组布置

数量不多、结构与大小相似的塔设备可成组布置,如图 1-12 所示是将 4 个塔合为一个整体,利用操作台集中布置。如果塔的高度不同,只要求将第一层操作平台取齐,其他各层可另行考虑。这样,几个塔组成一个空间体系,增加了塔裙的刚度,塔的壁厚就可以降低。

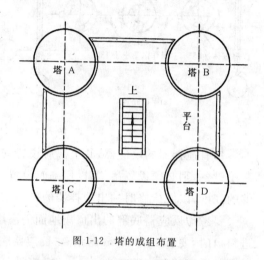

图 1-12 塔的成组布置

(4)沿建筑物或框架布置

将塔安装在装有高位换热器和容器的建筑物或框架旁,利用容器或换热器的平台作为塔的人孔、仪表和阀门的操作与维修的通道,将塔与其辅助设备布置在一起,如图 1-13 所示。也可将细而高的塔或负压塔的侧面固定在建筑物或框架的适当高度,这样可以增加塔的刚度,降低壁厚。

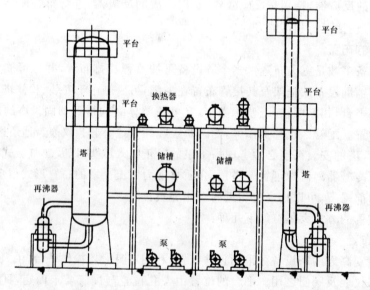

图 1-13 塔及其辅助设备立面布置

(5)室内或框架内布置

较小的塔常安装在室内或框架中,平台和管道都支撑在建筑物上,冷凝器可装在屋顶上或吊在屋顶梁上,利用位差重力回流。

1.5 车间布置设计

1.5.1 概 述

车间布置设计的内容主要包括：

(1)车间建筑物、构筑物的形式及其在厂区内的整体布置设计；

(2)车间内部生产工段与辅助房屋的布置；

(3)车间内生产设备和机器的布置设计。

车间布置设计在整个车间设计中处于核心地位，它不仅是各个专业设计的交汇点，而且是初步设计与施工设计的衔接点。它牵涉的面比较广，需要考虑的问题比较多。例如，节省建筑面积和降低造价，创造良好的劳动条件，保证安全生产，给物料输送、设备安装和维修提供方便等。不合理的布置设计会给车间的施工和以后的生产造成种种困难。诸如，土建施工困难、设备无法安装、劳动环境恶劣、车间内货流与交通紊乱、设备的维修困难、易发生生产事故等。

做车间布置设计时，工艺设计人员必须认真调查研究车间布置与其他专业设计的关系，了解各专业设计中的要求。因此，工艺设计人员必须与有关其他专业人员共同研究，紧密协作，才能做好车间布置设计工作。

1.5.2 厂房的形式与整体布置设计

1. 化工厂厂房的形式

化工车间的整体布置设计有两种类型，即"集中式"与"分离式"。前一种方式是车间的各个工段及其辅助房间集中安排在一个厂房建筑内。这种方案的优点是，节约占地面积和建筑面积，车间内物料运输距离短，节省动力消耗等。对于工艺流程较复杂而各工段联系频繁的车间宜采用集中式布置。分离式布置方案适用于各工段的生产特点有显著差别的情况。例如，对防火防爆的要求不同，个别工段处理的物料毒性很大等情况，可将车间分为几个建筑物。有时受厂区地形限制（如山区）或车间规模很大时，也可采用分离式布置。

化工厂的厂房在平面上的形式一般采用长方形较多，有时用不等宽度的长方形。这种形式的优点是，便于厂区的总平面布置，节约用地，便于车间内的设备布置和管线布置，交通运输易于安排，有较好的自然采光和通风条件等。另外，受到地形的限制，或流程上的特殊要求，个别情况也有采用 L 形和 T 形厂房的。

化工厂厂房的立面形式有单层、多层、两者相结合三种类型。根据工艺流程的复杂性，有机化工产品的车间常常采用不等高的多层建筑，它适宜于从上而下的工艺流程的安排，如图 1-14 所示。

近年来，国外采用一种单层的高厂房来安排从上而下的工艺流程，是在单层厂房内部设置装配式的多层操作台，如图 1-15 所示。这种厂房的优点是：可节约许多间壁和楼板，简化了建筑结构，可提前开始设备的安装工程。而更重要的优点是便于进行技术改造，设备与操作楼面的改装可不影响厂房建筑的本体。特别适用于中型试验车间。

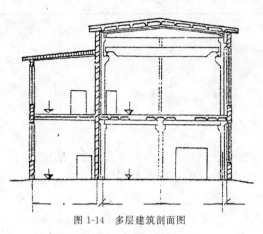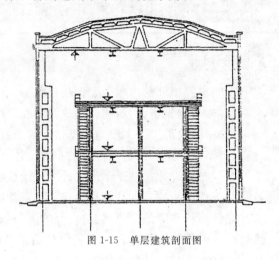

图 1-14 多层建筑剖面图　　　　　　图 1-15 单层建筑剖面图

2. 车间的整体布置

(1)室内与室外布置相结合

现代化的化工车间,生产高度自动化,操作和控制都集中于控制室内。可将全部设备布置成露天或半露天(有厂房顶而没有围墙)的。这样可以大幅度降低基建工程量,加快整个工程的建设速度,并且有利于安全生产。设备能否采用露天布置,当然决定于生产工艺的自动化程度、操作的特点,还要考虑当地的气候条件能否采用可靠的保温措施等。

不可能全部设备露天布置时,也应当尽量使其中部分设备露天布置,例如,受气候影响较小的大型储罐、污水池、气柜、吸收塔、吸附器等;需要靠大气降温的设备,如凉水塔、空气冷却器等以及某些自控程度较高的大型反应器、塔设备等。

(2)化工厂厂房的柱网与层高

化工车间一般采用混凝土框架结构形式。混凝土柱的间距及其布置形式和层高,与设备布置密切相关。柱距的确定主要根据设备布置的要求,同时应尽可能符合建筑模数制的要求。便于采用标准预制构件,从而节省建筑设计和施工的工作量。

一般多层厂房采用 6 m×6 m 的标准柱网,从建筑上考虑最经济。但有时根据设备布置的要求并不经济,例如,6 m×6 m 的标准单元中安排一个设备(穿过楼面的)显得太松,若安排两个设备又显得太挤。这时可以适当地改变柱距,最大柱距不宜超过 12 m,因为柱距太大,将使梁的尺寸显著增加,在建筑上不经济。

多层厂房的总宽度,考虑到自然采光和通风的要求,一般不宜超过 24 m。单层厂房不超过 30 m。厂房的总长度一般为宽度的 2~4 倍。过长的厂房使公用系统的管路和物料运输路线增长,这是不经济的。

每层厂房的高度主要取决于设备的高度和设备安装的要求、采光和通风条件等。一般多层厂房的层高为 3.6~6 m。按建筑模数的要求,层高的增加量为 0.2 m 的倍数。

作为车间布置设计人员,应该对厂房建筑方面的知识有一定深度的了解,需参看有关的专门书籍和国家标准、规范等。

(3)车间内设备和机器的布置

生产设备和机器的布置是车间布置设计的主要内容。需要花较大的工作量,周密地考虑各方案的因素,才能做出最后的决定。大体上要从以下几方面考虑。

①生产工艺的要求

按工艺流程的要求,在设备的布置上组织合理的流水作业线,尽量避免"往返"和"交叉"。充分利用自然的运输动力,例如,利用位能从上而下的自然重力输送固体和液体物料,利用带压力的设备的静压能向上或其他方向输送液体物料,利用真空设备的抽吸力由下而上吸入液体物料或固体粉状物料等。尽量避免用人力搬运物料。

一般情况,液体原料或溶剂的高位储槽布置在最高层,主要反应设备布置在中间层,重型设备及大型储罐等布置在底层。

固体块状原料的熔化锅,尽量安排在下层,使固体液化后再向上层设备输送。粉状固体物料可采用气流输送方法,送至较高层。

大量用冰的车间的制冰装置可安装在最高层,这样可使碎冰从上往下输送,节省动力和人力。

凡属几套相同的设备或同类的设备,操作上关系密切的设备,尽可能布置在一起或靠近布置,便于统一操作、集中控制和节省劳动力。

尽可能使设备之间的管线距离不要拉得太长。尤其应注意缩短高温载热体和冷冻剂的管线。使用岗位与能源位置尽量靠近,以减少不必要的能量损耗。

设备布置还需为车间的今后发展或技术改造留有余地。

②劳动环境及安全生产

要为操作工人创造良好的采光条件。布置设备时应避免影响采光。

设备之间或设备与建筑物之间的距离要充分考虑生产操作上的方便和不妨碍交通路线。原料、中间产品和排出物要有足够的存放地点,操作岗位附近要留出必要的运输通道与人行通道。具有运动机构的设备,还要考虑设置安全防护装置的设施。

设备在垂直方向上布置要考虑操作的方便和安全。例如,便于加料、出料、开闭有关阀门和观察视镜等。表1-2列举了一些经验数据。

表 1-2　　　　　　　　　　　经验数据

部位	高度	部位	高度
常用阀门	1~1.2 m,最高不大于2 m	人工固体出料口	0.8~0.9 m
加料口	0.6~0.7 m	操作台下面通道	1.9~2.2 m
常用视镜	1.2~1.5 m		

操作岗位的位置,应使操作工人背光操作而不是对光操作。高大的设备不宜靠窗布置,挡住采光,如图1-16所示。

要最有效地利用自然对流通风,不宜将车间南北向隔断。对放热量大、有毒气或粉尘的工段,操作岗位应设置在自然通风的上风位置,而不宜设置在下风位置,如图1-17所示。或在室内设置机械排风装置,以满足卫生标准的要求。

凡火灾危险性为甲、乙类的生产厂房,必须考虑:

a.在通风上必须保证厂房中易燃气体或粉尘的浓度不超过允许极限;

b.采取必要措施,防止产生静电、放电以及着火;

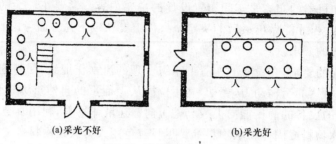

(a)采光不好　　　　　　　　　(b)采光好

图 1-16　车间采光条件比较

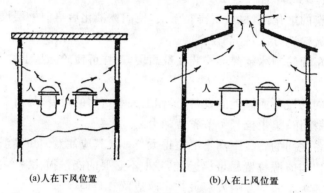

(a)人在下风位置　　　　　　　　　(b)人在上风位置

图 1-17　通风条件比较

c.凡产生腐蚀性介质的设备,其基础、设备周围地面、墙、梁、柱都必须采取防护措施。

③安装与检修的要求

设备和机器的布置必须充分考虑安装和检修的要求。一般化工车间均须设置设备的吊装装置,例如永久性的吊车及轨道,或临时设置的电动或手动起重葫芦。多层厂房必须设有吊装孔。吊装孔的位置距离需要吊装的设备的位置不宜太远,并尽可能靠近检修较频繁的设备。厂房总长超过 36 m 时,吊装孔宜设置于靠近厂房中间的近大门处。若厂房长度不太长,则可设置于靠近山墙的一端。设备布置时要留出吊运设备的通道,通道的宽度必须大于最大吊装设备的直径。多层厂房的吊装孔应设置在各层平面上的同一位置。吊装孔区域内不得布置设备。穿过楼面的设备有时可以利用吊装孔来吊装。

采用起重葫芦吊装设备时,须考虑在设备的上空留出足够高的空间,以便安装起重工具。用吊车运输设备的运行路线下面应留出足够的空间,使起吊的设备至少高过下面已有设备顶部 400 mm。

带有搅拌电机反应釜的传动架子较高,为便于安装和检修电机和减速器,必须考虑电机顶部与顶上楼板之间要留出足够的空间。

上面列举了一些例子,说明在做布置设计时,必须十分仔细地考虑,为设备和机器的安装提供方便条件。

④建筑上的考虑

布置设计与建筑设计的关系尤其密切,现在举例进一步阐明。

穿过楼板的设备布置,要考虑躲开建筑物的主梁和柱子。至于次梁与设备相遇的情况,必要时可以移动次梁的位置。

有强烈震动的机械和设备的支座及基础切勿和建筑物的柱、墙及其基础连在一起,以避免建筑物受到震动的影响。凡属笨重的设备或运转震动较大的机器,如气体循环压缩机、大型离心机等,尽可能布置在厂房的底层,或者使这些装置的支座落脚于底层,设单独的基础。这样可减轻楼面的负荷和厂房受震动的影响。

在不严重影响工艺流程顺序的情况下,特别高的设备,如塔设备,最好集中布置在一起。这样可以采用不等高建筑,以节省厂房体积。或者将塔设备布置在厂房山墙的外面,采用半露天建筑,或者全部露天装置。

邻近的在同一标高上的设备,如计量槽、换热器等,尽可能集中布置在一起。有时可将它们的支架固定在柱子上,这样在地面上可以减少不少支脚,扩大可利用面积。厂房的出入口、大门、操作楼梯、运货电梯、人行通道、货运通道等都要精心布置,做到既便于操作,又节省建筑面积,既符合安全要求又整齐美观。

⑤其他方面

布置设计中还要考虑到其他各专业设计的要求,例如仪表与自动控制,公用工程(供电、供排水、动力系统),总图设计等。车间在全厂总平面布置图中的位置、原料和产品的来去方向、与其他生产车间和辅助车间的联系情况、厂区的主导风向等,都会影响车间的布置设计。

车间辅助用室及生活用室的配置,这里不做详述。

1.5.3 车间布置设计的步骤与方法

车间布置设计是一件较为复杂的工作,往往需要反复进行,做出各种布置方案,比较其优缺点,有关人员经过多次研究讨论才能确定最终方案。车间布置设计一般分为两个阶段进行。

(1)草图阶段

车间布置设计工作进行之前需取得以下资料:工艺流程图、设备一览表、主要设备的条件图、工厂总平面图等。如对已有车间做改建设计,则需取得原有车间的布置图和建筑图纸等资料。

车间布置设计可先从平面布置着手。在坐标纸上画出厂房建筑平面轮廓线。然后根据设备表把所有设备按外形比例(一般取1:100,特殊情况用1:200或1:50)用硬纸板制成平面模型。将模型片在坐标纸上进行布置和修改。在进行平面布置的时候,设计人员必须有空间概念。因为每一个平面图形实际上代表着一个立体模型,在确定它们的位置时,同时应当考虑到它们的空间位置和相互关系。个别比较复杂的空间关系,可画出局部设备的立面布置草图,帮助调整和确定设备在平面布置上的位置。

画出车间布置草图,提供给建筑设计部门做厂房建筑的初步设计。

(2)正式布置图阶段

工艺设计人员取得建筑设计图后,根据建筑上的要求对布置草图进行修改,然后画出车间平面布置图和剖面布置图。图1-18为某车间平面布置图。

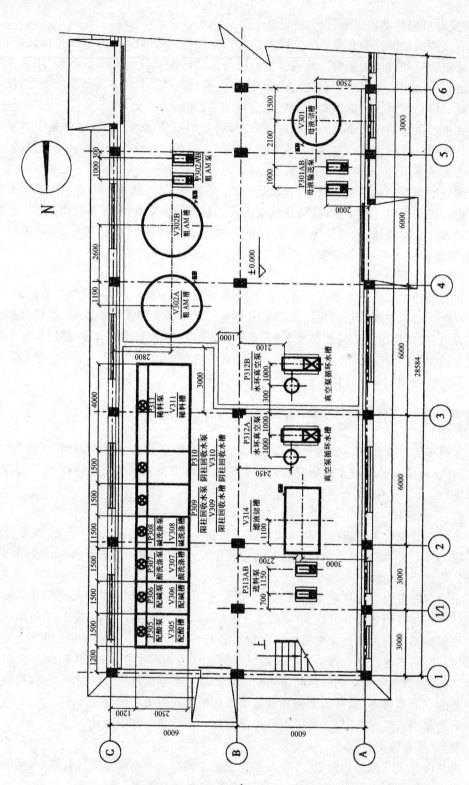

图 1-18　车间平面布置图例(单位:mm)

平面布置图中应标示出：

①定位轴线（一般取柱子的中心线）、墙体轮廓线、柱网及其标号、门窗、楼梯、操作台、吊装孔、地坑等在各层平面上的示意图。

②全部设备和机器在各层面上的外形俯视图（示意图），并标出其定位尺寸、名称及其在流程图中的编号。

③辅助房间和生产间在平面图中的位置，并注明房间的名称。

剖面布置图中应标示出：

①墙、柱、梁、门、窗、地面、楼面、房顶、基础、楼梯、操作台等在剖面上的示意图。

②设备和机器在各个剖面上的外形视图（示意图）。

③设备高度定位尺寸，以及楼面、操作台、地坑等的标高尺寸等。

剖面布置图取车间的纵向剖视或横向剖视，也可取局部剖视，以能表示出所有机器和设备在立面上的位置为原则。

思考题

1-1 在选择厂址时应该考虑哪些因素？应遵循的基本原则有哪些？

1-2 选择厂址工作分几个阶段？各阶段的主要工作是什么？

1-3 装置平面布置设计时应考虑的主要问题有哪些？

1-4 总平面布置的要点是什么？

1-5 分析图 1-19 中三种化工厂平面布置的优缺点。

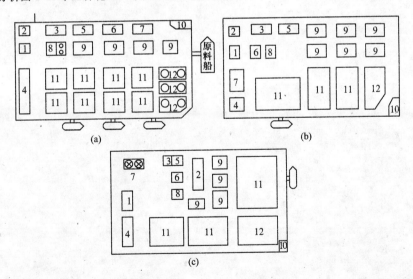

图 1-19　化工厂的平面布置

1—办公室；2—管理室；3—备品仓库；4—包装出厂库；5—维修厂；6—变电室；7—供水设备；

8—锅炉；9—装置；10—污水处理装置；11—中间产品及产品储罐；12—原料储罐

1-6 在进行设备布置之前，必须做好哪些资料准备？

1-7 设备布置的一般要求是什么？

1-8 压缩机厂房的正面最好迎向夏季的主导风向,为什么?

1-9 布置容器、换热器时应注意的问题有哪些?

1-10 罐区布置主要考虑的是安全问题,布置时应考虑哪些防范措施?

1-11 为什么加热炉要布置在厂区的下风侧?

1-12 釜式反应器通常为间歇式操作,布置时主要要考虑的问题是什么?

1-13 塔的布置形式有哪些?

1-14 车间布置时应考虑的因素有哪些?

第2章

装置投资估算

一个可以被采纳的工厂设计所采用的工艺过程,必须能够正常运行,并且能够得到利润。任何工业工艺过程都是要有一笔投资的,确定必要的投资额是工厂设计工作中的一个重要部分。工艺过程的总投资,包括工厂中有形的设备和设施的固定投资,以及一笔流动资金。

在设计过程中需要做大量决策,包括是否应该建设生产装置、装置的规模以及具体工艺方案的确定等。所以投资估算是决策的前提和基础。

2.1 装置投资估算分类

2.1.1 投资的概念

一个工业生产装置能够投入生产之前,必须提供一大笔资金,以供采购和安装所需的机器和设备,必须获得土地和辅助设施,必须有全部配管、控制系统和公用工程设施,工厂才算是完全建成。

为生产设备及与生产有关的设施提供所需资金,称为固定资产投资。工厂经营所需的资金称为流动资金。固定资产投资和流动资金的总和称为总投资。固定资产投资又可以分为生产用固定资产投资和非生产用固定资产投资。

生产用固定资产投资,是指整个工艺操作所需工艺设备及其全部辅助设施安装完毕所需的资金。例如配管、仪表、隔热、基础和厂址准备的开支,都包括在生产用固定资产投资之内。

施工的管理费以及与工艺操作无直接关系的工厂组成部分所需要的固定资产,都属于非生产用固定资产投资。包括土地、工艺厂房、行政和其他办公室、仓库、实验室、运输、装卸设施、公用工程和废物处理设施、维修车间以及工厂的其他永久性部分。施工管理费包括现场办公和管理开支、室内办公开支、各项工程设计费用、杂项建设费用、包工费和不可预见费。在某些情况下,施工管理费摊入生产用和非生产用固定资产投资。

工业生产装置的流动资金为以下几方面的总和:①库存的原料和消耗品;②库存成品

和生产过程中的半成品;③应收账款;④每月需支付的经营费用(如工资、原料采购费);⑤应付账款;⑥应付税金。

2.1.2　投资估算类别

一个工艺过程的投资估算可以有很大的差别,从依据极少数据的设计前估算,直到有完整的图纸和各项规格作为依据的详细估算。在这两个极端的投资估算之间,可以有多种估算,其准确程度取决于工程项目处于什么开发阶段,取决于设计资料的正确性和投入估算工作的力量多少。

估算可分成五种:

(1)数量级估算(比例估算)。以过去类似的费用数据为依据,估算的误差超过±30%。但估算所需费用很少,约占总投资的0.1%,对于投资几亿元的大型项目,其费用为投资总数的万分之一或更小。这种估算用于项目正在酝酿和初步筛选方案的阶段,也称风险估算。

(2)研究估算(系数估算)。以主要设备的数据为依据,估算的误差不超过±30%。这是一种可行性研究或方案研究估算,该估算基于概略工艺流程图、设备一览表、主要设备的初步规格、公用工程用量、建筑物和构筑物的近似尺寸和结构类别、初步的电器设备和仪表一览表等资料。

(3)初步估算(范围估算)。以足够的数据为依据,据此申请拨款,估算的误差在±20%以内。审批者若认为投资过大,可以要求修改设计,但在此阶段停止建设工作的情况是很少的。

(4)定局估算(项目控制估算)。在有完整图纸和规格单之前,以近乎完整的数据为依据,用于控制投资。估算的误差在±10%以内。

(5)详细估算(承包商估算)。以完整的工程图纸、规格单和厂址勘测为依据,估算的误差在±3%以内。

上述五种估算中,前三种称作设计前费用估算,后两种称作确实估算。设计前费用估算远不如确实估算那样详细。可是,在决定所提出的工程项目是否要做进一步考虑,以及比较各不同设计方案时,设计前估算是非常重要的。不过应当知道,如果估算时包括的细节越来越多,则设计前估算与确实估算之间的区别就逐渐缩小乃至消失。

应该注意,设计前估算可以作为向审批部门要求拨款的依据。以后工作进行中的估算能够表明工程项目的实际费用,可能会多于或少于拨款额。

2.1.3　投资估算表

投资估算不准确有很多原因,通常最主要的一个原因是设备、辅助项目或辅助设施遗漏太多,而不是估算的误差太大。为了对新设施的投资做出完整的估算,采用项目内容表将项目内容罗列出来,使之一目了然,从而避免漏项。实例见表2-1。

表 2-1　　　　　　　　　　　生产装置固定投资分项表

费用大类	序号	项目	分项
直接费用	1	购置设备	整个工艺流程中所列的全部设备
			备品备件和未安装设备的零件
			多余的设备和消耗品,设备裕度
			通货膨胀的费用裕度
			运输费
			税金、保险金、关税
			开工时修改生产装置的费用裕度
	2	设备的安装	整个工艺流程中所列的全部设备的安装
			结构支架、保温保冷、油漆
	3	仪表和控制装置	购置、安装、调试、计算机连接
	4	配管	工艺配管——碳钢的、合金的、铸铁的、铅的、衬里的、铝制的、紫铜的、陶瓷的、塑料的、橡胶的、钢筋混凝土的
			管道支架、管件、阀门
			保温保冷——配管、设备
	5	电气设备和材料	电气设备——开关、电动机、导线管、电缆、接头、馈线、接地、仪表和控制电缆、照明、配电盘
			电气材料和人工
	6	土建（包括公用设施）	工艺厂房——基础、上部结构、平台、支架、楼梯、便梯、通道、吊车、单轨车道、起重机、升降机
			辅助建筑——行政机构和办公室、医疗室和门诊部、食堂、汽车库、成品库、备件库、警卫和安全、消防站、交接班室、职工楼、运输管理处、站台、研究和试验室、质量控制试验室
			维修车间——电气、配管、金属板金、机械、焊接、木工、仪表
			建筑物公用设施——自来水、采暖、通风、除尘、空气调节、照明、升降式电梯、自动楼梯、电话、内部通信系统、油漆、喷水灭火系统、火灾警报
	7	场地建设	厂址开拓——场地清理、平整、道路、便道、铁路、围墙、停车场、码头、护堤、娱乐设施、绿化
	8	辅助设施	公用工程——蒸汽、水、电、冷冻、压缩空气、燃料、废物处理
			设施——锅炉、水井、河水吸入口、水处理、凉水塔、蓄水池、配电所、冷冻车间、压缩空气车间、燃料储存、废物处理车间、环境保护、防火
			非工艺设备——办公室的家具及设备、食堂设备、安全和医疗设备、维修车间设备、机动设备、货场搬运设备、试验室设备、衣帽间设备、汽车间设备、货架、储藏箱、货物搬运用底盘、手推车、房屋修缮设备、灭火器、胶皮管、救火机、装卸站设备
			分销和包装——原料和成品的储存和搬运设备、成品包装设备、混合设备、装卸站
	9	土地	勘测和手续费
			地价费用

（续表）

费用大类	序号	项目	分项
间接费用	10	工程设计和监督	工程设计费用——行政、工艺、设计和工程制图、费用规划、采购、催办、复制、联络、比例模型、咨询费、旅费
			工程设计的监督和检查
	11	现场费用	临时设施的管理和维护——办公室、道路、停车场、铁路、电气、配管、通信、围墙
			施工用的设备和工具
			施工监督、会计、计时、采购、催办
			仓库人员和费用、警卫
			安全、医疗、补贴
			许可证、现场试验、特殊执照
			税金、保险金、利息
	12	包工费	
	13	不可预见费	

2.2 投资费用的因素

如前所述,投资是指为提供必要的生产装置和生产设施所需的全部资金与生产设施运转所需的流动资金的总和。现在我们来考虑表 2-1 所列各项费用所占的比例。包含多种工艺过程的新建工厂或界区大规模扩建的各项组成费用的百分数大致如表 2-2。所谓新建工厂就是在一个新厂址建立的完整工厂。其投资包括土地、厂址开拓、界区设施和辅助设施等全部费用。一个界区就是指由区划分界线限定的一个工程项目所包括的区域,通常是指扩建部分的生产区域,包括全部工艺过程设备。但是如果不作特殊说明,其中不包括仓库、公用工程、行政建筑物或辅助设施。表中所列的固定投资不包括厂址准备,所以也适用于老厂扩建。

表 2-2　　　　　　　固定投资中各项组成费用的百分数范围

	组成	范围/%		组成	范围/%
直接费用	设备购置	15~40	直接费用	配管(安装完毕)	3~20
	仪表和控制装置(安装完毕)	2~8		建筑物(含建筑物的公用设施)	3~18
	电器(安装完毕)	2~10		辅助设施(安装完毕)	8~20
	场地整理	2~5	间接费用	工程设计和监督	4~21
	土地	1~2		不可预见费	5~15
	设备的安装	6~14		施工费用	4~16

1.设备购置费

购置设备的估算是设计前估算投资的依据。因此,为了使费用估算可靠,设备价格的来源、按生产规模调整设备价格的方法以及估算辅助设备的方法,对于估算工作者来说都是非常重要的。

工厂设备常常可以分为以下几类:

(1)工艺设备;

（2）原料输送和储存设备；

（3）最终产品的输送和储存设备。

确定工艺设备费用最准确的方法是从制造厂或供应商那里得到可靠的价目表。通常制造厂能够做出快速估算,其结果与卖价十分接近,而且用不了太多的时间。另一个可靠的方法是查阅过去的订货单。在估算新设备的费用时,过去订单上的价格必须按后来的费用指数加以修正。

当没有设备费用数据可以利用时,常常用比例法估算单台设备的费用。当已知某一生产能力的设备的价格时,欲求生产能力不同的类似设备的价格,可应用"0.6次方法则"。按照这一法则,如果一定生产能力的设备 b 的费用已知,又知欲求与已知设备 b 的生产能力之比为 X 的设备 a,则欲求设备 a 的费用大约为已知设备 b 的费用乘以系数 X 的 0.6 次方:

$$\text{设备 } a \text{ 的费用} = \text{设备 } b \text{ 的费用} \times \left(\frac{\text{设备 } a \text{ 的生产能力}}{\text{设备 } b \text{ 的生产能力}}\right)^{0.6}$$

一般说来,关于费用和生产能力的关系,不能用于生产能力之比超过 10 的情况。同时必须注意,加以比较的两个设备的结构形式、材料、操作温度和压力范围,以及其他有关变量都应该相似。

2. 设备的安装费用

设备安装费用包括人工、基础、支架、平台、施工费以及其他与安装有直接关系的因素。表 2-3 表示不同类型设备的一般安装费用范围,是以各设备的购置费用的百分数表示的,可作为参考。

表 2-3　　设备安装费用占购置费用的百分数

设备类型	占购置费用的百分数/%	设备类型	占购置费用的百分数/%
离心机	20～60	压缩机	30～60
干燥机	25～60	蒸发器	25～90
过滤器	65～80	换热器	30～60
机械结晶机	30～60	金属储槽	30～60
混合器	20～40	泵	25～60
塔	60～90	真空结晶机	40～70

从许多典型化工厂总的设备安装费用的分析可以看出,设备的购置费用约为安装完毕后总费用的 65%～80%,这一数值大小取决于设备的复杂程度,以及安装这一设备的部门的类型。因此,设备安装费用可按设备购置费用的 25%～55% 来估算。

3. 保温保冷费用

在温度极高和极低的条件下,保温保冷工作就变得重要了,详细地估算保温保冷费用就非常必要。设备和管道的保温保冷费用,通常分别包括在设备安装费用和配管费用之内。

一般普通化工厂的设备和管道保温保冷所需人工费和材料费的总和,大约为设备购置费用的 8%～9%,相当于总投资的 2% 左右。

4. 测试仪表和控制装置费用

测试仪表所需投资的主要部分,是仪表费、安装人工费以及辅助设备和材料的费用。

有时这部分投资与总的设备费一起计算。总的测试仪表费用的多少,取决于需要控制的变量的数目,为全部设备购置费用的 6%～30%。电子计算机常与控制装置一起使用,使用电子计算机会使与控制装置有关的费用增加。

就一般处理固体和流体的化工厂来说,全部测试仪表费用按设备购置费的 13% 计算,相当于总投资的 3%。根据仪表的复杂程度和使用情况,用于安装和附件的附加费用为购置费用的 50%～70%,其中安装费与附件费基本相等。

5. 配管费用

配管费用是指直接用于生产的全部配管安装完毕的费用,其中包括人工、阀门、管件、管子、支架等费用。配管包括用于原材料、中间产品、最终产品、蒸汽、水、空气、排污和其他工艺的配管。因为工厂的配管费用可高达设备购置费用的 80%,或总固定投资的 20%,所以估算方法若不当将较大地影响估算的精确度。

配管费用的估算方法,可以按照详细图纸和流程图所示的配管进行估算;在没有这些资料时,则采用系数法进行估算。按设备购置费用的百分数或固定投资的百分数来估算,是在对以前类似化工厂的配管费用进行估算中所得出的经验方法。表 2-4 列出的是不同类型化工厂工艺过程配管费用的粗略估算,可作为参考。一般情况下,配管安装人工费用,估计为配管安装完毕总费用的 15%～25%,其高低在很大程度上受工艺过程中物料温度的影响。

表 2-4　　　　　　　　　　配管费用估算

工艺过程	占设备购置费的百分数 / %			占固定投资的百分数 / %
	材料	人工	总计	
固体加工与输送	9	7	16	4
固体和流体加工与输送	17	14	31	7
流体加工与输送	36	30	66	13

6. 电气安装费用

电气安装费用主要包括动力及照明的安装人工费和所用材料费;用于建筑物的照明费用则包括在建筑物及建筑物公用设施费用中。一般化工厂的电气安装费用为全部设备购置费用的 10%～15%,在特殊工艺过程的工厂里可高达设备购置费用的 40%。电气安装总费用百分数与设备费用百分数之间好像没有太大的关系,但与固定投资有较明显的关系。电气安装费用一般为固定投资的 3%～10%。

电气安装费用包括四个主要部分,即动力配线、照明、变电和维修以及仪表和控制装置配线。表 2-5 表示总电气费用的比例组成。

表 2-5　　　　　　　　　　总电气费用的比例组成

组成	所占百分数/%		组成	所占百分数/%	
	范围	典型数值		范围	典型数值
动力配线	25～50	40	变电和维修	9～65	40
照明	7～25	12	水处理	0.5～2.1	1.3

7. 辅助设施费用

满足工厂对蒸汽、水、动力、压缩空气和燃料等需要的公用工程,属于工厂辅助设施的一部分。三废处理和防火,以及维修车间、急救、食堂设备和设施等其他服务项目也需要投资,也都包括在辅助设施费用的总项目中。

　　在化工厂中,总的辅助设施费用一般为设备购置费用的 30%～80%;对于处理固体和液体的工厂,此项费用平均为 55%。对于产品单一,并连续生产的小工厂,辅助设施费用接近这个范围的下限。在新地点建设新的多产品大工厂,则辅助设施费用接近此范围的上限。辅助设施费用一般为总投资的 8%～20%,其平均值为 13%。表 2-6 列出了各种辅助设施费用在固定投资中所占百分数的变化范围。除了完全新的工厂之外,并不是所有工艺过程的工厂都需要全套的辅助设施。因此在表 2-6 中所占百分数的范围比较大。这些数值也反映出工艺过程中各项公用工程的重要程度,这些是由热平衡来决定的。辅助设施费用大体上随工厂的规模大小而变化,而且在大多数工厂中都有辅助设施,只不过不是所有辅助设施都是需要的。要注意,省去了一些公用工程,工厂中实际使用的其他辅助设施的费用相对百分数就会增加。注意到这一点后,对工厂中所用各项辅助设施的重要程度做出仔细评价,就能够借助表 2-6 为某一特定的工艺设计选择各项辅助设施费用的合理的百分数。

表 2-6　　　　　　　　　　　辅助设施费用占固定投资的百分数

辅助设施项目	百分数/%		辅助设施项目	百分数/%	
	范围	典型数值		范围	典型数值
蒸汽发生	2.6～6.0	3.0	蒸汽分配	0.2～2.0	1.0
冷却水供给和输送	0.4～3.7	1.8	水处理	0.5～2.1	1.3
水分配	0.1～2.0	0.8	变电	0.9～2.6	1.3
配电	0.4～2.1	1.0	气体供应和分配	0.2～0.4	0.3
空气压缩和分配	0.2～3.0	1.0	冷冻(含分配)	1.0～3.0	2.0
工艺废物处理	0.6～2.4	1.5	生活废物处理	0.2～0.6	0.4
通信	0.1～0.3	0.2	原料储存	0.3～3.2	0.5
最终产品的储存	0.7～2.4	1.5	消防系统	0.3～1.0	0.5
安全装置	0.2～0.6	0.4			

8. 包括公用设施的建筑物费用

　　包括公用设施的建筑物费用,是指建造与工厂有关的全部建筑物所用的人工、材料和消耗品的费用。包括上下水、采暖、照明、通风和其他公用设施费用。不同类型工艺的工厂建筑的费用占设备购置费用及固定投资的百分数分别列于表 2-7 和表 2-8。

9. 厂址开拓费用

　　厂址开拓费用包括围墙、平整土地、道路、人行道、铁路专用线、绿化和类似的其他投资费用。化工厂的厂址开拓费用为设备购置费用的 10%～20%,相当于固定投资的 2%～5%。厂址开拓费用的组成占固定投资百分数的变化范围列于表 2-9。

表 2-7　　　　　　　　以设备购置费用为基准的建筑物费用

工艺过程	建筑物费用占设备购置费用的百分数/%		
	新建厂	在原有厂址建新生产装置	在原有厂址扩建
固体加工	68	25	15
固体、流体加工	47	29	7
流体加工	45	5～18	6

表 2-8　　　　　　　　　　建筑物费用占固定投资的百分数

工艺过程	建筑物费用占固定投资的百分数/%		
	新建厂	在原有厂址建新生产装置	在原有厂址扩建
固体加工	18	7	4
固体、流体加工	12	7	2
流体加工	10	2~4	2

表 2-9　　　　　　　　厂址开拓费用的组成占固定投资的百分数

厂址开拓项目	百分数/%		厂址开拓项目	百分数/%	
	范围	典型数值		范围	典型数值
场地清理	0.4~1.2	0.8	道路和人行道	0.2~1.2	0.6
铁路	0.3~0.9	0.6	围墙	0.1~0.3	0.2
院内和围墙照明	0.1~0.3	0.2	停车场	0.1~0.3	0.2
绿化	0.1~0.2	0.1	其他	0.2~0.6	0.3

10. 土地费用

土地费用和有关的勘测费及手续费,取决于工厂的建厂地点。农业地区和高度工业化地区之间,此项费用相差相当大。粗略估计,工厂的平均地价为设备购置费用的 4%~8%,或为总投资的 1%~2%。由于土地价值通常不随时间而降低,因此在估算每年各项经营费用时,例如在折旧时,固定投资中不包括土地费用。

11. 工程设计和监督费用

工程设计和监督费用是指建设中的设计、制图、采购、材料定额、施工规划和费用估算、旅费、复制费、通信以及包括管理费在内的办公等费用,这些费用由于不能直接当作设备、材料或人工费用,所以将其列入固定投资中的间接费用,其数值约为设备购置费用的 30%,或为工厂总直接费用的 8%。表 2-10 给出了工程设计和监督费用各组成部分在固定投资中所占的百分数。

表 2-10　　　工程设计和监督费用在固定投资中所占的百分数

组成	百分数/%	
	范围	典型数值
工程设计	1.5~6.0	2.2
制图	2.0~12.0	4.8
材料定额、施工规划和费用估算	0.2~1.0	0.3
旅费和生活费	0.1~1.0	0.3
复制和通信费	0.2~0.5	0.2
工程设计和监督的总费用(含管理费)	4.0~21.0	8.1

12. 现场费用

现场费用主要指临时建设和操作费、施工工具费和租金、施工现场办公费、施工人员工资、旅费和生活费、税金和保险金以及其他施工管理费用。这些费用通常包括在设备安装或工程设计、监督和施工费用之内。表 2-11 大致列出了各种现场费用占固定投资的百分数的范围值。普通化工厂现场费用的粗略平均数为工厂总直接费用的 10%。

表 2-11　　　　　　　　　　现场费用占固定投资的百分数

现场费用组成	百分数/%	
	范围	典型数值
临时建设和操作费	1.0～3.0	1.7
施工工具费和租金	1.0～3.0	1.5
现场办公费	0.2～2.0	0.4
施工人员工资	0.4～4.0	1.0
旅费和生活费	0.1～0.8	0.3
税金和保险金	1.0～2.0	1.2
开工原材料和劳动力	0.2～1.0	0.4
管理费	0.3～0.8	0.5
总现场费用	4.2～16.6	7.0

13. 包工费

包工费随不同情况而变化,可按工厂直接费用的 2%～8% 或固定投资的 1.5%～6% 来估算。

14. 不可预见费

不可预见费通常是指投资估算中诸如暴风雨、洪水、价格变化、设计小修改、估算误差等意外引起的费用以及其他想不到的费用,其中也可以不包括涨价裕度。不可预见费的范围占工厂直接费用和间接费用总和的 5%～15%,通常考虑采用的平均值为 8%。

15. 开工费

工厂完全建成之后,在达到以最优的设计条件进行操作之前,往往要进行修改。进行修改时不仅有材料和设备费用方面的消耗,而且由于要停工,或部分停工部分生产,从而造成收入减少。这个开工前的修改对装置投产的成功与否有很大的关系,所以是必须要做的工作,必须要拨款作为一部分投资。这些费用可能高达固定投资的 12%。但在一般情况下以固定投资的 8%～10% 作为此项费用即可满足要求。

在总的费用分析中,根据工厂的政策,可以把开工费作为工厂第一年生产操作中的一次性支出,也可以作为工厂总投资的一部分。

2.3　工艺装置(工艺界区)投资的估算方法

1. 规模指数法

在工程项目的早期,常用指数法匡算装置投资。计算式为

$$C_2 = C_1(S_2/S_1)^n \tag{2-1}$$

式中　C_1——已建成工艺装置的建设投资;

　　　C_2——拟建工艺装置的建设投资;

　　　S_1——已建成工艺装置的建设规模;

　　　S_2——拟建工艺装置的建设规模;

　　　n——装置的规模指数。

装置的规模指数通常情况下取 0.6。当采用改变设备大小以达到扩大生产规模时,$n = 0.6～0.7$;当采用增加装置数量达到扩大生产规模时,$n = 0.8～1.0$;对于试验性生产装置和高温高压的工业性生产装置,$n = 0.3～0.5$;对于生产规模扩大 50 倍以上的装置,

用指数法计算误差较大,一般不用。

各种产品装置的规模指数参见表 2-12,各种设备的能力指数参见表 2-13。

表 2-12　　　　　　　不同装置产品的规模指数

装置产品	规模指数	装置产品	规模指数	装置产品	规模指数
醋酸	0.68	磷酸	0.6	聚乙烯	0.65
丙酮	0.15	环氧乙烷	0.78	尿素	0.7
丁二烯	0.68	甲醛	0.55	氯乙烯	0.8
异戊二烯	0.55	过氧化氢	0.75	乙烯	0.83
甲醇	0.6	合成氨	0.53		

表 2-13　　　　　　　设备能力指数

设备名称	能力参数	参数范围	能力指数
离心压缩机	功率	20～100 kW	0.8
		100～5 000 kW	0.5
往复式压缩机	功率	100～5 000 kW	0.7
泵	功率	1.5～200 kW	0.65
离心机	转鼓直径	0.5～1.0 m	1.0
板框式过滤机	过滤面积	5～50 m²	0.6
框式过滤机	过滤面积	1～10 m²	0.6
塔设备	产量	1～50 t	0.63
加热炉	热负荷	1～10 MW	0.7
管壳式换热器	传热面积	10～1 000 m²	0.6
空冷器	传热面积	100～5 000 m²	0.8
板式换热器	传热面积	0.25～200 m²	0.8
套管式换热器	传热面积	0.25～200 m²	0.65
翅片套管换热器	传热面积	10～2 000 m²	0.8
夹套反应器	体积	3～30 m³	0.4
球罐	体积	40～15 000 m³	0.7
储槽(锥式)	体积	100～500 000 m³	0.7
压力容器	体积	10～100 m³	0.65

容器、储槽、工艺设备和原料输送设备的购置费用,还可以根据重量来估算。许多类型不同的设备,按单位重量计算的费用是很接近的。这一方法很有用处,没有其他费用数据可资利用时尤其有用。用这种方法得到的费用数据,作为数量级估算,一般情况下足够可靠。

2. 价格指数法

计算式为

$$C_2 = C_1(F_2/F_1) \tag{2-2}$$

式中　　C_1——已建成工艺装置的建设投资;

　　　　C_2——拟建工艺装置的建设投资;

　　　　F_1——已建成工艺装置建设时的价格指数;

　　　　F_2——拟建工艺装置建设时的价格指数。

价格指数是根据各种机器设备的价格以及所需的安装材料和人工费加上一部分间接费,按一定百分比根据物价变动情况编制的指数。价格指数法是应用较广的一种方法,例如美国的 Marshall & Swift 设备指数、工程新闻记录建设指数、Nelson 炼油厂建设指数和美国化学工程杂志编制的工厂价格指数等。

3. 单价法

对于新开发技术的装置费用,根据工艺过程设计编制的设备表来进行装置的建设投资估算。一个化工生产装置,是由化工单元设备如压缩机、风机、泵、容器、反应器、塔、换热器、工业炉等组成的。通常情况下,流程图中包括的上述主要设备要占整个装置投资一半以上,关于各种机器设备费用的估算是根据收集的各类机器设备的价格数据,选择影响设备费用的主要关联因子,应用回归分析方法求出设备费用与主要关联因子间的估算关联式。对流程图中包括的主要设备估算完成后,就可以估算整个装置的界区建设投资。

【例 1】 拟建年生产能力为 400 万吨的工业项目。与其同类型的某已建项目年生产能力为 200 万吨,设备投资额为 4 000 万元,经测算,设备投资的综合调价系数为 1.2。用生产能力指数法估算该拟建项目的设备投资额(已知生产能力指数 $n = 0.5$)。

解 拟建项目的设备投资额为

$$C_2 = C_1 \cdot (Q_2/Q_1)^n \cdot f = 4\ 000 \times (400/200)^{0.5} \times 1.2 = 6\ 788.2\ 万元$$

思考题

2-1 何谓固定资产投资?何谓流动资金?何谓总投资?何谓生产用固定资产投资和非生产用固定资产投资?举例说明。

2-2 投资估算可分成哪几类?按照精度进行排序。

2-3 生产装置固定投资分项表的作用如何?

2-4 工厂设备常常可以分为几类?购置设备如何估算其费用?

2-5 影响投资费用的因素主要有哪些?影响程度如何?

习 题

2-1 拟建年产 45 万吨的尿素装置。查得已建成的尿素装置的生产能力为年产 30 万吨,总投资为 1.5 亿元。用指数法估算拟建装置的总投资。

2-2 如果一个工艺过程购置设备的费用是 100 万元,试利用表 2-2 工艺工厂费用范围,进行工厂固定投资的研究估算。

2-3 已知购置的压力容器的费用为 2.5 万元/台,列管式换热器费用为 3 万元/台,塔购置费为 10 万元/台。拟在原有基础上扩产到原生产能力的 3 倍,购置设备数量、结构形式、材质、技术条件均不变,只是尺寸规格变化。问上述三种设备的购置费用分别大致是多少?

第3章

管道仪表流程图的绘制

3.1 概 述

管道仪表流程图是成套装备工程设计的一个重要环节,也是工程设计中各有关专业开展工作的主要依据。它以工艺设计为基础,借助统一规定的图形符号和文字代号,用图示方法把建立化工工艺装置所需的全部设备、仪表、管道、阀门及主要管件,按各自功能,为满足工艺要求和安全、经济目的而组合起来,以起到描述工艺装置的结构和功能的作用。它不仅是设计、施工的依据,而且也是企业管理、试运转、操作、维修和开停车等各方面所需的完整技术资料的一部分。

3.1.1 管道仪表流程图的分类和版次

管道仪表流程图在设计过程中逐步加深和完善,它分阶段和版次分别发表。管道仪表流程图按管道中物料类别通常分为两类:工艺管道仪表流程图(简称工艺 PI 图)和辅助物料、公用物料管道仪表流程图(简称公用物料系统 PI 图)。为使图纸表达更清楚和完整,以物料类别来分类的管道仪表流程图,可再分为装置内和装置间的管道仪表流程图,如图 3-1 所示。

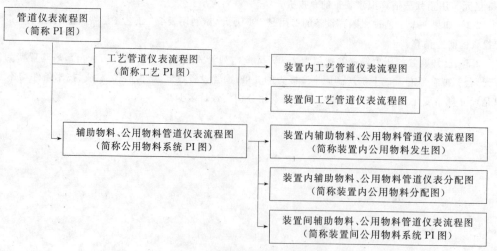

图 3-1 管道仪表流程图的分类

一个工厂由多个化工及公用工程装置组成,而各个装置由几个(最少为 1 个)工序(即主项、工号、车间)组成。PI 图的绘制以工序(主项)为基本单位,目的是把图纸表达清楚、完整,使其他专业能够明确设计意图和设计要求。

工程设计可分为两个阶段:基础工程设计和详细工程设计。PI 图图纸的版次是指在各工程设计阶段图纸上内容的表达深度。通常在基础工程设计阶段完成四版 PI 图:A 版 PI 图(初版),B 版 PI 图(内审版),C 版 PI 图(用户版),D 版 PI 图(确认版);在详细工程设计阶段完成三版 PI 图:E 版 PI 图(详 1 版),F 版 PI 图(详 2 版),G 版 PI 图(施工版)。

3.1.2 图纸编号

通常将装置内工艺管道仪表流程图、装置内公用物料发生图和装置内公用物料分配图一起编号,将装置间工艺管道仪表流程图和装置间公用物料系统 PI 图一起编号。

装置内管道仪表流程图的图纸编号顺序按"首页图—工艺管道仪表流程图—辅助物料、公用物料管道仪表流程图—辅助物料、公用物料管道仪表分配图—装置内各工序间工艺管道仪表流程图(如果需要)—装置内各工序间辅助物料、公用物料管道仪表流程图(如果需要)"进行。

装置间管道仪表流程图的图纸编号顺序按"首页图—工艺管道仪表流程图—辅助物料、公用物料管道仪表流程图"进行。

管道仪表流程图的 A 版和 B 版均为草图,C 版要调整图面,使图中各项达到规定要求,C 版以后各版的编制均在 C 版底图上完成,不再重新绘制新版底图。工艺系统专业对全部 PI 图负责,各专业对 PI 图上相应各自专业的范围负主要责任。各版图纸完成后,按质量保证校审程序签署。

辅助物料、公用物料管道仪表分配图和装置间工艺管道仪表流程图,以及辅助物料、公用物料管道仪表流程图,应在装置内工艺管道仪表流程图和装置内辅助物料、公用物料管道仪表流程图(公用物料发生图)A 版完成后才开始,并从 B 版起发表。

设计单位向用户提供 C 版(用户版)和 G 版(施工版)PI 图,分别用于用户审查和建设、施工使用,其他各版图供设计单位内部使用。对于 G 版(施工版),需存档入库保存,其他各版 PI 图由设计单位统一保管,并定期清理。

3.2 管道仪表流程图的内容

管道仪表流程图各版内容均有相应要求,并逐步深入,这里仅对 G 版(施工版)PI 图的内容进行介绍。施工版的管道仪表流程图用规定的图形符号和文字代号来描述:

(1)表示装置的各工序中工艺过程的全部设备、机械和驱动机,包括需就位的备用和生产用的移动式设备,并按要求进行编号和标注。

(2)详细表示所需的全部管道、阀门、主要管件(包括临时管道、阀门和管件)、公用工程站和隔热等,并进行编号和标注。

(3)表示全部工艺分析取样点,并进行编号和标注。

(4)表示全部检测、指示、控制功能仪表,包括一次仪表和传感器,并进行编号和标注。

(5)在 PI 图上需要说明的有关安全生产、试车、开停车和事故处理的事项,包括工艺系统专业对管道、自控等有关专业的设计要求和关键设计尺寸。

(6)其他附加内容

①设备、机械和特殊要求的操作台的关键标高或相对位差。

②设备、机械、驱动机等的技术特性数据(如果需要),包括主要规格、容积、热负荷量、功率,以及主要结构材料。

③表示出供货(成套、配套)和设计单位的分工范围。

④备注和必需的详图。

⑤首页图。

3.3 管道仪表流程图通用设计规定

3.3.1 图纸规格

PI 图的图纸应采用标准规格,并带有设计单位名称的统一标题栏。当与国外公司合作时,在国外公司提供的 PI 图上完成修改和深化设计后,在国外公司图纸标题栏旁,加盖本单位名称的标题栏。一般应采用 0 号(A0)标准尺寸图纸,也可用 1 号(A1)标准尺寸图纸。对同一装置只能使用一种规格的图纸,不允许加长、缩短(特殊情况除外)。

3.3.2 线 条

PI 图的所有线条要清晰、光洁、均匀,线与线间要有充分的间隔,平行线之间的最小间隔至少大于 1.5 mm。在同一张图上,同一类线条宽度应一致。标准推荐在管道仪表流程图上的线条宽度见表 3-1。

表 3-1 管道仪表流程图的线条宽度

类别	图线宽度/mm			备注
	0.6～0.9	0.3～0.5	0.15～0.25	
工艺管道仪表流程图	主物料管道	其他物料管道	其他	设备及其轮廓线 0.25 mm
辅助管道仪表流程图 公用系统管道仪表流程图	辅助管道总管 公用系统管道总管	支管	其他	
设备布置图	设备轮廓	设备支架 设备基础	其他	动设备(机泵等)如只绘出设备基础,图线宽度用 0.6～0.9 mm
设备管口方位图	管口	设备轮廓 设备支架 设备基础	其他	
管道布置图	单线 (实线或虚线)	管道	法兰、阀门 及其他	
	双线 (实线或虚线)	管道		

(续表)

类别	图线宽度/mm			备注
	0.6～0.9	0.3～0.5	0.15～0.25	
管道轴侧图	管道	法兰、阀门、承插焊螺纹连接的管件的表示线	其他	
设备支架图管道支架图	设备支架及管架	虚线部分	其他	
特殊管件图	管件	虚线部分	其他	

注：凡界区线、区域分界线、图形接续分界线的图线采用双点划线，宽度均用 0.5 mm。

3.3.3　标　注

1. 文字标注

PI 图纸上的各种文字字体要求匀称、工整，并尽可能采用工程字，字体为长仿宋体或正楷体，字或字母之间要留适当间隙，使之清晰可见。汉字高度为 5 mm。对于图表中的视图符号、工程名称、文字说明及轴线号、表格中的文字，均为 5 mm，图名则为 7 mm。

2. 尺寸标注

设备、机械、管道、阀门、管件和仪表在设计上如果有尺寸要求（如安装高度、位差、限位尺寸等），应在 PI 图上标注尺寸和（或）标高。尺寸通常以 mm 计，标高要换算成相对标高，即以地面标高为基准标高（表示为 EL100.000），均不注单位。尺寸的要求应该明确，并在图上用文字（或缩写英文字母）写明，也可以用注解在备注栏中表示。如：

"最小（或 MIN）××××"表示提出的最小尺寸为××××mm。

"最大（或 MAX）××××"表示提出的最大尺寸为××××mm。

"尽可能短"表示在管道布置中，管道长度尽可能短。也可用英文字母 MIN 表示，后不加尺寸。

3. 流动方向

物料流向箭头要表示出物流管道在本图纸各设备之间的流向，图纸接续和进出界区的跨接箭头表示物流管道在本图纸上的进和出（符号规定如 3.6 节所述）。如果一张 PI 图要由多张子图组成，要用同样的画法来表示物流管道的进和出，以便使这几张子图连起来时，管道线在相同的水平上，有助于阅读。

3.3.4　管道交叉和连接

管道交叉（不相连）和连接的表示方法如图 3-2 所示。

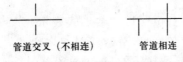

管道交叉（不相连）　　　管道相连

图 3-2　管道交叉和管道相连的表示方法

3.3.5　管道仪表流程图的图面安排

管道仪表流程图的图面安排不宜太挤，四周均留有一定空隙，一般为 20 mm，标准推荐的图面安排如图 3-3 所示。

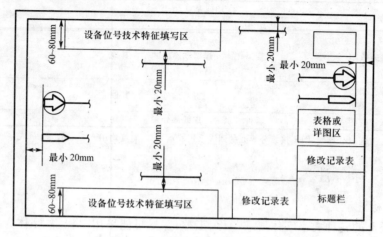

图 3-3 管道仪表流程图的图面布置

管道仪表流程图中的详图、表格可根据图面安排,在空位上表示,不局限于图 3-3 所示的位置。推荐在 0 号(A0)图纸上的设备不多于 8 台,1 号(A1)图纸上的设备数为 5 台左右,在同一张 PI 图上设备台数不宜太多。

3.4 设备的表示

在 PI 图上要绘出全部与工艺生产有关的设备、机械和驱动机(包括新设备、原有设备以及需要就位的备用设备)。图形符号按照 HG/T 20519.1—2009《化工工艺设计施工图内容和深度统一规定 第 1 部分:一般要求》的规定绘制,参见附录 E。设备、机械用中线条绘制,设备、机械的外形尺寸可不按比例绘制,但功能特征要表示恰当。

PI 图上要表示出设备类别特征以及内部、外部构件(内、外构件亦用中线条)。内部构件是指设备的内部基本形式和特征构件,如塔板形式、塔的进料板、回流液板、侧线出料板、第一块板和最后一块板(并在这些塔板上用数字标明是第几块板)、内部分布板(器)、捕沫器、切线进料管、降液管、内部床层、反应列管、内部换热器(管)、插入管、防冲板、刮板、隔板、套管、搅拌器、防涡流板、过滤板(网)、升气管、喷淋管等。外部构件如外部加热器(板)、夹套、伴热管、搅拌电机、视镜(观察孔)等。

如遇到规定图形符号以外的设备和机械,应根据实物的类型特征和主要部件特点,简略表示出该设备(机械)图形,并由工程设计者作统一规定。

1.设备位号

在管道仪表流程图中,设备位号以分数形式表示,分母表示设备名称,分子表示设备位号,分数线以粗实线绘制。每台设备均有相应的位号,设备位号由两部分组成,前部分用大写英文字母表示设备类别,见表 3-2;后部分用阿拉伯数字表示设备所在位置(工序)及同类设备的顺序,一般数字为 3~4 位。如图 3-4 所示是设备位号的表示方

图 3-4 设备位号表示方法

法,它包含四个单元:第一单元用大写字母表示设备类别代号;第二单元为工序(或主项)的工程代号,用两位数字顺序表示;第三单元为设备在该工序同类设备中的顺序号,用两位数字表示,若设备顺序号不是两位数时,前边用"0"占位;当同一位号设备不止一台时,可以在设备位号后加大写字母作为第四单元加以区别,如同一位号的设备数量超过 26 台时,可用阿拉伯数字序号代替英文字母。同一设备在各版设计中位号不变,即使改版,审批取消的设备所用位号也不能再使用。

表 3-2　　　　　　　　　设备类别代号

设备类别	代号	设备类别	代号
塔	T	火炬、烟囱	S
泵	P	容器(槽、罐)	V
压缩机、风机	C	起重运输设备	L
换热器	E	计量设备	W
反应器	R	其他机械	M
工业炉	F	其他设备	X

通常在 PI 图上要表示两处设备位号,如图 3-5 所示。第一处设备位号表示在设备旁,不用引线引出位号线,也不允许将设备位号写在设备内,在设备位号线上部写设备类别代号和位号,不标注设备名称。第二处设备位号表示在设备相对应位置的图纸上方或下方,在设备位号线上部写类别代号和位号,在位号线下部写明设备名称。如果需要,可在设备名称下面标注该设备、机械、驱动机的主要技术特性数据和结构材料,注意技术数据是实际选用值。如果图面简单,且清晰直观,不会造成误解,可省去第一处设备位号。

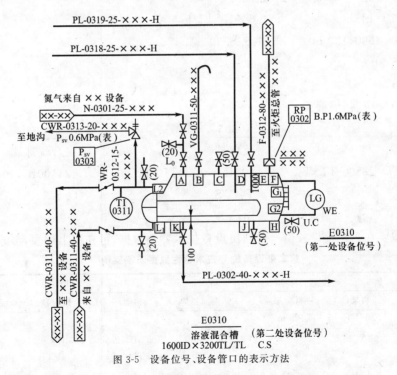

图 3-5　设备位号、设备管口的表示方法

对同一位号的几台设备应该分别标注,如 P0331A、P0331B;当能清晰识别设备时,可以将同一位号的几台设备标在一起,如 P0331A、B。

根据工程需要,建议设备、机械、驱动机的主要技术特性数据和标注内容如下:

① 容器、塔、反应器、蒸发器等立式、卧式罐等,标注内径与封头切线间距离。

② 用于原料、产品、副产品、中间产品储存的储槽,加注容积大小。

③ 球形罐标注内径和容积。

④ 换热器标注热负荷(计算值)、传热面积(实际选用值)和传热管直管长度、换热器的内径。

⑤ 工业炉标注热负荷(计算值)。

⑥ 泵、压缩机、鼓风机等标注额定流量、扬程(或吸入压力和进出口压差)。

⑦ 驱动机标注驱动类别(电动或其他)、选用的额定功率。

根据工程需要,可标注流体名称、工作和设计数据(如温度、压力值)。

例如:

(1)机泵类

P0331A

进料泵 　　　　　1.2 m³/h, 　0.08/0.15 MPa

　　　　　陶质材料 1.2 kW

(2)换热器、工业炉类

E0303 　　　　　　　　　F0301

进料冷却器 　　　　　　热油加热炉

3.2×10⁶ kJ/h 　　　　　1.6×10⁶ kJ/h

700ID×4500,120 m² 　　T:S.S.304

T:S.S.306

S:C.S

(3)塔、反应器、槽罐类

T0314 　　　　　　R0303 　　　　　　　V0303

精馏塔 　　　　　反应器 　　　　　　混合气球罐

1000ID×23500 TL/TL 　800ID×3000TL/TL 　124100ID,400 m³

C.S. 　　　　　　　T:C.S. 　　　　　　C.S.

　　　　　　　　　S:C.S

如果需要在第二处设备位号处列出设备技术特性数据,可在图上列表,形式见表3-3。

表 3-3　　　　　　　　　　第二处设备位号技术特性数据表格实例

设备位号	P0331A	E0303	F0301	T0314	R0303	V0303
设备名称	进料泵	进料冷却器	热油加热炉	精馏塔	反应器	混合气球罐
技术数据	1.2 m³/h	120 m²				400 m³
	0.08/0.15 MPa	700ID×4500		1000ID×23500 TL/TL	800ID×3000 TL/TL	124100ID
	1.2 kW	3.2×10⁶ kJ/h	1.6×10⁶ kJ/h			
	陶质材料	T:S.S.306 S:C.S	T:S.S.304	C.S.	T:C.S. S:C.S	C.S.

2. 管口、阀门的表示

设备、机器的接管口、阀门等的表示方法如图 3-5 所示。表示内容如下:

设备、机械上的所有接管口,包括工艺物料进出口、公用物料连接口、人孔、手孔、备用口、开停车用管口、置换口、吹扫口、排放口、取样口、液面计接口、仪表接口、试压试漏口和临时接管口等。

对非定型设备所有管口,按照工艺专业有关设备"工艺数据表"中的管口编号,用一位英文大写字母或英文大写字母加数字(或数字加英文),外加正方形细线框,标注出接管口符号。

不同于连接管道尺寸的阀门要标注阀门的公称通径。

不同的连接标准、连接尺寸、不同的管道等级要注明,如图 3-6 所示。

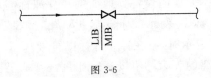

图 3-6

3. 液面计的表示

设备上的玻璃管(板)液面计,采用细实线圆及圆内注 LG 表示,如图 3-5 所示。凡是液面计随设备配套供应的可不编号,与设备相连的阀门在图上也不表示。液面计随设备配套供货,要注明随设备供货字母(WE)。如果工程需要对液面计编号和表示出与设备连接的阀门,则按工程规定执行。工艺需要并且不属于仪表本身配套供应的仪表阀门(包括自控液面计)——通常是指仪表的根部阀,要表示在 PI 图上,并按规定图形符号和文字代号表示阀门的类型,标注公称通径。仪表本身配套供货的阀门以及由自控专业设计的在安装图上表示的属仪表用的放空、放净阀等,在 PI 图上不表示。

4. 爆破片、安全阀的表示

所有爆破片都要注以编号和爆破压力(字母 B.P 并填写压力值),爆破压力为表压,加"表"字,如 1.5 MPa(表)。爆破片有特殊要求的要注明,如保温、伴热、带保护罩及排出去向。所有安全阀都要标注编号和整定压力(字母 P_{sv} 并填写压力值),整定压力(MPa)为表压,加注"表"字,如 1.5 MPa(表)。要注明要求和排放去向。

另外,填料和催化剂、活性炭、白土、分子筛等的装卸口要绘出。手孔、人孔只有当需要表明有特殊要求时才表示,如图 3-7 所示。设备的接管法兰一般不绘出。设备的关键限位尺寸要标注,也可用注解在 PI 图备注栏中说明。设备内的插入管(进或出料管)深度表示法如图 3-5 所示。设备间相对位差的标注和有位差要求的自流管道尺寸标注如图 3-7 所示。

5. 设备绝热和伴热的表示

设备绝热和伴热可按如图 3-8 所示的方法表示,设备的伴热管要全部绘出,其他绝热管道在恰当位置绘制绝热图例即可。

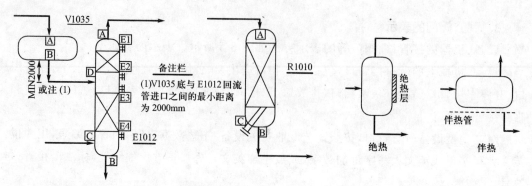

| 图 3-7 设备间位差和人孔、卸料口表示法 | 图 3-8 设备绝热、伴热表示法 |

6. 设备安装尺寸与标高的表示

设备有安装高度要求的,要注明设备到地面的尺寸或标高。安装高度通常的标注方法如图 3-9 所示。如果用标高表示,则全部 PI 图应取统一的基准标高(地面为 EL100.000);以中心线标高表示时,则在标高前标以符号"C.L"(与管道中心线表示符号相同)。上述尺寸、高度、距离的表示均不按实际比例。特殊要求的操作台标高(或位差)标注的方法与设备标高(或位差)标注方法相同。

地下或半地下设备应表示地面线(EL100.000)和设备本体地下深度,如图 3-10 所示。

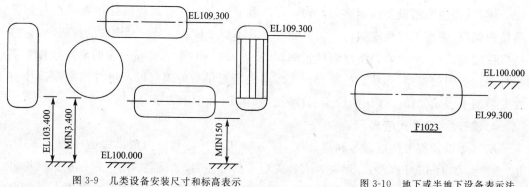

| 图 3-9 几类设备安装尺寸和标高表示 | 图 3-10 地下或半地下设备表示法 |

如果系统比较复杂,为把各类介质管道、仪表、阀门、管件等表示清楚,允许在相应 PI 图上多次重复表示同一台设备,在每一张 PI 图上,只要出现这台设备一次就要表示出某一类(或几类)工艺介质管道及相应的仪表、阀门、管件等。某些设备如换热器管程、壳程或两台、多台重叠在一起的设备(编两个或多个设备位号),可以分开表示。当画某一类(或几类)工艺管道和仪表时,在该张 PI 图上只要表示出与该类别管道有关的一部分设备(例如只画换热器的管程,两台或多台重叠设备的其中一台设备),但要在该设备旁,写清另一半设备出现的 PI 图图号,并标注各设备位号,也可以用注解在同页 PI 图的备注栏中说明,如图 3-11 所示。

同样,也可以在同页 PI 图上将叠加设备、换热器的管程(壳程)、工业炉的炉内管系和炉体上的管道、仪表等分开画,但应分别注明设备间的相互关系,如图 3-12 所示。注意:在一套 PI 图中,同一台设备可以在各图中反复出现,但某一根管道和该管道上的阀门、仪表及主要管件只能出现一次。

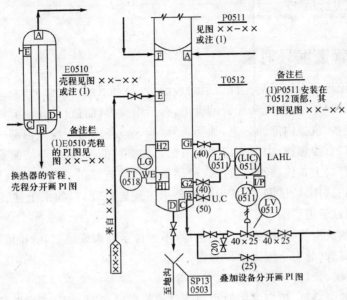

图 3-11　分开画设备的 PI 图表示方法(1)

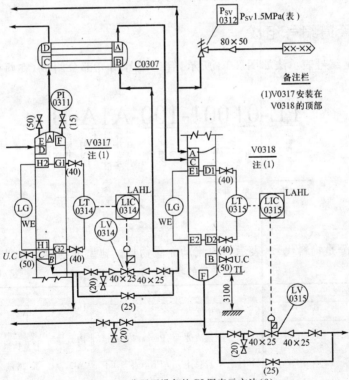

图 3-12　分开画设备的 PI 图表示方法(2)

设备上的支承、裙座、吊柱等在 PI 图上不表示,但承重点要表示出来。

3.5 管道编号

3.5.1 管道编号对象

管道仪表流程图上表示的全部管道均应编号,只有下列情况除外。

①随设备、机械一起加工和配置的管道,包括由卖方(制造厂)在成套设备或机组中供货的管道等,设备、机械内部的管道,如插入管(插入设备内的一段)、内部换热管等。

②设备管口直接相连,中间不需加管道的。如叠放的换热器、与塔紧靠的再沸器等。

③设备接管口上直接接阀门、盲板、丝堵而无管道连接的接管口。例如,设备自身的放净口、放空口、试压口、试漏口、备用口和公用工程连接管口,如果上述管口的阀门后连接上了管道,则该管道要编号。

④管道上的放空管、导淋管及排至地坪(不是排至地沟或地坑)的排液管、直接排大气的安全阀入口导管(此安全阀无出口导管)。

⑤设备、机械、管道上的伴热管和夹套管。

⑥控制阀的旁路管、切换使用的小型管件或阀组的相同备用(或旁路)管。

⑦仪表管线,如压力表接管、各类仪表信号管线等。

3.5.2 管道编号组成

典型的管道编号表示法如图 3-13 所示,管道编号由五部分组成,在每个部分之间用一短横线隔开。

图 3-13 典型管道编号

(1)第一部分是物料代号,表示管内流动介质物料。典型的物料代号见表 3-4。

表 3-4　　　　　　　　　　　　　　典型的物料代号

代号	词义		代号	词义		代号	词义	
	中文	英文		中文	英文		中文	英文
PA	工艺空气	Process Air	PL	工艺液体	Process Liquid	PLS	液固两相流工艺物料	Process Liquid Solid
PG	工艺气体	Process Gas	PS	工艺固体	Process Solid	AC	酸、酸液	Acid
NG	天然气	Natural Gas	VG	放空气体	Vent Gas	SW	软水	Soft Water
LD	排液	Liquid Drain	S	蒸汽	Steam	O	氧气	Oxygen
AG	氨气	Gaseous Ammonia	AMW	氨水	Ammonia Water	CA	压缩空气	Compressed Air

（续表）

代号	词义		代号	词义		代号	词义	
	中文	英文		中文	英文		中文	英文
AL	液氨	Liquid Ammonia	BD	排污	Blow Down	BW	锅炉给水	Boiler Feed Water
CW	冷却水	Cooling Water	CWS	冷却供水	Cooling Water Supply	FG	燃料气	Fuel Gas
CWR	冷却回水	Cooling Water Return	FO	燃料油	Fuel Oil	F	火炬排放气	Flare Exhaust
FW	消防水	Fire Water	HW	热水	Hot Water	HWS	热水给水	Hot Water Supply
IW	生产用水	Industrial Water	HWR	热水回水	Hot Water Return	IA	仪表空气	Instrument Air
SC	水蒸气凝液	Steamy Condensate	HS	高压蒸汽	High Pressure Steam	FR	氟利昂冷冻剂	Freon Refrigerant
AM	氨	Ammonia	N	氮	Nitrogen	SEW	海水	Sea Water

（2）第二部分是管道所在工序（主项）的工程工序（主项）编号和管道顺序号，由两个单元组成，一般用数字或带字母（字母要占一位数，大小与数字相同）的数字组成。

①工程的工序编号单元

工程的工序（主项）编号是工程项目给定的，由装置内分配给每一个工序（主项）的识别号，用两位数字表示，如 01、15 等。

②管道顺序号单元

顺序号为一个工序（主项）内对一种物料介质按顺序排列的一个特定号码。每一个工序对每一种物料介质，都从 01（或 001）起编号。管道顺序号用两（或三）位数字表示。

第一部分和第二部分合起来统称为"管段号"或"基本管道号"，它常用于管道在表格文件上的记述、管道仪表流程图中图纸和管道接续关系标注和同一管道不同管道号的分界标注。

（3）第三部分是管道尺寸，用管道的公称通径表示。对公制尺寸管道，如 DN100 只表示为 100；英制管道，如 2 英寸管道，表示为 2"。

（4）第四部分是管道等级，由三个单元组成。管道等级是由管道材料专业根据工程特点和要求编制的，并提供给工艺系统专业进行标注。管道等级由三个单元组成。

第一单元：管道的公称压力等级代号，用大写英文字母表示。国内标准的公称压力等级代号见表 3-5。

表 3-5 管道公称压力等级代号

压力等级	L	M	N	P	Q	R	S	T	U	V	W
MPa	1.0	1.6	2.5	4.0	6.4	10.0	16.0	20.0	22.0	25.0	32.0

第二单元：顺序号，用阿拉伯数字表示，由 1~9 组成。当压力等级和材质类别相同时，可有九个不同系列的管道材料等级。

第三单元：管道材质类别，用大写英文字母表示，见表 3-6。

表 3-6 管道材质类别

材质	A	B	C	D	E	F	G	H
代号	铸铁	碳钢	普通低合金钢	合金钢	不锈钢	有色金属	非金属	衬里及内腐蚀

（5）第五部分：绝热和隔声代号。用规定的大写英文字母表示，见表 3-7。

表 3-7   绝热和隔声代号

代号	功能类型	备注
H	保温	采用保温材料
C	保冷	采用保冷材料
P	人身防护	采用保温材料
D	防结露	采用保冷材料
E	电伴热	采用电热带和保温材料
S	蒸汽伴热	采用蒸汽伴管和保温材料
W	热水伴热	采用热水伴管和保温材料
O	热油伴热	采用热油伴管和保温材料
J	夹套伴热	采用夹套管和保温材料
N	隔声	采用隔声材料

【例 3-1】 单元表示方法(表 3-8)。

表 3-8   单元表示方法

序号	介质代号	管道编号		公称通径	管道等级	隔热
		工序编号	顺序号			
1	PG	04	07	100	L2E	C
	可以写成 PG-04-07-100-L2E-C					
2	HO	31	108	50	M2B	H
	可以写成 HO-31-108-50-M2B-H					
3	CWS	10	1001	100	N1A	
	可以写成 CWS-10-1001-100-N1A					

3.5.3 工艺管道的编号和标注

管道仪表流程图上的管道是按工序(主项)、介质为基准编号的。在每个工序中,每一种介质类别的管道,都是从 01(或 001)起编,按管道在工序中的顺序依次编号。一个装置中的各个工序,所采用的管道编号方法应该一致,不同的装置(或由于设计单位不同)可以采用不同的管道编号方法。管道编号后,由于工程设计进展,如果要取消一些管道,其管道号不再采用,在新增加的管道上,不使用这些取消的编号。

1. 工序内工艺管道的编号

工序内工艺管道的编号顺序应按实际情况而定,通常是从管道仪表流程图第一张图起,按图序和流程顺序对每一种工艺介质管道逐根进行编号。每张流程图上,管道随流程图所示出的介质流动方向进行编号,如蒸馏塔回流系统的编号顺序应是从塔顶到冷凝器、收集槽(回流槽)、回流泵再返回塔。

管道从开始设备至其次设备顺序编号,管道号中的工程工序编号与管道开始处设备的设备位号中工序编号一致。两设备之间的管道,不管规格或尺寸改变与否,只编一个管道号,若中间有分支到其他设备或管道的管道,则另编管道号,如图 3-14 所示。

管道序号应该保留到一台设备或另一条管道的连接点终止,如图 3-15 所示。

设备的放空(包括安全阀的入口管和出口排出管)、放净,只要有管道就要编号。

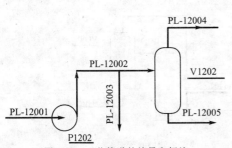

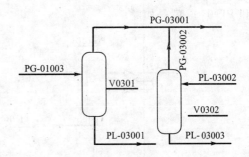

图 3-14　工艺管道的编号和标注　　　　　　　　图 3-15　工艺管道的编号和标注
（作为举例，以下各图管道号均只表示基本管道号）

　　由设备（或管道）到同一位号加系列号区分的多个设备之间的连接管道以及多个相同位号设备连接到另外设备或汇集管道的各分支管要编管道号。图 3-16（a）是有总管道的情况（即管端有封头），总管要编一管道号，而到每台设备的分管道另外编号；图 3-16（b）是无总管道的情况，这时以到同一位号最远的那台设备编一个管道号，其余设备分支管道另外编号。

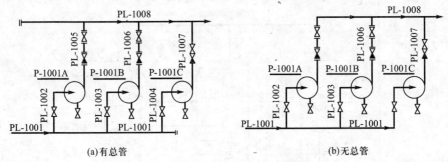

(a)有总管　　　　　　　　　　　　　　　　　(b)无总管

图 3-16　具有多台同设备位号的管道编制方法

　　由一台设备（或管道）到另一台设备的管道，分为三种情况：

　　情况一：一台设备的不同管口到另一台设备的不同管口（或一根管道），每根管都要编管道号，如图 3-17 所示。

　　情况二：一台设备的不同管口（或一根管道）到另一台设备的相同管口，每根管都要编管道号，如图 3-18 所示。

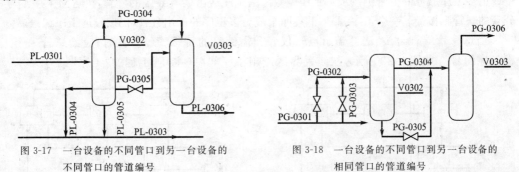

图 3-17　一台设备的不同管口到另一台设备的　　　图 3-18　一台设备的不同管口到另一台设备的
　　　　　　不同管口的管道编号　　　　　　　　　　　　　　相同管口的管道编号

　　情况三：一台设备（或管道）的一个管口到另一台设备的多个管口，又分两种情况：当接受设备的多个管口用途相同、正常工作时只用一个管口，其余备用，如塔的进料口，这时只编一个管道号，如图 3-19（a）所示；接受设备上有相同用途的多个接受管口（同时使用）和有不同用途的多个管口，则每根管道都要编管道号，如图 3-19（b）所示，管道 PL-0408

和 PL-0409 就是如此。

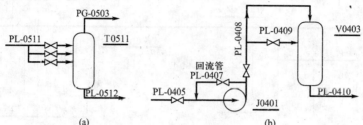

图 3-19　一台设备的一个管口到另一台设备的多个管口的管道编号

　　连通两根管道的旁路管(不是控制阀的旁路)、安全阀进出口的旁路管以及设备、管道的回流管均要编管道号,图 3-19(b)中的管道 PL-0407 就是这种情况。

2. 工序间工艺管道的编号

　　由一个工序的设备或管道到另一个工序(或几个工序)的设备或管道的工艺按起点工序编号,并一直有效到另一工序的设备或管道连接终止,如图 3-20 所示。

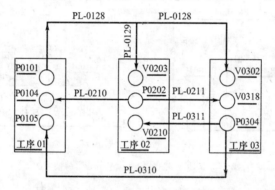

图 3-20　工序间工艺管道的编号

　　一般情况下,由装置界区来或送出界区外的工艺管道编号方法按图 3-21 所示进行编制,来自界区的总(主)管以及总(主)管再分配到各工序的工艺管道,总(主)管按照最远的一个工序编号。由总(主)管分配到其他单一工序,凡为该工序服务,就用该工序号编管道号,而为两个或更多工序服务的分管仍按最远工序编号。由工序送出装置界区的分管,按送出工序编号。分管的联管则按最远一个工序编号,汇集两个或更多工序的送出分管,仍按最远工序编号。

　　当总管管端有封头、法兰盖、设备、仪表和需编号的特殊管(阀)件时,应给总管一个工程工序编号。如图 3-22 所示,从装置界区进出工序间总(主)管工程的"工序"编号为"7"。

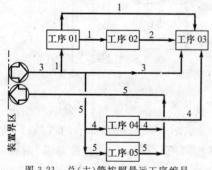

图 3-21　总(主)管按照最远工序编号

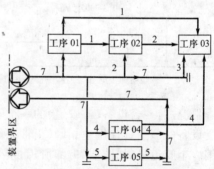

图 3-22　总(主)管按单独工程"工序"编号

3.装置间工艺管道的编号

工厂中装置与装置间的管道(又称"装置间连接外管")的编号和标注如图 3-23 所示。装置外管与装置内管的管道号分界处通常在装置界区线外 1 m 处。外管的管道号的编号方法与装置内管道号的编号方法相同,其管道号的第二部分工序编号应用一个"装置"编号(或相适应名称的编号)代替,这个编号要不同于被连接装置的编号,如图中的工艺管道 502,由两位或三位数字组成,如 PL-502001-100-B2A-H,不同于工艺装置 102、202 及 302,也不同于公用工程装置 402 的编号。

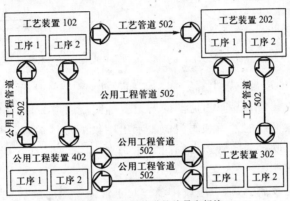

图 3-23　装置间管道的编号和标注

3.6　管道、阀门、管件的表示

装置内工艺管道仪表流程图上要表示出全部工艺管道、阀门和主要管件,表示出与设备、机械、工艺管道相连接的全部辅助物料和公用物料的连接管。这些辅助物料和公用物料连接管只绘出与设备、机械或工艺管道相连接的一小段。在这一小段管道上要包括对工艺参数起调节、控制、指示作用的阀门(控制阀)、仪表和相应管件,并用管道接续标志表明与该管道接续的公用物料分配图图号。

管道、阀门和管件所用的图形符号要符合 HG/T 20519.2—2009《化工工艺设计施工图内容和深度统一规定　第 2 部分:工艺系统》中第 9 条"管道及仪表流程图中管道、管件、阀门及管道附件图例"的规定。常用的管道、阀门和管件的图形符号如图 3-24(插页 1)所示。每根管道上要标注管道号。

(1)从 PI 图图面看,工艺物料管道一般采用左进右出的方式。在工艺管道仪表流程图上的辅助物料、公用物料连接管不受左进右出的限制,而以就近、整齐安排为宜。放空或去泄压系统的管道,在图纸上(下)方或左(右)方离开本图。

装置内各管道仪表流程图之间相衔接的工艺管道和辅助物料、公用物料管道采用管道的图纸接续标志来标明。工艺管道的图纸接续标志内注明与该管道接续的工艺 PI 图图号;辅助物料、公用物料管道的图纸接续标志内注明该辅助物料、公用物料类别的公用物料分配图图号。图号只填工程的工序(主项)编号、文件类别号和文件顺序号(或图纸张号)。接续标志用中线条表示,在接续标志旁的连接管线上(下)方,注明所来自(或至)的设备位号或管道号(管道号只标注基本管道号),如图 3-25 所示。

进出界区(装置)的管道要用管道的界区标志,该标志用中线条表示,适用于装置和装置间管道的图纸接续。在管道的界区标志旁的连接管线上(下)方标明来自(或至)的装置名称(或外管、桶、槽车等),如图3-26所示。

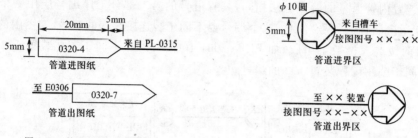

图 3-25　管道的图纸接续标志　　　　　　图 3-26　管道的界区接续标志

(2)在每根管道的适当位置上标绘物料流向箭头,箭头一般标绘在管道改变走向、分支和进入设备接管处。所有靠重力流动的管道应标明流向箭头,并注明"重力流"字样。

管道上放空和放净用的管道和阀门应表示出图纸的接续关系;用于生产、开停车、催化剂再生、气体置换、吹扫等的管道和阀门需注明来去向,并在标注栏中注解相关的技术要求。

所有管道高点应设放空,低点应设排液。对于液体管道的放空、排液应装阀门及螺纹管帽,而气体管道的排液也应装阀门及螺纹管帽。用于压力试验的放空管道仅装螺纹管帽。

排液阀门尺寸一般不能小于下述尺寸:

公称直径 $DN \leqslant 40$ mm 的管道,阀门尺寸为 15 mm;

公称直径 $DN \geqslant 50$ mm 的管道,阀门尺寸为 20 mm;

公称直径 $DN \geqslant 250$ mm 的管道,阀门尺寸为 25 mm。

放空及排液的表示法如图3-27所示。

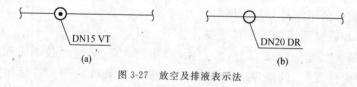

DN15 VT　　　　　　　DN20 DR

(a)　　　　　　　　　(b)

图 3-27　放空及排液表示法

对于间断加料、出料或加料、出料时不用管道(如用袋、桶加料,人工出料等)的情况,应表示出物料名称和加入、排出的示意箭头。

(3)如果阀门公称直径不同于管道尺寸,则应该标注阀门的公称直径,但当阀门连接尺寸不同的管道且是同一管道号时,如果阀门公称直径与其中一段管道尺寸相同,则不必标注阀门公称直径。对于未编号的短管上的阀门、放空阀、放净阀等的公称直径需要标注;对于不同连接尺寸和标准的阀门公称直径也要标注。

(4)异径管和管道分界的标注方法如下:

异径管大小端根据实际管道方向绘制,且不分规格,用相同的外形尺寸,但其旁边按大端公称直径×小端公称直径形式标注出异径管的尺寸规格。如果异径管两端直径已经表示

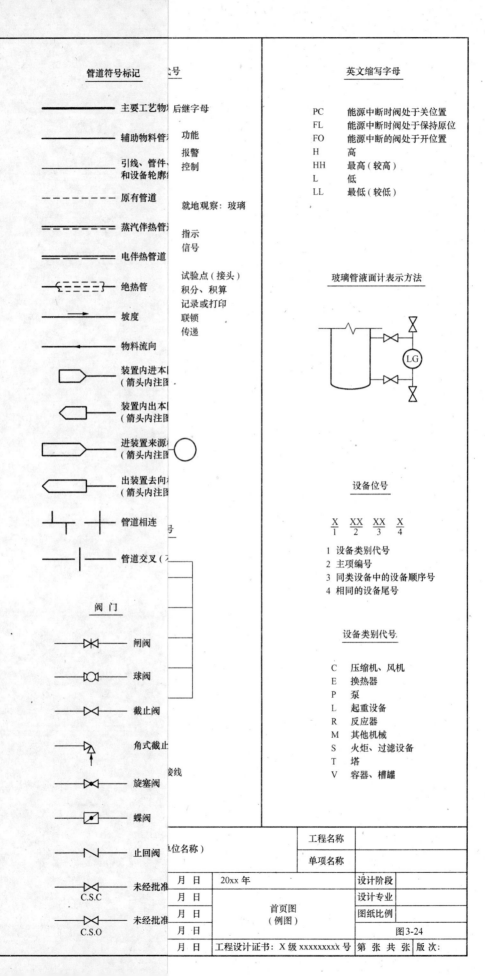

管道符号标记　　　　号　　　　　　　　　　　　英文缩写字母

主要工艺物　后继字母

功能　　　　　　　PC　　能源中断时阀处于关位置
报警　　　　　　　FL　　能源中断时阀处于保持原位
控制　　　　　　　FO　　能源中断的阀处于开位置
　　　　　　　　　H　　　高
　　　　　　　　　HH　　最高（较高）
就地观察：玻璃　　L　　　低
　　　　　　　　　LL　　最低（较低）
指示
信号

辅助物料管系

引线、管件、
和设备轮廓线

原有管道

蒸汽伴热管系

电伴热管道

绝热管　　　　　试验点（接头）
　　　　　　　　积分、积算
坡度　　　　　　记录或打印
　　　　　　　　联锁
物料流向　　　　传递

装置内进本图
（箭头内注图　　　　　　　玻璃管液面计表示方法

装置内出本图
（箭头内注图

进装置来源　　　　　　　　　　　设备位号

出装置去向
（箭头内注图

管道相连　　　　　　　　　　$\dfrac{X}{1}$　$\dfrac{XX}{2}$　$\dfrac{XX}{3}$　$\dfrac{X}{4}$

管道交叉（　　　　　　　　1　设备类别代号
　　　　　　　　　　　　　2　主项编号
　　　　　　　　　　　　　3　同类设备中的设备顺序号
阀门　　　　　　　　　　　4　相同的设备尾号

　　　　　　　　　　　　　　　　设备类别代号

闸阀
　　　　　　　　　　C　　压缩机、风机
球阀　　　　　　　　E　　换热器
　　　　　　　　　　P　　泵
截止阀　　　　　　　L　　起重设备
　　　　　　　　　　R　　反应器
角式截止　　　　　　M　　其他机械
　　　　　　　　　　S　　火炬、过滤设备
　　　　　　　　　　T　　塔
旋塞阀　　　　　　　V　　容器、槽罐

蝶阀

止回阀

未经批准
C.S.C

未经批准
C.S.O

位名称）			工程名称	
			单项名称	
月 日	20xx 年		设计阶段	
月 日			设计专业	
月 日	首页图		图纸比例	
月 日	（例图）		图3-24	
月 日	工程设计证书：X 级 xxxxxxxx 号		第 张 共 张 版次：	

清楚,则可不标注异径管尺寸规格。异径管位置有要求者,应标注定位尺寸。同一管道号只是管径不同时,可以只标注管径,不标注管道号。相连接管道有不同管道号时,如果在 PI 图上分界不清楚,则应标注管道号分界符号,在分界符号线两侧标注管道基本管道号,如图3-28所示。

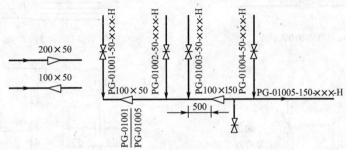

图 3-28　异径管和定位尺寸以及管道号分界的表示(单位:mm)

(5)同一管道号而等级不同时,应表示出等级的分界线,并注出相应的管道等级。支管与总管连接,对支管上的管道等级分界位置有要求时,要标注管道等级和定位尺寸,如图 3-29 所示。

(6)隔热层和伴热(冷)管、夹套管按规定文字代号,在管道号的第六个单元中表示,管线的伴热管要全部绘出,夹套管可在两端只画出一小段,其他绝热管道要在适当部位绘出绝热图例。

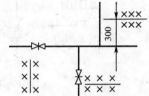

图 3-29　管道等级变化的标注方法

地下管道(包括埋地管道和地下管沟中的管道)按规定图形来表示,如果设计有要求,应注明埋地深度、坡度、埋地点等要求。

特殊的管道坡度、液封高度、配管对称要求及对阀门、管件、仪表的特殊位置和管道标高有要求时,应在相应部件的适当地方标明或注解,如图 3-30 所示。

管道上的爆破片和安全阀需要标注和编号(与设备上的爆破片、安全阀一起按工序顺序编号,标注方法相同),并表示排出口介质去向、排出位置要求和接续图图号。对安全阀入口管道有限制压降要求时,应在管道近旁标注管段长度、弯头数量,以及进出口管道号,如图 3-31 所示。

阀门的类别要用规定的图形符号和文字代号表示。阀门的开、关对安全操作、事故处理有重大影响并需要操作管理人员监督,应采用规定的文字代号标注。如,用于事故处理(正常工作时,该阀不用):CSO 表示阀门在开启状态下铅封,CSC 表示阀门在关闭状态下铅封;用于开工、停工、定期检修的阀门:LO 表示阀门在开启状态下加锁,LC 表示阀门在关闭状态下加锁。

要绘制全部工艺分析取样点,按规定进行标注和编号。取样器在 PI 图上的编号和取样点应一致,但取样器的标准系列号另定,并应将系列号表示在图上。当取样器有公用工程要求时,应表示出公用物料管道的连接管、公用物料类别、管道号和公用物料管道的图纸接续标志。

取样点在 PI 图上的类别符号为 S(自动分析的符号为"A"),标注方法如图 3-32 所示。

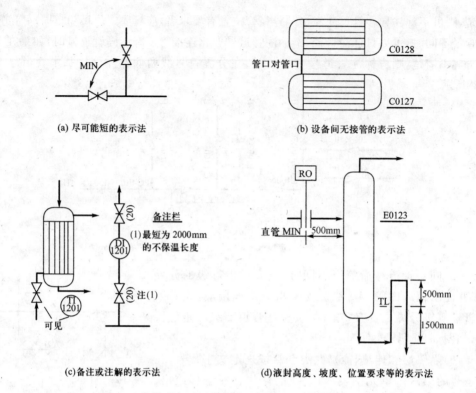

图 3-30　管件、阀门、仪表的安装要求和尺寸的几种表示法

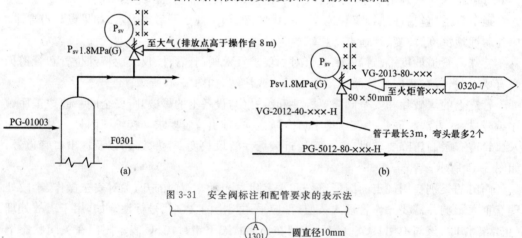

图 3-31　安全阀标注和配管要求的表示法

图 3-32　取样点标注方法
A—人工取样点；1301—取样点编号（13 为主项编号，01 为取样点序号）

带冷却器的取样点，要表示两个编号框，取样点的编号标注方法同特殊管（阀）件的编号方法。

要表示出管道上必须设置的连接法兰、盲板（法兰盖）、活接头和管接头（主要是指工艺需要而设置的），对异径法兰（管接头）连接要标注各端法兰（管接头）公称通径；不表示管道与设备、机械相连接的管口法兰以及管道与阀门、管件、仪表相连的法兰和夹套管法兰、伴热管接头，也不表示管道上的标准弯头、三通以及焊接点、螺纹形式，但是要表示出管端的连接形式和规格。

由制造厂提供的成套设备(机组)在管道仪表流程图上以双点划线框图表示出制造厂的供货范围。框图内注明设备位号,绘出与外界连接的管道和仪表线,若采用制造厂提供的管道及仪表流程图,应注明厂方的图号。

若成套设备(机组)的工艺流程简单,可以按一般设备(机器)对待,但仍需注出制造厂的供货范围。对成套设备(机组)以外的,但由制造厂一起供货的管道、阀门、管件和管道附件加文字标注"卖方",也可加注英文字母 B. S 表示,还可在流程附注中加以说明。

如果工程需要(或 PI 图上定不了管道等级的管道),在介质管道旁标注设计温度和设计压力值。对有能量交换的公用物料管道,在进出能量交换设备的公用物料管道上加注流量(设计值)。

施工版 PI 图上各工艺物料和公用物料、辅助物料的各支管与总管连接的前后位置、顺序,以及管道上的阀门、仪表,主要管件的位置、顺序和数量、类型应与管道布置图一致。

3.7 仪表控制的绘制要求

管道仪表流程图上要用规定的图形符号和文字代号表示出设备、机械、管道和仪表站上的全部仪表。

表示内容为:代表各类仪表(检测、显示、控制等)功能的细线条圆圈,测量点,从设备、阀门、管件轮廓线或管道引到仪表圆圈的各类连接线,仪表间的各类信号线,各类执行机构的图形符号,调节机构,信号灯,冲洗、吹气或隔离装置,按钮和联锁等。

对仪表、检测点的引出位置有要求的要标明。例如,要从第几块塔板引出或装在什么部位,应在该仪表、检测点所装的设备上(旁边)标注,可以用注解在同页 PI 图的备注栏中说明。当有限位尺寸要求时,应在仪表部位表示尺寸(或标高)。生产操作对仪表及相应动作阀门和视镜、液面计、指示仪表等位置有要求的,应标注说明或尺寸。

在线仪表和控制阀的尺寸,当不同于管道尺寸时,要表示变径的异径管或异径法兰,并标注变径通径(可不标注控制阀的公称通径)。在线仪表、控制阀的旁路阀,放空、放净阀,亦应表示,并标注公称通径。仪表本身带的阀门不表示在 PI 图上,但工艺需要的仪表连接阀(根部阀)要表示和标注。

用符号或字母表示出当仪表能源中断时控制阀的状态。例如,当采用仪表空气作为仪表能源中断时,控制阀是开、关还是保位。

管道仪表流程图要求绘出和标出全部与工艺相关的检测仪表、调节控制方案、分析取样点和取样阀,其符号、代号和表示方法要符合自控专业规定。

调节控制系统按其具体组成形式(单阀、四阀等)将所包括的管道、阀门、管件、管道附件一一画出,对其调节控制的项目、功能、位置分别注出,其编号由仪表专业确定。绘制时用仪表位号表示出仪表的序号,它由两部分组成:字母代号和数字编号。字母代号可由多个字母组成,其中首字母表示被测变量;后继字母表示仪表功能;数字编号表示仪表的顺序号,按车间或工序进行编制。

被测变量和仪表功能字母代号见表 3-9。

表 3-9　　　　　　　　　　　　　被测变量和仪表功能字母代号表

字母	首位字母		后继字母		
	被测或引发变量	修饰词	读出功能	输出功能	修饰词
A	分析		报警		
B	喷嘴火焰		供选用	供选用	供选用
C	电导率			控制	
D	密度	差			
E	电压(电动势)		检测元件		
F	流量	比(分数)			
G	供选用		玻璃,观察		
H	手动				高
I	电流		指示		
J	功率	扫描			
K	时间、时间程序	变化速率		操作器	
L	物位		灯		低
M	水分或湿度	瞬时			中、中间
N	供选用		供选用	供选用	供选用
O	供选用		节流孔		
P	压力、真空		试验点(接头)		
Q	数量	积分、计算			
R	放射性		记录		
S	速度、频率	安全		开关、联锁	
T	温度			传送	
U	多变量		多功能	多功能	多功能
V	振动、机械监视			阀、风门、百叶窗	
W	重量、力		套管		
X	未分类	X轴	未分类	未分类	未分类
Y	事件、状态	Y轴		继动器、计算器、驱动器、执行机构、未分类的最终执行元件	
Z	位置	Z轴			

仪表线图形符号、变量和仪表功能的英文缩写、仪表安装位置的图形符号如图 3-33 (插页 2)所示。

3.8　装置内工艺管道仪表流程图的设计

本节所描述的全部内容是针对 G 版(施工版)PI 图进行的。

3.8.1　一般规定

工艺管道仪表流程图通常按装置的工序(主项、工号、车间)分别绘制,只有当工艺过程比较简单时,才按装置绘制。

当某个流程由几个完全相同的系统(指各系统的设备、仪表、管道、阀门和管件完全相同)组成时,需要绘制一张总流程图,表示该流程各个系统间的关系,还需单独地对其中一个系统画出详细 PI 图。

在总流程图上,每个系统用中线条长方框表示,注明设备位号、名称,表示出工艺物料总管和各个系统相连的工艺物料支管及总管上的所有阀门、仪表、主要管件,并对管道、特殊阀(管)件和仪表进行编号和标注。总流程图中每个相同的系统上,可以不表示辅助物料、公用物料的连接管。

在某系统的详细 PI 图上,要表示全部工艺物料支管和辅助物料、公用物料连接管,以及支管和连接管上的阀门、仪表、主要管件和取样点等,并进行编号和标注。此外,还需在图纸上以表格形式列出每个相同系统上各支管、连接管、特殊阀(管)件、取样点和仪表等的编号。

上述的总流程图、某系统的详细 PI 图及表格,可以表示在一张图上,如图 3-34(插页3)所示,也可以表示在几张图上。

当整个流程由几个不相同的系统组成时,需要绘制一张总流程图表示各系统之间的接续关系,同时绘制每个系统的详细 PI 图。总流程图上各个系统用中线条长方框表示,在框内注明每个系统的名称、编号和 PI 图图号。

图 3-35 为几个不同系统组成的总流程图。

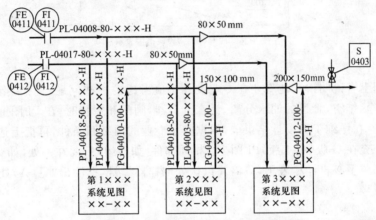

图 3-35　几个不同系统组成的总流程图

暂时定不下来的或没有落实的(包括订货)设备、机械、仪表、控制方案等以及必须在图上说明的内容、注解、详图,在该处旁边注明"待定"、"注(1)"、"详图(A)"、"说明(1)"等,并在同页 PI 图的备注栏中用文字或局部详图表示。如果需要表示出"待定"、"注"、"详图"、"说明"等的范围,可用细线(－×－)圈出范围。PI 图右侧通常为本页图上的备注栏、详图、表格的区域。

对于成套(配套)供应的设备以及有限定供货范围的设备、仪表等要标注。分界线要清楚,要标注。亦可以用细双点划线(—··—··—)把范围框起来。供货范围分界线要清楚,注以责任范围缩写字母(B. B 或 B. V 等)。例如,成套供应的压缩机机组,供货范围在设备法兰间交接如图 3-36 所示。

用来区分责任范围的字母有:

B. B　　　　　由买方负责

B. S　　　　　由卖方负责

B. INST　　　由自控专业负责

B. V　　　　　由制造厂负责

B. PIPE　　　由管道专业负责

需要在图上注明是哪一类(设计或供货)责任分界,如果不注明则表示是设计和供货

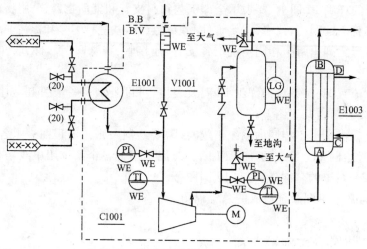

图 3-36　成套(配套)设备范围表示法

二者的责任分界。

当 PI 图上有说明请其他专业在专业设计中应考虑的一些问题,例如,指明某些管道需要增设放净、排空,管道的油水分离、汽水分离器,阀门和短管时,在 PI 图上可以暂不绘出这些内容。在详细工程设计结束前,根据其他专业的图纸和条件,再把上述一些需要表示的内容,补充在 G 版(施工版)PI 图上。相同部件(如器组)只要在一处(如 A 处)表示出详图,其他部位不必再详尽表示,只需注以该处取样器编号,标注出"见(A)处",并写明 A 处的 PI 图图号。

3.8.2　图面布置

设备在图面上的布置,一般是顺流程从左到右,但同时也应考虑管道的连接顺序。

塔、反应器、储罐、换热器、加热炉一般从图面水平中线往上布置;泵、压缩机、鼓风机、振动机械、离心机、运输设备、称量设备布置在图面 1/4 线以下;中线以下 1/4 高度供走管道使用;其他设备布置在流程要求的位置,例如,高位冷凝器要布置在回流罐上面,再沸器要靠塔放置,吊车放在起吊对象的附近等。

对于没有安装高度(或位差)要求的设备,在图面上的位置要符合流程流向,以便于管道的连接;对于有安装高度(或位差)要求的设备及关键操作台,要在图面上适宜位置表示出这个设备(平台)与地面或其他设备(平台)的相对位置,注以尺寸(或标高),但不需要按实际比例画图。需要进行分段绘制设备布置图时,必须采用统一的比例。

3.8.3　管道仪表流程图首页(首页图)

管道仪表流程图首页(首页图)以整套装置(同一设计单位负责)为基准,即每个装置(包括若干个工序)单独编制一份首页图,适用于该装置的工艺管道仪表流程图和辅助物料、公用物料管道仪表流程图,如图 3-24(插页 1)和图 3-33(插页 2)所示。

首页图表示的内容包括:

(1)装置中所采用的全部工艺物料、辅助物料和公用物料的物料代号、缩写字母。

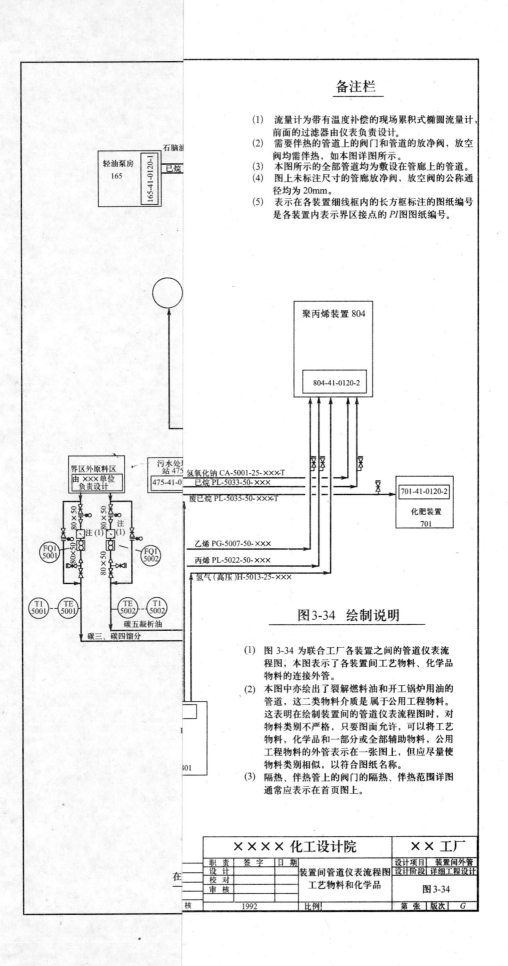

备注栏

(1) 流量计为带有温度补偿的现场累积式椭圆流量计，前面的过滤器由仪表负责设计。
(2) 需要伴热的管道上的阀门和管道的放净阀，放空阀均需伴热，如本图详图所示。
(3) 本图所示的全部管道均为敷设在管廊上的管道。
(4) 图上未标注尺寸的管廊放净阀，放空阀的公称通径均为 20mm。
(5) 表示在各装置细线框内的长方框标注的图纸编号是各装置内表示界区接点的 PI 图图纸编号。

轻油泵房
165

165-41-0120-1

石脑油

已烷

聚丙烯装置 804

804-41-0120-2

界区外原料区
由 ×××单位
负责设计

污水处理
站 475

475-41-0

氢氧化钠 CA-5001-25-×××-T

已烷 PL-5033-50-×××

废已烷 PL-5035-50-×××-T

乙烯 PG-5007-50-×××

丙烯 PL-5022-50-×××

氢气（高压）H-5013-25-×××

701-41-0120-2

化肥装置
701

FQ1
5001

FQ1
5002

T1
5001

TE
5001

TE
5002

T1
5002

碳五凝析油

碳三、碳四馏分

图3-34 绘制说明

(1) 图 3-34 为联合工厂各装置之间的管道仪表流程图，本图表示了各装置间工艺物料、化学品物料的连接外管。
(2) 本图中亦绘出了裂解燃料油和开工锅炉用油的管道，这二类物料介质是属于公用工程物料。这表明在绘制装置间的管道仪表流程图时，对物料类别不严格，只要图面允许，可以将工艺物料，化学品和一部分或全部辅助物料，公用工程物料的外管表示在一张图上，但应尽量使物料类别相似，以符合图纸名称。
(3) 隔热、伴热管上的阀门的隔热、伴热范围详图通常应表示在首页图上。

××××化工设计院			×× 工厂	
职 责	签 字	日 期	设计项目	装置间外管
设 计			设计阶段	详细工程设计
校 对		装置间管道仪表流程图		
审 核		工艺物料和化学品	图3-34	
核	1992	比例！	第 张 版次	G

(2)管道及仪表流程图中设备、机器图例。

(3)装置中所采用的全部管道、阀门、主要管件、取样器、特殊管(阀)件等的图形、类别符号和标注说明。

(4)管道编号说明。要举一个实例表示管道号五个单元(管道物料代号-主项编号、管道顺序号-公称直径-管道等级-隔热、隔声代号)以及各个单元的含义。

(5)设备名称和位号。要举一个实例表示设备编号中各个单元以及各个单元的含义。

(6)公用工程站(蒸汽分配管、凝液收集管等)的编号说明。举一个实例表示编号中各个单元以及各个单元的含义。

(7)装置中所采用的全部仪表(包括自控专业阀门、控制阀)图形符号和文字代号,由自控专业提供,工艺系统专业编制。

(8)在装置的界区处,所有工艺物料和辅助物料、公用物料管道的交接点图上,列出各管道的流体介质名称、来去装置名称、在交接点内外的管道编号和接续图图号,并表示流向和交接点处界区内一段总管上的所有阀门、仪表、主要管件(界区外的阀门、仪表、管件不绘出),按规定方法进行编号,根据设计要求表示必要的尺寸和注解,如图 3-33(插页 2)所示。

一般推荐在首页图上单独列出界区交接点图,特别是在由多个装置组成的联合化工厂中,每个装置首页图上列出界区交接点图,有助于各装置和联合工厂的设计中条件关系的协调和联系。

界区交接点图表示在首页图上还是表示在相应 PI 图上,由工程设计经理根据工程要求、承接设计装置的各单位和各专业的条件交接关系来决定。

要绘出进出装置界区的管道总(主)管和装置内各工序与该总(主)管相连接的一段管道。通常,设计经理对装置内进出界区的总(主)管系统给出一个工程编号,总(主)管上的仪表、特殊管(阀)件等的编号(工程的工序编号单元)都采用这个编号,与其他工序(主项)分开编号和标注。

(9)备注栏内容。备注栏内容主要包括装置内管道仪表流程图的共性问题、首页图上内容的说明,以及度量衡(公制、英制、各单位)、基准标高、设计统一规定的表示方法、待定问题等的说明。有些标准的典型示图(如疏水阀阀组、某类取样器等)用简图表示。

(10)装置内各工艺工序和辅助物料、公用物料发生工序,以及与各类物料介质管道有关的工序(主项)名称、工序(主项)号及工程工序(主项)号一览表(表 3-10)。

表 3-10　　　　　　　　工序编号一览表

装置内工序(主项)名称	工序(主项)号	工程工序(主项)编号	装置内工序(主项)名称	工序(主项)号	工程工序(主项)编号
原料	100	01	分析化验室	151	06
反应	200	02	氮气站	280	07
精制	300	03	总(主)管系统		08
成品罐区	162	04	以装置为单位的图纸工程编号		09
压缩空气站	281	05			

工序(主项)号由设计单位技术档案部门统一给定,工程的工序(主项)编号由设计经

理给出。工程的工序（主项）编号一般以一位或两位数字表示，用于管道仪表流程图的编号、管道编号、特殊管（阀）件编号和公用工程站编号等。

如果表 3-10 中所述的编号在其他设计成品文件中已经列出，则本装置首页 PI 图上可不列出此表。

首页图的图纸编号方法与装置内管道仪表流程图相同，位于图号首位。图纸规格应与管道仪表流程图一致，张数不限。

3.9　装置间工艺管道仪表流程图的设计

装置间工艺管道仪表流程图要根据工厂总平面图绘出各个装置和外管廊的水平布置图，各装置以细线条、不按比例、根据其类似外形（或以长方块形）绘制，并在各装置线框内标注装置的名称和编号（或工程的装置编号），如图 3-37（插页 4）所示。要逐根画出各装置之间的全部工艺连接管道，以及管道上的所有阀门、仪表和主要管件，按规定标注管道号（五个单元）和特殊管（阀）件编号。通常，装置内的管道号与装置外的管道号不同，应标注装置外的管道（简称外管道）号，并在每根管道上注以物料名称。

外管道与装置相连接处有以下几种表示法：

（1）在装置界区框内，注明与外管道连接的装置内 PI 图首页图号，并在图号外加上中线条长方框。对首页图上不表示界区交接点的，则图号为有界区续接管道的 PI 图图号，如图 3-38 所示。

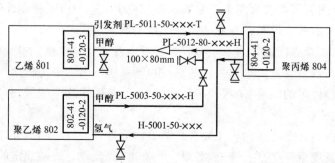

图 3-38　装置间管道仪表流程图表示法（1）

（2）装置内设计单位与装置外（外管）设计单位不是同一单位，则界区交接处的表示方法、管道号等可由两单位协商决定，但原则上应以装置外设计单位规定为准，并注明不同设计单位和图号。

（3）进出装置界区的管道，由架空敷设变为埋地（或地沟内）敷设，在图上应有表示。如设计有要求，应注明埋地点、埋地深度、管道坡度等，如图 3-39 所示。

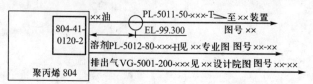

图 3-39　装置间管道仪表流程图表示法（2）

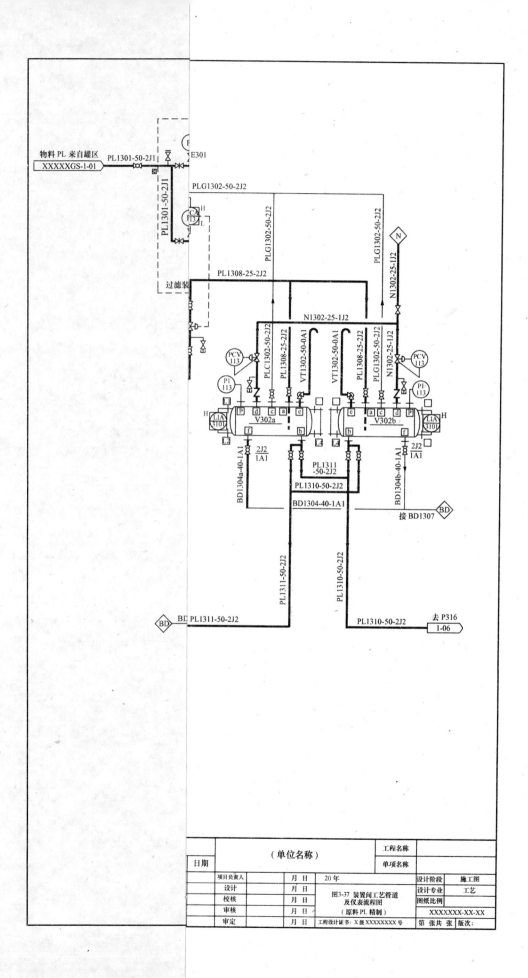

		(单位名称)			工程名称	
日期					单项名称	
项目负责人		月 日	20 年		设计阶段	施工图
设计		月 日	图3-37 装置间工艺管道		设计专业	工艺
校核		月 日	及仪表流程图		图纸比例	
审核		月 日	(原料 PL 精制)			XXXXXXX-XX-XX
审定		月 日	工程设计证书: X级 XXXXXXXX 号		第 张共 张	版次:

装置间的工艺管道上有设备时,要表示出设备,并标注设备位号、技术特性数据、关键标高等,以及设备上的阀门、仪表,其表示方法和表示内容同装置内工艺管道仪表流程图。

3.10 典型单元设备的 PID 设计

化工生产过程中需要使用各种设备,每种单元设备对管道仪表流程图的设计均有一定要求。作为管道仪表流程图的设计者,只有掌握各种单元设备的典型设计,再结合工艺流程和工程项目的特殊要求,配以工程经验,才能进行管道仪表流程图中单元设备的 PID 设计。

3.10.1 离心泵的 PID 设计

1. 一般要求

(1)泵的入口和出口均需设置切断阀,一般采用闸阀,使每台泵在运转或维修时能保持独立。

(2)在离心泵壳体上设排净口并配置相应的阀门以及带丝堵的排气口。

(3)离心泵的入口、出口管线应根据物料性质、工艺条件和开停车要求设置装有阀门的排气和放净管,并接往合适的排放系统。

2. 泵入口管线要求

(1)泵入口管线管径的确定要进行水力计算,校核泵的净正吸入压头,以免产生汽蚀现象,入口管线的管径一般与泵吸入口直径相同,若泵的净正吸入压头不能满足要求,可将泵吸入管线的管径放大一级或两级。

(2)泵吸入管道如有管径发生改变,应采用异径管,不用异径法兰,避免突然变径和形成向上弯曲的袋形弯管。

(3)泵吸入管道上的阀门直径的确定遵循经济原则:当入口管径和泵入口直径相同或大一级时,阀径与泵入口直径一致;当入口管径比泵入口直径大两级时,阀径比泵入口直径大一级。

(4)对于有毒、强腐蚀性的介质或特殊的系统,应采用双切断阀:一个设在紧靠吸入容器的出口处,作为常开阀;另一个紧靠泵入口,便于操作。

(5)为防止杂物进入泵体损坏叶轮,应在泵吸入口设过滤器。一般小于 DN25 的管线用 Y 形过滤器,大于或等于 DN40 的管线用临时过滤器。过滤器的安装位置应在泵吸入口和入口切断阀之间,每台泵装一个。

(6)泵吸入管道要有坡度($i \geqslant 2\%$),坡向标高较低的一端。

(7)泵从叶轮中心线以下抽吸物料时应在吸入管端安装底阀及注液管或用自引罐的方法,如图 3-40 所示。

(8)吸入侧容器与泵叶轮中心线之间应标注允许的位差值:对立式容器,以下封头的切线或容器底(如平底罐)为准;对卧式容器,以容器中心线为准,如图 3-41 所示。

3. 泵出口管线要求

(1)为了防止离心泵未启动时物料的倒流,在其出口处应安装止回阀。由于止回阀容

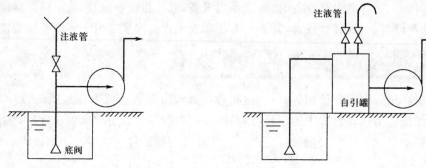

图 3-40　泵底阀、注液管及自引罐表示方法

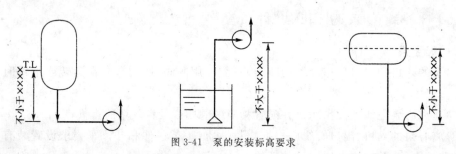

图 3-41　泵的安装标高要求

易损坏,应靠近泵的出口安装,以便切断后检修。

(2)泵出口管线的管径一般与泵管口相同,如果水力计算压力降不合要求,可放大出口管线尺寸。

(3)当泵出口管径小于 DN100 时,出口切断阀可选用截止阀,便于粗调流量;泵的出口管径大于 DN100 时,一般采用闸阀。

(4)当泵出口管径与泵口相同时,出口切断阀门直径也应与泵口相同。当泵出口管径比泵口大一级时,阀门尺寸应与出口管尺寸相同;当管线尺寸比泵口大二级或二级以上时,则应选用比出口管径小一级的阀门。

(5)在止回阀和切断阀之间加装一放净阀,用于检修时放出管道中的物料。

(6)在泵的出口处安装压力表,以便观察压力。

4. 离心泵的典型配管

如图 3-42 所示为离心泵的典型配管。

5. 离心泵的保护管线

在某些情况下,为使泵不受损害和正常运转,要根据使用条件设置泵的保护管线。

(1)暖泵管线

适用于输送 230 ℃以上介质,且有备用泵的情

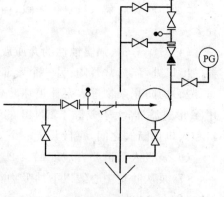

图 3-42　离心泵的典型配管

况。为避免备用泵在启动时因温升过快而产生应力和变形,应设暖泵管线。在泵出口阀前后设一 DN20 的旁通管线作为暖泵管线,使少量介质连续从旁通管线通过,从而使泵保持在热备用状态,如图 3-43 所示。旁通管线可以由一个闸阀加一个限流孔板串联而成,

亦可由一个闸阀和一个截止阀串联而成。近年来,也有人在止回阀阀瓣上钻一小孔来代替暖泵管线,孔径以流通量为正常流量的 3％～5％ 来确定。

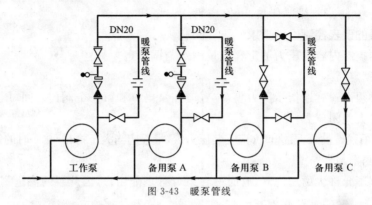

图 3-43　暖泵管线

对于低温泵则应设预冷管线,防止启动备用泵时泵体和叶轮因急冷而损坏。预冷管线与暖泵管线基本相同,即在泵出口切断阀、止回阀的前后连接旁通管线作为泵的预冷管线。

（2）小流量旁通管线

在工作流量低于额定流量的 20％ 时,泵的工作效率很低,这时应设小流量旁通管线,让部分介质短时间内循环,从而提高泵的效率。小流量旁通管线上设置限流孔板和截止阀,且不要接到泵的吸入管,应接到吸入罐或其他系统上,如图 3-44 所示。限流孔板孔的计算应使泵最小流量大于泵额定流量的 20％,若泵长时间在低流量工况下工作,则最小流量不小于泵额定流量的 40％。

（3）平衡管线

输送饱和液体时,为防止蒸气进入泵体产生汽蚀,应在泵入口管端与泵入口切断阀之间设平衡管,平衡管上设切断阀,接往吸入罐的气相段,且管道上不能形成袋形。如图 3-45 所示。

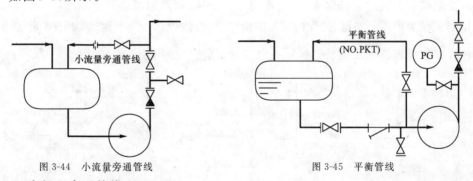

图 3-44　小流量旁通管线　　　　　图 3-45　平衡管线

（4）高扬程旁通管线

高扬程的泵出口切断阀的两侧压差较大,尺寸大的阀门阀瓣单向受压太大而不易开启,因而高扬程备用泵应在阀门前后设一 DN20 的旁通管线,在阀门开启前先打开旁通管线,使阀门两侧的压力平衡,如图 3-46 所示。

（5）防凝管线

输送凝点高于环境温度的介质时,备用泵除设暖泵管线外还应设防凝管线。正常运行时,打开备用泵出口阀的旁通管线,使备用泵处于热态,泵体内的介质不会凝固;当泵拆下检修时,打开泵吸入口和排出口之间的旁通管线,使泵内的介质继续流动而不致凝固。如图 3-47 所示。防凝管线要伴热,以保畅通。

6. 离心泵的仪表控制设计要求

离心泵的控制内容是压力测定和流量测定与调节。

(1)压力测定

泵出口必须设置就地指示压力表,位置应在泵出口和第一个阀门之间,压力表的量程应大于泵的最大关闭压力。

输送液化石油气的泵,泵进口亦应安装压力表,量程应当大于物料 50 ℃时的饱和蒸气压。

(2)流量测定与调节

泵进口侧不允许大的压力降,有时一台泵可有多个用户,因此泵的流量测定系统都设在泵出口侧。

①流量测定。若工艺只要求测定流量,则只设指示仪表,可为累计流量或瞬时流量,如图 3-48 所示。

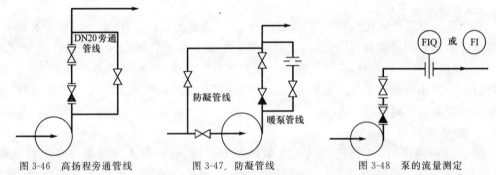

图 3-46　高扬程旁通管线　　　　图 3-47　防凝管线　　　　图 3-48　泵的流量测定

②流量调节。若工艺要求调节或稳定流量,则需要与其他参数关联,分如下几种情况:

a. 要求流量按设定值稳定操作,则在出口设置控制阀,如图 3-49 所示。

b. 对流量要求不严格,但需保持容器的液位,则按液位信号调节流量,如图 3-50 所示。

c. 既要保持容器的液位又要保持一定流量,则将 (LIC) 串接 (FIC),如图 3-51 所示。

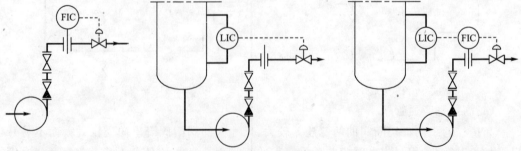

图 3-49　泵的流量调节　　　图 3-50　维持容器液位的泵流量调节　　　图 3-51　容器液位与泵流量串级调节

③报警与联锁。在要求严格的场合,例如流量中断会引起工艺设备损坏或人身事故时,应根据参数变化的灵敏程度,选择安全报警器。更重要的场合还应与泵的动力源联锁,自动停泵或启动备用泵,如图 3-52 所示。

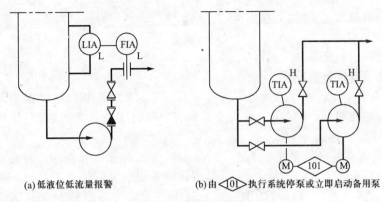

(a) 低液位低流量报警　　　(b) 由 101 执行系统停泵或立即启动备用泵

图 3-52　泵的报警与联锁

3.10.2　容器的 PID 设计

1. 一般要求

（1）容器的物料入口管口处不一定设切断阀，但与容器相接的空气、蒸汽、水等公用工程管线在靠近容器物料入口管口处应设切断阀，并在切断阀前设止回阀。

（2）一般情况下，只在容器液相出口处设置切断阀，若距此管口水平距离 15 m 内另有切断阀时，容器出口处可不设切断阀。

（3）容器与接管之间的切断阀应尽量直接安装在容器管口，切断阀尺寸与容器管口一致，若压降许可也可比容器管口尺寸小一级或二级，与管线尺寸一致。

（4）容器底部一般设有放净阀（常用截止阀），供容器放净用；容器顶部设放空阀（常用闸阀），供容器开停车、吹扫及放空用。阀门应直接与容器管口相接，当阀后不接管线时，应用丝堵或法兰封上。如果可以利用管线上的阀门对容器进行放空或放净，可不设放空阀或放净阀。

（5）当容器需设置两个或两个以上的液位计（包括玻璃板液位计、液位变送器、液位警报器等）时，应设液位计总管（DN50 或 DN80）。所有液位计装在液位计总管上，总管再与容器相接，可使容器开口数目减到最少。

（6）容器底部液相出口管与泵吸入口相接时，容器内靠近该管口处应设防涡流板。

（7）需要设置安全阀时，可将之设在容器顶部气相部分或气相管线上。容器内设有除沫网，当容器内介质易堵塞除沫网时，安全阀应装在除沫网下方。

（8）容器对安装标高有要求时，应标出最低标高。一般立式容器标容器下切线的标高，卧式容器标容器内底或中心线的标高。

（9）容器底部常设一 DN50 的公用工程接口，便于检修时对容器进行清洗和吹扫。

2. 容器仪表控制设计要求

容器的控制内容主要是测定或调节压力、温度和液位以及相关的报警联锁。

（1）压力

包括就地压力指示、远传压力指示、压力定值调节、压力高低限报警等。

（2）温度

包括就地温度指示、远传温度指示、温度高限报警等。

（3）液位

包括就地液位指示,远传液位指示,液位高低限报警以及高高、低低液位联锁等。

(4)流量

包括流量指示和记录。

3. 容器的管道仪表流程图

图 3-53 为常用卧式容器的管道仪表流程图。就地液位计和高液位报警器共用一个液位计总管与容器相接;容器顶部的安全阀设有一铅封闭的旁通阀,进料管口处无切断阀;容器的最小安装标高为 H_{min}。

图 3-54 为装有氮封的立式分离罐,进入分离罐的介质是轻烃液体。为避免液体由容器顶部成自由射流进入罐内产生静电,轻烃液体由管道引至罐体液面以下。罐底液相出口接泵吸入口,罐内管口附近设防涡流板。罐下切线安装高度至少高出出料泵吸入口 2 m。为避免罐内介质被泵抽空,设有低液位报警器。罐上部有呼吸阀与大气相通,并接氮气管,可避免空气进入容器与容器内介质进行化学反应,氮气由编号为 021 的管道仪表流程图引来,管线上有切断阀、止回阀、过滤器和流量指示计,流量指示计附近设有调节流量用的阀门,过滤器设在流量指示计前,以免氮气可能携带的杂质进入流量指示计。

图 3-55 为典型的分离罐,罐内压力由调节阀控制并维持一定:当罐内压力超过预定高限值时,调节阀打开,排往火炬系统,如果压力继续升高,到预定高高限值时,安全阀开启,以保证罐内压力不超过设计值。罐底出料的调节阀由就地液位调节器控制,控制室内有液位指示计和高液位报警器,以保证罐内液位不超过设定值。罐下部设有一 DN50 的公用工程接口。在罐的放净管和含油污水系统间应设漏斗,以便操作工开启放净阀时观察放净情况。

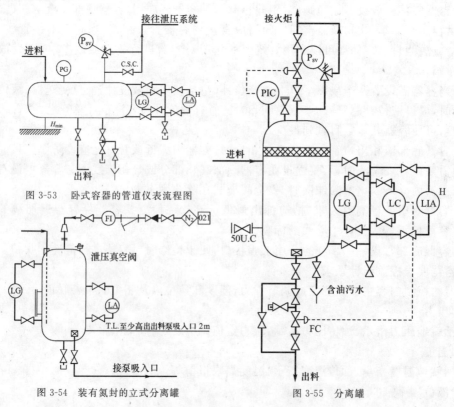

图 3-53　卧式容器的管道仪表流程图

图 3-54　装有氮封的立式分离罐

图 3-55　分离罐

　　图 3-56 为液化气球罐,液化气进料管和出料管在罐底,分别设双切断阀,近罐阀为常开阀,远罐阀是自控阀组。由于进料管两切断阀间距较大且无隔热措施,在两阀之间设泄压安全阀。罐顶同时设有安全阀和手动排气阀,且有自控阀组控制管内压力,当压力升高,调节阀开启排往火炬系统,压力继续上升,则安全阀启跳。氮气补压管设在罐顶,且必须有止回阀,当罐内压力达到低限时,调节阀打开充氮气。液相回流管设在罐底,设双阀。排净管设在罐底,阀后加丝堵或盲板。气相平衡管一般由罐顶气相接入,由罐底接入时,要伸至最高液位以上 150～200 mm,置换气管由罐底接入,采用可拆卸短管连接。喷淋水管用于寒冷地区防冻以及消防用冷却水。液位高位报警、高高位调节进料流量以及低位报警、低低位调节出料流量。罐底防静电接地。

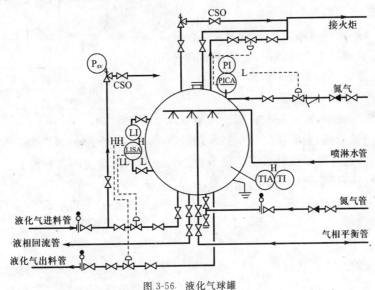

图 3-56　液化气球罐

3.10.3　塔的 PID 设计

　　塔是容器的一种,容器对管道仪表流程图的种种要求也适用于塔,但塔又有一些与一般容器不同的要求。本节以简单精馏塔为例,讨论其 PID 设计要求,这里所讲的简单精馏塔是指一股进料,塔顶、塔釜各一股出料,塔釜是液体,塔顶是气体,冷凝后为液体,如图 3-57 所示。

1. 一般要求

　　(1)为便于进料板位置的调节,精馏塔上通常设几个进料口。每个进料口处应设置阀门,直接装在塔的管口。

　　(2)再沸器至塔釜的连接管应尽量短,不允许有袋形,不设置阀门;安装立式热虹吸再沸器时,其列管束上端管板与塔正常液面相平。

　　(3)卧式再沸器常有两个出口,为使其流量相等,管线最好对称布置。

　　(4)用蒸汽加热的再沸器,可在蒸汽入口管上设调节阀,控制蒸汽流量;或在蒸汽冷凝液出口管上装调节阀,改变再沸器内蒸汽冷凝液的液面,调节传热量。

　　(5)采用调节阀控制再沸器内蒸汽冷凝液的液面时,传热过程可在较宽的范围内调节。

　　(6)塔顶馏出线上一般不设阀门,直接接往塔顶冷凝器。

（7）为避免塔被超压损坏,塔顶常设安全阀。安全阀常设在塔顶或者塔顶的气相馏出管线上。

（8）依靠位差的回流(又称重力回流)管道要设置液封管,以防止冷凝器出口管线中的气相倒流。

（9）塔顶和中段回流管线在塔管口处不宜再设置切断阀。

（10）侧线汽提塔塔顶气体返回分馏塔的管线上不应设置切断阀。

（11）对同一产品有多个抽出口的塔,其各个抽出口均应设置切断阀。

（12）塔底抽出沸点液体的管道上设孔板流量计时,为防止流量计后液体闪蒸,管道中要有一定的净压头,故塔安装时要有一定高度。

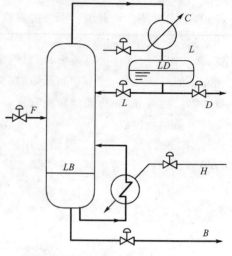

图 3-57　简单精馏塔系统

2. 仪表控制的一般要求

在精馏塔系统中,要控制的目标为质量目标、产量目标和能量消耗,主要控制质量目标,然后尽量提高产量,降低能耗。精馏塔的控制方案往往很多,选择时要使调节系统灵敏、稳定,使调节系统间的影响较小。

（1）简单精馏塔系统的基本控制参数

如图 3-57 所示,塔的基本控制参数分为两种:作为调节手段的调解参数和作为控制要求的被调参数。

①调节参数

精馏过程的调解参数分质量调节参数和能量调节参数两种,其中质量调节参数有进料量 F、馏出量 D 和釜液量 B;能量调节参数有冷却介质量 C 或冷却器冷却量、加热介质量 H 或再沸器加热量和回流量 L。

② 被调参数

进料如果不预热,被调参数也有六个:压力 p(调节参数为加热介质量 H 或冷却介质量 C),回流罐液位 LD,塔釜液位 LB,进料量 F(不考虑进料预热),产品分布 D/F、B/F、D/B,回流比 $R = L/D$ 或再沸比 H/B。

这里,进料量一般由上游装置(除大储罐外)而来。由于进料量随上游装置而变化,所以为被调变量。如果进料已预热,可以增加一个控制阀调节温度(对单相进料)或热焓(对两相进料)。

（2）简单精馏塔系统的检测点

适当选取检测点的位置对调节系统的灵敏度、稳定性和工艺要求至关重要,常有以下基本要求。

①工艺要求塔顶产品质量则检测点定在塔顶,要求釜液符合规格则检测点定在塔釜。

②如果塔顶或塔釜产品成分纯度很高,这样产品的组分和温度变化就很小,这时应当建立合适的检测点,如放在最敏感的塔板上,使其具有最大的静态影响。

③要避免在回流罐或其下游的管道上取样,以消除滞后影响,这时取样点宜选在冷凝

器和回流罐之间的管道上。

　　④要避免在塔釜或其下游的管道上取样,以消除滞后影响,这时取样点宜选在最下一块塔板降液管的液封处。

　　⑤塔釜的液位计应安装在塔体上。

　　⑥温度计管口一般开在塔的液相区,温度计套管应与塔板内的液体接触,所以布置温度计套管时,应注意塔内构件的布置。

　　⑦压力计管口开在塔板下的气相区。对液面波动剧烈的塔,压力计应安装在可靠高度上,保证任何时候压力计管口均在气相区内。

3. 塔的管道仪表流程图

　　图 3-58 为塔的管道仪表流程图。

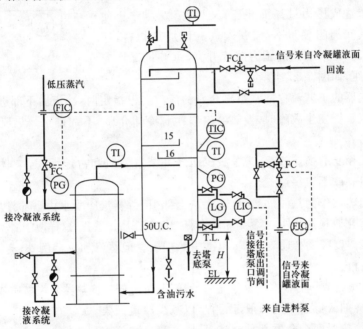

图 3-58　塔的管道仪表流程图

　　塔的进料流量和进料罐的液面由调节阀的开度控制,回流罐的液面控制回流管的流量。塔底出料泵一般靠近塔布置,所以塔底出料管线在塔底处不再设置阀门。塔底液面控制塔底泵出口的调节阀。再沸器与塔之间的管线上不设阀门,而由蒸汽流量和塔内温度控制进入再沸器的蒸汽量。该蒸汽管上应设压力测试装置,并在蒸汽进入再沸器前疏水。塔回流引到第一块塔板;要求测出第 16 块塔板下的压力(气相区)及第 16 块塔板上的温度(液相区)。

3.10.4　换热器的 PID 设计

1. 一般要求

(1)工艺侧一般不设置切断阀,下列情况除外:

① 设备在生产中需要从流程中切断(停用或在线检修时),在工艺侧应设置切断阀,

并需设旁路。

② 两侧均为工艺流体,需要调节的一侧按需要设置控制阀、切断阀和旁通管路。

③ 两台互为备用的换热器,需分别在工艺侧设切断阀。

(2)非工艺侧的传热介质(水蒸气、热传导液、冷却水)在进出换热器时需要设置切断阀,通常为闸阀或蝶阀,有粗略的调节要求时,选用截止阀。

(3)对换热器在阀门关闭后可能由于热膨胀或液体蒸发造成压力太高的地方,应设安全阀,当排出的是水或其他不燃、无毒介质时,可把安全阀的出口管接到附近地面,否则要排往合适的泄放系统。例如,冷凝器的水侧阀门关闭时,由于工艺侧阀门关闭不严,冷却水被高温介质加热而膨胀,造成压力过高而超压;又如,蒸发器停止使用时,由于蒸汽阀门关闭不严,漏入蒸汽而加热物料,使物料继续蒸发,导致工艺侧压力继续升高,这些情况均应设安全阀泄压,如图 3-59 所示。

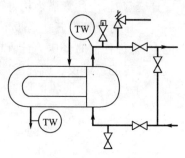

图 3-59　冷凝器的水侧设置安全阀

(4)换热器的工艺流程通常给出介质的流向。未指定时,冷流由下部进入,上部排出,这样,在冷流系统发生故障时,换热器内部存有冷却介质,不致排空。热流一般由上部引入,下部排出。

(5)对无相变的换热过程,为了减少压降并节省管线和占地面积,串联换热器宜用重叠式布置,但叠放不应超过三个。

(6)使用蒸汽作为热源加热时,蒸汽从上部引入,蒸汽冷凝水由下部排出。

(7)除 U 形管换热器外,容易结垢和有腐蚀性的介质走管程,这样便于清垢和更换管子。

(8)一般温度高的介质走管程,以减少热损失。但蒸汽加热器例外,蒸汽走壳程,有利于冷凝水的排出。

(9)温度很高或压力很高的介质走管程较好,可降低对换热器外壳材质或强度的要求。

(10)制冷剂或低温冷剂一般走管程,以减少冷量损失。

(11)若换热器两个介质都是液体,采用逆流比顺流有利。

(12)在寒冷地区,水冷却器和水冷凝器的水管线可设一供回水管的防冻旁通,并在供水管切断阀后靠换热器侧设一放净阀,如图 3-59 所示。

(13)进入并联换热器、冷却器和冷凝器的管线应采用对称的管线布置形式。

2. 仪表控制的一般要求

检测要求首先应根据工艺要求来决定,通常对于每一台工艺换热器应设置温差的检测:

(1)蒸汽加热器在供气管道上设压力指示,冷凝水温度不需检测。

(2)蒸汽发生和直接制冷冷却器采用压力指示,液体进料温度不设检测点。

(3)由于壳程内液体(包括冷凝水)淹没管程高度的不同而引起有效传热面积变化的换热器,应设置液面指示。

(4)换热器冷却水出口侧应设温度检测,以利于控制冷却水出口温度不至过高而结垢。被冷却或加热的工艺介质的出口也应设测温设施,以便控制物料的加热(冷却)温度。

(5)对平时不需测温,只有开车时才测温处,管线上设置温度计套管(TW)即可,需要时再装入温度计;对生产中需要经常测量温度,又不太重要处,可设就地温度计(TG);生产过程中需要经常检查温度处,需设控制室内温度指示计(TI)。一般就地温度计(TG)和控制室内温度指示计(TI),二者只设一个,只有对温度控制很重要处才同时设置就地温度计(TG)和控制室内温度指示计(TI)或控制室温度指示、控制计(TIC)。但此时,温度计 TG 和 TI 一般在两个点测温,以保证测得的温度具有代表性。对特别重要之处,也可用两支热电偶一起测温,一支用于温度指示及控制,另一支用于温度记录。如图 3-60 所示。

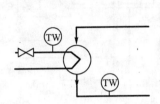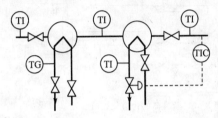

图 3-60　换热器的温度检测装置

3. 基本单元控制模式

图 3-61 为一冷却器的管道仪表流程图。冷却器通过物料出口温度控制冷却水入口的调节阀,以达到控制冷却水量的目的。冷却水出口的压力控制冷却水出口的调节阀,在换热管破裂时,冷却水侧压力会急剧上升,为了避免渗漏的物料介质进入工厂的冷却水系统,调节阀切断。为了同一目的,在冷却水入口处设有止回阀。冷却器的壳体侧设有液体膨胀泄压用安全阀。

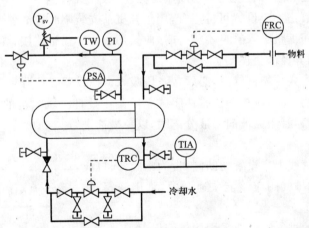

图 3-61　冷却器的管道仪表流程图

图 3-62 为一蒸发器的管道仪表流程图。作为废热锅炉,蒸发器利用工艺生产过程中高温物料的废热来蒸发水,以产生低压蒸汽。蒸发器的进水量由其液位控制。作为锅炉时,蒸发器上必须设置两个液位计,以免液位计失灵而导致事故。蒸汽出口调节阀由蒸汽出口压力控制,以维持蒸发器内的压力。壳体侧设安全阀,以保证壳体侧不超压。对蒸汽发生器(锅炉),除了图中所示的几条要求外,还要考虑排污。连续排污管要从水位以下、盐分浓度最高处引出,间歇排污管应自蒸发器底部引出。

图 3-63 为蒸汽加热的蒸发器,加热的蒸汽量由物料蒸气出口压力控制。为了避免蒸汽压力超过管侧的设计压力,在蒸汽减压阀后设置安全阀。进入蒸发器的物料量由蒸发

器的液位控制。安全阀后的泄压系统通过火炬系统与大气相通。

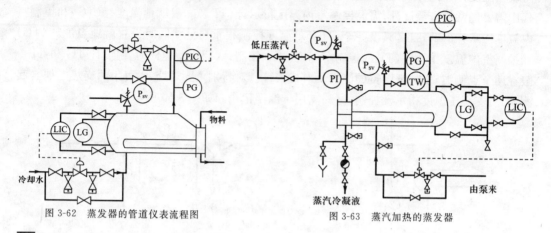

图 3-62　蒸发器的管道仪表流程图　　　　　图 3-63　蒸汽加热的蒸发器

3.10.5　压缩机的 PID 设计

1. 一般要求

（1）进气管道

压缩机的进气管要短，且避免突然缩小管径，弯头要少，弯曲半径要大，一般大于或等于 3 倍管道直径。

压缩机入口处和入口管线上的切断阀之间应设过滤器。

压缩机进气管道上应设置可拆短管，用于开机前安装临时过滤器和清扫管道。

进气管道与压缩机吸入管不相符时，应采用过渡异径管连接，异径管常用低平偏心异径管，严禁采用异径法兰连接。

为防止凝液进入压缩机气缸，必须在各段吸入口前设置气液分离器，除去凝液。当凝液为易燃或有害物质时，应把凝液排往闭式系统集中处理。压缩机的凝液分离罐应尽量靠近压缩机吸入口，管道应坡向凝液分离罐，以免凝液进入压缩机气缸。

压缩机入口管线上应设置切断阀，常为闸阀，入口应设置排气放空管，排气阀应该能快速开关，常用球阀，如图 3-64 所示。

易产生凝液的进气管道应采用伴热管保温。

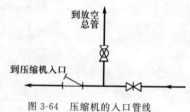

图 3-64　压缩机的入口管线

（2）出气管道

压缩机停机时不允许有凝液回流。当压缩机出口管内的气体接近饱和状态时，出口管上要设置凝液分离罐，同时安装一个止回阀。压缩机出口气体未接近饱和状态时，由于其排出气体中多带有润滑油，因此出口亦应设置分离罐，以分离润滑油。

压缩机出口管道应设置切断阀，且出口切断阀上游附近应设置安全阀，主要是为防止压缩机和出口管道因误操作（如出口管阀门关闭时启动了压缩机）造成超压，安全阀的排放管应放至安全系统。

对于离心式压缩机，为防止喘振，在出口阀门上游设置抗喘振回流管，且回流管内的气体须经冷却后进入压缩机进气管道,在回流管道上应设置控制阀组,如图 3-65 所示。

压缩机的冷却水可用软化水或循环水,一般在水量大的情况下采用循环水。冷却压缩机和被压缩气体时,应先将冷却水接往后冷却器,然后接往中间冷却器(对二级压缩机而言),最后接往冷却气缸夹套,以充分利用冷却水。各级冷却器的冷凝液应分别用管线排出,并保证各级排出压力高于系统压力。若把不同级别的冷却器冷凝液合为一个系统,应分别装一个止回阀然后再接在一起。

压缩机有大量的辅助管线,如冷却水管、润滑油管、密封油管、洗涤油管、气体平衡管、放空管等,应根据压缩机制造厂的要求,在管道仪表流程图上把这些辅助管线都补上。

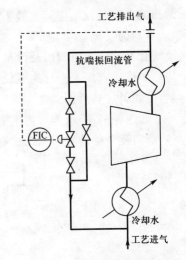

图 3-65   离心式压缩机的抗喘振回流管

2. 压缩机的管道仪表流程图

图 3-66 为一典型的压缩机管道仪表流程图。压缩机入口管线上有切断阀、过滤器,出口后有冷却器,冷却器后设止回阀,止回阀后接缓冲罐。当压缩机出口气体温度超过规定值时,报警器发出讯号;当温度达到极限值时,报警器再次报警并自动切断电源,压缩机紧急停车。冷却器前后均设有就地温度指示计。当缓冲罐内气体压力达到下限值时,压缩机自动启动;当压力继续上升,达到上限值时,压缩机自动停车,并发出警报。冷却器所用冷却水由冷却水系统来,切断阀前有旁通,切断阀后有放净阀;冷却器出口切断阀前设有液体膨胀泄压用安全阀。

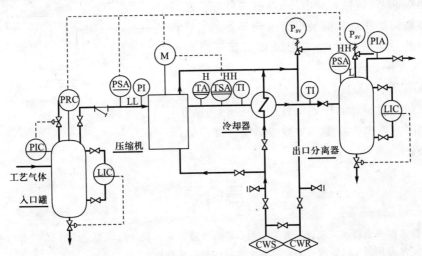

图 3-66   压缩机管道仪表流程图

3.10.6   加热炉的 PID 设计

作为一种供给物流热量的设备,加热炉的主要控制参数是被加热介质的流量和出炉温度。

(1)对于多管程加热炉,管程数应为偶数,且物料进出口管线应对称布置(尤其在气液两相流动时),且不应有大的压力损失,主管必须有足够大的截面。

(2)为使流量均匀分配,对非两相流动的管线,除了对称布置外,也可在各分、集合管及支管上设控制用阀门及计量设施(一般应装在液相进料管上)。为了校验加热状态,在加热炉出口管线上应设测温仪表,此时可以不考虑管线的对称布置,而利用阀门调节、控制,使物料加热后的温度一致。

如图 3-67 所示为 8 路并流进料的加热炉对称管线布置。对称部分的管线长度、直径、阀门及管件的数目和形式必须相同。

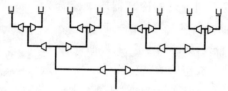

图 3-67　8 路并流进料的加热炉对称管线布置

(3)加热炉过热蒸汽放空线上应设置消声器。

(4)炉管需要注入水或蒸汽时,应在水和蒸汽管线的引入线上设置切断阀和止回阀,并在两阀中间设一检查阀,以免物料倒入水或蒸汽系统。

(5)在加热炉的入口管线上应安装放气阀,出口管线上应设置放净阀。

(6)加热炉出炉温度的控制方案不能根据被加热介质出炉温度直接调节燃料量。这是因为测温元件滞后较大,当燃料压力或温度波动时,会引起加热炉出炉温度的显著变化。常采用被加热介质的出炉温度和炉膛内的烟气温度来串级调节,这样可克服滞后,效果良好。进料的流量控制需要在进料前装流量调节器。当进料来自上游的分馏塔底时,工艺要求既要保证塔底液位平衡,又要保证进料恒定,这时需要用塔底液位给定流量调节器。

加热炉的典型管道仪表流程图如图 3-68 所示,图中运用了介质出炉温度和炉膛内烟气温度串级调节的方法。

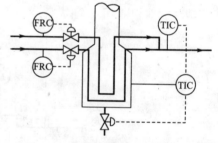

图 3-68　加热炉的管道仪表流程图

思考题

3-1　管道仪表流程图工程设计分为哪两个阶段? 通常在各设计阶段要完成的 PI 图有哪些版次?

3-2　装置内及装置间管道仪表流程图的图纸编号顺序如何?

3-3　G 版(施工版)PI 图内容有哪些?

3-4　设备位号和管道号是怎样编制的?

3-5　离心泵的保护管线有哪些? 哪些安装与备用泵有关?

3-6　塔的压力控制为什么要在不同情况下进行? 是怎样控制的?

3-7　塔的温差控制原理是什么?

3-8　换热器的温度是怎样控制的?

3-9 压缩机的配管一般有什么要求？

3-10 对两相流动管线为什么要求对称布置？

3-11 管道号编制的原则是什么？怎样进行管道号的编制？

习　题

3-1 解释管道仪表流程图中表示的设备位号及其特性参数的意义。

(1) P0221B

进料泵　1.2 m³/h, 0.08/0.15 MPa

陶质材料　1.2 kW

(2) E0305

进料冷却器

3.2×10^6 kJ/h

700ID×4500, 120 m²

T:S.S. 1Cr18Ni9Ti

S:C.S

(3) F0201

热油加热炉

1.6×10^6 kJ/h

T:S.S. 304

(4) T0316

精馏塔

1000ID×23500 TL/TL

C.S.

(5) R0305

反应器

800ID×3000 TL/TL

T:C.S.

S:C.S

(6) V0304

混合气球罐

124100ID, 400 m³

C.S.

3-2 解释图 3-69 管道仪表流程图中表示的安全阀的符号及数字的意义。

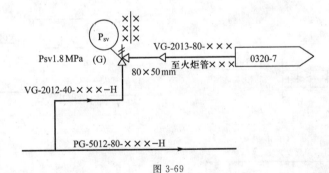

图 3-69

3-3 填空

(1)

序号	介质代号	管道编号		公称直径	管道等级	隔热
		工序编号	顺序号			
1		PG-04-07-100-L2E-C				
2		HO-31-108-50-M2B-H				
3		CWS-10-1001-100-N1A				

（2）

序号	介质代号	管道编号		公称直径	管道等级	隔热
		工序编号	顺序号			
1	PG	04	07	100	L2E	C
2	HO	31	108	50	M2B	H
3	CWS	10	1001	100	N1A	

3-4 填写图 3-70 中的管道号。

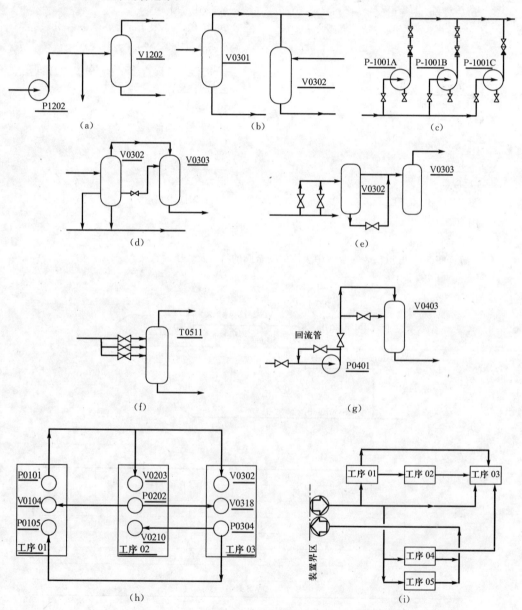

图 3-70

3-5　给图 3-71 所示离心泵配暖泵管线。

3-6　给图 3-72 所示离心泵设置小流量管线。

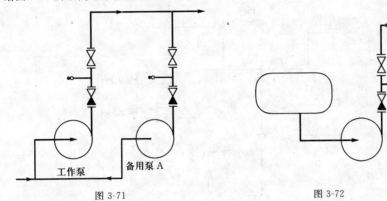

图 3-71　　　　　　　　　　图 3-72

3-7　给图 3-73 所示离心泵设平衡管线。

3-8　给图 3-74 所示离心泵设暖泵管线和防凝管线。

3-9　给图 3-75 所示设置流量调节。

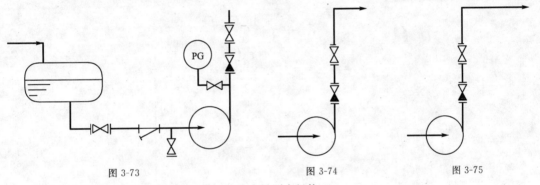

图 3-73　　　　　　　图 3-74　　　　　　图 3-75

3-10　为图 3-76 所示装置安装液位调节及流量测定机构。

3-11　解释图 3-77 所示仪表控制的是什么？

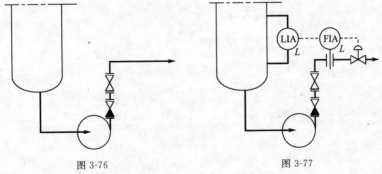

图 3-76　　　　　　　　　图 3-77

3-12　图 3-78 中仪表、符号分别表示什么？

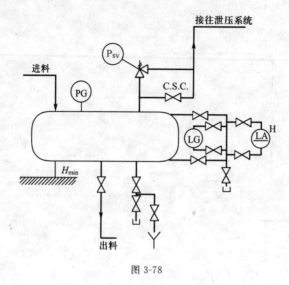

图 3-78

第4章

过程控制

4.1 概 述

在化工装置内,有物料流、能量流及信息流。现代化装置的特点是规模大,流程复杂,需要依赖自动控制系统来实现降耗、节能,使操作安全、有效。自动控制系统是对应于物料流和能量流所形成的有效的信息流,便于按照人们的意愿来安全、有效地管理、操作装置的一种手段。通常与化工装置有关的信息流如图 4-1 所示。而对于其中的一个单元装置来说,信息的结构层次与它们各自所适用的控制形式如图 4-2 所示。

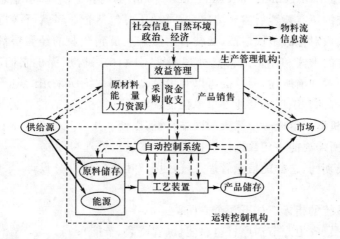

图 4-1 与化工装置有关的信息流

化工装置与其信息流是一个不可分的整体。如果不将信息按用途分别进行加工处理,然后再送往适当的部门,就会给装置的管理造成混乱。因此,就需要设置一种用来收集(输入)、加工、处理、传送(输出)必要信息的系统。这要求分别在自动控制系统和信息管理系统的各自范畴内加以考虑。

近年来,电子技术取得了突飞猛进的发展,其成果也迅速地应用在自动控制系统和信息管理系统中。现在已经很难从硬件上划清信息管理系统和自动控制系统之间的界限,也就是说,完全可以在同一套信息处理装置中完成这两方面的功能。因此,这里只是根据其目标功能来划分信息管理系统和自动控制系统的。

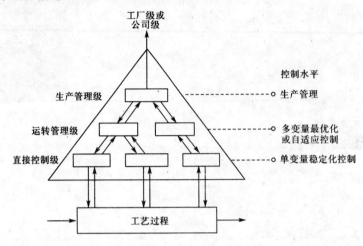

图 4-2　单元装置的控制形式

自动控制系统应具有收集、处理在装置里产生的各种与物料、能量的质和量有关的信息，并提供操作信息等方面的全部功能。这些功能对于装置的控制操作来说是必不可少的。自动控制系统是对装置进行操作控制的系统。信息管理系统所处理的信息比自动控制系统所处理的信息层次更高。也就是说，它有以工厂生产管理或提供高层次的经营信息为目标的 MIS(Management Information System)的内涵。因此，信息管理系统既要包括自动控制系统的所有装置所需要的信息，同时还要包括企业经营所必需的其他广泛的信息。其信息输入对象的范围广泛，从装置的操作人员到企业的经营层都包括在内。因此它必须以必要的形式和不同的信息处理深度，分别向各阶层提供它们所需要的内容。该系统的硬件配置如前所述，简单的可以利用自动控制系统所采用的电子计算机的部分能力来实现；也有的在工厂或营业部里单独设置电子计算机；还有的在公司级设置信息处理电子计算机(机群)，形成一个巨大的网络系统，以便在接收几个营业部传来的信息的同时，将企业经营所需要的一切数据以数据文件形式进行处理和存放。

在装置建设期间，这样的信息管理系统还可以用来完成部分设计、采购、安装工程方面的工作。

自动控制系统的指标有如下几个方面：

(1)节省人员(省力)、节约原材料和能量(省资源、节能)；

(2)确保产品质量的稳定与提高；

(3)通过减少原材料、中间产品和最终产品的存储量来降低库存费用；

(4)提高设备效率和生产性能，减少装置维修费，延长设备寿命；

(5)确保安全，防止环境污染，改善工作环境；

(6)收集技术信息并储存。

4.2　化工装置常用控制仪表简介

化工装置常用控制仪表有温度测量仪表、压力测量仪表、流量测量仪表以及液位测量仪表等。

1. 温度测量仪表

温度是表示过程本身状态的重要参数。即使流量、压力不发生变化,在各工艺设备的前后,温度也要改变。由于它是对工艺的热平衡、运行状态进行监视的参数,并能廉价地进行远距离测量,所以温度的测量点数要比其他参数多。

(1)热电偶和热电阻

远距离测量温度最常用的是热电偶和热电阻。由于检测原理都属于电量测量,所以不需要变送器,可以直接通过配线将检测端接到控制室。其一般结构形式如图 4-3 所示。

工业上常用的热电偶有铂锗-铂热电偶(分度号为 LB)、镍铬-镍铝热电偶(分度号为EU)、镍铬-考铜热电偶(分度号为 EA)、铂铑30-铂铑 6 热电偶(分度号为 LL)。分度号 LB

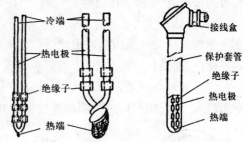

图 4-3　热电偶和热电极的结构形式

测量范围为 $-20\sim1\,300$ ℃,分度号 EU 测量范围为 $-50\sim1\,000$ ℃,分度号 EA 测量范围为 $-50\sim600$ ℃,分度号 LL 测量范围为 $300\sim1\,600$ ℃,短期可测量 $1\,800$ ℃。

此外,用于各种特殊用途的热电偶还很多,如红外线接收热电偶;用于 $2\,000$ ℃高温测量的钨铼热电偶;用于超低温测量的金铁-镍铬热电偶;非金属热电偶等。

热电偶的配线要根据热电偶的种类采用相应的补偿导线,这种专用导线在一定温度$(0\sim100$ ℃)范围内具有和所延伸的热电偶相同的热电特性,其材料是普通金属。

热电偶适用于测量 500 ℃以上的较高温度,对于 300 ℃以下的中、低温,使用热电偶测温有时就不一定恰当。因为在中、低温区热电偶输出的热电势很小,对于电位差计的放大器和抗干扰措施要求都很高,否则就测量不准,仪表的维修也困难。再则,在较低的温度区域,由于冷端温度的变化和环境温度的变化所引起的相对误差显得很突出,而且不易得到全补偿,所以在中、低温区,一般使用热电阻来进行温度测量。

工业上常用的热电阻有铂电阻(型号为 WZB)和铜电阻(型号为 WZG)两种。

热电阻元件要求制造小巧,而且受热膨胀时不应产生附加应力。一般有三种制造形式:圆柱形、平板形和螺旋形。为了避免通过交流电时产生感应电抗,热电阻元件用双线无感绕法。

(2)动圈式仪表

动圈式仪表是我国中、小型企业广泛使用的一种仪表,它与热电偶、热电阻、霍尔变换器或压力变送器相配合可以用来指示、调节工业对象的温度与压力等参数。被指示和调节的参数(如温度、压力等),首先经过上述感测元件被转换成电势或电阻信号,然后,再经过测量电路转换成流过动圈的微安级电流,电流的大小可由动圈的偏转角度指示出来。因此,动圈式仪表实际上是一种测量电流的仪表。

动圈式仪表具有结构简单、价格低廉、灵活可靠等优点。

目前生产的动圈式仪表的型号为 XCZ,有附加装置进行自动调节的型号为 XCT。符号的意义:X——显示仪表;C——动圈式、磁电式;Z——指示仪;T——调节仪。在使用时必须要注意与测温元件的配套问题。在仪表面板上注有与测温元件配套的分度号。

2.压力测量仪表

测量压力的仪表类型很多,按其转换原理的不同,大致可分为四类:

(1)液柱式压力计

液柱式压力计根据流体静力学原理,把被测压力转换成液柱高度。用这种方法测量压力的仪表有 U 形管压力计、单管压力计和斜管压力计等。

(2)弹性式压力计

弹性式压力计利用各种形式的弹性元件,根据被测介质在压力作用下产生弹性变形的程度(一般是位移的大小)来度量被测压力的大小。

弹性元件不仅是弹性式压力计的感测元件,也经常用来作为气动单元组合仪表的基本组成元件,应用较广。常用的弹性元件如图 4-4 所示。

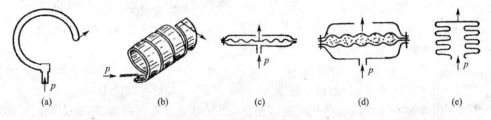

(a)   (b)   (c)   (d)   (e)

图 4-4 弹性元件示意图

图 4-4(a)所示为单圈弹簧管,它的截面做成扁圆形或椭圆形。当通入压力后,它的自由端就会产生位移。这种单圈弹簧管自由端位移较小,能测量较高的压力。为了增加自由端的位移,可以制成多圈弹簧管,如图 4-4(b)所示。弹性膜片是由金属或非金属做成的具有弹性的一张膜片,如图 4-4(c)所示,在压力作用下能产生变形。有时也可由两块金属膜片沿周边对焊起来,成为一个薄壁的盒子,称为膜盒,如图 4-4(d)所示。波纹管是一个周围为波纹状的薄壁金属筒体,如图 4-4(e)所示,这种弹性元件易于变形,而且位移可以很大,应用非常广泛。

根据弹性元件的形式不同,弹性式压力计可以分成多种。图 4-5 所示为弹簧管压力表的结构。

(3)电气式压力计

电气式压力计一般由压力变送器、显示表及记录仪表组成,它将压力的变化转变成电阻、电感或电势等电量的变化,从而实现压力的间接测量。这种压力计反应比较迅速,易于远距离传送,在测量压力快速变化、脉动压力和高真空、超高压的场合下较为合适。

常用的压力变送器有应变片式压力变送器和霍尔片式压力变送器。应变片式压力变送器利用应变片作为转换元件,将被测压力的变化转换成应变片的电阻值变化,然后经过桥式电路得到毫伏级的电量输出,供给显示、记录仪表。

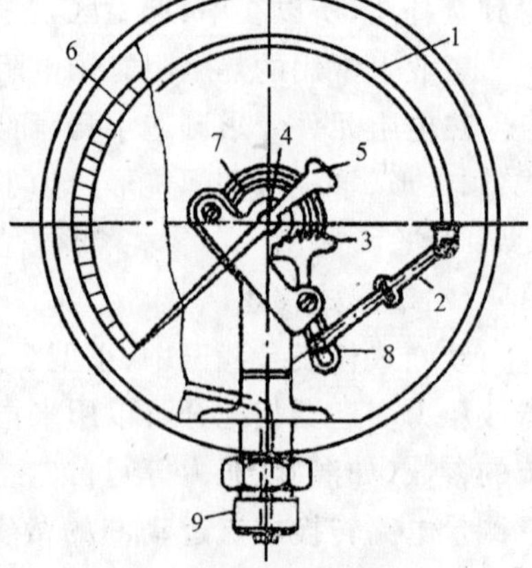

图 4-5 弹簧管压力表的结构
1-弹簧管;2-拉杆;3-扇形齿轮;
4-中心齿轮;5-指针;6-面板;
7-游丝;8-调整螺钉;9-接头

霍尔片式压力变送器利用霍尔元件将由压力引起的位移转换成电势,从而实现压力的间接测量。将霍尔元件和弹簧管配合,就组成了霍尔片式压力变送器。当被测压力引入后,在被测压力的作用下,弹簧管自由端产生位移,因而改变了霍尔片在非均匀磁场中的位置,将机械位移量转换成电量——霍尔电势,以便将压力信号进行远传和显示。

(4)活塞式压力计

活塞式压力计根据水压机液体传送压力的原理,将被测压力转换成活塞面积上所加平衡砝码的质量,它普遍地被作为标准仪器,用来对弹簧管式压力计进行校验和刻度。

3. 流量测量仪表

在化工和炼油生产过程中,为有效地进行生产和控制,经常需要测量生产过程中各种介质(液体、气体和蒸气等)的流量,以便为生产操作和控制提供依据。同时,为了进行经济核算,经常需要知道在一段时间内流过的介质总量。所以流量测量是控制生产过程达到优质高产和安全生产,以及进行经济核算所必需的一个重要参数。

测量流量的方法很多,随着工业的发展对自动化不断提出新的要求,以及科学技术发展的需要,流量计的种类日益增多。

(1)差压式流量计

差压式流量计是基于流体流动的节流原理,利用流体流经节流装置时所产生的压力差来实现流量测量的。通常由能将被测流体的流量转换成压差信号的节流装置,以及用来测量压差而显示出流量的压差计所组成。在单元组合仪表中,由节流装置产生的压差信号,经常通过压差变送器转换成相应的信号(电的或气的),以供显示、记录或调节用。

由于差压式流量计使用历史长久,已经积累了丰富的实践经验和完整的实验资料。因此,国内外把最常用的节流装置(孔板、喷嘴、文丘里喷嘴、文丘里管)标准化,并称为"标准节流装置"。

差压式流量计要求在节流装置的上、下游都有直管段。这在标准中已做了规定,但根据情况不同而有所不同。一般在上游侧的直管段长度为直径的 10～50 倍,在下游侧为 5 倍左右。

(2)转子流量计

在小流量、低雷诺数的情况下,采用差压式流量计难以测量时,可采用转子流量计。它是经常采用的现场指示仪表。如采用蒸气夹套等特殊结构,它还可用于凝固性流体和浆液。其精度为 1‰～2‰,上、下游不需要直管段。转子流量计的工作原理如图 4-6 所示。图 4-7 为 LZD 系列电远传式转子流量计工作原理图。

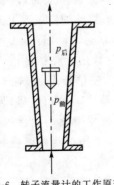

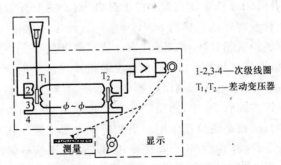

1-2,3-4——次级线圈
T_1,T_2——差动变压器

图 4-6　转子流量计的工作原理　　　　图 4-7　LZD 系列电远传式转子流量计工作原理

图 4-8 为气远传式转子流量计工作原理图。

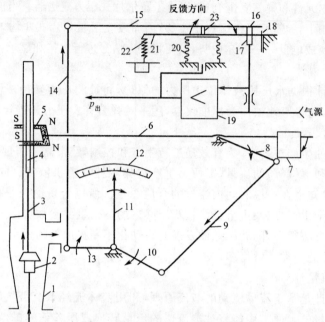

图 4-8　气远传式转子流量计工作原理

1-锥形管；2-转子；3-导杆；4、5-磁钢；6-平衡杆；7-重锤；8、9、10-四连杆机构；
11-指针；12-刻度盘；13、14、15-四连杆机构；16-挡板；17-喷嘴；18-十字支撑；
19-放大器；20-反馈波纹管；21-支板；22-调零弹簧；23-反馈支点

电远传式转子流量计的工作原理是：当被测介质流量变化时，引起转子停浮的高度发生变化，转子通过连杆带动发送的差动变压器 T_1 中的铁芯上下移动。由于铁芯是由导磁材料制成的，当铁芯在差动变压器线圈中移动时，就会引起初级线圈对两个差接的次级线圈 1-2 和 3-4 之间耦合情况的变化。当流量增大时，铁芯向上移动，初级线圈对次级线圈 1-2 的耦合程度由于铁芯的进入而得到加强，而对次级线圈 3-4 的耦合程度则减弱。因此，次级输出电压 e_{12} 将大于 e_{34}，其差值进入电子放大器，放大后的信号一方面带动显示机构动作，另一方面通过凸轮带动接收的差动变压器 T_2 中的铁芯向上移动，从而使 T_2 的两个次级线圈的输出电压也发生变化，一直到进入放大器的电压为零后，T_2 中的铁芯便停留在相应的位置上，这时显示机构的指示值便可以表示被测流量的大小了。

气远传式转子流量计的工作原理是：当流过锥形管的流体流量增加时，转子 2 就上升，并带动导杆 3 使磁钢 4 也上升，磁钢 4 的上升带动套在锥形管外的磁钢 5 上升，这样，平衡杆 6 与四连杆机构 8、9、10 也一起动作，使指针沿顺时针方向转动，转子 2 停浮的高度就转换成指针 11 的转角，指针就在刻度盘 12 上指出流量的数值。在指针指出流量的同时，四连杆机构 13、14、15 也跟随指针轴做顺时针方向运动，使挡板 16 相对于喷嘴 17 产生位移（靠近些），因而喷嘴背压增高，且经放大器放大后一路作为输出信号，另一路进入反馈波纹管 20 中，使反馈波纹管推动支板 21，从而反方向改变喷嘴与挡板的位置（离开些），这就是负反馈作用。当测量作用和反馈作用相平衡时，则挡板将停留在一个新的位置上，这样，就有一个与流量相对应的气压信号输出。

需要指出的是，这种变送器是按位移平衡原理工作的。因为感受元件（转子）把流量转换成位移,同时,输出信号通过反馈波纹管也转换成位移,正、负两种位移都传到挡板上,后者起负反馈作用,与前者建立平衡。

(3)椭圆齿轮流量计

椭圆齿轮流量计属于容积式流量计的一种。目前已在化工和炼油等工业部门中应用,特别在测量高黏度的流体(例如重油、聚乙烯醇、树脂等)流量时具有显著的优点。

它的测量原理如图 4-9 所示。它由两个相互啮合的椭圆形齿轮 A、B 及外壳组成。流体流过时,由于有摩擦阻力存在,就有压力损失,使进口侧流体压力 p_1 高于出口侧压力 p_2,在此压力差的作用下,产生作用力矩而使其转动。在图 4-9(a)所示位置时,由于 $p_1 > p_2$,则介质压力

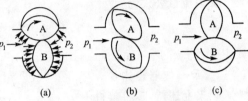

图 4-9　椭圆齿轮流量计的测量原理

作用产生的合力矩使齿轮 A 顺时针转动,把齿轮 A 和壳体间的半月形容积内的介质排至出口,并带动 B 齿轮做逆时针方向转动。这时 A 为主动轮,B 为从动轮。在图 4-9(b)所示的中间位置,A 齿轮和 B 齿轮均为主动轮。而在图 4-9(c)所示的位置,p_1 和 p_2 作用在 A 齿轮上的合力矩为零,作用在 B 齿轮上的合力矩使 B 齿轮做逆时针方向转动,并把已吸入的半月形容积内的介质排至出口,这时 B 齿轮为主动轮,A 齿轮为从动轮,与图 4-9(a)所示情况刚好相反。如此往复循环,A 齿轮和 B 齿轮互相交替地由一个带动另一个转动,将被测介质以半月形容积为单位一次一次地由进口排至出口。显然,图 4-9 所示为椭圆齿轮转动 1/4 周的情况,而其所排出的被测介质为一个半月形容积。所以,椭圆齿轮每转一周所排出的被测介质的量为半月形容积的 4 倍。如果知道每个半月形容积的大小,只要测出齿轮的转速 n,就可知道这时体积流量的大小了。

椭圆齿轮流量计的流量信号的显示,有就地显示和远传显示两种。配以一定的传动机构及计算机构,就可以记录或指示被测介质的总量。

椭圆齿轮流量计特别适用于高黏度介质的流量测量。但使用时要特别注意被测介质中不能含有固体颗粒,更不能夹杂机械物,否则会引起齿轮磨损甚至损坏。为此,椭圆齿轮流量计的入口端必须加装过滤器。另外,椭圆齿轮流量计的使用温度有一定范围,温度过高,就有使齿轮发生卡死的可能。

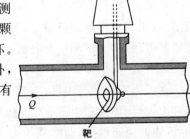

图 4-10　靶式流量计示意图

(4)靶式流量计

靶式流量计的结构如图 4-10 所示。

在流体管道的中间,迎着流体的流向安装一个钢片,称之为"靶"。由于流体流过时流速发生变化,靶两侧的压力不一样,其压差可用下式计算:

$$\Delta p = K \left(\frac{\gamma v^2}{2g} \right)$$

式中　　K—— 比例系数;

　　　　v—— 流体通过环隙时的流速;

　　　　γ—— 流体重度。

靶上受到的力为

$$F = \Delta p A = \Delta p \frac{\pi}{4} d^2 = K \frac{\gamma v^2}{2g} \frac{\pi}{4} d^2$$

式中 A—— 靶的面积；

d—— 靶的直径。

又因流量公式为

$$Q = vS = v \frac{\pi}{4}(D^2 - d^2)$$

式中 S—— 环隙面积；

D—— 管道内径。

根据上述两式,可解得

$$Q = K' \left(\frac{D^2 - d^2}{d} \right) \sqrt{\frac{F}{\gamma}} \qquad\qquad (a)$$

或质量流量

$$G = K' \left(\frac{D^2 - d^2}{d} \right) \sqrt{\gamma F} \qquad\qquad (b)$$

式中

$$K' = \sqrt{\frac{1}{K}} \sqrt{\frac{\pi g}{2}}$$

由式(a)和式(b)可以看出,当比例系数 K' 与流量计的结构一定时,流量与靶上受到的力 F 的平方根成正比。只要将作用在靶上的力测量出来,就可以知道流量的大小。

生产中用的靶式流量计就是基于上述原理,靶上所受的推力可以用与压差变送器相同的气动或电动转换机构转换成 0.02～0.1 MPa 的统一标准气压信号,或是 0～10 mA 直流统一标准电流信号,传送给指示或记录仪表,以得到被测流量的数值。

靶式流量计有许多特点:比例系数受雷诺数 Re 的影响很小,当流量较小或流体黏度较高时,仍有较高的测量精度;管道不易堵塞,并且它不像节流装置那样需要引压导管,因此维护方便,适合于测量含有固体颗粒、易于结晶的液体的流量。

(5)涡轮流量计

在流体流动的管道里,安装一个可以自由转动的叶轮,当流体通过叶轮时,流体的动能使叶轮转动,流体的流速越高,动能就越大,叶轮转速也就越高。因此,测出叶轮的转速或转数,就可确定流过管道的流量。日常生活中使用的某些自来水表、油量计等,都是利用类似原理制成的,这种仪表称为速度式仪表。涡轮流量计正是利用相同的原理,在结构上加以改进后制成的,其结构如图 4-11 所示。

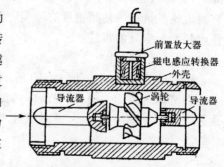

图 4-11 涡轮流量计

涡轮流量计的工作过程是:当流体流过涡轮流量计时,推动涡轮旋转,高导磁性的涡轮叶片就周期地扫过磁钢,使磁路的磁阻发生周期性变化,线圈中的磁通也跟着发生周期性变化,线圈中就感应出交流电信号。交流电信号的频率与涡轮的转速成正比,也即与流量成正比,这个电信号经前置放大器放大后,即送入电子计数器或电子频率计,以累积或指示流量。

涡轮流量计测量精度高,反应快,可测量脉动流量。它可以很方便地安装在任何形式的管道上,因而可以用于火箭和喷气发动机中的高流速管道,进行燃料流量测量。所以,这种流量计不仅在一般工业上,而且在国防上也有重大的意义。

使用涡轮流量计时,一般应加装过滤器,以保持被测介质的洁净,减少磨损,并防止涡轮被卡住。安装时,必须保证变送器的前后有一定的直管段,以使流向比较稳定。一般入口直管段的长度取管道内径的 10 倍以上,出口取 5 倍以上。

(6)电磁流量计

在化工、炼油生产中,有些液态介质具有导电性,因而可以应用电磁感应的方法来测量流量。电磁流量计的特点是能够测量酸、碱、盐溶液以及含有固体颗粒(例如泥浆)或纤维的介质的流量。

电磁流量计由变送器和转换器两部分组成。被测介质的流量经变送器变换成感应电势,然后由转换器变成 0~10 mA 的直流信号作为输出,以便进行指示、记录或与电动单元组合仪表配套使用。

电磁流量计的原理如图 4-12 所示。在一段用非导磁材料做成的管道外面,安装有一对磁极 N 和 S,用以产生磁场。当导电液体流过管道时,因流体切割磁力线而产生了感应电势。此感应电势由与磁极垂直方向的两个电极引出。当磁场强度不变,管道直径一定时,这个感应电势的大小仅与液体的流速有关,而与其他因素无关。将这个感应电势放大,传给显示仪表,就能在显示仪表上读出流量来。电磁流量计的测量管道内无可动部件或突出于管道内表面的部件,因而压力损失很小。在采取防腐衬里的情况下,可以用于测量各种腐蚀性液体的流量。其输出信号不受液体物理性质(如温度、压力、黏度)的影响,对流量变化反应速度快,故也可用来测量脉动流量,这是一般流量计不能比拟的。

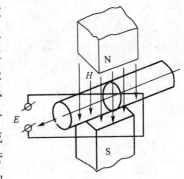

图 4-12 电磁流量计的原理

电磁流量计具有显著的优点,但是也有一些缺点。主要是在液体中感应出的电势数值很小,所以要使用放大系数很大的放大器。由此造成测量系统很复杂、成本高,并且很容易受外界电磁场干扰,在使用不恰当时,会大大地影响仪表的精度。电磁流量计不能测量非导电液体的流量,也不能测量气体和蒸气的流量。在使用中要注意维护保养,防止电极与管道间绝缘的破坏。

4.液位测量仪表

在化工、炼油生产中,常要对一些设备和容器的液位进行测量和控制。测量液位的目的主要有两个:一是通过液位的测量来确定容器里的原料、半成品或产品的数量,以保证连续供应生产中各环节所需物料或进行经济核算;二是通过测量液位,了解液位是否在规定的范围内,以便使生产正常运行,保证产品质量、产量和生产安全。

液位测量似乎很简单,但实际不然。由于液位测量受到被测介质的物理性质、化学性质和具体工作条件的影响,虽然测量液位的方法很多,但与其他参数(如温度、压力、流量)

的测量相比,液位测量仍然是比较薄弱的环节。

液位测量方法很多,下面简介几种常用的液位计。

(1)玻璃液位计

玻璃液位计是使用最早而又最简单的一种直读式液位计。它是根据连通器的原理制成的,其一端接容器的气相,另一端接液相,直接测出容器中的液位。这种液位计结构简单,价格便宜,一般用于温度和压力都不高的场合,就地指示液位的高低。缺点是玻璃易碎,不能远传和自动记录。

①玻璃管液位计

玻璃管液位计如图 4-13 所示。玻璃管的两端装在具有填料函的金属管中,与容器相连通的管上装有切断阀 1 和 2,阀 3 与 4 是用来排污和吹洗的。

②反射式玻璃板液位计

在温度、压力较高的情况下,常采用透光式或折光式玻璃板液位计。

透光式液位计是将两块透光平板玻璃嵌入金属框里,由石棉垫片密封、螺钉压紧所构成的,如图 4-14(a)所示。观察时,光线透过玻璃板即可看到液位。它适用于介质黏度较低的情况,对较高黏度的液体,介质容易黏附在玻璃板上,不易看清真实液位。

折光式玻璃板液位计可用于测量黏度较高的介质的液位,例如精馏塔塔釜液位等。其结构如图 4-14(b)所示。其玻璃板为背面有菱形槽的折光玻璃板,其余结构同透光式玻璃板液位计。高黏度的介质即使黏附在玻璃板上,由于玻璃板对液相和气相的折光率不同,液相看起来是暗的,而气相部分看起来是明亮的,气、液两相分界面就比较清楚。

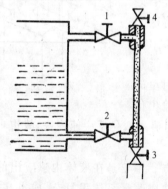

图 4-13　玻璃管液位计

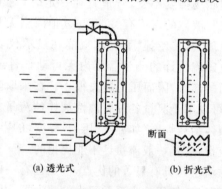

(a) 透光式　　　(b) 折光式

图 4-14　反射式玻璃板液面计

(2)浮力式液位计

由于浮力式液位计结构简单,造价低廉,因此在工业上应用也比较广泛。常用的浮力式液位计有浮标式液位计(图 4-15)及浮球式液位计(图 4-16、图 4-17)。

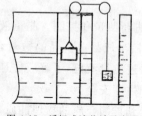

图 4-15　浮标式液位计示意图

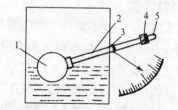

图 4-16　内浮球式液位计示意图
1—浮球;2—连杆;3—转动轴;4—平衡重锤;5—杠杆

①浮标式液位计

浮标为空心的金属或塑料盒。当浮标的重量与浮标所受的浮力之差和平衡重锤的重量相等时,浮标就可以随液位的高低而停留在任一液面上,即沿导向杆随液位的高低而垂直升降。通过钢丝绳和滑轮带动指针沿标尺上下移动而指示出液位值。

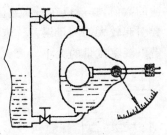

图 4-17　外浮球式液位计示意图

如果把滑轮的转角和钢丝绳的位移经过机械传动后转化为电量的变化,例如转化为电阻值的变化,或电感、电动势的变化等,就可以进行液位的远传指示或记录了。

这种液位计一般用于敞口容器的液位测量,例如在炼油厂中测量油槽中油的储量等。

②浮球式液位计

对于温度、压力不太高,而黏度比较高的液态介质液位的测量,一般采用内浮球式液位计,如图 4-16 所示。浮球 1 由铜或不锈钢制成,通过连杆 2 与转动轴 3 相连接,转动轴的另一端与容器外侧的杠杆 5 相连接,并在杠杆上加以平衡重锤 4,组成以转动轴为支点的杠杆系统。设计时要求当浮球的一半浸没在液体内时,实现系统的力矩平衡。随着液位的升高或降低,浮球也要随着升高或降低。如果在转动轴的外端安装一指针,便可以从输出的角位移知道液位的数值。也可以用喷嘴挡板等气动的方法或用差动变压器等电动的方法,进行信号远传或液位控制。

还有一种浮球式液位计在容器的外部另设一浮球室(即外浮球式)与容器相连通,如图 4-17 所示。它的作用原理与内浮球式相同。外浮球式便于维修,但不适宜于测量黏度高、易结晶和易凝固的液体。

生产过程中要十分注意浮球、连杆、转动轴等部件之间的牢固连接,一旦出现浮球脱落,势必造成严重后果。使用过程中,若出现沉淀物或易凝结的物质附着在浮球表面时,要重新调整平衡重锤的位置;当被测液体有腐蚀性时,要定期检查全部机件的腐蚀情况。

(3)静压式液位计

对于不可压缩液体,液柱的高度与液体的静压成正比例关系,因此,测出液体的静压便可知道液位的高度。应用上述原理测量液位的方法一般简易可行。所以,工业生产中静压式液位计获得了广泛的应用。

对于敞口容器的液位测量,最简单的方法是用压力计通过取压导管与容器底侧相连,如图 4-18 所示。

如果被测液体有腐蚀性,应该在压力计与被测液体之间加装隔离罐,罐内充入隔离液。但是要注意隔离液不能与被测液体发生互溶现象。

对于具有腐蚀性、高黏度或含有悬浮颗粒的液体的液位的测量,常采用吹气式液位计。图 4-19 是测量敞口容器液位的吹气式液位计的原理图。压缩空气经过滤器 1 和减压阀 2,根据被测液位的高低将气压降到某一数值 p_1,再经过节流元件 3 降到 p_2,又经过转子流量计 4,最后,压缩空气由安装在容器内的导管下端敞口处逸出。当导管下端有微量气泡逸出时,导管内的气压几乎与液封压力相等。因此,压力计 5 所指示的压力数值即可反映出液位的高度。其中节流元件起稳流的作用,使之正常工作时,气体流量取一个合适的数值,一般以在最高液位时仍然有气泡逸出为宜。流量过大,流经导管的压降变大,会引起较大的测量误差。流量过小,又会造成较大的测量滞后。为此,装有转子流量计,借以观察流量的大小。

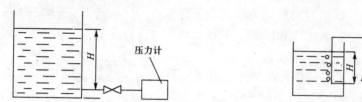

图 4-18 敞口容器的液位测量

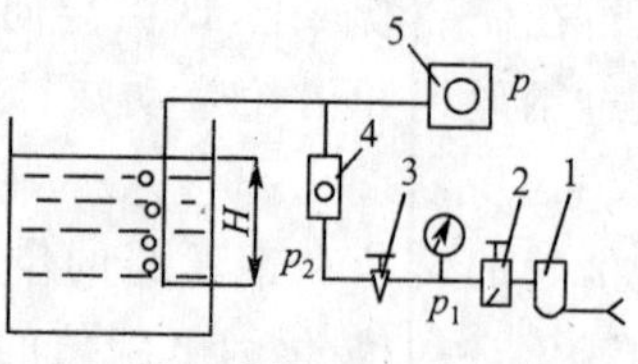

图 4-19 吹气式液位计的原理
1—过滤器;2—减压阀;3—节流元件;4—转子流量计;5—压力计

用吹气法测量液位时,必须注意吹气装置的管理,要保证吹气管线中吹气压力稍大于被测液体的静压力。开表时,吹入管线中的气压要稳定。在停气检修时,必须防止液体进入管线和仪表。

(4)电容式液位计

电容式液位计采用测量电容量的变化得知液位的高低。根据电容与电容的两极板面积、两极板间距以及两极板间介质的介电常数有一定关系,在极板面积和极板间距恒定的情况下,电容量将随两极板间的介质变化(即介电常数变化)而变化。因此,如把一根金属棒插在盛液容器内,如图 4-20 所示,金属棒和容器壁就组成电容的两个极板,而液体和上面的气体即介质。由于液体的介电常数和气体的介电常数是不同的,如果前者较高,当液位上升时,总的介电常数将随之增大,因而电容量也增大。反之,当液位下降时,总的介电常数减小,电容量也减小。所以,可以通过电容量的变化来测量容器内液位的高低。

液位的测量方法有很多,除以上介绍的几种方法以外,还有超声波式、同位素式等液位测量方法,但由于使用中各种干扰因素的影响较大,使用起来也较复杂,因而尚未得以普遍应用。

(5)差压式液位计

差压式液位计是根据容器内的液位改变时,由液柱高度产生的静压也相应变化的原理而工作的,如图 4-21 所示。

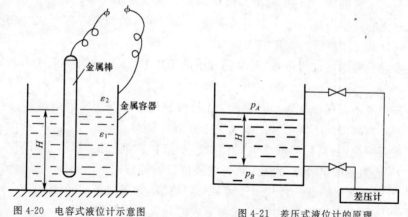

图 4-20 电容式液位计示意图

图 4-21 差压式液位计的原理

当差压计的一端接液相,另一端接气相时,根据流体静力学原理得到如下关系式:

$$p_B - p_A = H\gamma$$

式中　　H—— 液位高度；

　　　　γ—— 介质重度。

　　由上式得到

$$\Delta p = p_B - p_A = H\gamma$$

　　一般被测介质的重度是已知的，因此，差压计测得的差压与液位高度 H 成正比，这样就把测量液位高度的问题，变成了测量差压的问题了。

　　用差压计测量液位时，若被测容器是敞口的，气相压力为大气压，则差压计的负压室通大气就可以了。若容器内压力高于大气压，差压计的负压室与容器的气相相连接。

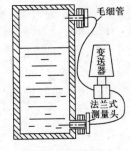

图 4-22　法兰式差压计测量示意图

　　用差压计测量液位时，容器的液相必须要用管线与差压计的正压室相连接。在化工生产中，有时液体中含有杂质、结晶颗粒或有凝聚的可能，用普通的差压变送器就可能引起连接管线的堵塞。此时，需要采用法兰式差压变送器。

　　法兰式差压变送器是用法兰直接与容器上的法兰相连接，如图 4-22 所示，作为敏感元件的测量头（金属膜盒），经毛细管与变送器的测量室相通。在膜盒、毛细管和测量室所组成的封闭系统内充有硅油，作为传递压力的介质，并使被测介质不能进入毛细管与变送器，以免堵塞。

　　法兰式差压变送器的测量部分及气动转换部分的动作原理与差压变送器基本相同。法兰式差压变送器按其结构形式又分为单法兰及双法兰式两种，法兰的构造又分为平法兰和插入式法兰两种，其结构如图 4-23、图 4-24 所示。

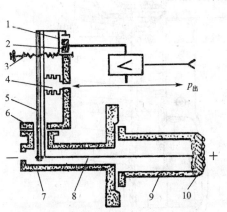

图 4-23　单法兰插入式差压变送器
1—挡板；2—喷嘴；3—弹簧；4—反馈波纹管；
5—主杠杆；6—密封片；7—壳体；8—连杆；
9—插入筒；10—膜盒

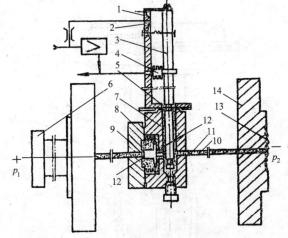

图 4-24　双法兰式差压变送器
1—挡板；2—喷嘴；3—杠杆；4—反馈波纹管；5—密封片；
6—法兰；7—负压室；8—波纹管；9—正压室；10—硅油；
11—毛细管；12—密封环；13—膜片；14—平法兰

4.3　气动薄膜调节阀的结构与分类

　　气动薄膜调节阀是以压缩空气为动力源的一种自动执行器，它接收调解器送来的控制信号，去改变管道中被调介质的流量。其外形如图 4-25 所示。

1.气动薄膜调节阀的结构

气动薄膜调节阀由气动执行机构与调节机构两部分组成。执行机构采用气动薄膜（有弹簧）执行机构，按动作方式有正作用式和反作用式两种，其结构如图 4-26 和图 4-27 所示。

（1）执行机构

当来自调解器或阀门定位器的信号压力自上膜盖进入并增大时，推杆向下动作，称之为正作用式执行机构，如图 4-26 所示。当信号压力自下膜盖进入并增大时，推杆向上动作，称之为反作用式执行机构，如图 4-27 所示。正作用式执行机构的信号压力通入波纹膜片上方的薄膜气室，而反作用式执行机构的信号压力通入波纹膜片下方的薄膜气室。通过更换个别零件，两者便能互相改装。

信号压力通常为 0.02～0.1 MPa 或 0.04～0.2 MPa。当信号压力通入薄膜气室时，在薄膜上产生的作用力使推杆部件移动，并压缩弹簧，直至弹簧的反作用力与薄膜上

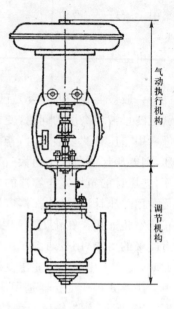

图 4-25 气动薄膜调节阀的外形

的作用力相平衡。弹簧的压缩量即推杆的位移量与输入薄膜气室的信号压力成比例。推杆的位移即执行机构的直线位移，其输出位移的范围为执行机构的行程。行程规格有 10 mm、16 mm、25 mm、40 mm、60 mm、100 mm 等。

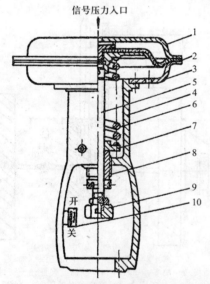

图 4-26 正作用式气动薄膜执行机构
1—上膜盖；2—波纹膜片；3—下膜盖；4—支架；
5—推杆；6—弹簧；7—弹簧座；8—调节件；
9—连接阀杆螺母；10—行程标尺

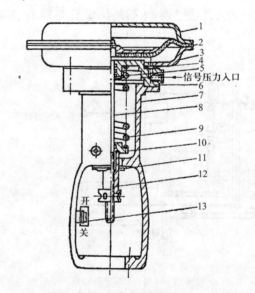

图 4-27 反作用式气动薄膜执行机构
1—上膜盖；2—波纹膜片；3—下膜盖；4—密封片；
5—密封环；6—填块；7—支架；8—推杆；9—弹簧；
10—弹簧座；11—衬套；12—调节件；13—行程标尺

（2）调节机构——调节阀

图 4-28 为直通双座调节阀结构图。调节阀阀杆的上端与执行机构的推杆通过螺母

相连接,推杆带动阀杆及阀杆下端的阀芯上下移动。流体从左侧进入调节阀,流过上、下阀芯与阀座的间隙,从右侧流出。

阀体与执行机构之间的上阀盖结构形式及填料的材质需很好地选择,以防止流体沿着阀杆漏出。上阀盖的结构形式有普通型、散热片型、长颈型及波纹管密封型四种,如图 4-29 所示。

波纹管密封型的耐压程度随着口径的增大而降低,不宜用在高压介质条件下。为了保证波纹管结构损坏时仍能保持短期密封,在波纹管组件上方填装聚四氟乙烯填料进行密封。

对于调节阀所使用的填料,目前国内常用聚四氟乙烯(使用温度<200 ℃)及石墨石棉(工作压力<6 MPa,温度<450 ℃)。使用石墨石棉时,要加注润滑脂。

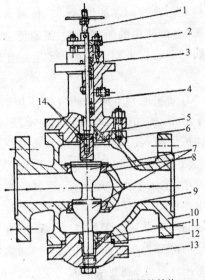

图 4-28　直通双座调节阀的结构

1—阀杆;2—压板;3—填料;4—上阀盖;
5、12—斜孔;6、11—衬套;7—阀芯;8、9—阀座;
10—阀体;13—下阀盖;14—销钉

碳钢调节阀可以满足大多数化工、石油炼厂的需要。对于某些特殊工艺过程,应选用特殊材质的调节阀。例如,用于高压的调节阀,应注意是否同时存在高压降及汽蚀等情况。此时除了选择合理的阀体结构形式外,对阀芯、阀座还应选用高硬度、耐汽蚀的合金钢。用于高温的调节阀,应选用耐热不起皮钢。

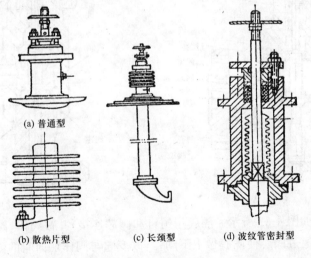

(a) 普通型

(b) 散热片型　　　　(c) 长颈型　　　　(d) 波纹管密封型

图 4-29　上阀盖形式

2.调节阀的种类

根据不同的使用要求,调节阀有很多种类,例如,直通双座阀、直通单座阀、角形阀、高压阀、隔膜阀、阀体分离阀、蝶阀、球阀、凸轮挠曲阀、笼式阀、三通阀、小流量阀和超高压阀等。

直通双座调节阀的结构如图 4-28 所示。阀体内有两个阀芯和两个阀座,随阀杆的上下移动而改变阀芯的位置。流体进入阀体后,作用在两阀芯上的推力方向相反、大小近于相等,允许使用的压差较大,流通能力比同口径的单座阀大。但是,因加工限制,上、下两个阀芯不易保证同时关闭,所以关闭时泄漏量较大,介质压差高时对阀座冲蚀损伤较严重。

直通单座调节阀有调节型和切断型。调节型阀芯为柱塞型(图 4-30)。切断型阀芯为平板形,关闭时泄漏量较小。单座阀适用于低压差场合,否则需选用大推力的气动执行机构或配有阀门定位器。

角形调节阀除阀体为直角形外,其他结构与直通单座调节阀相似。其阀体流路简单,阻力小,适用于高黏度、含悬浮颗粒物的流体的调节。从流体流向看,有侧进底出和底进侧出两种,一般情况多采用底进侧出。

高压调节阀使用的最大公称压力为 32 MPa,广泛应用于化肥和石油化工生产中。它的结构可分为单级阀芯(图 4-31)和多级阀芯两种。在图 4-31 中,阀芯为上导向柱塞型,如需用气开式,则要采用反作用式执行机构。在使用时,因为阀前、后压差大,阀芯为单座,所以需用刚度较大的执行机构,一般都要有阀门定位器。在高压差情况下,为延长使用寿命,阀芯头部采用硬质合金或渗铬,阀座也渗铬。

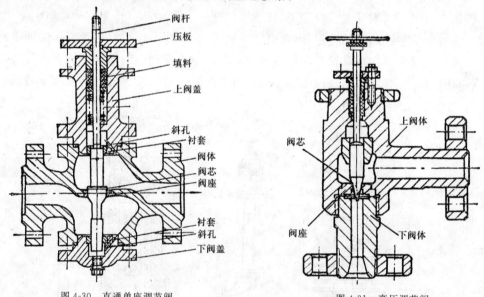

图 4-30　直通单座调节阀　　　　　　图 4-31　高压调节阀

隔膜调节阀如图 4-32 所示。隔膜用销钉和阀芯连接,并被阀体、阀盖用螺杆、螺母夹紧。阀杆的位移通过阀芯使隔膜做上下动作,改变它与阀体堰面间的流通截面,从而调节流体流量。隔膜阀结构简单,流路阻力小,适宜对高黏度、含悬浮颗粒物的流体的调节。阀体材料选用铸铁、铸钢、不锈钢等。由于阀体可衬橡胶、陶瓷、聚四氟乙烯等,因此适用于强碱、强酸等强腐蚀性介质。隔膜材料有氯丁橡胶及聚四氟乙烯。隔膜使流体与外界隔离,无填料,流体不会外漏,因此也可用于有毒、可燃型、爆炸型和贵重的流体以及真空场合。较软的隔膜,关闭时泄漏量极小,也可作为切断阀用。

隔膜阀的使用温度、压力及寿命受隔膜、衬里材料的限制,温度不宜高于 150 ℃,压力不高于 1 MPa。

蝶阀结构简单,价格便宜,流阻小,适用于低压差和大流量气体,也可用于含少量悬浮物或黏度不大的液体的调节,但泄漏量大。其主要结构如图 4-33 所示。

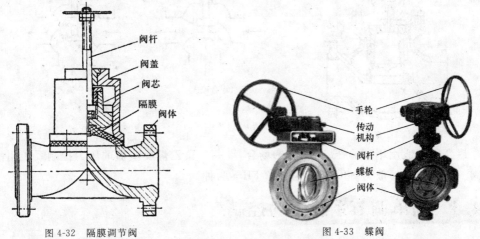

图 4-32 隔膜调节阀

图 4-33 蝶阀

球阀按结构可分为两种:V 形球阀(图 4-34)和直通球阀(图 4-35)。V 形球阀的节流元件是 V 形缺口球体,转动球心使 V 形缺口起到节流和切断的作用。它适用于纤维、纸浆、含有颗粒的液体等介质的调节。直通球阀的节流元件是带圆孔的球体,转动球体可起调节和切断的作用,常用于双位式控制。

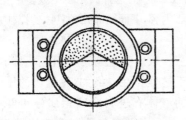

图 4-34 V 形球阀

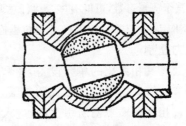

图 4-35 直通球阀

凸轮挠曲阀(偏心旋转调节阀)的阀芯呈扇形球面状,它与挠曲臂及轴套一起铸成,固定在转动轴上,如图 4-36 所示。阀芯从全开到全关的转角为 50°左右。阀体为直通形,流阻小,适于介质黏度高以及一般场合。密封性能好,可用于既要求调节又要求密封的场合。使用温度范围为 −195~400 ℃。体积小,质量轻。

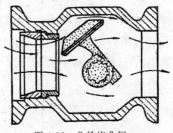

图 4-36 凸轮挠曲阀

笼式阀的阀体与一般直通单座阀体相似,如图 4-37 所示。笼式阀内有一个圆柱形套筒或称笼子,其内有阀芯,利用笼子做导向,可以纵向移动。套筒壁上开有多个不同形状的孔(窗口),以得到不同的流量特性。阀芯有不同形式,以适用不同的需要。阀芯在套筒里移动时,就改变了窗口的流通面积,从而改变了流体流量。笼式阀特别适用于降低噪声及差压较大的场合。

三通调节阀由直通双座阀改型而成,将原来直通双座调节阀下阀盖处改为接管,如

图 4-38 所示。有合流式(两个进口,一个出口)和分流式(一个进口,两个出口)两种。

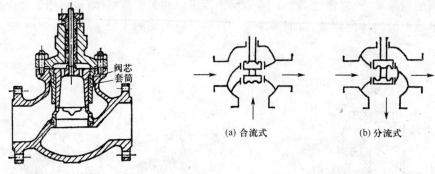

图 4-37 笼式阀

(a) 合流式   (b) 分流式

图 4-38 三通调节阀

超高压阀适用于高静压、高压降的场合,如高压聚乙烯反应器的压力控制系统用的调节阀。工作压力一般为 180 MPa 和 250 MPa 两种。

4.4 简单调节系统中的控制

对于化工生产装置,为了达到设计要求,必须进行连续的监视和控制,由操作人员和控制设备(测量仪表、传感器、控制器、执行器、记录仪表)组成控制系统,共同完成该项任务。往往测量参数根据设计目标确定。常见的控制参数主要有产品的数量、质量、安全、可操作性以及经济性等。

对于某个测量参数,可能有多个可任意调节的输入变量,需选择其中一个或多个变量作为控制变量,即确定控制方案。该项工作是过程控制的核心内容,下面简介几种具体的控制方法。

1. 压力控制

对于处理气相系统的单元设备,如果其他工艺参数的变化有可能引起压力的变化,均需压力调节系统。用怎样的方式调节压力,取决于过程特性。例如,精馏塔的压力变化是由于塔内气相物料不平衡所引起的,进入精馏塔的气体有进料中气相部分和再沸器产生的蒸气。出口气体有冷凝成液相的蒸气和气相出料。当进口气体量大于出口气体量时,压力就上升,反之则下降。因此要根据精馏塔的不同特性,寻找能迅速有效地保持气相物料平衡的方法,使压力稳定。

当塔内有大量不凝气时,在回流罐的排气管上设置调节阀,直接控制排气量,从而控制塔内压力,如图 4-39 所示。在回流罐的气相出口接压缩机时,采用调节压缩机转速的办法调节塔顶压力,如图 4-40 所示。

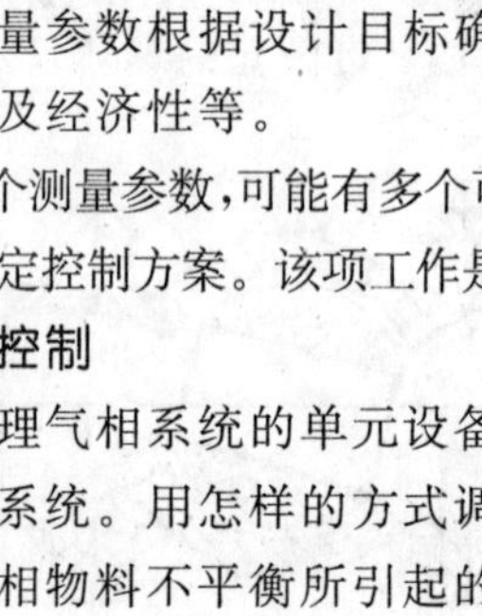

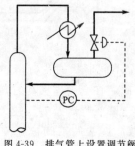

图 4-39 排气管上设置调节阀

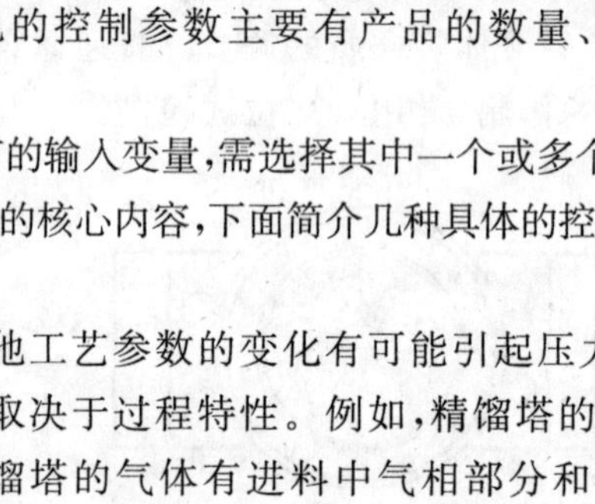

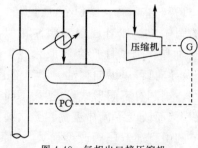

图 4-40 气相出口接压缩机

当塔内有少量不凝气时,若采用调节排出气量的方法调节压力,常出现调节系统滞后,而使控制不灵敏,甚至失败的现象,此时应采取改变塔顶蒸气冷凝量的办法来调节压力。具体办法是:

(1)通过调解冷剂流量,改变冷凝蒸气量,如图 4-41 所示。

(2)若冷剂流量不允许调节时,须采用三通调节阀,使一部分冷剂流入旁通,不进冷凝器,如图 4-42 所示。

(3)采用热旁通法,如图 4-43 所示,即通过改变冷凝器的传热面积,来调节塔顶蒸气的冷凝量,使压力保持在要求的范围内。当塔顶压力上升时,关小调节阀,使冷凝器内的压力与回流罐的压差增大,冷凝器的换热面积增加,从而使蒸气冷凝量增加,而塔顶压力下降。当塔顶压力下降时,开大调节阀,以减小冷凝器与回流罐之间的压差,冷凝器内的液面将上升,从而蒸气冷凝量减少,塔顶压力升高。

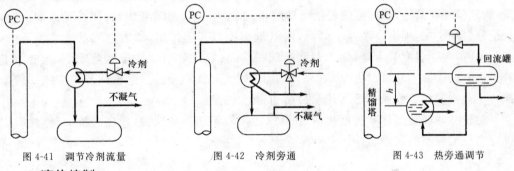

图 4-41　调节冷剂流量　　　　图 4-42　冷剂旁通　　　　图 4-43　热旁通调节

2. 液位控制

对于气液两相界面的控制,常采用三种方案:

(1)为了保持液面恒定,常采用溢流控制的方法,如图 4-44 所示。

(2)用调节出料量来控制液面,如图 4-45 所示。大量的中间容器和缓冲罐都采用这种方法。

(3)在要求出料量稳定,而进料量可以改变的情况下,采用调节进料量控制液面的方法,如图 4-46 所示。

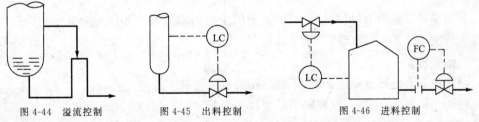

图 4-44　溢流控制　　　　图 4-45　出料控制　　　　图 4-46　进料控制

在化工生产中常遇到两个液相界面的控制问题,例如油相和水相同时存在,其控制界面的方法如图 4-47 所示。油相经溢流挡板流入容器的另一侧,用泵输出。水相用界面控制器 LdC 控制界面。

前述液面控制都属于液面的波动仅仅与进出口流量变化有关的情况,有些情况液面的波动不是由于进出料流量的变化所引起的,则需要事先找出影响液面波动的主要原因,然后才能决定正确的控制方案。即所谓液面与其他工艺参数的交叉控制问题。例如,对

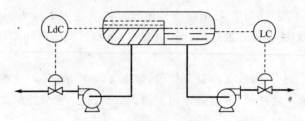

图 4-47　卧式容器界面控制

于绝大部分产品在塔顶部排出的精馏塔,塔釜仅排出少量重组分的情况下,若用如图 4-48(a)所示的常规控制方案,即采用调节塔釜出料量来调节液面,用提馏温度控制加热蒸气量的方案,将不能得到较好的效果。因为这种类型的精馏塔的塔顶馏出量大,一般需要提供较大的热量,而热量波动将使液面产生较大的波动,而排出量的变化对液面只有较小的影响。因此,用排液量调节液面很不灵敏。若采用如图 4-48(b)所示的交叉控制方案,效果较好。其原理是,当进料量增加时,若加热量没有及时变化,将使塔釜液面上升,轻组分含量增加,提馏段温度下降,这时候液面控制器起作用,加大蒸气量使液面下降。与此同时,由于温度的下降,使出料调节阀关小,含轻组分的产品排出量减小,而液面上升。这个液面的上升又将使 V_1 进一步打开,减少调节的滞后。这种调节系统之间的干扰并不会引起调节过程的振荡,而是提高了调节质量。

对于某些轻重组分沸点相差不大的塔,提馏段不用温度控制,而用分析控制,这时仍可应用交叉控制的原理,如图 4-48(c)所示。

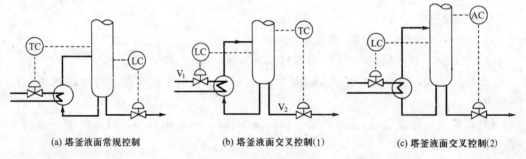

(a) 塔釜液面常规控制　　　　　(b) 塔釜液面交叉控制(1)　　　　　(c) 塔釜液面交叉控制(2)

图 4-48　塔釜液面控制

若塔釜排出量较大,出料量是液面波动的主要因素。这时若使用交叉控制会引起液面过大的波动和振荡,所以应采用常规控制方案。

3. 温度控制

以换热器上的温度控制为例,了解常用的温度控制方法。

对于无相变的换热器,其物料出口温度一般用改变冷(热)介质流量的方法来调节,如图 4-49(a)所示。当冷(热)介质的流量不能调节时,用三通改变进入热交换器的流量,如图 4-49(b)所示。有的直接改变物料本身的流量,如图 4-49(c)所示。

对于有相变的换热器,纯组分相态发生变化时压力不变,其温度也是恒定的,因此,只能用改变传热面积的办法来调节物料温度,如图 4-50(a)所示。

若冷(热)介质的压力能调节,例如用水蒸气加热物料,则可用改变蒸汽压力,即冷凝温度的办法,来调节物料温度,如图 4-50(b)所示,这种控制方案的调节比较灵活。

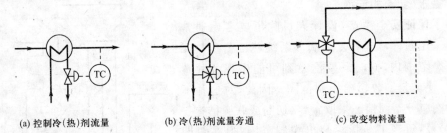

(a) 控制冷(热)剂流量　　　　(b) 冷(热)剂流量旁通　　　　(c) 改变物料流量

图 4-49　无相变换热器的温度控制

　　若被加热物料的温度比较低,且有可能处于低负荷操作时,则应采用如图 4-50(c)所示的方案。因为物料温度低且负荷低时,若采用如图 4-50(b)所示方案,蒸汽温度可能低于 100 ℃,此时相应的饱和蒸气压可能低于大气压,使得凝液的排除出现脉冲状态。将调节阀安装在凝液排出的管道上,能使蒸汽压力不变,从而通过凝液排出量的变化来调节有效传热面积。

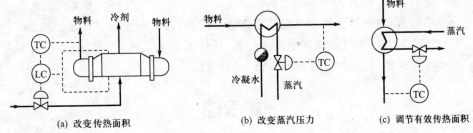

(a) 改变传热面积　　　　　(b) 改变蒸汽压力　　　　　(c) 调节有效传热面积

图 4-50　有相变换热器温度控制

4. 流量控制

　　流量控制常用在保证物料的流量稳定方面。以控制泵的稳定输出量为例,对于不同形式的泵,采取的调节方法也不同。

　　对于离心泵,调节阀可安装在泵的出口管道上,如图 4-51(a)所示。

　　对于齿轮泵和漩涡泵,若如同离心泵,将调节阀安装在泵的出口,将会使电机过载而烧毁。因此,这种形式的泵应将调节阀安装在泵出口的旁通管道上,如图 4-51(b)所示。

　　对于蒸汽往复泵,可以用改变进泵的蒸汽流量或压力的办法来调节流量,如图 4-51(c)所示。

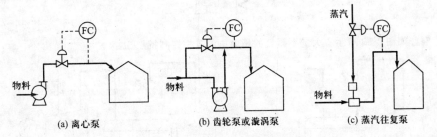

(a) 离心泵　　　　　　　(b) 齿轮泵或漩涡泵　　　　　　(c) 蒸汽往复泵

图 4-51　各种形式泵出口流量调节

　　有些工艺过程要求流量的差值恒定,例如有侧线出料的精馏塔,如图 4-52 所示。根据精馏过程原理,要使塔顶产品达到设计要求,必须保持回流量的稳定。但是在有侧线出料时,侧线板以下的真正回流并不等于通常意义上的回流 F_2,而是等于回流量 F_2 减去侧线出料量 F_3。因此,常规的精馏段以回流控制改成流量差值控制,调节侧线的出料量,使 F_2 和 F_3 之间的差值不变。

5. 警报、切断和连锁

为了保证安全生产,设计人员除了要考虑通常情况下采用各种常规和复杂调节系统使工艺参数保持在安全范围内,同时还要注意到可能出现各种意外事故,使工艺参数超出控制范围。因此,对这种不正常状态应分不同情况采取报警、切断或联锁措施。

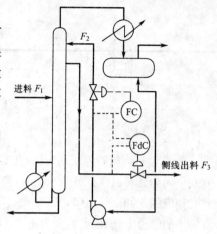

图 4-52　精馏塔流量测定

(1)报警:当工艺指标超出控制范围,但在短期内不致引起生产事故时,操作人员可以采取报警,及时解决。

(2)切断:对于不立即采取紧急动作就可能发生安全事故的情况,要设置自动切断系统。当控制仪表不够可靠时,最好设置一个单独的切断系统。

应注意的是,对于紧急切断系统要定期进行检查,确保系统处于有效状态。

(3)联锁:对开停车过程或间歇操作过程,操作人员必须遵循一定的程序开关各种阀门。对于错误操作可能导致危险的各阀门应设置联锁。

思考题

4-1　化工装置与信息流之间关系如何?

4-2　举例说明温度测量仪表、压力测量仪表、流量测量仪表以及液位测量仪表的工作原理。

4-3　说明常用气动薄膜调节阀的结构。其工作原理是什么?

4-4　当塔内有大量不凝气或少量不凝气时,如何调节压力?

4-5　对于气液两相界面的控制,常采用哪三种方案?

4-6　对于无相变的换热器及有相变的换热器,分别采用哪些温度控制方法?

4-7　对于不同形式的泵,采取的调节流量方法也不同。举例说明。

4-8　对化工生产中不正常状态应分不同情况采取哪些措施?

习　题

4-1　解释如图 4-53 所示有大量不凝气的精馏塔的压力控制特点。

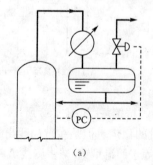

(a)

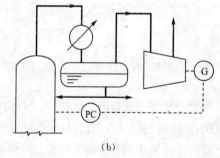

(b)

图 4-53

4-2　解释如图 4-54 所示有少量不凝气的精馏塔的压力控制的方法。

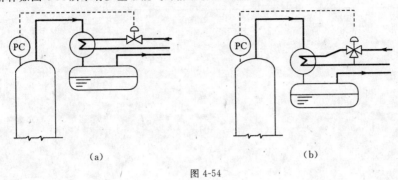

（a）　　　　　　　　　　　　（b）

图 4-54

第 2 篇

压力管道设计

　　压力管道和压力容器一样，是过程装置中的重要组成部分，属于受控特种设备。其材料的选择、管道系统的设计、管件的制作、管道的安装和使用都必须接受各级质量管理和检验部门的严格管控。

　　本篇重点是根据 GB/T 20801-2006《工业管道》和 GB 50316-2000《工业金属管道设计规范》(2008 年版) 的规定对压力管道的设计做了较为系统的介绍。根据 GB 50264-2013《工业设备及管道绝热工程设计规范》的规定，对压力管道绝热设计与施工做了一般性介绍。根据 GB 50236-2011《现场设备工业管道焊接工程施工及验收规范》，对压力管道工程施工与验收的相关技术做了一般性介绍。

　　通过本篇内容的学习，可以较全面地掌握压力管道的系统布置设计、强度设计、管道安装设计、安装施工与验收，以及管道的绝热设计与施工的思路、程序和方法；可以根据现行有效标准，针对输送介质的条件选择管道及管件的材质，用所学设计方法进行管道设计、制订安装施工方案，以及做绝热和防腐设计与施工；还能根据标准规定，基本掌握对管道系统进行安装验收的思路、程序和方法，基本掌握进行管道系统试运行的程序和方法。总之，可以较全面地掌握压力管道从设计、安装到验收的整套技术知识。

第5章

压力管道设计

　　管道是过程装置生产过程中不可缺少的,工艺气体、工艺液体、水及蒸气等流体都要用管道来输送。设备与设备之间的连接,也是用管道进行沟通。生产单元设施中没有管道就无法进行生产作业,因而管道工程是过程装置工程中的重要组成部分。

5.1　压力管道设计基础

　　确保管道安全生产运行的关键是管道设计,而要进行正确的管道设计除应充分了解工艺意图、满足工艺生产要求外,还必须首先掌握管道工程的基础知识。

1. 管道设计的依据

(1)管道仪表流程图(施工版);

(2)设备平面和立面布置图;

(3)设备施工图,定型设备样本或详细安装图;

(4)建、构筑物的平、立面图;

(5)工程设计规范、管道等级表;

(6)设备一览表;

(7)其他技术参数(如水源、蒸汽压力及压缩空气压力等)。

2. 管道设计须遵循的原则

(1)依据管道设计规定,收集设计资料及有关标准规范;

(2)根据管道仪表流程图进行管道设计,满足工艺要求;

(3)兼顾操作、安装、生产和维修的需要,合理布置管道,做到整齐美观;

(4)根据工艺介质性质和操作条件,经济合理地选择管材;

(5)管道配置要有适当支撑,保证足够的强度、柔性,以降低管道应力;

(6)管道布置要考虑安全通道及检修通道;

(7)输送易燃易爆介质的管道不能通过生活区;

(8)废气排放管要设置在操作区的下风侧。

3. 一般管道设计的内容

(1)确定管径及管道壁厚。

（2）管道配置。管道配置图应包括平面图和立面图，其要求有：

①用代号表示介质名称、管子材料及规格、介质流向，以及管件、阀门、补偿器等；

②注明管道标高和坡度；

③注明同一水平面或同一垂直面上的管道；

④绘出地沟轮廓线；

⑤绘出管架敷设情况。

（3）地沟断面的大小及坡度。

（4）向相关部门提供资料：

①将地沟的长度、宽度提供给土建部门；

②将压缩空气、冷却水、蒸汽等管道的管径及要求提供给公用工程部门；

③提供各种管道的材料表。

（5）编写施工说明书。说明施工过程中应注意的问题、材料要求、保温油漆要求、施工中必须执行的标准规范等。

5.2 管道及其组成件

组成管道的元件很多，管子是管道的主要组成部分。管道还包括三通、弯头、异径管、丝堵等管件，以及法兰、阀门、阻火器、过滤器等管道附件。

对各装置工程费用进行的统计分析表明，管道工程费用占总工程费用的10%～30%。而管道工程费用中管子与管件所占比例大致为：管子费用占22%；管件连接（包括弯头、三通、大小头、管帽等）费用占7.5%；阀门费用占53%；法兰费用占12%；螺栓费用占3%；其他费用占2.5%。

由此可见，包括管子、管件和阀门在内的管道器材的费用约占80%，是管道工程中配管器材费的主要组成部分。因此，合理地选择管道器材对装置建设的经济性有举足轻重的作用。

5.2.1 压力管道及管件

1.压力管道分类与分级

为了加强对压力管道设计单位的质量监督和安全监察，确保压力管道的设计质量，根据《压力管道安全管理与监察规定》，对压力管道进行分类与分级。具体分类与分级详见表5-1。

2.压力管道输送流体介质的分类

（1）A1类流体

剧毒流体，在输送过程中如有极少量的流体泄漏到环境中，被人吸入或与人体接触时，能造成严重中毒，脱离接触后，不能治愈。相当于现行国家标准GB 5044《职业性接触毒物危害程度分级》中Ⅰ级（极度危害）的毒物。

表 5-1　　　　　　　　　　　　　压力管道类别、级别划分表

管道名称/类别	级别	介质	相应条件			
			设计压力 $p_设$	输送距离 L	管道公称直径 DN	设计温度 $t_设$
长输管道(GA)是指产地、储存库、使用单位之间的用于输送商品介质的管道	GA1	输送有毒、可燃、易爆气体介质的管道	$p_设 > 4.0$ MPa			
		输送有毒、可燃、易爆液体介质的管道	$p_设 \geqslant 6.4$ MPa	$L \geqslant 200$ km		
	GA2	GA1 级之外的长输(油气)管道				
公用管道(GB)是指城市或乡镇范围内的用于公用事业或民用的燃气管道或热力管道	GB1	城镇燃气管道				
	GB2	城镇热力管道				
工业管道(GC)是指企业、事业单位所属的用于输送工艺介质的工艺管道、公用工程管道及其他辅助管道	GC1	输送毒性程度为极度危害的介质、高度危害介质和工作温度高于标准沸点的高度危害液体介质的管道				
		输送甲、乙类可燃气体,甲类可燃液体(包括液化烃)	$p_设 \geqslant 4.0$ MPa			
		输送流体介质	$p_设 \geqslant 10$ MPa			
			$p_设 \geqslant 4.0$ MPa			$t_设 \geqslant 400$ ℃
	GC2	除本规定 GC3 级管道外,介质毒性危害程度、火灾危险性(可燃性)、设计压力和设计温度小于 GC1 级规定的管道				
	GC3	输送无毒、非可燃流体介质	$p_设 \leqslant 1.0$ MPa			185 ℃ $\geqslant t_设$ $\geqslant -20$ ℃
动力管道(GD)是指火力发电厂用于两相介质的管道	GD1	火力发电厂用于输送蒸汽、气水两相介质的管道	$p_设 \geqslant 6.3$ MPa			$t_设 \geqslant 400$ ℃
	GD2		$p_设 < 6.3$ MPa			$t_设 < 400$ ℃

① 长输管道应包括长输管道工程中所属的站场和库。

② 输送距离指产地、储存库、用户间的用于输送商品介质的管道的直接距离。

③ 毒性程度按 GB 5044—1985《职业性接触毒物危害程度分级》划分。

④ 甲、乙类可燃气体、液体按 GB 50160—2008《石油化工企业设计防火规范》及 GB 50016—2006《建筑设计防火规范》中规定的火灾危险性分类。

⑤ 根据《特种设备安全监察条例》(国务院令第 373 号):压力管道是指利用一定压力,用于输送气体或者液体的管状设备,其范围规定为最高工作压力大于或者等于 0.1 MPa(表压)的气体、液化气体、蒸气介质,或者可燃、易爆、有毒、有腐蚀性、最高工作温度高于或者等于标准沸点的液体介质,且公称直径大于 25 mm 的管道。

(2) A2 类流体

有毒流体,接触此类流体后,会有不同程度的中毒,脱离接触后可治愈。相当于 GB 5044《职业性接触毒物危害程度分级》中 Ⅱ 级以下(高度、中度、轻度危害)的毒物。

(3) B 类流体

在环境或操作条件下是一种气体或可闪蒸产生气体的液体,这些流体能点燃并在空气中连续燃烧。

(4) D 类流体

不可燃、无毒、设计压力小于或等于 1.0 MPa 和设计温度介于 $-20\sim185$ ℃的流体。

(5) C 类流体

不包括 D 类流体的不可燃、无毒的流体。

根据 GB 5044《职业性接触毒物危害程度分级》的规定,将职业性接触毒物的危害程度分级为:Ⅰ级(极度危害)、Ⅱ级(高度危害)、Ⅲ级(中度危害)和Ⅳ级(轻度危害)。详见附录 F。

3. 管子材料

管子的品种、型号、规格繁多。按用途,可分为流体输送用、传热用、结构用和其他用等。按材质可分为金属管和非金属管。按形状可分为套管、翅片管、各种衬里管等。

我国常用配管用的钢管标准有国家标准(GB)、冶金部标准(YB、YB/T)和石油天然气行业标准(SY、SY/T)。

化工装置常用钢管材料详见附录 A。

化工装置中常用的非金属管和衬里管主要有聚氯乙烯管(PVC 管)、聚乙烯管(PE 管)、聚丙烯管(PP 管)、玻璃钢管(FRP 管)、聚氯乙烯/玻璃钢复合管(PVC/FRP 复合管)、聚丙烯/玻璃钢复合管(PP/FRP 复合管)、不透性石墨管、各种衬里管、涂塑钢管以及钢塑复合管。设计时应根据所输送介质的特性(腐蚀、磨蚀等),以及电绝缘、阻力降等要求选用适当材料和形式的管材。上述非金属管和衬里管的耐腐蚀性能、物理性能以及规格尺寸、偏差等数据,可从相关的设计资料、设计手册中查找。由于非金属管和衬里管的标准化程度不如钢管高,选用时要注意各制造厂在制造工艺、尺寸规格、各种性能等方面的差异。

下面简要介绍几种非金属管及衬里管。

(1) 聚氯乙烯管(PVC 管)

聚氯乙烯管广泛应用于石油化工、冷却水、造船、矿山等领域,具有良好的耐腐蚀性能、加工性能和力学性能。聚氯乙烯管主要应用于输送某些腐蚀性流体,不宜输送可燃、剧毒和含有固体颗粒的流体。

聚氯乙烯管的适用温度为 $-15\sim60$ ℃,低于下限温度使用时容易开裂,高于上限温度使用时发生软化。通常聚氯乙烯管可分为 0.5,0.6,1.0 和 1.6 MPa 四个压力等级。常温下,硬聚氯乙烯管的适用压力为:轻型管≤0.6 MPa,重型管≤1.0 MPa。采用承插黏接联结方式的挤压成型的硬聚氯乙烯管的适用压力较高。

硬聚氯乙烯的热变形温度为 73.8 ℃,它的线膨胀系数约为钢的 7 倍,而弹性模量较小。

硬聚氯乙烯管的聚氯乙烯单体含量及稳定剂中铅、镉等有害物质超过标准时对环境和人身健康有害。

（2）不透性石墨管

不透性石墨是一种既耐腐蚀又有高导热、导电性能的非金属材料，常用于化工装置中换热设备、氯化氢合成炉、机泵和管子及其组件。

石墨材料有天然石墨和人造石墨之分。目前使用的石墨多以人造石墨为主。在制造石墨过程中，由于高温焙烧逸出挥发物而形成微细的孔隙。若使之用于石油化工设备及管子，需用适当的方法将孔隙填塞，成为不透性石墨。

不透性石墨管大致有压型不透性石墨管和浸渍不透性石墨管两种。压型不透性石墨管以石墨粉为填充剂，合成树脂为黏结剂，混合后高压成型。一般适用于制造 DN≤80 mm 的管子，适用温度小于 170 ℃，适用压力：介质为液体时，小于或等于 0.3 MPa，介质为气体时，小于或等于 0.2 MPa。浸渍不透性石墨管是用浸渍剂填充到人造石墨的孔隙中制成的。填充不同的浸渍剂，该石墨管就具有不同的性能。常用的浸渍剂有酚醛树脂、聚四氟乙烯、呋喃树脂、二乙烯苯、水玻璃、环氧树脂、有机硅等。其中酚醛树脂用得较多。适用于制造 DN≥100 mm 的管子，适用温度小于 170 ℃，适用压力：介质为液体时，小于或等于 0.25 MPa，介质为气体时，小于或等于 0.15 MPa。

（3）玻璃钢管

玻璃钢管是将浸有树脂基体的纤维增强材料按照特定的工艺条件逐层缠绕，经固化处理而制成的。管壁是层状结构。

玻璃钢的物理性能、化学性能是通过改变树脂或使用不同的增强材料进行调整的；管体的承载能力是通过改变结构层厚度和缠绕角度进行调整的。

常用的玻璃钢管（FRP 管）有四种：

①FRP-W 型

该玻璃钢管的基材为双酚 A 型不饱和聚酯树脂，骨料为中碱玻璃纤维织物。专用于输送海水、淡水、污水和循环冷却水。

②FRP-R 型

基材为不饱和聚酯树脂，骨料为中碱玻璃纤维织物。专用于通风管道。

③FRP-F 型

环氧树脂为基材，内衬有机表面毡形成富树脂的抗渗层，以中碱玻璃纤维织物为骨料。专用于输送石油化工生产中的腐蚀性介质。

④FRP-H 型

采用"F"型改性环氧树脂为基材、内衬优质玻璃纤维表面毡，以中碱玻璃纤维织物为骨料，管外涂防老化层。专用于输送温度不高于 120 ℃、有严重腐蚀性的介质。

（4）聚丙烯/玻璃钢复合管（PP/FRP 复合管）

聚丙烯管将表面进行特殊处理后与热固性玻璃钢牢固地结合成整体，形成聚丙烯/玻璃钢复合管。玻璃钢发挥高强度的优点，聚丙烯具有轻质、耐腐蚀、耐热、无毒无污染的特点，显著提高了单一聚丙烯管的抗热、耐腐蚀、耐压的等级。普遍适用于石油化工、化纤、农药、化肥、染料、制药、电子、机械、冶金、轻工食品等工业领域。取代不锈钢和其他有色金属管材及制品。PP/FRP 复合管的密度为金属的 16.7％。

（5）衬里管

使用衬里管的目的是防腐、电绝缘、减少流体阻力、提高耐磨性、防止金属离子混入介质以及污染等。衬里管是根据使用环境的特点,在光管里面或外面涂敷不同的材料或涂料。其制作常采用粘敷、喷涂、镶嵌、真空注塑等方法。还有采用通过冷拔成形、外管为钢管、内管为塑料管的钢塑复合管方法。

4. 管件

在管系中改变走向或管径以及由主管上引出支管等均需用管件,如三通、四通、异径管、弯头、活接头、丝堵等。

管件可用钢板焊制、钢管挤压、铸造或锻制等方法制作。

管件与管子的连接方法有很多,一般有对焊连接、螺纹连接、承插焊接及法兰连接四种。

管件的用途见表 5-2。

表 5-2   管件的用途

管件名称	用途
活接头、管箍	直管与直管连接
弯头、弯管	改变走向
三通、四通、承插焊管接头、螺纹管接头、加强管接头、管箍、管嘴	分支
异径管(大小头)、异径短节、异径管箍、内外丝对	改变管径
管帽、丝堵	封闭管端
螺纹短节、翻边管接头等	其他

管件的选择应注意如下原则:

(1)选择的依据是管道级别、设计条件(如设计温度、设计压力)、介质特性、材料加工工艺性能、焊接性能、经济性以及用途。

(2)确定管件需要的条件是温度-压力额定值、管件的连接形式、材质等。

(3)一般 DN50 及以上的管道多采用对接焊连接管件,DN50 以下的管道多采用煨弯、螺纹连接管件或承插焊管件。

选用对接焊连接管件时,应根据等强度原则。

5.2.2 法兰连接

法兰连接是化工装置中最常用的可拆式连接结构。因此,保证法兰连接密封口的严密性,已成为化工装置能否正常运行的重要条件之一。

1. 法兰连接结构与密封原理

法兰连接结构是一个组合件,一般由法兰、垫片、螺栓与螺母组成。如图 5-1 所示。

在生产实际中,法兰密封失效很少是由于法兰的强度破坏所引起的,多数是因为密封不好而泄漏所致。故法兰连接的设计中主要解决的问题是防止介质泄漏。

防止介质泄漏的基本原理是在连接口处增加流体流动的阻力。当压力介质通过密封口处的阻力降大于密封口处两侧的介质压力差时,介质就被密封住了。这种阻力的增加是依靠密封面上的密封比压来实现的。所谓密封比压是指密封面上单位面积所承受的压力。它是反映法兰密封能力的重要指标。

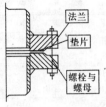

图 5-1　法兰连接结构

一般来说，密封口的泄漏有两个途径：一是垫片渗漏，二是压紧面泄漏。前者是由垫片材质决定的。对渗透性材料（如石棉等）制作的垫片，由于它自身存在着大量的毛细管，渗透是难免的。后者是压紧面失效的主要形式，它与压紧面的结构形式、材料的力学性能以及密封面的表面质量有关。

将法兰与垫片接触面处的微观尺寸放大可以看到二者的表面都是凹凸不平的。法兰连接的预紧过程是将螺母拧紧，螺栓力通过法兰压紧面作用在垫片上，当垫片比压达到一定值时，垫片本身被压实，切断了垫片内部的毛细管，压紧面上由机械加工形成的微隙被填满，从而阻止了介质泄漏，形成初始密封条件时垫片受到的比压称为预紧密封比压。当介质通入，压力上升时，螺栓被拉伸，法兰压紧面沿着彼此分离的方向位移，法兰发生轴向扭转变形，垫片比压下降并重新分布。如果垫片具有足够的回弹能力，使压缩变形的回复能补偿螺栓和压紧面的变形，从而使预紧密封比压值至少下降到不小于某一值——工作密封比压，则法兰密封表面间能够保持良好的密封状态。反之，垫片的回弹能力不足，垫片比压下降到工作密封比压以下，则密封失效。因此，为了实现法兰连接口的密封，必须使密封组合件的各部分的变形与操作条件下的密封条件相适应，使密封元件在操作压力作用下仍然保持一定的残余比压，保持密封。为此，螺栓和法兰都必须具有足够大的强度和刚度，使螺栓和法兰在介质压力作用下不发生过大的变形。

2. 管法兰的常用标准及类型

管法兰是压力容器和设备与管道连接的标准件及通用件。它应用的领域很广，主要有压力容器、锅炉、管道、机械设备，如泵、阀门、压缩机、冷冻机、仪表等。因此，管法兰标准的选用必须考虑各相关行业的协调。

管法兰标准涉及的内容相当广泛，除了管法兰本身以外，还与钢管系列（外径、厚度）、公称压力等级、垫片材料及尺寸、紧固件、螺纹等密切相关。

我国现行管法兰标准及压力等级见表 5-3。

表 5-3　　　　　　　　　　我国现行管法兰标准及压力等级

欧洲体系		美洲体系	
标准	压力等级	标准	压力等级
HG/T 20592—2009《钢制管法兰(PN 系列)》	2.5　6　10　16 25　40　100　160	HG/T 20615—2009《钢制管法兰(Class 系列)》	20　50　110 150　260　420
GB/T 9112—2010《钢制管法兰　类型与参数》	2.5　6　10　16　25 40　63　100　160	GB/T 9112—2010《钢制管法兰　类型与参数》	20　50　110 150　260　420

管法兰和管子的公称直径（通径）以及钢管外径系列见表 5-4。此表中钢管外径包括A、B 两个系列：A 系列为国际通用系列（即英制管），B 系列为国内沿用系列（即公制管）。

表 5-4　　　管法兰和管子的公称直径（通径）以及钢管外径（HG/T 20592—2009）　　　（mm）

公称通径 DN	10	15	20	25	32	40	50	65	80
钢管 外径　A	17.2	21.3	26.9	33.7	42.4	48.3	60.3	76.1	88.9
B	14	18	25	32	38	45	57	76	89
公称通径 DN	100	125	150	200	250	300	350	400	450	500
钢管 外径　A	114.3	139.7	168.3	219.1	273	323.9	355.6	406.4	457	508
B	108	133	159	219	273	325	377	426	480	530
公称通径 DN	600	700	800	900	1 000	1 200	1 400	1 600	1 800	2 000
钢管 外径　A	610	711	813	914	1 016	1 219	1 422	1 626	1 829	2 032
B	630	720	820	920	1 020	1 220	1 420	1 620	1 820	2 020

3. 法兰密封面形式

HG/T 20592—2009 管法兰类型如图 5-2 所示。HG/T 20592—2009 管法兰类型代号见表 5-5。

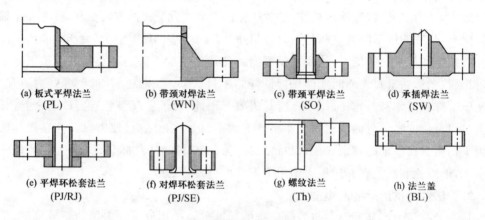

图 5-2　管法兰类型（HG/T 20592—2009）

表 5-5　　　　　　　　　　　　　管法兰类型代号

法兰类型	类型代号	标准号	法兰类型	类型代号	标准号
板式平焊法兰	PL	HG/T 20592	带颈平焊法兰	SO	HG/T 20592
带颈对焊法兰	WN	HG/T 20592	承插焊法兰	SW	HG/T 20592
螺纹法兰	Th	HG/T 20592	对焊环松套法兰	PJ/SE	HG/T 20592
平焊环松套法兰	PJ/RJ	HG/T 20592	法兰盖	BL	HG/T 20592

法兰密封面的形式主要有如图 5-3 所示 5 种形式（HG/T 20592—2009）。两法兰之间为垫片。表 5-6 给出了各种类型法兰的密封面形式及适用的公称通径与公称压力等级。

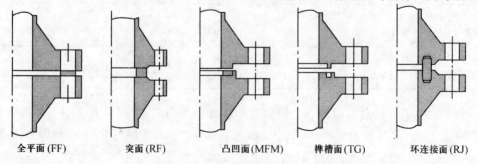

图 5-3　法兰密封面形式

表 5-6　　　　　　　　　　各种类型法兰的密封面形式及其适用范围

法兰类型	密封面形式	公称压力 PN								
		2.5	6	10	16	25	40	63	100	160
板式平焊法兰（PL）	突面(RF)	DN10~DN2 000		DN10~DN600				—		
	全平面(FF)	DN10~DN2 000		DN10~DN600						
带颈平焊法兰（SO）	突面(RF)	—	DN10~DN300		DN10~DN600					
	凹面(FM)凸面(M)				DN10~DN600					
	榫面(T)槽面(G)				DN10~DN600					
	全平面(FF)		DN10~DN300	DN10~DN600						
带颈对焊法兰（WN）	突面(RF)	—		DN10~DN2 000		DN10~DN600		DN10~DN400	DN10~DN350	DN10~DN300
	凹面(FM)凸面(M)					DN10~DN600		DN10~DN400	DN10~DN350	DN10~DN300
	榫面(T)槽面(G)					DN10~DN600		DN10~DN400	DN10~DN350	DN10~DN300
	全平面(FF)			DN10~DN2 000				—		
	环连接面(RJ)			—				DN15~DN400		DN15~DN300
整体法兰（IF）	突面(RF)	—		DN10~DN2 000		DN10~DN1200	DN10~DN600	DN10~DN400		DN10~DN300
	凹面(FM)凸面(M)					DN10~DN600		DN10~DN400		DN10~DN300
	榫面(T)槽面(G)					DN10~DN600		DN10~DN400		DN10~DN300
	全平面(FF)	—		DN10~DN2 000				—		
	环连接面(RJ)			—				DN15~DN400		DN15~DN300
承插焊法兰（SW）	突面(RF)	—				DN10~DN50				—
	凹面(FM)凸面(M)					DN10~DN50				
	榫面(T)槽面(G)					DN10~DN50				
螺纹法兰（Th）	突面(RF)	—		DN10~DN150				—		
	全平面(FF)		DN10~DN150							
对焊环松套法兰(PJ/SE)	突面(RF)	—				DN10~DN600		—		
平焊环松套法兰(PJ/RJ)	突面(RF)	—		DN10~DN600				—		
	凹面(FM)凸面(M)	—		DN10~DN600				—		
	榫面(T)槽面(G)			DN10~DN600				—		

（续表）

法兰类型	密封面形式	公称压力 PN								
		2.5	6	10	16	25	40	63	100	160
法兰盖（BL）	突面（RF）	DN10~DN200	DN10~DN1200		DN10~DN600			DN10~DN400		DN10~DN300
	凹面（FM）凸面（M）	—			DN10~DN600			DN10~DN400		DN10~DN300
	榫面（T）槽面（G）				DN10~DN600			DN10~DN400		DN10~DN300
	全平面（FF）	DN10~DN2 000	DN10~DN200					—		
	环连接面（RJ）	—						DN15~DN400		DN15~DN300
衬里法兰盖（BL(S)）	突面（RF）	—	DN40~DN600					—		
	凸面（M）	—	DN40~DN600					—		
	槽面（G）	—	DN40~DN600					—		

4. 影响法兰密封的因素

影响法兰密封的因素有很多，现就几个主要因素予以归纳讨论。

（1）螺栓预紧力

螺栓预紧力必须使垫片压紧并实现初始密封条件。同时，预紧力也不能过大，否则将会使垫片被压坏或挤出密封面。

提高螺栓预紧力，可以增加垫片的密封能力。这是因为加大预紧力不仅可以使渗透性垫片材料的毛细管缩小，而且可以提高垫片的工作密封比压。

由于预紧力是通过法兰密封面传递给垫片的，要达到良好的密封，必须使预紧力均匀地作用于垫片上。因此，密封所需要的预紧力一定时，采取减小螺栓直径，增加螺栓个数的办法对密封是有利的。

（2）密封面形式

密封面直接与垫片接触，它既传递螺栓力使垫片变形，同时也是垫片变形的表面约束。因而，为了达到预期的密封效果，密封面的形状和表面粗糙度应与垫片相配合。一般与硬金属垫片相配合的密封面，有较高的精度和粗糙度要求，而与软质垫片相配合的密封面，可相对降低要求。但密封面的表面决不允许有径向刀痕或划痕。

实践证明，密封面的平直度和密封面与法兰中心轴线垂直、同心，是保证垫片均匀密封的前提；减小密封面与垫片的接触面积，可以有效地降低预紧力，但若减得过小，则易压坏垫片。显然，如密封面的形式、尺寸和表面质量与垫片配合不当，则将导致密封失效。

法兰密封面的形式，主要应根据工艺条件（压力、温度、介质等）、密封口径以及准备采用的垫片等进行选择。常用的法兰密封面形式如图 5-3 所示。

（3）垫片性能

垫片是构成密封的重要元件，适当的垫片变形和回弹能力是形成密封的必要条件。垫片的变形包括弹性变形和塑性变形。垫片回弹能力表示在施加介质压力时，垫片能否适应法兰面的分离，它可以用来衡量密封性能的好坏。回弹能力大者，有可能适应操作压力和温度的波动，密封性能就好。

　　垫片的变形和回弹能力与垫片的材质和结构有关。适合制作垫片的材质,一般应耐介质腐蚀;不污染操作介质;具有良好的变形性能和回弹能力;要有一定的机械强度和适当的柔软性;在工作温度下不易变质硬化或软化。

　　常用垫片可分为非金属、金属以及金属-非金属混合制的垫片。

　　非金属垫片的材料有石棉板、橡胶板、石棉-橡胶板以及合成树脂(塑料),这些材料的优点是柔软和耐腐蚀,但是耐温度和压力的性能较金属垫片差,通常只用于常、中温和中、低压设备和管道的法兰密封。此外,纸、麻、皮革等非金属亦是常用的垫片材料,但是一般只用于低压下温度不高的水、空气或油的系统。如图 5-4(a)所示。

　　金属-非金属混合垫片有金属包垫及缠绕垫等,前者是用石棉-橡胶垫外包一金属薄片(镀锌薄铁片或不锈钢片等);后者是薄低碳钢带(或合金钢带)与石棉(聚四氟乙烯)一起绕制而成。这种垫片有不带定位圈和带定位圈两种。以上两种垫片较单纯的非金属垫片性能好,适应的温度与压力范围较高。如图 5-4(b)～图 5-4(d)所示。

　　金属垫片材料一般并不要求强度高,而是要求软韧。常用的是软铝、铜、铁(软钢)、蒙耐尔合金钢和 18-8 不锈钢等。金属垫片主要用于中、高温和中、高压的法兰连接密封。如图 5-4(e)、图 5-4(f)所示。

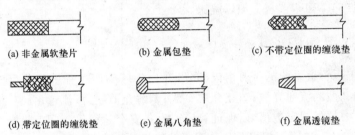

(a) 非金属软垫片　　　　(b) 金属包垫　　　　(c) 不带定位圈的缠绕垫

(d) 带定位圈的缠绕垫　　(e) 金属八角垫　　　(f) 金属透镜垫

图 5-4　垫片断面形状

　　对法兰密封垫片的选择要有全面观点,要考虑操作介质的性质、操作压力和温度,以及需要密封的程度;也要考虑垫片性能、密封面的形式、螺栓力的大小以及装卸要求等。其中操作压力和温度是影响密封的主要因素,是选择垫片的主要依据。对于高温、高压的情况,一般多采用金属垫片;中温、中压环境下,可采用金属与非金属组合式或非金属垫片;中、低压情况,多采用非金属垫片;高真空或深冷温度下,采用金属垫片。

　　(4)法兰刚度

　　在实际生产中,法兰刚度不足会产生过大的翘曲变形,如图 5-5 所示,其中图 5-5(a)为法兰发生径向翘曲的变形情况;图 5-5(b)为法兰发生环向翘曲后的情况。法兰发生翘曲变形往往是导致密封失效的原因之一。刚度高的法兰变形小,并可以使分布的螺栓力均匀地传递给垫片,故可以提高密封性能。

　　法兰刚度与许多因素有关,其中增加法兰的厚度,减小螺栓力作用的力臂(即缩小螺栓中心圆直径)和增大法兰盘外径,都能提高法兰刚度。对于带颈对焊法兰,增大锥颈部分的尺寸,将能显著提高法兰抗弯变形能力。但是提高法兰的刚度,将使法兰变得笨重,提高了法兰造价。

　　(5)操作条件

　　操作条件即介质压力、温度和物理、化学性质。单纯的压力或介质因素对泄漏的影响并不是主要的,只有和温度联合作用时,问题才显得严重。

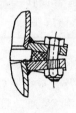 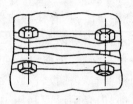

(a) 径向翘曲　　　　　　　　　(b) 环向翘曲

图 5-5　法兰的翘曲变形

温度对密封性能的影响是多方面的。高温介质黏度低,渗透性强,容易泄漏;介质在高温下对垫片和法兰的溶解与腐蚀作用加剧,增加了产生泄漏的因素;在高温下,法兰、垫片、螺栓可能发生蠕变,致使密封面松弛,密封比压下降;一些非金属垫片,在高温下将加速老化或变质。另外,在高温下,由于密封组合件各部分的温度不同,各自发生的热变形不均匀,将会降低密封比压;如果温度和压力联合作用,又有反复的激烈变化,则密封垫片会发生"疲劳",使密封完全失效。

由以上分析可知,各种外界条件的联合作用对法兰密封的影响是不能轻视的,并且只能从密封组合件的结构和选材上加以解决。

5.2.3　常用阀门

阀门是化工厂管道系统的重要组成部分,在化工厂生产过程中起着重要作用。其主要功能是:接通和截断流通介质;防止介质倒流;调解介质压力、流量;分离、混合或分配介质;防止介质压力超过规定数值,以保证管道或设备安全运行等。阀门投资约占装置配管费用的 30%~50%。选用阀门主要从装置无故障操作和经济两方面考虑。

1. 阀门的分类

通常使用的阀门种类很多,即使同一结构的阀门,可按场所不同,分为高温阀、低温阀、高压阀和低压阀;也可按材质不同分为铸钢阀、铸铁阀等。阀门分类见表 5-7。

表 5-7　　　　　　　　　　　阀门的分类

按材质分类	按用途分类	按结构分类		按特殊要求分类
1. 青铜阀	1. 一般配管用	1. 闸阀	楔式{单闸板 双闸板 弹性闸板} 平行式{单闸板 双闸板}	1. 电动阀
2. 铸铁阀	2. 水通用			2. 电磁阀
3. 铸钢阀	3. 化工、石油炼制专用			3. 液压阀
4. 锻钢阀	4. 一般化学用			4. 汽缸阀
5. 不锈钢阀	5. 蒸汽用			5. 遥控阀
6. 特殊钢阀	6. 船舶用	2. 截止阀{基本形阀 角形阀 针形阀 节流阀}		6. 紧急切断阀
7. 非金属阀	7. 采暖用			7. 温度调节阀
	8. 其他			8. 压力调节阀
		3. 止回阀{升降式 旋启式 底阀}		9. 液面调节阀
				10. 减压阀
				11. 安全阀
		4. 旋塞阀{填料式 润滑式}		12. 夹套阀
		5. 球阀		13. 波纹管阀
		6. 蝶阀		14. 呼吸阀
		7. 隔膜阀		

2. 阀门的基本参数

(1)公称通径

公称通径是指阀门与管道连接处通道的名义内径,用 DN 表示。它表示阀门的规格大小。阀门的公称通径分类与管子的公称直径分类相同,见表 5-4。

(2)公称压力

阀门的公称压力是指与阀门的机械强度有关的设计给定压力,用 PN 表示。公称压力应从表 5-8 的系列中选取。

表 5-8　管道元件的公称压力(GB/T 1048—2005)

DIN 系列	ANSI 系列
PN 2.5	PN 20
PN 6	PN 50
PN 10	PN 110
PN 16	PN 150
PN 25	PN 260
PN 40	PN 420
PN 63	
PN 100	

(3)适用介质

按照阀门材质和结构形式的要求,阀门适用的介质如下:

①气体:如空气、氨、石油气、煤气等;

②液体:如油品、水、液氨等;

③含固体介质;

④腐蚀性介质和剧毒介质。

(4)试验压力

①强度试验压力:按规定的试验介质,对阀门受压零件的强度进行试验时规定的压力。

②密封试验压力:按规定的试验介质,对阀门进行密封试验时规定的压力。

3. 常用阀门的结构及其应用

(1)闸阀

闸阀适用于蒸气、高温油品及油气等介质,适用于开关频繁的部位,不宜用于易结焦的介质。典型的闸阀结构如图 5-6 所示。闸阀中闸板分为单闸板和双闸板两种,其闸板结构如图 5-7 所示。前者可以用于易结焦的高温介质,后者密封性能较好,适用于蒸气、油品和对密封面磨损较大的介质,或开关频繁部位,不宜用于易结焦的介质。

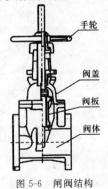

图 5-6　闸阀结构

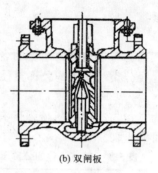

(a) 单闸板　　　　　　(b) 双闸板

图 5-7　闸板结构

（2）截止阀

截止阀的启闭件（阀瓣）由阀杆带动，沿阀座（密封面）轴线方向作来回运动。截止阀的阀瓣为盘形。其结构如图 5-8 所示。

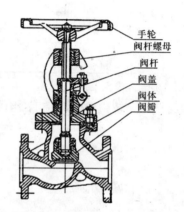

手轮
阀杆螺母
阀杆
阀盖
阀体
阀瓣

图 5-8　截止阀结构

截止阀适用于蒸气等介质，不宜用于黏度高、含有颗粒、易结焦、易沉淀的介质，也不宜做放空阀及低真空系统的阀门。

（3）节流阀

节流阀与截止阀的结构基本相同，只是阀瓣的形状不同。节流阀的阀瓣多为圆锥流线型。相对截止阀，相同的轴杆轴向变化量较大，阀瓣与阀座间距的相应变化量较小。如图 5-9 所示。

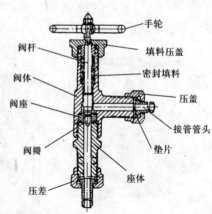

手轮
阀杆　　填料压盖
阀体　　密封填料
阀座　　压盖
　　　　接管管头
阀瓣　　垫片
　　　　座体
压差

图 5-9　节流阀结构

节流阀适用于温度较低、压力较高的介质，以及系统中需要节流流量和压力的部位。不适用于黏度高和含固体颗粒的介质。不宜做隔断阀。

（4）止回阀

常用的止回阀有升降式和旋启式两种，如图 5-10 所示。

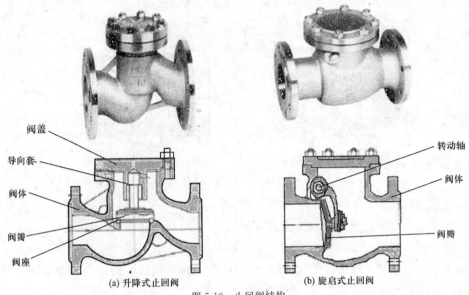

（a）升降式止回阀　　　　　　　　（b）旋启式止回阀

图 5-10　止回阀结构

升降式止回阀的结构与截止阀相似，阀体和阀瓣与截止阀相同。阀瓣上部和阀盖下部加工有导向套筒，阀瓣导向筒可在阀盖导向筒内自由升降。在阀瓣导向筒下部或阀盖导向筒上部加工有泄压孔，当阀瓣上升时，排除套筒内的介质，降低阀瓣开启时的阻力。

旋启式止回阀的阀瓣呈圆盘状，绕通道内一转轴作旋转运动，如图 5-10(b) 所示。

止回阀适用于较洁净的介质，不宜用于含固体颗粒和黏度较高的介质。

（5）球阀

球阀的启闭件是一球体，围绕阀体的垂直中心线作旋转运动。球阀主要由阀体、球体、密封圈、阀杆等组成。阀体有整体式及两片式、三片式，如图 5-11 所示。

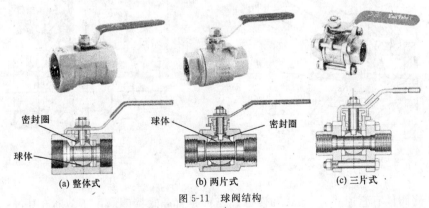

（a）整体式　　　　　　（b）两片式　　　　　　（c）三片式

图 5-11　球阀结构

球体是球阀的启闭件,要求有较高的精度和光洁度。球体分为浮动球和固定球两种(图 5-12)。前者在阀体内是可以浮动的,在介质压力作用下球体被压紧到出口侧的密封圈上,从而保证密封。浮动球阀的结构简单,单侧密封,密封性能较好。但是其启闭力矩较大。

球阀适用于低温、高压和黏度高的介质,不能做调节流量用。

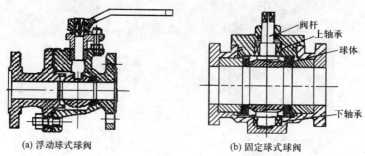

(a) 浮动球式球阀　　　　(b) 固定球式球阀

图 5-12　不同球体的球阀

（6）柱塞阀

柱塞阀是国际上近代发展的结构新颖的阀门,具有结构紧凑、启闭灵活、寿命长、维修方便等特点。其结构如图 5-13 所示。

柱塞与密封圈间采用过盈配合,通过调节阀盖上连接螺栓的压紧力,使密封圈上所产生的径向分力远大于流体的压力,从而保证密封性,杜绝外泄漏。

（7）旋塞阀

旋塞阀是一种结构比较简单的阀门,流体直流流过,阻力降小,启闭方便、迅速。

旋塞阀有填料式、润滑式两种。旋塞阀的启闭件成柱塞状,通过旋转 90°,使阀塞的接口与阀体接口相合或分开。旋塞阀主要由阀体、旋塞、填料及填料压盖等组成,其结构如图 5-14 所示。

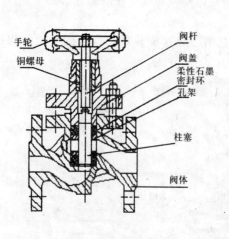

图 5-13　柱塞阀结构

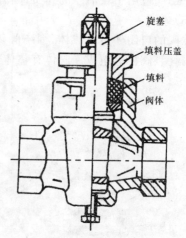

图 5-14　旋塞阀结构

旋塞阀阀体有直通式、三通式和四通式三种。直通式旋塞阀用于截断介质;三通式和四通式旋塞阀用于改变介质流通方向或进行介质分配,如图 5-15 所示。

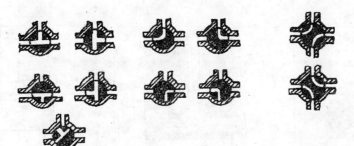

(a)T型通道的阀芯　　　(b)L型通道的阀芯　　　(c)四通道的阀芯

图 5-15　三通式和四通式旋塞阀

旋塞呈圆锥台状,旋塞内有介质通道,通道横截面呈长方形,通道与旋塞的轴向相垂直。旋塞与阀杆是一体的,没有单独阀杆。

旋塞阀的密封形式有填料函式和油封式。前者是当拧紧填料压盖上的螺母,往下压紧填料时,同时也将旋塞压紧在阀体密封面上,从而防止泄漏。由于阀塞与密封面间的摩擦力大,因此启闭力矩也大。用于表面张力和黏度较高的液体时,密封效果较好。后者在旋塞上有注油孔,可向旋塞阀的密封面内注入润滑脂,使之在阀体与旋塞之间形成一层油膜,同时起到润滑和辅助密封的作用。其特点是密封性能可靠、启闭省力。适用于压力较高的介质,但使用温度受润滑脂限制。由于润滑脂污染输送介质,旋塞阀不能用于高纯介质的管道。如图 5-16 所示。

(8)隔膜阀

隔膜阀的启闭是由一块夹于阀体与阀盖之间的橡胶隔膜起作用的。隔膜中间突出部分固定在阀杆上,阀杆内衬有橡胶。由于介质不进入阀盖内腔,因此无须填料密封装置,如图 5-17 所示。隔膜阀结构简单,密封性能好,便于维修,流体阻力小。

隔膜阀适用于温度低于 200 ℃、压力小于 1.0 MPa 的油品、水、酸性介质和含悬浮物的介质,不适用于有机溶剂和强氧化剂的介质。

(9)蝶阀

蝶阀采用圆盘式启闭件,圆盘状阀瓣固定在阀杆上,阀杆旋转 90°即可完成启闭作用,操作简便,如图 5-18 所示。

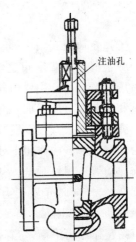

注油孔

图 5-16　油封旋塞阀

蝶阀与相同公称压力等级的闸阀比较,其尺寸较小、重量轻、开闭迅速、具有一定的调节性能,适合制成大口径阀门。用于温度低于 80 ℃、压力小于 1.0 MPa 的原油、油品、水等介质。

(10)减压阀

减压阀是通过启闭件的节流,将进口的高压降低至某个需要的出口压力,在进口压力及流量变动时,能自动保持出口压力基本不变的自动阀门。

减压阀的结构主要有薄膜式、弹簧薄膜式、活塞式、波纹管式及杠杆式。下面简要介绍弹簧薄膜式减压阀和活塞式减压阀的结构。

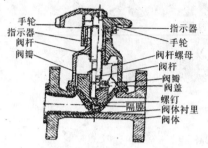
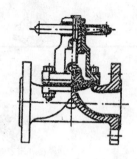

手轮
指示器
阀杆
阀瓣
指示器
手轮
阀杆螺母
阀杆
阀瓣
阀盖
螺钉
阀体衬里
隔膜
阀体

图 5-17　隔膜阀结构

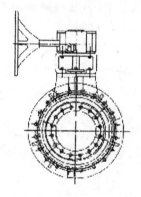
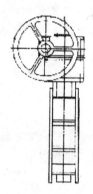

图 5-18　蝶阀结构

①弹簧薄膜式减压阀

弹簧薄膜式减压阀是依靠薄膜两侧受力的平衡来保持阀后压力恒定的。主要由阀体、阀盖、阀杆、阀瓣、薄膜、调节弹簧和调节螺钉所组成,如图 5-19 所示。

弹簧薄膜式减压阀的动作原理是:使用前,阀瓣在进口压力和调节弹簧的作用下处于关闭状态。使用时,可顺时针方向拧动调节螺钉顶开阀瓣,使介质流向阀后,于是阀后压力逐渐上升,同时介质压力也作用在薄膜上,压缩调节弹簧向上移动,阀瓣也随之向关闭方向移动,直到介质作用力与调节弹簧作用力平衡。当阀后压力等于规定压力时,原来的平衡被破坏,薄膜下方的压力上升,推动薄膜向上移动,并带动阀瓣向关闭方向运动。于是流体阻力增加,阀后压力降低,并达到新的平衡。反之,如果阀后压力低于所规定的压力,阀瓣便向开启方向运动,于是阀后压力又随之上升,达到新的平衡。这样便可使阀后压力保持在一定范围内。

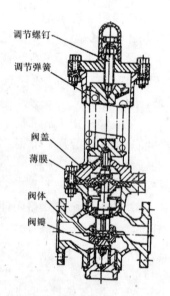

调节螺钉
调节弹簧
阀盖
薄膜
阀体
阀瓣

图 5-19　弹簧薄膜式减压阀

弹簧薄膜式减压阀的灵敏度较高,但薄膜的行程小,而且容易损坏。因此其工作温度、工作压力受到限制。适用于较低温度和较低压力的水、空气等介质。

②活塞式减压阀

活塞式减压阀应用最为广泛，是一种带有副阀的复合式减压阀。主要由阀盖、主阀瓣、副阀瓣、活塞、膜片和调节弹簧组成，如图 5-20 所示。

活塞式减压阀的动作原理是：使用前，主阀和副阀在介质压力和下面的弹簧作用下均处于关闭状态。使用时，顺时针方向拧动调节螺钉，压缩调节弹簧顶开副阀瓣。于是阀前介质经过小孔和开启着的阀瓣进入活塞上部，使介质压力作用在活塞上。由于活塞面积大于主阀瓣面积，因而介质作用在活塞上方的压力大于作用在主阀瓣下方的介质压力和弹簧力，于是活塞向下移动，使主阀瓣开启，介质流到阀后，并通过小孔进入膜片下方。由于主阀瓣与阀座间隙的节流作用，使阀后压力低于前方压力。当阀后压力达到规定值时，膜片下方的作用力便与上方调节弹簧力相平衡，阀后压力保持在一定数值。当阀后压力上升超过规定值时，膜片下方压力上升，压缩调节弹簧，副阀瓣在下方弹簧作用下向上移动，进入缸内的介质压力减小，从而活塞上的压力下降，于是主阀瓣在介质压力和下面弹簧的作用下，向关闭方向运动，阀后压力也随之下降，逐渐达到平衡；反之，当阀后压力下降低于规定值时，调节弹簧则推动膜片向下移动，使副阀瓣向开启方向运动，汽缸上方压力上升，活塞推动主阀瓣开启，阀后压力又重新上升到所规定数值。这样便使阀后压力能够保持在一定范围内。通过拧动调节螺钉来压紧或放松调节弹簧，可以调节阀后压力。

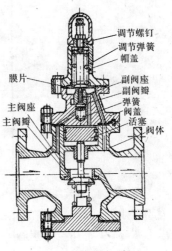

图 5-20　活塞式减压阀

活塞式减压阀的特点是体积小，活塞行程大。但是活塞和汽缸间的摩擦力大，因此灵敏度较低，加工制造困难。活塞式减压阀应用广泛，特别是介质压力较高的场合，多选用活塞式减压阀。

(11) 疏水阀

疏水阀也称阻气排水阀、疏水器。其作用是自动排泄蒸汽管道和设备中不断产生的凝结水、空气及其他不可凝性气体，同时又阻止蒸汽的逸出。它是保证各种加热工艺设备所需要温度和热量并能正常工作的一种节能产品。疏水阀有机械型、热静力型和热动力型等。

机械型疏水阀是利用蒸汽和凝结水的密度差原理研制的。由于气体和液体存在密度差，其浮力也大不一样。利用这一特性，使用浮子发挥作用，从而启闭阀门。例如自由浮球式疏水阀(图 5-21)，也称"浮子式"疏水器。将球形浮子无约束地放置在疏水阀的阀体内，浮球本身作为完成开关的阀瓣。球形浮子可以自由开关而起到阀瓣作用；利用它的上升和下降动作实现启闭阀的作用。这种结构简单、体积小、不会产生气阻，而且不受背压影响。

热静力型疏水阀是由温度决定疏水的启闭的。它是利用蒸汽和凝结水的温差，使用双金属或波纹管作为感温元件，随着温度的变化而改变其形状(波纹管产生膨胀或收缩，双金属产生弯曲)，带动阀瓣启闭。利用这种感温体的变形，实现疏水阀开、关的目的。

热动力型疏水阀的动作原理是：在入口和出口中间设置了中间变压室，当变压室内流

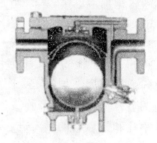

图 5-21　浮球式疏水阀

入了蒸汽或高温凝结水时,会由于该蒸汽压力或凝结水产生再蒸发的蒸汽的压力作用而关闭疏水阀。若变压室的温度因凝结水而下降,或自然冷却至某一温度以下时,变压室的压力下降,从而开启疏水阀。

各种疏水阀都具有一定的技术性能和最适宜的工作范围。要根据使用条件进行选择,不能单纯地从最大排水量的观点去选用,更不应该只根据凝结水管径的大小选择疏水阀。一般在选用时,首先要根据使用条件、安装位置,参照各种疏水阀的技术性能选用最为适宜的疏水阀形式。再根据疏水阀前后的工作压差和凝结水量,从制造厂产品样本中选定疏水阀的规格型号。

(12)安全阀

安全阀用在受压设备、容器或管路上,作为超压保护装置。当设备压力升高超过允许值时,阀门自动开启全量排放,以防止设备压力继续升高;当压力降低到规定值时,阀门及时关闭,保护设备或管道的安全运行。安全阀的种类有:

①封闭式弹簧安全阀

封闭式弹簧安全阀阀盖和罩帽是封闭的。它有两种不同作用:一是能防止灰尘等外界杂物侵入阀内,保护内部零件,此时不要求阀盖和罩帽具有气密性;二是防止有毒、易燃易爆等介质溢出,此时阀盖和罩帽要求做气密性试验检查。封闭式安全阀出口侧若要求气密性试验时,应该在订货时加以说明,气密性试验压力一般为 0.6 MPa。封闭式弹簧安全阀如图5-22所示。

②非封闭式弹簧安全阀

非封闭式弹簧安全阀的阀盖是敞开的,有利于降低弹簧室内的温度,主要用于蒸汽等介质的场合。

③带扳手的弹簧式安全阀

对安全阀要做定期试验者应选用带提升扳手的安全阀。当介质压力达到开启压力的75%以上时,可以利用提升扳手将阀瓣从阀座上略微提起,以检查阀门开启的灵活性。带扳手的弹簧式安全阀如图 5-23 所示。

④特殊形式的弹簧安全阀

a.带散热器的安全阀

凡是封闭式弹簧安全阀使用温度超过 300 ℃,或非封闭式弹簧安全阀使用温度超过 350 ℃时,应选用带散热器的安全阀。

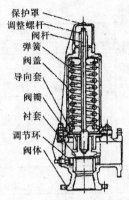

图 5-22   封闭式弹簧安全阀

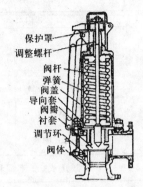

图 5-23   带扳手的弹簧式安全阀

b.带波纹管的安全阀

其波纹管的有效直径等于阀门密封面的平均直径。因此,在阀门开启前背压对阀瓣的作用力处于平衡状态,背压变化不会影响开启压力。当背压变动时,其变动量超过整定压力(开启压力)的 10％时,应该选用波纹管安全阀。利用波纹管把弹簧与导向机构等与介质隔离,以防止这些重要部位受介质腐蚀而失效。

4.阀门的表示方法

以 J41T—10P 截止阀为例,说明阀门型号的表示方法。

$$J 4 1 T — 10 P$$

J——阀门类型代号;

4——阀门与管道连接形式代号;

1——阀体结构形式代号;

T——阀座密封面或衬里材料代号;

10——压力等级,0.1 MPa;

P——阀体材料代号。

(1)阀门类型的表示(表 5-9)

表 5-9   阀门类型代号

阀门类型	代号	阀门类型	代号	阀门类型	代号	阀门类型	代号
弹簧载荷安全阀	A	止回阀和底阀	H	球阀	Q	旋塞阀	X
蝶阀	D	截止阀	J	蒸汽疏水阀	S	减压阀	Y
隔膜阀	G	节流阀	L	柱塞阀	X	闸阀	Z
杠杆式安全阀	GA	排污阀	P				

(2)阀门连接端连接形式的表示(表 5-10)

表 5-10   阀门连接端连接形式代号

连接形式	代号	连接形式	代号	连接形式	代号	连接形式	代号
内螺纹	1	法兰式	4	对夹	7	卡套	9
外螺纹	2	焊接式	6	卡箍	8	—	—

(3)阀体结构形式的表示见表 5-11～表 5-20。

表 5-11　　　　　　　　　　　闸阀结构形式代号

结构形式			代号
阀杆升降式（明杆）	楔式闸板	弹性闸板	0
		单闸板	1
		双闸板	2
	平行式闸板	单闸板	3
		双闸板	4
阀杆非升降式（暗杆）	楔式闸板	单闸板	5
		双闸板	6
	平行式闸板	单闸板	7
		双闸板	8

注：中间栏标注"刚性闸板"。

表 5-12　　　　　截止阀、节流阀和柱塞阀结构形式代号

结构形式		代号	结构形式		代号
阀瓣非平衡式	直通流道	1	阀瓣平衡式	直通流道	6
	Z形流道	2		角式流道	7
	三通流道	3		—	—
	角式流道	4		—	—
	直流流道	5		—	—

表 5-13　　　　　　　　　　　球阀结构形式代号

结构形式		代号	结构形式		代号
浮动球	直通流道	1	固定球	四通流道	6
	Y形三通流道	2		直通流道	7
	L形三通流道道	4		T形三通流道	8
	T形三通流道	5		L形三通流道	9
	—			半球直通	0

表 5-14　　　　　　　　　　　蝶阀结构形式代号

结构形式		代号	结构形式		代号
密封型	单偏心	0	非密封型	单偏心	5
	中心垂直板	1		中心垂直板	6
	双偏心	2		双偏心	7
	三偏心	3		三偏心	8
	连杆机构	4		连杆机构	9

表 5-15　　　　　　　　　　　隔膜阀结构形式代号

结构形式	代号	结构形式	代号
屋脊流道	1	直通流道	6
直流流道	5	Y形角式流道	8

表 5-16　　　　　　　　　　　旋塞阀结构形式代号

结构形式		代号	结构形式		代号
填料密封	直通流道	3	油密封	直通流道	7
	T形三通流道	4		T形三通流道	8
	四通流道	5		—	—

表 5-17　　　　　　　　　　　止回阀结构形式代号

结构形式		代号	结构形式		代号
升降式阀瓣	直通流道	1	旋启式阀瓣	单瓣结构	4
	立式结构	2		多瓣结构	5
	角式流道	3		双瓣结构	6
—	—	—		蝶形止回式	7

表 5-18 安全阀结构形式代号

结构形式		代号	结构形式		代号
弹簧载荷弹簧密封结构	带散热片全启式	0	弹簧载荷弹簧不封闭且带扳手结构	微启式、双联阀	3
	微启式	1		微启式	7
	全启式	2		全启式	8
	带扳手全启式	4		—	—
杠杆式	单杠杆	2	带控制机构全启式		6
	双杠杆	4	脉冲式		9

表 5-19 减压阀结构形式代号

结构形式	代号	结构形式	代号
薄膜式	1	波纹管式	4
弹簧薄膜式	2	杠杆式	5
活塞式	3	—	—

表 5-20 蒸汽疏水阀结构形式代号

结构形式	代号	结构形式	代号
浮球式	1	蒸汽压力式或膜盒式	6
浮桶式	3	双金属片式	7
液体或固体膨胀式	4	脉冲式	8
钟形浮子式	5	圆盘热动力式	9

(4)阀座密封面或衬里材料代号用汉语拼音字母表示,见表 5-21。

表 5-21 密封面或衬里材料代号

密封面或衬里材料	代号	密封面或衬里材料	代号
锡基轴承合金(巴氏合金)	B	尼龙塑料	N
搪瓷	C	渗硼钢	P
渗氮钢	D	衬铅	Q
氟塑料	F	奥氏体不锈钢	R
陶瓷	G	塑料	S
Cr13 系不锈钢	H	铜合金	T
衬胶	J	橡胶	X
蒙乃尔合金	M	硬质合金	Y

(5)阀体材料代号用汉语拼音字母表示,见表 5-22。

表 5-22 阀体材料代号

阀体材料	代号	阀体材料	代号
碳钢	C	铬镍钼系不锈钢	R
Cr13 系不锈钢	H	塑料	S
铬钼系钢	I	铜及铜合金	T
可锻铸铁	K	钛及钛合金	Ti
铝合金	L	铬钼钒钢	V
铬镍系不锈钢	P	灰铸铁	Z
球墨铸铁	Q	—	—

注:CF3、CF8、CF3M、CF8M 等材料牌号可直接标在阀体上。

5.3 金属管道组成件耐压强度计算

5.3.1 一般规定

本节根据《压力管道规范 工业管道 第 3 部分:设计和计算》(GB/T 20801.3—2006)

和《工业金属管道设计规范》（GB 50316—2000）（2008 版）的规定，介绍金属压力管道及管件的耐压强度计算方法。所列的计算方法适用于工程设计中所需管道组成件的设计计算。对焊端的标准管件内部厚度应根据设计压力、设计温度及腐蚀附加量条件，结合加工工艺条件进行确定。管件内部可以局部加厚，但是各部位厚度均不得小于管端厚度。

耐压强度计算中的设计厚度为计算厚度与厚度附加量之和；名义厚度为计算厚度加上厚度附加量后圆整至该组成件的材料标准规格的厚度；有效厚度为名义厚度减去附加量的差值。最小厚度为计算厚度与腐蚀或磨蚀附加量之和。

5.3.2　设计条件与设计基准

1. 设计条件

压力管道设计应根据压力、温度、流体特性等工艺条件，并结合环境和各种载荷等条件进行。

作用于管道的载荷有管内介质压力，管子质量（包括管内介质及保温材料等）产生的均布载荷，阀门、三通、法兰等管件质量产生的集中载荷，管道支吊架产生的反力、风力，地震产生的地震载荷，还有管道温度变化发生热胀冷缩受约束产生的热载荷，管道安装施工时各部分尺寸误差产生的安装残余应力，与管道连接的设备变位或其他原因的管端位移引起管系变形而产生的载荷等，它们都使管道产生内力和变形。此外，由于管内介质压力脉动引起的管道振动，以及液击产生的冲击波等也是管系设计中必须加以考虑的载荷。

在金属管道组成件耐压强度计算中，主要考虑的是设计压力和设计温度载荷。对于管道所处环境的影响，所承受的动力载荷、静载荷、热胀冷缩的影响，循环载荷、管道支架位移的作用、加工过程产生的内应力等其他作用，可通过相应计算以及结构上的处理进行设计。

（1）设计压力的确定

①一般规定

一条管道及其每个组成件的设计压力的确定，不应小于管系运行中遇到的内压或外压与温度相耦合时最苛刻条件下的压力。最苛刻的压力和温度组合工况应计及压力源（如泵、压缩机）、压力脉动、不稳定流体的分解、静压头、控制装置和阀门的失效或操作失误、环境影响等可能产生的运行条件。

②设计压力的确定原则

a. 装有安全泄放装置的管道，其设计压力应不小于安全泄放装置的设计压力（或最大标定爆破压力）。

b. 当管道与设备直接连接作为一个压力系统时，管道的设计压力应不小于设备的设计压力。

c. 未设置压力泄放装置或可能发生与压力泄放装置隔离、堵塞的管道，其设计压力应不小于可能因此而产生的最大压力。

d. 离心泵出口管道的设计压力应不小于泵的关闭压力。

e. 输送制冷剂、液化烃类低沸点介质的管道，其设计压力应不小于阀门切断时或介质不流动时介质可能达到的最大饱和蒸气压。

f.当管道被分隔件(包括夹套管、盲板等)分隔为几个单独的受压段时,该分隔件的设计压力应不小于在操作中两侧受压室可能遇到的最苛刻的压差和温度组合工况的压力。

g.装有安全控制装置的真空管道,设计压力为最大压差的 1.25 倍和 0.1 MPa 中的较小值,并按外压条件进行设计;对于没有安全控制装置的真空管道,设计压力取 0.1 MPa。

(2)设计温度的确定

①一般规定

管道系统中每个管道组成件的设计温度应按操作中可能遇到的最苛刻的压力和温度组合工况的温度确定,同一管道中的不同管道组成件的设计温度可以不同。

②设计温度的确定原则

a.介质温度低于 65 ℃时,无隔热层管道的组成件的设计温度与介质温度相同,但应考虑阳光辐射或其他可能导致介质温度升高的因素。

b.介质温度高于或等于 65 ℃时,无隔热层管道的组成件的设计温度按如下原则确定:

(i)阀门、管子、翻边端部和焊接管件,取介质温度的 95%;

(ii)松套法兰以外的法兰取介质温度的 90%;

(iii)松套法兰取介质温度的 85%;

(iv)连接螺栓取介质温度的 80%;

对于上述情况,也可以取实测的平均壁温或根据传热计算得到的平均壁温。

c.外部有隔热层的管道,其设计温度一般取介质温度,但也可以取实测的平均壁温或根据传热计算得到的平均壁温。

d.采用伴热管或夹套结构的管道应考虑加热或冷却对设计温度的影响。

e.对于有内部隔热的管道组成件,设计温度应按传热计算或试验确定。

(3)还应考虑的问题

当环境发生变化时,管道设计应采取一定措施。例如管道中的气体或蒸气被冷却时,应确定压力降低值。主要是考虑当管内产生真空时,管道应能承受低温下的外部压力,或采取破坏真空的预防措施。对于因静态流体受热膨胀而增加的压力,管道组成件应能够承受或消除该压力。当管道温度低于 0 ℃时,应防止切断阀、控制阀、泄压装置和其他管道组成件的活动部件外表面结冰。

除了设计压力载荷和设计温度载荷外,管道还应能承受动力载荷。例如,管道内部或外部条件引起的水力冲击、液体或固体的撞击等冲击载荷,风载荷,水平地震力,管道振动,流体减压或排放所产生的反作用力等。

同时还要考虑管道承受的静载荷,包括活载荷和固定载荷。活载荷包括输送流体的重力或试验用流体的重力,寒冷地区的冰、雪重力及其他活动的临时载荷等。固定载荷包括管道组成件、隔热材料以及由管道支撑引起的其他永久性载荷。

设计中应分析受热膨胀或受冷收缩的影响。例如,管道由于被约束同时发生热膨胀或冷缩而产生的作用力和力矩;由于管壁温度急剧变化产生的管壁应力及载荷;复合或衬里管道因膨胀或收缩量不同而产生的载荷等。

此外,还应避免管道受压力循环载荷、温度循环载荷以及其他循环交变载荷所引起的疲劳破坏。

设计中,应把管道支架和连接设备的位移作为计算的条件。包括设备或支架的热膨胀、地基下沉、潮水流动、风载荷等产生的位移。

在对管道组成件进行加工以及操作过程中,在容易降低管道材料韧性的各种情况下,应注意不要超过材料韧性的允许范围。当流体工作温度低于－191 ℃时,在选择管道材料包括隔热材料时,应按环境空气会出现冷凝和氧气浓缩的因素,确定管外覆盖层,或采取相应措施。

(4)管道壁厚附加量的考虑

管道设计应有足够的腐蚀裕量。腐蚀裕量应根据预期使用寿命和介质对材料的腐蚀速率确定,同时要考虑冲蚀和局部腐蚀等因素。

确定管道组成件的最小壁厚时,应包括腐蚀、冲蚀、螺纹深度或沟槽深度所需的裕量。为防止因支撑、结冰、回填、运输和装卸等引起的超载应力和变形,从而可能产生损坏、垮塌或失稳等现象,应考虑增加管壁厚度。

2. 设计基准

管道组成件允许的工作压力与工作温度有关,对同一材料而言,允许工作压力伴随温度的升高而降低。所以在设计中必须掌握管道件的压力-温度额定值,以便确定或验证管道件的允许工作压力或工作温度。管道件应以公称压力分级,再由公称压力确定出该管道件的压力-温度额定值。

管道件的公称压力,一般表示该管道件在某一基准温度下的最大许用工作压力。由于确定公称压力的基准温度在公制中是一个较低的温度或常温,因而在较高温度时的许用工作压力小于该公称压力值;而在英制中这一基准温度为一较高温度,低于此基准温度时的允许工作压力可大于其公称压力值。因此,公制与英制的对应关系不能用简单的单位换算来彼此替换。国内的管道元件公称压力(GB/T 1048—2005)见表5-8。

(1)管道组成件的压力-温度额定值应符合的规定

管道组成件的公称压力及对应的压力-温度额定值须符合国家现行标准。例如HG/T 20592~20635—2009《钢制管法兰、垫片、紧固件》、GB/T 9112—2010《钢制管法兰 类型与参数》。选用管道组成件时,该组成件标准中所规定的额定值不应低于管道的设计压力和设计温度。

对于只标明公称压力的组成件,包括阀门、管件等,除非另有规定,在设计温度下的许用压力按下式计算:

$$p_A = p_N \frac{[\sigma]^t}{[\sigma]_x} \tag{5-1}$$

式中　p_A——设计温度下的许用压力,MPa;

　　　p_N——公称压力,MPa;

　　　$[\sigma]^t$——设计温度下材料的许用应力,MPa;

　　　$[\sigma]_x$——决定组成件厚度时采用的设计温度下材料的许用应力,MPa。

在国家现行标准中没有规定压力-温度额定值及公称压力的管道组成件,可用设计温度下材料的许用应力及组成件的有效厚度(名义厚度减去所有厚度附加量)通过计算来确定组成件的压力-温度额定值。

两种不同压力-温度参数的管道连接在一起时,分隔两种流体的阀门参数应由较严重的条件决定。位于阀门任一侧的管道,应按其输送条件进行设计。

多条设计压力和设计温度不同的管道,用相同的管道组成件时,应按压力和温度相耦合时最严重条件下的某一条管道的压力和温度条件进行设计。

(2)管道运行中压力和温度的允许变动范围

GC1 级管道压力和温度不得超出设计范围。GC2 和 GC3 级管道在运行中其压力和温度允许的变化需满足下列所有规定。否则,必须按照压力、温度变动过程中耦合时最严重工况下的设计条件确定。

① 没有铸铁或其他非塑形金属的受压组成件。

② 由压力产生的管道名义应力不超过材料在相应温度下的屈服点。

③ 纵向应力不超过本规范规定的极限。

④ 在管道寿命内,超过设计条件的压力、温度变动的总次数不应超过 1000 次。

⑤ 在任何情况下,最高变动压力不应超过管道的试验压力。

⑥ 一次变动持续时间不超过 10 小时,且每年累计不超过 100 小时,许用压力提高不应超过 33%。一次变动持续时间不超过 50 小时,且每年累计不超过 500 小时,许用应力提高不能超过 20%。

⑦ 持续的和周期性的变动对系统中所有组成件的工作性能无影响。例如压力变动对阀座等部件的密封无影响。

⑧ 变动后的温度不应低于附录 A 中规定的最低使用温度。

另外,对于非金属衬里管道,压力和温度允许的变动值,应在取得成功的使用经验或经过试验证实可靠时方可使用。

(3)许用应力

有关金属管道材料的许用应力系指许用拉应力。

金属材料的许用应力和螺栓材料的许用应力要符合 GB/T 20801.2—2006 中表 A.1 和表 A.2 的规定。本书附录 A 中列出部分常用金属材料的许用应力。

除上述以外的金属材料和螺栓材料的许用应力,应按照表 5-23 的公式进行计算。

表 5-23　　　　　金属材料和螺栓材料的许用应力准则

材料	金属材料许用应力应不大于下列各值中的最小值				
	抗拉强度下限值 σ_b/ MPa	屈服强度下限值 σ_s/ MPa	设计温度下屈服强度 σ_s^t/ MPa	持久强度平均值或持久强度最低值 σ_D^t,$\sigma_{D\,min}$/ MPa	蠕变极限平均值 σ_n^t/ MPa
灰铸铁	$\dfrac{\sigma_b}{10}$				
球墨铸铁 可锻铸铁	$\dfrac{\sigma_b}{5}$				

（续表）

材料	金属材料许用应力应不大于下列各值中的最小值				
	抗拉强度下限值 σ_b / MPa	屈服强度下限值 σ_s / MPa	设计温度下屈服强度 σ_s^t / MPa	持久强度平均值或持久强度最低值 σ_D^t，$\sigma_{D\,min}$ / MPa	蠕变极限平均值 σ_n^t / MPa
碳钢、合金钢、铁素体不锈钢、δ 小于 35% 的奥氏体不锈钢、双相不锈钢、钛和钛合金钢、铝和铝合金	$\dfrac{\sigma_b}{3}$	$\dfrac{\sigma_s}{1.5}$	$\dfrac{\sigma_s^t}{1.5}$	$\dfrac{\sigma_D^t}{1.5}\quad\dfrac{\sigma_{Dmin}}{1.25}$	$\dfrac{\sigma_n^t}{1.0}$
	螺栓材料许用应力应不大于下列各值中的最小值				
非热处理或应变强化的螺栓材料	$\dfrac{\sigma_b}{4}$	$\dfrac{\sigma_s}{1.5}$	$\dfrac{\sigma_s^t}{1.5}$	$\dfrac{\sigma_D^t}{1.5}\quad\dfrac{\sigma_{Dmin}}{1.25}$	$\dfrac{\sigma_n^t}{1.0}$
热处理或应变强化的螺栓材料	$\dfrac{\sigma_b}{5}$	$\dfrac{\sigma_s}{4}$	$\dfrac{\sigma_s^t}{1.5}$	$\dfrac{\sigma_D^t}{1.5}\quad\dfrac{\sigma_{Dmin}}{1.25}$	$\dfrac{\sigma_n^t}{1.0}$

对于焊接管道组成件所用材料，其许用应力按照附录 A 取值，并乘以焊接接头系数 ϕ。许用剪应力为附录 A 中材料许用应力的 80%；支撑面的许用压应力为附录 A 中许用应力的 1.6 倍。

（4）纵向焊接接头系数 ϕ

焊接接头系数应根据焊接接头的形式、焊接方法和焊接接头检验要求确定，见表 5-24。无损检测指采用射线或超声波检测。

表 5-24　　纵向焊接接头系数

序号	焊接形式	焊缝类型	检查	ϕ
1	连续炉焊	直缝	按材料标准规定	0.60
2	电阻焊	直缝或螺旋缝	按材料标准规定	0.85
3	电熔焊 单面对接焊 （带或不带填充金属）	直缝或螺旋缝	按材料标准或本部分规定不作 RT	0.80
			局部（10%）RT	0.90
			100%RT	1.00
	双面对接焊 （带或不带填充金属）	直缝或螺旋缝（除序号 4 外）	按材料标准或本部分规定不作 RT	0.85
			局部（10%）RT	0.90
			100%RT	1.00
4	埋弧焊、气体保护金属弧焊或两者结合	直缝（一条或两条）或螺旋缝	按 GB/T 9711—2011 规定	0.95

另外，地震烈度在 9 度及以上时，应进行地震应力验算。不需要考虑风和地震载荷同时发生时的应力验算。

5.3.3　管子、管件在压力作用下的强度计算

管道承受介质压力载荷作用产生的应力,属于一次薄膜应力。该应力若过大,将使管道整体变形直至破坏。

1. 直管的内压力设计

对于直管,当其计算壁厚 s 小于管子外径 D_o 的 1/6 时,直管的计算壁厚按式(5-2)计算。

计算壁厚:

$$s = \frac{pD_o}{2([\sigma]^t\phi + pY)} \tag{5-2}$$

设计壁厚:

$$s_d = s + C \tag{5-3}$$

其中

$$C = C_1 + C_2$$

式中　p——设计压力,MPa;

　　　D_o——管子外径,mm;

　　　$[\sigma]^t$——设计温度下管子材料的许用应力,MPa;

　　　ϕ——焊接接头系数,见表 5-24;

　　　Y——系数;

　　　C——壁厚附加量,mm;

　　　C_1——壁厚负偏差、加工减薄附加量,mm;

　　　C_2——管子腐蚀、磨损附加量,mm。

有效壁厚:

$$s_e = s_n - C$$

名义壁厚 s_n 为设计壁厚向上圆整后的壁厚值,即最终确定的管子的壁厚。

系数 Y 是与金属管道材质及工作温度有关的系数。对于铸铁材料,$Y = 0$,其他见表 5-25。

表 5-25　　　　　　　　　　系数 Y 值

材料	≤482 ℃	510 ℃	538 ℃	566 ℃	593 ℃	≥621 ℃
铁素体钢	0.4	0.5	0.7	0.7	0.7	0.7
奥氏体钢	0.4	0.4	0.4	0.4	0.5	0.7
其他韧性金属	0.4	0.4	0.4	0.4	0.4	0.4

当计算壁厚大于等于管子外径 D_o 的 1/6 时,

$$Y = \frac{D_i + 2C}{D_i + D_o + 2C} \tag{5-4}$$

式中　D_i——管子内径。

热轧无缝钢管壁厚负偏差的规定值见表 5-26。

表 5-26   普通钢管厚度负偏差

钢管种类	壁厚/mm	负偏差/%		钢管种类	壁厚/mm	负偏差/%	
		普通	高级			普通	高级
碳素钢及	≤20	15	12.5	不锈钢	≤10	15	12.5
低合金钢	>20	12.5	10		>10~20	20	15

对于采用钢板或钢带卷制的焊接钢管,其负偏差就是钢板、钢带的负偏差,见表5-27。

表 5-27   钢板或钢带的负偏差   (mm)

钢板标准	钢板厚度	负偏差 C_1	说明
GB 713—2008 GB 3531—2008	全部厚度	0.25	GB 713—2008《锅炉和压力容器用钢板》 GB 3531—2008《低温压力容器用低合金钢钢板》
	>3.2~3.5	0.25	①本表数据摘自 GB/T 709—2006《热轧钢板和
	>3.5~4.0	0.30	钢带的尺寸、外形、重量及允许偏差》的规定
	>4.5~5.5	0.50	②表中钢板厚度小于13 mm 的负偏差值系按普
	>5.5~7.5	0.60	通轧制度且宽度为该厚度的钢板在最大宽
	>7.5~25	0.80	度时的值
GB/T 3274—2007	>25~30	0.90	③GB/T 3274—2007《碳素结构钢和低合金结构
GB/T 3280—2007	>30~34	1.00	钢热轧厚钢板和钢带》;GB/T 3280—2007《不
GB/T 4237—2007	>34~40	1.10	锈钢冷轧钢板和钢带》;GB/T 4237—2007《不
GB/T 4238—2007	>40~50	1.20	锈钢热轧钢板和钢带》;GB/T 4238—2007《耐
	>50~60	1.30	热钢板和钢带》
	>60~80	1.80	
	>85~100	2.00	
	>100~150	2.20	
	>150~200	2.60	

管子的腐蚀和磨蚀减薄量 C_2,当介质对管子的腐蚀并不严重,腐蚀速度小于 0.05 mm/a 时,单面腐蚀取 $C_2 = 1 \sim 1.5$ mm,双面腐蚀取 $C_2 = 2 \sim 2.5$ mm。当管子外面涂防腐漆时,可认为是单面腐蚀;当管子内外壁均有较严重腐蚀时,则为双面腐蚀;当介质对管子材料的腐蚀速率大于 0.05 mm/a 时,则应根据腐蚀速度和使用年限决定 C_2 值。

2. 弯管或弯头的内压力设计

弯管在介质内压作用时,如果管壁厚沿圆周相同,且无椭圆度,弯管内侧应力较高,外侧较低,弯管破坏应发生在管子的内侧。采用直管煨制成弯管后,一般管子外侧壁厚减薄,而内侧增厚,横截面产生一定椭圆度,致使应力分布与前述情况有些变化。外侧往往应力较高,内侧应力较低。与直管相比较,弯管外侧壁内实际环向应力仍然比直管大,内侧壁内环向应力比直管小,且应力值的大小与弯管的曲率半径有关。而弯管的径向应力与直管相比较,没有变化。因此弯管壁厚计算厚度为

$$s_w = \frac{pD_o}{2([\sigma]^t \phi / I + pY)} \tag{5-5}$$

(1)当计算弯管或弯头的内侧壁厚时,

$$I = \frac{4(R/D_o) - 1}{4(R/D_o) - 2} \tag{5-6}$$

(2)当计算弯管或弯头的外侧厚度时,

$$I = \frac{4(R/D_o) - 1}{4(R/D_o) + 2} \tag{5-7}$$

(3)当计算弯管中心线处的厚度时,$I=1.0$。

式中 R—— 弯管的弯曲半径,mm。(对于弯管,一般取 $R \geqslant 3D_o$。)

煨制弯管时,管横截面外侧受拉,内侧受压。产生的椭圆度 e 计算公式如下:

$$e = (D_{max} - D_{min})/D_o \times 100\%$$

式中 D_{max}、D_{min}—— 弯管横截面最大外径和最小外径,mm;

D_o—— 煨制钢管前钢管的外径,mm。

GB 50235—2010《工业金属管道工程施工规范》规定,输送剧毒流体的钢管或设计压力 $p \geqslant 10$ MPa 的钢管,椭圆度 e 不大于 5%;输送剧毒流体以外或设计压力小于 10 MPa 的钢管,椭圆度 e 不大于 8%。

3. 承受外压的管子

承受外压的管子的强度计算方法与承受内压时相同。然而当其直径较大而壁厚较薄时,可能会发生管壁应力尚未达到屈服点,管子就出现被压扁或褶皱的情况,即出现失稳现象。因此对承受外压的管子应考虑失稳问题。

具体的外压管子的工程设计采用的是工程图算法,详见 GB 150.3—2011《压力容器 第3部分:设计》。

(1)应根据管子的外径 D_o、计算长度 L 和管子的有效壁厚 s_e 值,以及所用材料,按照 GB 150.3—2011《压力容器 第3部分:设计》的有关规定,并按设计外压力 p 不大于许用外压力 $[p]$ 的准则确定计算厚度。

(2)对于 $L/D_o \geqslant 25$ 且 $D_o/s_e \geqslant 65$ 的碳钢、低合金钢、奥氏体不锈钢以及铸铁直管,当设计温度不超过 300 ℃时,可按下式计算许用外压力 $[p]$:

$$[p] = \frac{2.2}{3} E \left(\frac{s_e}{D_o} \right)^3 \tag{5-8}$$

(3)加强圈的设置和设计按照 GB 150.3—2011《压力容器 第3部分:设计》的规定执行。

当管子的许用外压力低于设计外压力时,可以采取增加壁厚的方法提高临界压力。也可以设置加强圈,加强圈可设置在管子外部或内部,整圈围绕在管子的周围。

在设置加强圈的情况下,管子就不一定再是长圆筒了。采用工程图算法进行设计计算的方法,这里就不详述了。

5.3.4 支管连接的补强

为了在主管上接出支管,需要在主管上开孔,从而导致主管的耐压强度减弱。除非主管的壁厚留有足够的裕量,否则必须采取补强措施。

补强措施包括对开孔进行补强圈补强、整体补强或采用三通连接。整体补强是指增加主管壁厚,或者用全焊透的焊接结构形式将加厚的直管或整体补强锻件(加强管接头或加强支管连接管件)与主管相焊接。

GB 150.3—2011《压力容器 第3部分:设计》规定了适用的开孔范围,即:当主管内径小于等于 1 500 mm 时,开孔最大直径不大于主管内径的 1/2,且不大于 520 mm;当主管内径大于 1 500 mm 时,开孔最大直径不大于主管内径的 1/3,且不大于 1 000 mm。

GB 150.3—2011《压力容器　第 3 部分:设计》规定,当开孔符合以下全部要求时,开孔可不另行补强:

（1）设计压力小于或等于 2.5 MPa;

（2）两相邻开孔中心间距(对曲面间距以弧长计算)不小于该两孔直径之和,对于 3 个或 3 个以上相邻开孔,任意两孔中心的间距(对曲面间距以弧长计算)应不小于该两孔直径之和的 2.5 倍;

（3）支管外径小于或等于 89 mm;

（4）支管最小壁厚满足表 5-28 要求,其腐蚀裕量为 1 mm,需要加大腐蚀裕量时,应相应增加壁厚。

表 5-28　　　　　　　　　　支管最小壁厚　　　　　　　　　（mm）

支管外径	25	32	38	45	48	57	65	76	89
最小壁厚		3.5			4.0		5.0		6.0

当支管与主管的焊接采用角焊时,不能考虑支管对主管的加强作用;当支管与主管的焊接采用全焊透结构时,支管对主管有加强作用。

开孔区域的一定范围内的主管、支管的壁厚裕量对开孔有补强作用。这个区域被称为有效补强范围。

有效补强范围和补强面积的确定与计算采用等面积补强法,即:使补强的金属量等于或大于开孔所削弱的金属量。补强金属在通过开孔中心线的纵截面上的正投影面积,必须等于或大于主管由于开孔而在这个纵截面上所削弱的正投影面积。

当支管轴线与主管轴线斜交情况下,补强计算示意图如图 5-24 所示。图中支管轴线与主管轴线的夹角 α 为 45°～90°。

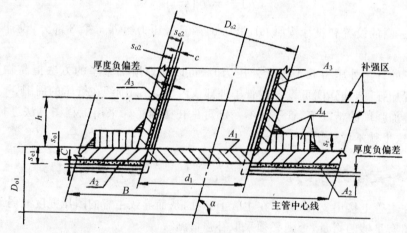

图 5-24　补强计算示意图

主管开孔的补强计算方法如下:

（1）确定主管有效补强区范围 B

补强区的有效宽度取式(5-9)和式(5-10)中的较大值。

$$B = 2d_1 \tag{5-9}$$

$$B = d_1 + 2(s_{e1} + s_{e2}) \tag{5-10}$$

（2）确定支管有效补强区范围 h

h 取式（5-11）和式（5-12）中的较小值。

$$h = 2.5s_{e1} \tag{5-11}$$

$$h = 2.5s_{e2} + s_r \tag{5-12}$$

（3）计算有效补强面积 A_2，A_3，A_4

主管的补强面积

$$A_2 = (2b - d_1)(s_{e1} - s_{o1}) \tag{5-13}$$

支管的补强面积

$$A_3 = \frac{2h(s_{e2} - s_{o2})}{\sin\alpha} \tag{5-14}$$

A_4 为管子纵截面上熔焊金属的面积以及补强增加的金属面积。

（4）计算需要补强的面积 A_1

在内压作用下，

$$A_1 = s_{o1}d_1(2 - \sin\alpha) \tag{5-15}$$

（5）补强核算

若 $A_2 + A_3 + A_4 \geqslant A_1$，则开孔不需要补强；否则需要另行补强。

式中　　s_{e1}——主管有效壁厚，mm；

$\quad\quad s_{e2}$——支管有效壁厚，mm；

$\quad\quad s_{o1}$——根据壁厚计算公式得到的主管计算壁厚，mm；

$\quad\quad s_{o2}$——根据壁厚计算公式得到的支管计算壁厚，mm；

$\quad\quad s_r$——补强板有效壁厚，mm；

$\quad\quad B$——主管有效补强区长度，mm，$B = 2b$；

$\quad\quad h$——支管有效补强区长度，mm；

$\quad\quad d_1$——支管外径减去 2 倍支管有效壁厚，mm；

$\quad\quad \alpha$——支管轴线与主管轴线的夹角，(°)。

5.3.5　平盖的强度计算

在管道端部，常有需要焊接平盖（盲板）的情况。根据平盖的结构及其与管端焊接的结构不同，平盖的厚度是不同的。对于无拼接焊的平盖，其厚度计算公式如下：

计算壁厚：

$$t_p = K_1(D_i + 2C)\sqrt{\frac{p}{[\sigma]^t \eta}} \tag{5-16}$$

设计壁厚：

$$t_{pd} = t_p + C \tag{5-17}$$

式中　　t_{pd}——平盖的设计壁厚，mm；

$\quad\quad t_p$——平盖计算壁厚，mm；

$\quad\quad D_i$——管子内径，mm；

$\quad\quad K_1$，η——与平盖结构有关的系数，按照表 5-29 选取；

$\quad\quad p$——设计压力，MPa；

$\quad\quad [\sigma]^t$——设计温度下材料的许用应力，MPa；

$\quad\quad C$——壁厚附加量，$C = C_1 + C_2$，mm。

表 5-29 平盖结构形式系数

平盖形式	结构要求	系数 K_1	系数 η		注
			$h_3 > 2t_{sn}$	$2t_{sn} > h_3 > t_{sn}$	
	$r \geqslant 2 \times \dfrac{t_{sn}}{t_{pd}}$ $h \geqslant t_{sn}$ V形坡口	0.4	1.05	1.00	①
	V形坡口 加角焊	0.6	0.85		①②
		0.4	1.05		①③
	V形坡口 加角焊	0.6	0.85		①④

注:①焊接坡口尺寸应符合现行国家标准 GB/T 985.1—2008《气焊、焊条电弧焊、气体保护焊和高能束焊的推荐坡口》及 GB/T 985.2—2008《埋弧焊的推荐坡口》的规定。
②用于公称压力小于或等于 2.5 MPa 和公称通径小于或等于 400 mm 的管道。
③只用于水压试验。公称通径小于或等于 400 mm 的管道。
④用于公称压力小于 2.5 MPa 和公称通径小于 40 mm 的管道。

5.4 管径的确定及压力降计算

5.4.1 管径的确定

管径应根据流体的流量、性质、流速以及管道允许的压力损失等确定。对于大直径、厚壁、合金钢等管道直径的确定,应进行建设费用和运行费用方面的经济比较,取最佳值。操作情况不同的流体,应按其性质、状态和操作要求的不同,选用不同的流速。黏度较高的液体,摩擦阻力较大,应选较低流速、允许压力降较小的管道。

工程上为了防止因介质流速过高而引起管道冲蚀、磨损、振动和噪音等现象,液体流速一般不宜超过 4 m/s;气体流速一般不超过其临界流速的 85%,真空下最大不超过 100 m/s;含有固体物质的流体,其流速不宜过低,以免流体沉积在管道内堵塞管道,但也不宜太高,以免加速管道的磨损和冲蚀。

同一介质在不同管径情况下,虽然流速和管长相同,但是管道的压力降却可能相差较大。因此在设计管道时,如允许压力降相同,小流率介质应选用较小流速,大流率介质应选用较高流速。

确定管径后,应选用符合管材的标准规格。对工艺用管道,不推荐选用 DN32、DN65 和 DN125 的管道。除另有规定或采用有效措施外,容易堵塞的流体不宜采用公称通径小于 25 mm 的管道。

以上是选择管道时的一般要求。除有特殊要求外,可按下述方法确定管径:

①首先设定平均流速并按下式初算内径:

$$D_i = 0.0188\left[W_0/v\rho\right]^{0.5} \tag{5-18}$$

式中　　D_i——管子内径,m;

　　　　W_0——质量流量,kg/h;

　　　　v——平均流速,m/s;

　　　　ρ——流体密度,kg/m^3。

②根据工程设计规定的管子系列调整实际内径。

③复核实际平均流速。

④以实际的管子内径 D_i 与平均流速 v 核算管道压力损失,确认选用管径。如果压力损失不满足要求,应重新计算。

5.4.2　单向流压力损失计算

在压力管道工程设计中,根据化工工艺要求,要使系统的总压降控制在合理和经济的范围内,就必须进行计算或校核管路系统的流体阻力。本节内容仅适用于输送牛顿型流体的管道压力损失的计算,包括直管的摩擦压力损失和局部(阀门和管件)的摩擦压力损失计算,不包括加速度损失及静压差等的计算。

(1)液体管道摩擦压力损失的计算

对于圆形直管的摩擦压力损失,按式(5-19)计算:

$$\Delta p_f = 10^{-5}\,\frac{\lambda\rho v^2}{2g}\cdot\frac{L}{D_i} \tag{5-19}$$

式中　　Δp_f——直管的摩擦压力损失,MPa;

　　　　L——管道长度,m;

　　　　g——重力加速度,m/s^2;

　　　　D_i——管子内径,mm;

　　　　v——平均流速,m/s;

　　　　ρ——流体密度,kg/m^3;

　　　　λ——流体摩擦系数。

对于局部摩擦压力损失,可按当量长度法或阻力系数法进行计算。简述如下:

①当量长度法:按式(5-20)计算。

$$\Delta p_k = 10^{-5}\,\frac{\lambda\rho v^2}{2g}\cdot\frac{L_e}{D_i} \tag{5-20}$$

式中　　Δp_k——局部摩擦压力损失,MPa;

　　　　L_e——阀门及管件的当量长度,m。

　　　　其余同上。

②阻力系数法:按式(5-21)计算。

$$\Delta p_k = 10^{-5}k\frac{\rho v^2}{2g} \tag{5-21}$$

式中 k—— 阻力系数,见表 5-30。

其余同上。

液体管道总压力损失为直管的摩擦压力损失与局部的摩擦压力损失之和,并计入适当的裕度。其裕度系数宜取 1.05～1.15。

表 5-30 　　　　　　　　　　　　阀门与管件局部阻力系数

管件和阀件名称	k 值									
标准弯头	$45°$, $k=0.35$						$90°$, $k=0.75$			
90°方形弯头	1.3									
180°回弯头	1.5									
活管接	0.04									
突然增大 A_1/A_2	0	0.1	0.2	0.3	0.4	0.5	0.6	0.7	0.8	0.9	1
k	1	0.81	0.64	0.49	0.36	0.25	0.16	0.09	0.04	0.01	0
突然缩小 A_1/A_2	0	0.1	0.2	0.3	0.4	0.5	0.6	0.7	0.8	0.9	1
k	0.5	0.47	0.45	0.38	0.34	0.30	0.25	0.20	0.15	0.09	

出口管（管→容器）	$k=1$

入管口(容器→管)	$k=0.5$　　　$k=0.25$　　　$k=0.04$　　　$k=0.56$　　　$k=3\sim1.3$　　　$k=0.5+0.5\cos\theta+0.2\cos\theta$

标准三通管	$k=0.4$　　　$k=1.5$ 当弯头用　　　$k=1.3$ 当弯头用　　　$k=1$

闸阀	全开	3/4开	1/2开	1/4开
	0.17	0.9	4.5	24

标准截止阀(球心阀)	全开 $k=6.4$			1/2开 $k=9.5$				
蝶阀 α	$5°$	$10°$	$20°$	$30°$	$40°$	$45°$	$50°$	$60°$	$70°$
k	0.24	0.52	1.54	3.91	10.8	18.7	30.6	118	751
旋塞阀 θ		$5°$		$10°$		$20°$		$40°$	$60°$
k		0.05		0.29		1.56		17.3	206

角阀(90°)	5
止回阀	旋启式 $k=2$　　　　球形式 $k=70$
底阀	1.5
滤水器(或滤水网)	2
水表(盘形)	7

注:(1)管件、阀门的规格结构形式很多,加工精度不一,因此表中 k 值变化范围也很大,但可供计算用。

(2)A 为管道截面积,α 或 θ 为蝶阀或旋塞阀的开启角度,全开时为 $0°$,全关时为 $90°$。

(2)气体管道摩擦压力损失的计算

当气体管道的总压力损失小于起点压力的 10% 时,采用式(5-19)和式(5-20)计算摩擦压力损失。

当气体管道的总压力损失为起点压力的 10%～20% 时,仍采用式(5-19)和式(5-20)计算,但公式中的流体密度 ρ 以平均密度计算摩擦压力损失。

对于某些系统,总压力损失大于起点压力的 20% 时,应把管道分成足够多的段数,逐段进行计算,最后得到各段压力损失之和。各段管道仍采用式(5-19)和式(5-20)进行计算。

5.4.3　气液两相流压力损失计算

气液混合物中,气相体积(体积含气率)为 6%～98% 时,宜采用两相流方法计算管道压力损失。计算气液两相流管道压力损失时,首先应设定管径进行流型的判断。如果流型为柱状流或活塞流,应缩小管径,使流型成为环状流或分散流。

气液两相流管道压力损失的计算,应采用经过验证认为适用的计算方法。总压力损失按计算值乘以 1.3～3.0 的裕度系数。

气液两相流为闪蒸型时,应分析沿管道流动时质量含气率变化对压力损失计算的误差,当管道进出口质量含气率的变化大于 5% 时,可分段进行计算,计算方法与非闪蒸型两相流管道的压力损失计算方法相同。

5.5　管道热膨胀与热补偿

5.5.1　管道热膨胀与柔性

管道由安装状态过渡到运行状态,由于管内介质的温度变化,管道会产生热胀或冷缩,使之变形。与设备连接的管道,由于设备的温度变化而出现端点位移,端点位移也使管道变形。这些变形使管道承受了弯曲、扭转、拉伸、压缩及剪切载荷。

实际的管系中,管道的转弯处均采用煨制弯管或焊接弯头,而不采用直角弯。这些弯管或弯头与直管相比较,使管系刚度降低,柔度增高,从而管系的热应力由于柔度的增高而降低。而弯管或焊接弯头在弯矩的作用下,其局部应力却有所增加。

1. 管系的热应力概念

如图 5-25 所示一直管两端固定,管长为 L,截面积为 A,管材的弹性模量为 E,安装温度为 t_0,管道的工作温度为 $t_1(t_1 > t_0)$,管材的线膨胀系数为 α。若管道能自由伸缩(不受约束),则伸长量为

图 5-25　管道热应力

$$\Delta L = \alpha(t_1 - t_0)L = \alpha \cdot \Delta t \cdot L$$

但是直管两端是固定的,管子不能有任何伸缩。这可以理解为管子先自由伸长,然后在其一端加上压力 p 将管子压缩到原来长度,即压缩了 ΔL。轴向压力 p 的大小可由胡克定律得出:

$$p = (\Delta L/L)EA = \alpha \cdot \Delta t \cdot EA \tag{5-22}$$

管壁内的热应力为

$$\sigma = p/A = \alpha \cdot E \cdot \Delta t \tag{5-23}$$

由式(5-23)即可计算两端固定的管道管壁内的热应力。当管道工作温度高于安装温度时热应力为压应力;当工作温度低于安装温度时热应力为拉应力。从式(5-23)可以看出,直线管道的热应力大小与管道长度和截面面积无关,仅与管材的热膨胀系数和温度变化有关。

如果两设备之间以直管连接,管道内的热应力对管端设备会产生很大的推力或拉力,造成设备局部变形甚至破坏。这样的连接在设计中应该避免。

式(5-23)是直线管道在受约束完全不能伸缩状况下的热应力计算式。如果管道两端的约束力较弱,并允许产生一定的伸缩,则热应力就会减小。当管道完全自由伸缩而不受约束时,热应力为零。由此可见,除温度的变化外,管道热胀变形可能性的大小对热应力的影响也是相当大的。温度变化时管道系统的热胀可能性称为管系的柔性(或弹性)。在同样温度变化下,管系的柔性越大,产生的热应力就越小。管系的柔性与管系的几何形状、管系的展开长度、管子直径和壁厚、管材的弹性模量等有关。

管系的几何形状大体有直线管系、平面管系和立体管系。对于平面管系和立体管系,即便两端固定,当温度变化时,整个管系还是可以发生变形的。这时管系两端支座处将受到支座反力和力矩的作用,但管系中的热应力将比相似条件下直线管道中的热应力小得多。因为平面管系和立体管系由于几何形状的原因比直线管系有更大的柔性。立体管系有更大的柔性,比相似条件下的平面管系中的热应力更小。因此在管道工程中,均避免采用直线管系,而采用有多处转角的立体管系或平面管系。不过,管道有了转角后,就不可能用前述简单方法来求解了。

直线管系产生的热应力是轴向拉伸或压缩应力。对平面管系,热胀在管道中主要产生弯曲应力;对于立体管系,热胀在管道中主要产生扭转切向应力和弯曲应力。管道在热胀时,将引起支座的反力,包括力和力矩,它等于管道对支座的作用力。所以只要求出作用在管系中的支座反力,就可以求得管系任意截面上的热应力。具体由结构力学中的力法计算支座反力。

2. 压力管道柔性计算的范围和方法

(1)管道柔性计算的范围

管道的柔性计算是计算管道由于持续外载荷和热载荷而产生的力和力矩。如果管道的设计温度小于或等于-50 ℃,以及大于或等于100 ℃,均应进行柔性计算。另外,符合下列条件之一的管道,也应进行柔性计算:

①受室外环境温度影响的无隔热层长距离的管道;

②管道端点附加位移量大,不能用经验判断其柔性的管道;

③小支管与大管连接,且大管有位移并会影响柔性的判断时,小管应与大管同时计算。

具备下列条件之一的管道,可不作柔性分析:

①该管道与某一运行情况良好的管道完全相同;

②该管道与已经过柔性分析合格的管道相比较,几乎没有变化。

一般来说,管道的温度越高,管径越大,弯头数目越少,越应引起重视。求出管道端点上的力和力矩,以校核管端设备,尤其是透平机、压缩机、泵等重要设备接管上的载荷,这也是管道柔性分析的一个重要内容。

(2)管道柔性计算方法简介

化工装置中管道的布置往往采用多分支管系或环状管系等复杂结构。因此,仅采用简单的计算方法和手算方法就难以奏效。常采用超静定结构的静力分析矩阵方法,并借助于计算机来完成复杂的计算工作。

对于超静定结构的内力计算,在结构力学中分为力法和位移法两大类。力法是以多余未知力为基本未知量,通过结构的变形协调条件来求出多余未知力。位移法则以独立的位移(线位移和角位移)为基本未知量。

目前已有多种含有管单元的有限元通用程序,以及专门用于计算管道结构的有限元程序,可以满足各种复杂管系的应力计算。工程中应用最广泛的大型综合性有限元程序主要有 SAP 程序及其升级版本。该程序可以解决各种复杂线性结构的静态、动态分析,广泛应用于机械、航空、水利、土建、动力、化工等各行业的工程结构分析。其中第十二类单元(管单元)专门用于管道结构的强度计算。管道专用程序往往比通用程序更为方便。较著名的管系应力分析程序有美国 Coade 公司开发的 Caesar Ⅱ 程序,该程序可对各种管道结构进行静态和动态分析,功能齐全,且数据输入方便,程序数据库中存有欧美等各国的管道规范、标准,并可对管道强度进行评定。我国也有许多单位编制了各种管道结构专用应力分析程序,其中应用较为广泛的是采用等值刚度法编制的管道柔性分析程序(FAOP)。

3. 管道柔性计算的基本要求

(1)柔性系数和应力增大系数的概念

在实际的管系中,管道在转角处均采用具有一定半径的弯管或焊接弯管(俗称虾米腰),而不是直角相接,从而使管系柔性相对增大,刚度降低。所谓柔性系数,是指弯管相对于直管在承受弯矩时柔性增大的程度。另外,在弯管或焊接弯头处,在弯矩作用下,其局部应力有所增加。所谓应力增大系数,就是指弯管在弯矩作用下产生的最大弯曲应力和直管承受同样弯矩所产生的最大弯曲应力的比值。

根据管件结构及尺寸,附录 D 给出了相应的柔性系数及应力增大系数值,计算中可以查取。

(2)计算管系的划分

管系可按设备连接点或固定点划分为若干计算分管系,每一计算分管系中应包括其所有的管道组成件和各种支吊架。对于分叉管道,不宜从分叉点处进行分段计算,只有当分叉支管的刚度与主管刚度相差悬殊时(即小管对大管的牵制作用很小,可以略去不计)才可分段。但是在计算支管时应计入主管在分叉点处附加给支管口准确的线位移和角位移。

(3)关于管道柔性计算的规定

①管道与设备连接时,应计入管道端点处的附加位移,包括线位移和角位移;

②进行分析和计算管件时,应计入柔性系数和应力增大系数;

③应计入管系中所采用的支吊架的作用;

④应按照管道运行中可能出现的各种工况时的相应条件分别计算；

⑤注意计算中的任何假设与简化,不应对计算结果的作用力、应力等产生不利或不安全的影响；

⑥当支吊架与有可能发生位移的设备相连接或固定时,计算应计入可能发生的热位移。

5.5.2 管道位移应力的计算

持续外载、热胀冷缩,以及设备、管道支吊架的位移,使管道在弯管、弯头或三通等管件连接点处产生了由介质压力引起的膜应力以外的位移应力。在进行应力计算时,要计入应力增大系数,以考虑其应力增大的影响。由于弯管、弯头或三通等管件上的应力状态比较复杂,并且与它们的柔性系数相关,采用理论公式进行准确计算应力增大系数十分困难。因此,工程上采用试验研究得出的经验公式来计算。

对于弯管、弯头或三通等管件所产生的局部应力的计算,常采用先计算该作用点的当量合成力矩,再根据管件计算点的截面系数,计算出该点的位移应力。在计算管道上各点的力矩时,应依据操作过程中可能产生的最大温差进行计算。

1. 计算点当量合成力矩的计算

(1)计算点在弯管和各类弯头上时,受力图如图 5-26 所示。其当量合成力矩按下式计算:

$$M_E = \left[(i_i M_i)^2 + (i_o M_o)^2 + M_t\right]^{0.5} \tag{5-24}$$

式中 M_E —— 热胀当量合成力矩,N·mm;

M_i —— 平面内热胀弯曲力矩,N·mm;

M_o —— 平面外热胀弯曲力矩,N·mm;

M_t —— 热胀扭转力矩,N·mm;

i_i —— 平面内应力增大系数;

i_o —— 平面外应力增大系数。

当平面内和平面外应力增大系数取相同值时,应取两者中的较大值。

(2)计算点在三通的交叉点处时,受力图如图 5-27 所示。其当量合成力矩按式(5-24)计算。当平面内和平面外应力增大系数取相同值时,应取两者中的较大值。

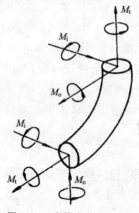

图 5-26 弯管或弯头受力图

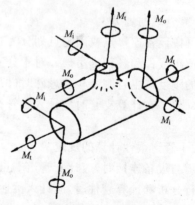

图 5-27 三通受力图

(3) 计算点在直管上时,计算当量合成力矩中的应力增大系数应取 1,并按式(5-24)计算。

2. 管件截面系数的计算

直管、弯管、弯头、等径三通的主、支管及异径三通的主管的截面系数,按式(5-25)计算。

$$W = \frac{\pi}{32D_o}(D_o^4 - D_i^4) \tag{5-25}$$

式中 D_o——管子外径,mm;

D_i——管子内径,mm;

W——截面系数,mm^3。

异径三通支管的有效截面系数,按式(5-26)计算。

$$W_B = \pi(r_m)^2 t_{eb} \tag{5-26}$$

式中 W_B——异径三通支管的有效截面系数,mm^3;

r_m——支管平均半径,mm;

t_{eb}——三通支管的有效厚度,mm。取 T_{tn} 和 $i_i t_{tn}$ 二者中的较小值,其中 i_i 为平面内应力增大系数;T_{tn} 为主管名义厚度,mm;t_{tn} 为支管名义厚度,mm。

注:T_{tn} 和 t_{tn} 应取相配主管和支管的名义厚度。

3. 管道位移应力计算

当平面内、平面外弯曲采用不同的应力增大系数时,对于异径三通支管或其他组焊形式的异径支管连接点处的位移应力,由式(5-27)计算;其余管道组成件相应部位处的位移应力按式(5-28)计算。

$$\sigma_E = \frac{M_E}{W_B} \tag{5-27}$$

$$\sigma_E = \frac{M_E}{W} \tag{5-28}$$

当平面内、平面外弯曲采用相同的应力增大系数时,对于异径三通支管或其他组焊形式的异径支管连接点处的位移应力,由式(5-29)计算;其余管道组成件相应部位处的位移应力按式(5-30)计算。

$$\sigma_E = \frac{iM_E}{W_B} \tag{5-29}$$

$$\sigma_E = \frac{iM_E}{W} \tag{5-30}$$

式中 i——应力增大系数,由附录 D 查取。

为控制计算的管道最大位移应力,管道位移应力评定的标准应满足式(5-31)。

$$\sigma_E \leqslant [\sigma]_A \tag{5-31}$$

式中 $[\sigma]_A$——许用位移应力,MPa。

4. 管道许用位移应力的确定

压力管道中,由于介质压力、重力和其他持续载荷所产生的纵向应力之和 σ_L 不应超过材料在预计最高温度下的许用应力$[\sigma]_h$。即该情况下的强度条件为

$$\sigma_L \leqslant [\sigma]_h \tag{5-32}$$

持续外载、热胀冷缩,以及设备、管道支吊架的位移,使管道在弯管、弯头或三通等管件连接点处产生了位移应力。所计算的位移应力 σ_E 不应超过按下式确定的许用位移应力范围。

$$[\sigma]_A = f(1.25[\sigma]_c + 0.25[\sigma]_h) \tag{5-33}$$

若最高温度下材料的许用应力 $[\sigma]_h$ 大于纵向应力之和 σ_L,其差值可以加到上式中的 $0.25[\sigma]_h$ 项上,则许用位移应力范围为

$$[\sigma]_A = f[1.25([\sigma]_c + [\sigma]_h) - \sigma_L] \tag{5-34}$$

式中　　$[\sigma]_c$——在分析中的位移循环内,金属材料在冷态(预计最低温度)下的许用应力,MPa;

　　　　$[\sigma]_h$——在分析中的位移循环内,金属材料在热态(预计最高温度)下的许用应力,MPa;

　　　　σ_L——管道中由于介质压力、重力和其他持续载荷所产生的纵向应力之和,MPa;

　　　　f——管道许用位移应力减小系数。具体取值详见 GB 50316—2000《工业金属管道设计规范》(2008 版)的规定。

5.5.3　管道热补偿

管道的热应力与管道柔性有关,在温度较高的管系中,常设置一些弯管或可伸缩的装置来增加管道的柔性,减小热应力。这些减小热应力的弯曲管段和伸缩装置称为补偿器。

在管道设计中,应尽量利用管道自身的弯曲或扭转产生的变位来实现热胀或冷缩时的自补偿。当其柔性不能满足要求时,可采用相应的措施以改善管道的柔性。工程中常采用调整支吊架的形式与位置,或改变管道走向。当受到条件限制,不能采用上述方法改善管道柔性时,就要根据管道设计参数和类别选用补偿装置。

1. 常用补偿器分类

一是自然补偿器,是工艺需要在布置管道时自然形成的弯曲管段。自然补偿器在布置管道时自然形成,不必多费管材,也不增加介质流动阻力,设计中应尽量采用自然补偿器。常见的有 L 型补偿器和 Z 型补偿器。采用 L 型补偿器需考虑较短管是否有足够的吸收热膨胀能力,如长度不够,则应加长或重新布管。采用 Z 型自然补偿器,不能在 Z 型管道中间处固定,只需在两端加以固定。

二是专门设置用于吸收管道热膨胀的弯曲管段或伸缩装置,称为人工补偿器。如 Ⅱ 型补偿器[图 5-28(a)]、波纹式补偿器[图 5-28(b)]或填料函式补偿器[图 5-28(c)]等。

Ⅱ 型补偿器是用与管道材料、规格相同的无缝管弯制成的,较其他形式的易制造,且补偿能力大,能用在温度、压力较高的管道上。Ⅱ 型补偿器应布置在补偿段的中间位置,以使两臂伸缩均衡,充分发挥补偿器的补偿能力。如果受地形条件限制,不能将 Ⅱ 型补偿器布置在补偿段的中间位置上时,应在补偿器两端对称布置两个导向支座。导向支座与 Ⅱ 型补偿器管端的距离,一般取管径的 30~40 倍。

波纹式补偿器是用 2~4 mm 厚的金属薄板制成的,利用金属的弹性伸缩来吸收管线的热膨胀,每个波纹可吸收 5~15 mm 的膨胀量。其优点是体积小、结构紧密。为防止补

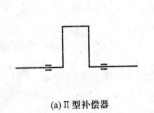

(a) Ⅱ型补偿器　　　　　　　　　(b) 波纹式补偿器　　　　　　　(c) 填料函式补偿器

图 5-28　人工补偿器

偿器本身产生纵向弯曲,补偿器不能做得太长,波纹总数一般不超过 6 个,故补偿能力受到限制,仅用在 $p < 0.7$ MPa 的管道上。

填料函式补偿器由芯管、外套筒和前后挡环组成,里面充满成型盘根填料或石墨柔性填料。由铸铁或钢制成,铸铁制成的用于 $p < 1$ MPa 的管道上,钢制成的用于 $p < 1.6$ MPa 的管道上。其优点是体积小,补偿能力大。主要用于因受地形限制不宜采用 Ⅱ 型补偿器的管道上。使用时在两端管道的适当位置设立导向支架,以保障补偿器的自由伸缩通道,防止管线发生偏弯时使填料函套筒卡住不起作用。

2. 管道补偿能力判别

管道工程中如果不要求对管道热应力作详细计算,管道补偿能力常以下式判别,若能满足式(5-35),就认为该热力管线是安全的。

$$\frac{DN \cdot \Delta}{(L-U)^2} \leqslant 208.3 \tag{5-35}$$

式中　　DN——管子公称通径,mm;

Δ——管系合成热膨胀量,mm;

L——管道的实际总长度,m;

U——固定支架之间的直线距离,m。

5.6　管道布置设计

管道布置设计是管道设计中相当重要的环节。正确的设计管道和敷设管道,对节省工程投资、保证正常生产作用极大。化工管道的正确安装,不单是车间布置得整齐、美观的问题,对操作的方便、检修的难易、生产的安全性等都起着极大作用。

化工生产的产品品种繁多,操作条件不一,一般要求都较高。如高温、高压、真空或低温等,以及物料性质的复杂性,还有易燃、易爆、毒害性和腐蚀性等特点。因此,管道的布置应满足生产工艺及管道仪表流程图的要求。

管道布置还要满足便于生产操作、安装和维修的要求。宜采用架空敷设,规划布局应整齐有序。在车间内或装置内不便维修的区域,不宜将输送强腐蚀性流体以及易燃流体的管道敷设在地下。

具有热胀和冷缩的管道,布置中配合进行柔性计算的范围应遵循 GB 50316—2000《工业金属管道设计规范》(2008 版)的有关规定。

另外,在管道布置设计中应能承受各种动力载荷,如水力冲击、液体或固体撞击等冲击载荷、风载荷,水平地震力,设备及介质压力波动产生的反作用力引起的振动等。

5.6.1　管道敷设种类

1. 架空敷设

架空敷设是化工装置管道敷设的主要方式。具有方便施工、操作、检查和维修的优点,并且是较为经济的方式。架空敷设大致有以下几种类型:

(1)管道成排地集中敷设在管廊、管架或管墩上。这些管道主要是连接两个或多个距离较远的设备的管道、进出装置的工艺管道以及公用工程管道。管廊比管架规模大,联系的设备数量较多。管廊的宽度可以达到 10 m 甚至 10 m 以上,管廊下方可以布置泵和其他设备,上方可以布置空气冷却器。管廊可以有各种平面形状及分支。如图5-29所示。

图 5-29　管廊

管道的净空高度及净距应符合 GB 50316—2000《工业金属管道设计规范》(2008版)、GB 50160—2008《石油化工企业设计防火规范》、GB 50187—2012《工业企业总平面设计规范》及 GB 50016—2006《建筑设计防火规范》的规定。

管墩敷设是一种位置较低的管架敷设。这种管墩上敷设的管道的下方不考虑通行。常采用枕式混凝土墩、混凝土构架或混凝土和型钢的混合构架。

(2)管道敷设在支吊架上。支吊架通常生根于建筑物、构筑物、设备外壁或设备平台上。所以这些管道总是沿着建筑物或构筑物的墙、柱、梁、基础、楼板、平台,以及设备(如各种容器)外壁敷设。沿地面敷设的管道,其支架则生根于小混凝土墩子上或放置在铺砌面上。

(3)管道敷设在以型钢组合成的槽架上。这类管道常为特殊管道,如有色金属、玻璃、搪瓷、塑料等管道,其中有的强度较低,有的脆性较高,利用槽架起到保护作用。

2. 地下敷设

地下敷设分为直接埋地敷设和管沟敷设两种。

(1)埋地敷设

埋地敷设的优点是利用了地下的空间。但是相应的缺点是易腐蚀,检查和维修困难,车行道下需特殊处理,低点排液不方便以及处理易凝物料较困难等。因此,只有在不可能架空敷设时才予以采用。直接埋地管道最好是输送无腐蚀性和腐蚀性轻微的介质,常温或温度不高、不易凝固、不含固体、不宜自聚的介质。对于无隔热层的液体或气体介质的管道,如设备或管道低点自流排液管或排液汇集管,无法架空的泵吸入管,安装在地面的冷却器的冷却水管,泵的冷却水管、封油管、冲洗油管等架空敷设困难时,也可埋地敷设。

(2)管沟敷设

管沟可以分为地下式和半地下式两种。前者的整个沟体包括沟盖都在地面以下,后者的沟壁和沟盖有一部分露出地面。管沟内通常设有支架和排水地漏。除阀井外,一般管沟不考虑人的通行。与埋地敷设相比,管沟敷设提供了较方便的检查维修条件。同时可以敷设有隔热层的、温度高的、输送易凝介质或有毒介质的管道,这是比埋地敷设更优越的地方。

5.6.2　管廊和管廊上管道的布置

1.管廊形式及主要尺寸

对管廊的基本方案的影响因素很多,例如装置所处的位置、占地面积、地形地貌,以及周围的环境(如原料罐、成品罐的位置,装置外管廊的位置,相邻装置布置的形式等)。

近年来设备的平面布置在不断改进,以及联合装置的采用,使管廊上集中了几乎全部装置的 1/3～1/2 的管道。管廊的走向和形式与设备的平面布置有密切关系。因此管廊上管道布置设计的好坏将影响整个装置的管道布置。

(1)管廊的形状及位置

一般化工装置,在管廊两侧按流程顺序布置设备。管廊的形状不能事先确定或固定不变,要根据设备平面布置而定。对于设备数量较少的小型装置,通常采用一端式或直通式管廊,如图 5-30 所示。一端式管廊是工艺和公用工程管道从装置的一端进出;直通式管廊是由装置的两端进出。一端式管廊和直通式管廊是管廊的基本形式。其他一些如 L 形、T 形、U 形,以及一些形状较复杂的管廊,可以看作几个基本形式的组合。

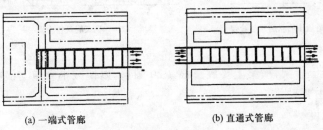

(a) 一端式管廊　　　　　　　　(b) 直通式管廊

图 5-30　管廊的基本形式

管廊在装置中的位置以能联系尽量多的设备、管廊长度尽量短为宜。在长方形装置中,一般管廊平行于长边,其两侧布置设备。若工艺设备布置在管廊一侧时,管廊太长。若把设备布置在其两侧,则可缩短一半长度。无须紧靠管廊布置的生产设施,如控制室、配电间、罐区等,则可不必紧靠管廊。扩建需预留的位置应放在管廊端部。

管廊边缘至建筑物或其他设施的水平距离应符合现行国家标准 GB 50316—2000《工业金属管道设计规范》(2008 版)、GB 50160—2008《石油化工企业设计防火规范》、GB 50187—2012《工业企业总平面设计规范》及 GB 50016—2006《建筑设计防火规范》的规定。例如,管廊边缘与以下设施的水平距离具体规定为

至铁路轨道外侧	≥3.0 m
至道路边缘	≥1.0 m
至人行道边缘	≥0.5 m
至厂区围墙中心线	≥1.0 m
至有门窗的建筑物外墙	≥3.0 m
至无门窗的建筑物外墙	≥1.5 m

(2)管廊的柱距和管架的宽度

管廊的柱距由敷设在其上的管道的垂直荷重(管子自重、介质重、保温层重或其他集中载荷)引起的管壁弯曲应力和挠度决定。其中弯曲应力不允许超过管材的许用应力,装置内管道的允许挠度一般不超过 16 mm;装置外管道的允许挠度不超过 38 mm。一般管廊的柱距为 6~8 m,DN40 以下管道用 3~4 m 比较合适。

管架有钢结构,也有钢筋混凝土结构。按其用途分为允许管路在管架上有位移的管架(简称活动管架)和不允许有位移的固定管路用的管架(简称固定管架)两种。

管架的结构有单柱管架、双柱管架之分,还有单层、双层之分,如图 5-31 所示。单柱管架的宽度系列为:0.5、1.0、1.5、2.3 m;双柱管架的宽度系列为:3、4、6、8 m。

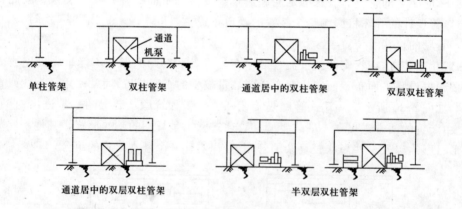

图 5-31 管架的结构形式

如果是混凝土管架,横梁上要放一根 $\phi20$ 圆钢,以便减小管道与横梁之间的摩擦力。

(3)管廊的主要尺寸

①管廊的宽度

管廊的宽度主要由管子根数和管径大小决定,并加一定的余量。同时要考虑管廊下设备和通道以及管廊上空冷设备结构的影响。

当热管道运行时,可能有少量的横向位移而与邻管相碰、位移受阻,故管间距不宜过小。一般情况下,管子外壁间距、管法兰外侧间距、管子和相邻法兰间距、斜管与直管交叉

的最小间距均为 25 mm。

管廊宽度一般为 6～10 m,超过 9 m 采用部分或全部双层管廊。管廊下布置设备时,设备大小和通道的宽度便成为决定管廊宽度的因素。当单排泵时,管廊的宽度为 6～7.3 m;当双排泵时,通道位于中间,或布置一排换热设备时,则需要 8.5～10 m。

管廊上布置空冷器时,空冷管束长度与管廊宽度的关系如下:

$$最大的管廊宽度＝管束长度－0.6 m$$
$$最小的管廊宽度＝0.75×管束长度$$

②管廊的高度

管廊高度的确定主要是考虑管廊横穿道路上空时的净空高度。如:

a.管廊横穿次要道路(装置内道路一般为次要道路)时,高度 $H > 4.5$ m;

b.管廊横穿主要道路时,高度 $H > 6$ m;

c.管廊横穿主要铁路时,高度 $H > 7$ m;

d.管廊有桁架时要按桁架底高计算;

e.管廊下检修通道的净高 $\geqslant 3.1$ m。

管廊下管道的最小高度要考虑到管廊下布置设备及其安装检修的要求。如:

a.管廊下布置泵,至少需要 2.5 m 的高度;

b.管廊上管道与设备相接时,一般在管廊的底层管道中心以下 500～750 mm 内相接,再考虑梁的高度,所以管廊底层管道的最小净高为 3.5 m;

c.管廊下布置管壳式换热设备时,由于设备高度增加,需要增加管廊下的净空,此时管廊高度可为 5.5 m(指下层高)。

管廊外的设备管道进入管廊要考虑避免生产运行可能出现的不良情况。例如,大型装置的设备管道的直径较大,流体流动要求防止管道有不必要的袋形,管廊最下层横梁的底标高应低于设备管嘴 500～700 mm。

至于装置之间的管廊高度,取决于管廊经过的地区的具体情况。例如,在不影响厂区交通和扩建的地段,管道可用管墩敷设,离地面高 300～500 mm,既经济又便于安装和检修。

2. 管廊上管道的布置

(1)管廊上管道的种类

①工艺管道,是输送工艺物料的管道。包括连接设备之间的长度大于 6 m 的工艺管道,进出装置的原料、成品、中间产品的管道。

②公用工程管道,是输送蒸汽、凝结水、新鲜水、循环水、净化和非净化压缩空气、惰性气体等的总管,及输送燃料油、燃料气、锅炉给水、化学药剂等的管道。

③仪表管道和电缆,一般由桥架和槽盒敷设在管廊横梁或柱子侧面。

(2)管廊上管道的布置

管廊上管道的布置应考虑管径的大小、设备的位置、被输送物料的性质以及热应力的影响等因素。

通常管架设计是按照均布载荷计算的,但是对大口径管道则应按集中载荷考虑。对于单柱管架,应尽量使管道均匀地布置在管架支柱的两侧。对于较大口径管道,应尽量靠近柱子,以减少管架横梁的弯矩。管廊上的管道要与相连接的设备相适应,接往管廊左侧设备的管道应布置在管架的左侧,接往管廊右侧设备的管道应布置在管架的右侧。公用工程管道布置在管架的中间或双层管架的上层,易于向两侧引出。

输送低温和不宜受热物料的管道,如石油液化气、冷冻管道等,尽量远离蒸气管道或不保温的管道,也不应布置在热管道的上面。输送腐蚀性介质的管道,应敷设在管廊的下层。对于高温管道必须考虑管道的热胀冷缩,通常是设置补偿器。补偿器一般为水平放置。为了不影响其他管道的通过,补偿器常设置在管廊上其他管道上方500~700 mm 的位置。一般把温度高、口径大的管道布置在管架外侧。另外,还要考虑管系在开停车时吹扫介质的温度产生的管道变位。

(3)管廊上管道布置设计时应注意的问题

①管道经过道路和人行道上方时,不得安装法兰、阀门、螺纹接头及带有填料的补偿器等可能泄漏的组成件。

②从管廊总管上引出的支管阀门要成行排列,设平台来启闭阀门。

③小直径管道敷设在柱距较大的管廊上时,可由大直径邻管支承。高温保温管道应设管托;常温保温管道不设管托,在支承处切掉一些保温层。

④补偿最好利用管道走向变化的自然补偿,不能满足时才采用补偿器。

⑤补偿器的弯头附近不要设置法兰或其他接管,避免应力过大造成损坏或渗漏。

⑥为了减少和均衡冷热态时对固定点的推力,可对补偿器进行预拉伸。

⑦管廊上的管道,一般以 90°弯管引向管廊的两侧。如管径较大,可采用 45°弯管,以减少两层的间距。

⑧凡管廊上管道,直径改变时要用偏心异径管,底平,保持管底标高不变。

⑨对于垂直相交的 L 形管廊上管道的标高,如果管道排列顺序不变,拐弯时则不需改变管廊的高度;如果管道排列顺序改变,拐弯时则必须改变管廊标高。其高度差因管径而异。

5.6.3 管道布置设计的一般要求

1. 一般要求

(1)多层管廊的层间距离应满足管道安装的要求。有腐蚀性液体的管道应布置在管廊下层。高温管道不应布置在对电缆有热影响的下方位置。

(2)沿地面敷设的管道,不可避免穿越人行通道时,应备有跨越桥。

(3)在道路、铁路上方的管道不应安装阀门、法兰、螺纹接头及带有填料补偿器等可能泄漏的组成件。

(4)沿墙布置的管道,不应影响门窗的开闭。

(5)输送腐蚀性液体的管道,不宜布置在转动设备的上方。

(6)布置管道应留有设备维修、操作以及设备内填充物的装卸、消防通道所需的空间。

(7)吊装孔范围内不应布置管道。在设备内件抽出区域及设备法兰拆卸区内不应布置管道。

(8)仪表接口的设置应符合下列规定：

①就地指示仪表接口的位置应设在操作人员看得清的高度；

②管道上的仪表接口应按仪表专业的要求设置，并应满足元件装卸所需的空间；

③设计压力不大于 6.3 MPa，或设计温度不大于 425 ℃的蒸气管道，仪表接口公称通径不应小于 15 mm。大于上述条件及有振动的管道，仪表接口公称通径不应小于 29 mm。当主管公称通径小于 20 mm 时，仪表接口不应小于主管径。

2.易燃流体管道的布置要求

(1)输送易燃流体的管道不得安装在通风不良的厂房内、室内的吊顶内及建筑物、构筑物封闭的夹层内。

(2)输送密度比空气大的易燃流体的管道，当有法兰、螺纹连接或有填料结构的管道组成件时，不应紧靠有门窗的建筑物敷设。应按照现行国家标准 GB 50160—2008《石油化工企业设计防火规范》、GB 50187—2012《工业企业总平面设计规范》及 GB 50016—2006《建筑设计防火规范》的规定进行设计。

(3)易燃流体管道不得穿过与其无关的建筑物。

(4)易燃流体管道不应在高温管道两侧相邻布置，也不应布置在高温管道上方有热影响的位置。

(5)易燃流体管道与仪表及电气的电缆相邻敷设时，平行净距离不宜小于 1 m。电缆在下方敷设时，交叉净距离不应小于 0.5 m。当管道采用焊接连接结构，并且无阀门时，其平行净距离可取上述净距离的 50%。

(6)易燃流体管道与氧气管道的平行净距离不应小于 0.5 m。交叉净距离不应小于 0.25 m。当管道采用焊接连接结构，并且无阀门时，其平行净距离可取上述净距离的 50%。

3.阀门的布置

(1)应按照阀门的结构、工作原理、正确流向及制造厂的要求，采用水平或直立或阀杆向上方倾斜等安装方式。

(2)所有安全阀、减压阀及控制阀的位置，应便于调整及维修，并留有抽出阀芯的空间。当位置过高时，应设置平台。所有手动阀门应布置在便于操作的范围内。

(3)阀门宜布置在热位移小的位置。

(4)换热器等设备的可拆端盖上，设有管口并需接阀门时，应备有可拆管段，并将切断阀布置在拆卸区的外侧。

(5)除管道和仪表流程图上指定的要求外，对于紧急处理及防火需要开或关的阀门，应位于安全和便于操作的地方。

(6)安全阀的管道布置应考虑开启时反力及其方向，其位置应便于出口管的支架设计。阀的接管承受弯矩时，应有足够的强度。

4.高点排气及低点排液的设置

布置管道时要注意到管系的高点与低点处均应备有排气口和排液口，并要位于容易接近的地方。如果相同高度处有其他接口可以利用,可不另设排气口或排液口。除管廊上的管道外,对于公称通径小于或等于 25 mm 的管道可省去排气口,对于蒸气伴热管迂回时出现的低点处,可以不设排液口。

高点排气管的公称通径最小应为 15 mm;低点排液管的公称通径最小应为 20 mm。当主管直径为 15 mm 时,可采用等径的排液口。设计时,所有排液口的最低点与地面或平台的距离不宜小于 150 mm。

对于易燃气体的放空管管口及安全阀排放口与平台或建筑物的相对距离应符合现行国家标准 GB 50160—2008《石油化工企业设计防火规范》的有关规定。同时,放空口位置还应符合现行国家标准 GB/T 3840—1991《制定地方大气污染物排放标准的技术方法》的规定。

5. 管沟内管道布置

除上述管道布置设计要求外,对于沟内管道的布置设计,要注意方便检修及更换管道组成件的需要。运行过程中沟内容易积水,所以为保证安全运行,沟内应设置排水设施。对于地下水位高,并且沟内易积水的地区,地沟及管道又无可靠的防水措施时,不宜将管道布置在管沟内。

设计管沟与铁路、道路、建筑物的距离,应根据建筑物基础的结构、路基、管道敷设深度、管径、流体压力及管道井的结构等条件来决定,并要符合表 5-31 的要求。要避免将管沟平行布置在主通道的下面。

表 5-31　　　　　室外地下管道与铁路、道路及建筑物间的最小水平距离　　　　　(m)

输送流体及状态			建、构筑物基础外缘		铁路轨道外侧	道路边缘	围墙基础外侧	电杆柱中心		
			有地下室	无地下室				通信	电力	高压电
B 类液体			6	4	4.5	1		1.2		
B 类气体		$p \leqslant 0.005$	2	1	3		0.6		1.5	2
		$0.005 < p \leqslant 0.2$	2.5	1.5	3.5					
		$0.2 < p \leqslant 0.4$	3	2	4					
		$0.4 < p \leqslant 0.8$	5	4	4.5	1		1		
		$p > 0.8$	7	6	5			1.5		
氧气		$p \leqslant 1.6$	3	2.5	2.5	0.8	1	0.8		
		$p > 1.6$	5	3						
C、D 类流体	热力管		1.5~3		3	0.8~1				1.5
	液体		3		3~4			0.8~1.2		2
	气体	$p \leqslant 0.25$	1.5		2		0.6		1	1.5
		$0.25 < p \leqslant 0.6$								
		$0.6 < p \leqslant 1.0$	2							
		$1.0 < p \leqslant 1.6$	2.5		2.5	0.8		1		
		$p > 1.6$	3							

注:B 类流体——在环境或操作条件下是一种气体或可闪蒸产生气体的液体,这些流体能点燃并在空气中连续燃烧。
　　D 类流体——不可燃、无毒、设计压力小于或等于 1 MPa 和设计温度为 $-20 \sim 186$ ℃的流体。
　　C 类流体——不含 D 类流体的不可燃、无毒的流体。
　　p——设计压力,MPa。

考虑到便于安装和检修的需要,管沟又分成可通行管沟和不可通行管沟。对于可通行管沟内布置管道,在无可靠的通风条件及无安全措施时,不得布置窒息性及易燃性流体的管道。沟内过道净宽度不宜小于 0.7 m,净高度不宜小于 1.8 m。对于长管沟,应设安全出入口,每隔 100 m 应设有人孔及直梯,必要时设安装孔。

对于不可通行的管沟,当沟内布置经常操作的阀门时,阀门应布置在不影响通行的地方。必要时可设置阀门伸长杆,将手轮引伸至靠近活动沟盖背面的高度处,不高出沟盖。另外,为安全起见,易燃流体的管道不宜设在密闭的沟内;在明沟中不宜敷设密度比空气大的易燃气体管道,以免遇明火引起爆炸。当不可避免时,应在沟内填满细砂,并定期检查管道使用情况,避免介质泄漏。

5.6.4　主要设备管道设计的特殊问题

1. 塔设备管道设计的特殊问题

管道离开塔的管嘴后应立即向下,并沿着与塔体平行的方向布置,塔与管道最外边缘的净距为 300 mm。水平管段的高度受管廊高度的影响,尽可能排成一排且取同一标高。与低于管廊的设备管嘴相接的管道,可在管廊下层管道的下部 0.6 m 穿越管廊或接至泵嘴以及其他设备。

塔顶馏出线不保温,只在接近操作带的地方做防烫措施。如该线接至空气冷却器,由于空气冷却器多布置在管廊上方,塔顶馏出线管架较高,应与管廊、管架同时考虑。

为了方便调节,便于安装管道,以及考虑到管道与塔体的相对热伸长量的差异,塔上通常设有几个进料口(管嘴),每个管嘴都要连接一个截止阀。

当精馏塔的回流靠泵供给时,从泵到塔顶的管道必须考虑塔的热膨胀。由于回流管道温度较低,与塔体伸长量相差较大。为减小热应力,水平管段应较长些。如调节阀靠近塔体布置时,应设弹簧支架;如靠重力回流时,要设平衡塔压的液封。

温度较高的塔底抽出管和泵相连时,管道应短而少弯,但要有足够的柔性以减少泵嘴的应力。通常用改变管道走向或调整泵的位置的方法。塔底抽出管的管嘴法兰要引到裙座外,不宜装在裙座内,以便检修。

一般立式再沸器的出口线与反塔线管嘴直接相连接,卧式热虹吸再沸器的管道在允许有热膨胀的条件下应尽量短而直。这主要是考虑尽量减小管道阻力。

塔的管嘴不承担管道重量,需在管口处设置固定支架来承重,支架距离管嘴越近越好,一般弯头焊缝到支架顶部距离 150 mm。下部每隔一定距离设置导向支架,以免管道摇晃。管道支架焊在塔体上,高度在距地面或平台 2.2 m 以上,以保证操作的安全。

塔要设置安全阀以免超压破坏。安全阀直接装在塔顶或者装在引出管上,并能在塔平台上进行检修。当排入大气时,阀排出点的高度和排出方向应不危害塔及其邻近的设备和操作人员,此时安全阀装在塔顶;当阀后接往泄压系统时,安全阀要安装在比泄压总管高的最低平台处,使安全阀排出管道最短,阀后接管内不积存液体。泄压总管较长时,要计算阀后总压降后再选安全阀。

图 5-32 为精馏塔管道布置图。

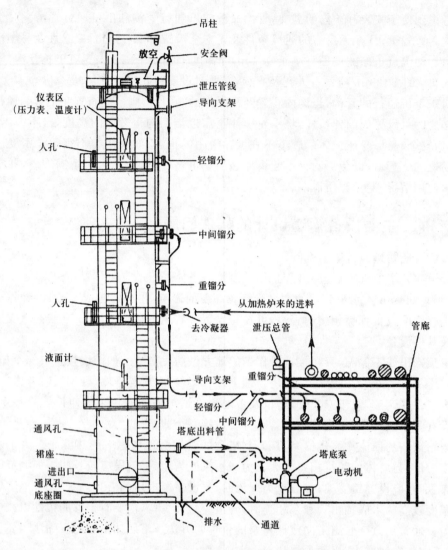

图 5-32　精馏塔管道布置图

2. 换热器管道布置设计的特殊问题

换热器管道布置,不必考虑工艺因素,但须注意换热设备的操作、检修和管道热应力等机械因素。

管壳式换热器的管道布置要点是不得妨碍在管箱端抽出管束时所需要的空间,也不得妨碍管箱和壳程头盖法兰的侧面拆卸空间。成排集中布置的管壳式换热器,除了管箱端的进出口对齐外,凡与其管嘴相连接的管道标高均应一致。沿管壳式换热器纵向中心线的正上方,除设有固定吊梁外,不得布置管道,其余平行敷设的管道的标高应一致。

可根据管道布置的要求来确定管嘴的方位。管嘴可以平行、垂直或任意角度,也可在管嘴法兰前用弯头代替直管。

对换热设备在阀门关闭后可能由于热膨胀或液体蒸发造成压力升高而易引发事故的地方要设安全阀,出口管接往地面或操作面。

3. 容器管道布置设计的特殊问题

对非定性设备的管口方位,应结合设备内部结构及工艺要求进行布置。立式容器的管嘴方位一般不受容器内部结构的影响,由配管最优化设计所决定。

反应器一般都不是单设一个,多为数台集中布置。各反应器的管道布置、阀门安装位置应力求一致,否则容易发生误操作。其平台可以统一考虑设置联合平台,但此时要考虑反应器的不同的膨胀量,因此平台要用销接或脱开反应器本体。

对大型储罐至泵的管道,在确定管的管口标高及第一个支架位置时,该管道应能适应储罐基础的沉降。

卧式容器的固定侧支座及活动侧支座,应按管道布置要求做出明确规定。固定支座位置应有利于主要管道的柔性计算。

4. 加热炉管道设计的特殊问题

加热炉的炉型多种多样,相应的配管要求也不尽相同,这里仅就石油化工装置用的管式加热炉的管道布置进行简述。

(1)圆筒式加热炉、立式加热炉或箱式加热炉等,进料管和出料管的布置原则基本相似:

①进、出料管道主管必须有足够大的截面,应对称布置,尽量减小压力损失。

②为使流量分配均匀,在液相进料管的各分、集管及支管上要设控制阀,以及校核加热状态用的温度计。

③加热炉出口管道多为合金钢管,所以其管路应尽可能短。在出口管路合适的地方应设置减震器,以防止可能产生的剧烈震动。

④在加热炉入口管道上安装放气阀,直径不能小于 50 mm。出口管道上设放净阀。

(2)加热炉用的燃料油、燃料气和雾化用的蒸汽管道布置

①无论是底部烧嘴还是侧面烧嘴,在配管设计中都应考虑能够便于拆卸、清扫和检修。烧嘴的调节阀应设在看火门附近,易于检修。

②雾化蒸汽管道应从总管顶部接出,防止冷凝水带入烧嘴,影响燃料油的雾化。

③燃料气要设分配总管,使每个烧嘴的燃料气都能均匀分布;燃料气支管由分配总管上部引出,以保证进入烧嘴的燃料气不携带凝结油或水。

④点火燃料气管必须在燃料气主管的调节阀前,从管道的顶部引出。点火阀门装在燃烧器附近。

⑤燃料油系统要设循环管,往往从管架上引来燃料油管,绕炉子一周再返回管架。燃料油总管和分配管要有蒸汽伴热,要考虑热补偿,以及拆卸、清扫的方便。

(3)加热炉灭火蒸汽管道

在加热炉的对流室和辐射室,通常装有一个 DN50 的灭火蒸汽接头。灭火蒸汽是由装置新鲜蒸汽的管道引出的一根专用线,接至灭火蒸汽分汽缸,然后由分汽缸引出,此分汽缸设在距加热炉 15 m 外的地方。灭火蒸汽管道一般采用 DN50 的管子。

5. 泵管道设计的特殊问题

(1)泵的入口布置应满足介质干净、正吸入压头的要求。通常设置过滤器,确保吸入

介质干净。配管要严格控制吸入口介质阻力,必须有一定液柱压头,以免发生汽蚀。

(2)双吸离心泵的入口管应避免配管不当造成的偏流。

(3)离心泵入口处若在水平管道上变径,需采用偏心异径管(大小头),一般采用顶平布置,以避免形成气袋,如图 5-33(a)所示。但在异径管与向上弯的弯头直接连接的情况下,可采用底平布置,以免物料沉积,且异径管应靠近泵的入口,如图 5-33(b)所示。

(4)泵的保护管线

①暖泵线

当泵输送高温液体且有备用泵的情况下,为避免切换泵时高温液体急剧涌入泵内,使泵急热或使泵体、叶轮受热不匀而损坏或变形,致使旋转部分出现卡住现象,此时应设暖泵线,如图 5-34 所示。暖泵线直径随泵的大小、型号、所需热量不同而异。

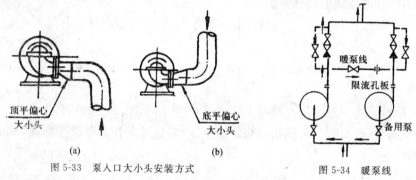

图 5-33　泵入口大小头安装方式　　　　　图 5-34　暖泵线

②平衡线

输送在常温下饱和蒸气压高于大气压的液体或处于泡点状态的液体时,为防止进泵液体产生蒸气或有气泡进入泵内引起汽蚀而设平衡线。平衡线是由泵入口接至吸入罐的气相段。气泡靠密度差向上返回吸入罐。特别是立式泵,由于气体容易聚集在泵内,所以平衡管被广泛使用。使用这种辅助管道时,气泡仅仅靠自身密度差而移动,所以要由泵向罐取"上坡",接到吸入罐的气相部位,如图 5-35 所示。

③旁通线

在启动高扬程的泵时,出口阀的单方向受压过大,不容易打开。若强行打开,将有可能损坏阀杆、阀座。在出口阀的前后设置带有限流孔板的旁通线,便可很容易开启。同时,旁通线还有减少管道震动和噪音的作用,如图 5-36 所示。

④防凝线

在输送常温下凝固的高凝固点的液体时,其备用泵和管道应设置防凝线,以免备用泵和管道堵塞。一般设两根防凝线,其中一根从泵的出口切断阀后接至止回阀前,为防止备用泵和管道内液体凝固,打开防凝线阀门和备用泵入口阀门,少量液体通过泵体流向泵的入口管,使液体呈缓慢流动状态;另一根防凝线从泵出口切断阀后接至泵入口切断阀前,当检修备用泵时,关闭备用泵入口切断阀,打开防凝线阀,少量液体在泵入口管段内缓慢流动,以保证管道内流体不凝。如图 5-37 所示。防凝线的安装,应使泵进出口管道的"死角"最少,必要时可对防凝线加伴热管。

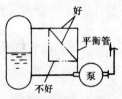

图 5-35　泵吸入口平衡线

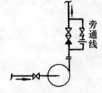

图 5-36　泵的旁通线

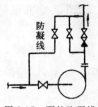

图 5-37　泵的防凝线

5.7　管道设计图的绘制

管道设计图的绘制是继管道的基础设计之后进行的详细设计。一般在管道仪表流程图和设备布置图完成之后即着手进行管道设计图绘制。

在工程设计中绘制管道设计图是一个很重要的环节。尽管管道布置设计很好，但是若不能正确地用图纸表述出来，仍然不能施工。所以设计人员一定要掌握管道设计图的绘制方法。

5.7.1　概　述

1.管道设计文件的组成

设计单位向施工单位提供的设计文件大体有装置配管设计图和设计说明书及表格。

配管设计图由下列几项组成：

①装置设备平面、立面布置图；

②管道平面、立面布置图，局部详图；

③管道空视图；

④管道支吊架平面布置图（必要时绘制）；

⑤管道支吊架图（包括标准支吊架的汇总图表和非标准支吊架施工图）；

⑥伴热管立体图；

⑦管道非标准配件制造图；

⑧单管管段图，此项一般由施工单位自行绘制。

配管设计文件中的文字资料和表格有：

①设计说明书；

②管道材料选用等级表；

③管道材料规格表（材料清单）；

④工艺管道规格表；

⑤弹簧支吊架规格表；

⑥其他必要的说明资料；

⑦资料目录。

2.绘制方法

GB/T 14689—2008《技术制图　图纸幅面和格式》中对图纸幅面的规定适用于配管图纸。

设备平面图、立面图的常用比例为 1∶100 和 1∶200。对于装置区的总平面图可用 1∶400 或 1∶500。

配管图的常用比例为 1∶25、1∶50、1∶100。配管图选用绘图比例时要注意图形、线条、字符不要过密,以免绘制和阅读困难。

详图可采用 1∶20、1∶25 的比例。

管道支吊架平面布置图的常用比例为 1∶50、1∶100。非标准的大型支吊架施工图常用比例为 1∶10、1∶20、1∶25。

伴热管立体图和单管管段图可不按比例绘制。

对于复杂管系,当装置内管道平面布置图按所选定的比例不能在同一张图纸上绘制完成时,需将装置分区进行管道设计。此时可以采用分张绘制的方法。同一区的管系必须画在同一张图纸上。每一区的范围以使该区的管道平面布置图能在一张图纸上完成为原则。为了了解分区情况,方便查找,应绘制分区索引图。

分区索引图绘在管道布置图的右上角或标题栏左边,并注明各区界线坐标和编号。分区号应写在分区界线的右下角矩形框内,也可只在所绘区域打斜线,用罗马数字注明区号。在管道布置图上的分区界线用粗双点划线表示,在拼接线(M.L)处写出该图标高相同的相邻部分布置图图号。

分张绘制的有关图纸必须采用同一比例。遇到设备小、管道密集处,管道布置图中某些管道表示不清楚时,允许在图纸四周空位或另一张 A3 图上以局部放大轴线图表示,这样不必绘立面图。

5.7.2 管道布置图的绘制

1. 一般要求

管道布置图图幅一般采用 A0,比较简单的也可采用 A1 或 A2,同区的图宜采用同一种图幅,图幅不宜加长或加宽。常用比例为 1∶25、1∶50,也可用 1∶100,但是同区的或各分层的平面图应采用同一比例。

管道布置图中的标高、坐标均以 m 为单位,其他尺寸以 mm 为单位,只注数字,不标单位。管道公称通径以 mm 为单位。

在平面布置图的右上角要绘出方向标,该方向标应与设备布置图上的方向标相一致。

管道平面布置图应按不同的标高分层绘制,以免造成图形和线条重叠,表述不清楚。管廊以不同层的管排分层。框架按不同标高的平台分层。

绘制管道立面图的主要目的在于补充平面图难以表达的管道立面布置情况,可用剖视的方法分层表示。

每张管道布置图均应独立编号,一套图纸用同一个编号,图纸总张数为分母,顺序号为分子。

2. 管道平面、立面图的内容及表示方法

(1)根据装置平面、立面布置图,绘出本区范围内的建筑物、构筑物,包括门、窗、梁、柱、楼层、楼梯、管架、管沟、操作通道、检修设施等的位置和大小。

(2)所有设备(包括设备基础、平台、梯子)、机泵应予以定位,对于大型机泵最好画出

其大致轮廓。

(3)绘出带控制点的管道仪表流程图和公用工程带控制点的管道仪表流程图上表示的管道的走向及其所有组成件、阀门、管件等。大型复杂的特殊阀门应画出其大致轮廓外形。对有些流程图上没有表示的低点放净和高点放空管也应画出。

(4)标注出表示管道特征的标志,如管径、介质类别、管道编号、隔热、伴热、介质流向、坡度、坡向等。某些有方向的管道组成件,如截止阀、止回阀、调节阀、孔板流量计等,宜在该组成件附近标注介质流向。

(5)标注出表示管道组成件的技术规格数据。如异径管的公称通径、阀门的型号、过滤器的型号、仪表管嘴的规格等。阀门和过滤器的型号在平、立面图上仅标注一次。

(6)标注管道的定位尺寸、标高和某些管道组成件,如阀门、孔板、仪表管嘴的定位尺寸和标高。标注尺寸及标高应达到使管道定位,并且不需要经过太复杂的运算就能确定组成该管道每一管段的长度和管道组成件的位置。例如:

①管道拐弯时,尺寸界线应定在管道轴线的交点上,如图 5-38 所示。

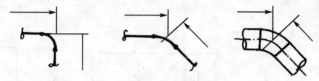

图 5-38　管道拐弯点的尺寸界线

②在设备接管口处应注出垫片的厚度。管道组成件的中心作为尺寸(立面图上为标高)的定位点。如图 5-39 所示。

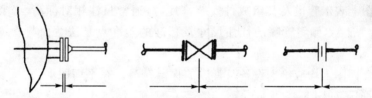

图 5-39　管道组成件定位的标注

③管道定位尺寸应与建筑物、构筑物的轴线,设备机泵的中心线,装置边界线或分区界线相关联。建筑物、构筑物的轴线,设备机泵的中心线应单独标注,如图 5-40 所示。

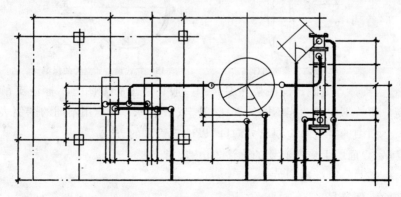

图 5-40　管道定位与周围的关联

④立式圆筒形设备周围的管道常常分层绘制。沿器壁敷设的管道常常穿过多层平面,在标注时,此类管道应在其上端与设备接口管连接处以及下端拐向管廊或其他设备处,注出全部尺寸和角度。中间各层如果管道没有改变其平面位置,尺寸和角度可以省略。

⑤配管尺寸完全相同的多组管道(如加热炉火嘴,多台同型号的压缩机等),可以选择其中一组标注细部尺寸,其他各组可适当省略,但应在图纸中说明。对称布置的管道不可以省略。

⑥为便于定位及核对,接续的管道连接点的位置的尺寸标注应与邻区某一坐标(如中心线、轴线等)相关联。如图 5-40 和图 5-41 所示。

⑦对弯管应标注其弯曲半径,并画出直线与弧线的切点。管段尺寸标注至直管轴线的交点,如图 5-42 所示。

⑧管道预拉伸尺寸的标注方法如图 5-43 所示。

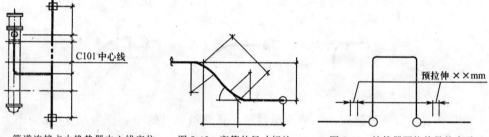

图 5-41　管道连接点由换热器中心线定位　　图 5-42　弯管的尺寸标注　　图 5-43　补偿器预拉伸量的表示

⑨立面图上表示管道及其组成件安装高度时,通常只注相对标高,必要时也可注尺寸。如图 5-44 所示,倾斜管嘴的标注尺寸及标高的基准点是法兰面与管嘴中心线的交点。

(7)平、立面图上均应绘出设备及管道的保温符号。在平面图上,立式设备和立管也应绘出保温符号,如图 5-45 所示。

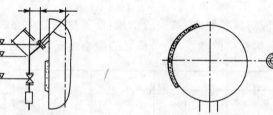

图 5-44　倾斜管及阀门标高　　　图 5-45　立式设备和立管的保温

(8)在管道支撑点处画出支吊架并编号。一般在管道布置图上不标注支吊架的定位尺寸和标高。形式不同和功能不同的管托、管卡、吊卡等管件要用不同的图例表示。

(9)平、立面图的右上角应划出方向针,以确定管系的方位。

(10)在平、立面图上应有必要的附注,其内容常包括:

①相对标高与绝对标高的关系;

②特殊的图例符号;

③特殊的施工要求;

④待定问题。

(11)若装置为分区绘制配管图,管道平面图上应有分区索引图。在索引图上应将本区所在位置用醒目的方法,如加阴影线、涂色、加粗本区四周的边界线等来加以表示。

5.7.3　管道空视图的绘制

为了方便施工,管道及其组成件尽量在工厂或施工场地预制。为此,在工程设计中,除了蒸气加热伴管用的蒸气及其冷凝液管道外,其他管道都要绘制空视图。

管道空视图又称作管段图,是单根管道的详图。一般表示从一台设备到另一台设备的整根管道。单管管段图是供施工单位下料预制,并在现场装配的图纸。它的空间位置由管道平、立面图确定。为了便于表达,单管管段图全部采用单线绘制,线条粗细及其使用范围与管道平、立面图相同;绘制单管管段图可不按比例绘制,一般采用120°坐标。

绘制单管管段图要按照管道一览表上的管道编号,每一个管道号一张图。如果较为复杂,也可一个管道号两张或多张图,管道分界点应选在管道自然连接点上,如法兰(孔板法兰除外)、管件焊接点,支管焊接点处等。不分区绘制管段图时,单管管段图不受分区界线的限制,但要在图中画出分区界线。

1. 管道空视图的内容

管道空视图中主要有三部分内容:图形、工程数据和材料单。图形表明该管段的组成及其三维空间位置;工程数据包括尺寸标高、管道标志、组件规格、编号、制作与检验要求等标注说明;材料单要列出组成该管段所有组件的型号、规格和数量。

具体图示内容有:

(1)方向针。指北方向一般指向右上方,也可指向左上方。如图 5-46 所示。

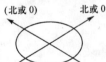

图 5-46　方向针

(2)管段的起点和终点。

(3)支管的位置及标注。

(4)管段的图形。要依据管道平、立面图的走向,画出管段从起点到终点所有管道组成件,表示出焊缝的位置及焊缝编号。有安装方位要求的管道组成件,如阀门、大小头、仪表管嘴、孔板法兰取压管等,应画出其安装方位。

(5)标注尺寸和标高。

(6)管道的识别标志、组件规格等的标注。

(7)管段技术特性表。标注管道的设计压力、设计温度、水压试验压力、焊缝热处理要求、无损检验要求、硬度测试要求等。

(8)材料表。表明管段组件的名称、规格、型号、材质、公称通径、数量等。组件填写顺序是:管子、管件、阀门、法兰、垫片、螺栓、螺母。

2. 管道空视图中管道及组件的表示方法

(1)管道空视图上的尺寸都以 mm 为单位。

(2)垂直方向不注长度尺寸,而以水平方向的标高落差表示。

(3)可以作为尺寸界线的引出点(基准点)的有管道中心线、管道轴线交点、管嘴中心线、法兰端面、活接头的中点、法兰阀和法兰组件的端面。对焊焊接、承插焊焊接、螺纹连接的阀门以阀门中心作为尺寸界线的引出点。要注意,所有在管道平、立面图中标注管底标高的地方,在空视图中均应换算成中心标高再标注尺寸。如图 5-47 所示。

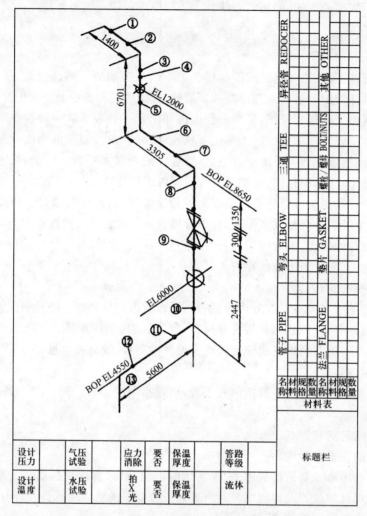

图 5-47　管道空视图(1)

(4)当标注的管段尺寸与相连的设备有关时,应画出容器或设备的中心线,注出其位号。

(5)当管段的起止点为设备机泵的管嘴时,应用细实线画出管嘴,注明设备机泵的编号和设备管嘴的编号。管道空视图的起止点为另一根(另一管号)管道的接续管段时,应用虚线画出一小段该管段,并注明该管道的管道号、管径、等级号以及该管道管段图的图号。如图 5-48 所示。

(6)与某管段相接的支管若画在另张管段图上,在本管段图上也应用虚线画出一小段,并注出其管号、管径、等级及其图号,还要标注出支管与该管的管号及等级的分界点。如图 5-48 所示。

(7)尺寸界线、尺寸线应与被标注尺寸的管道在同一平面上。图 5-49 所标注方式是错误的。

(8)除了管段的起止点、支管连接点和管道改变标高处标注标高外,在管段图的其他地方不需标注标高。

（9）偏心大小头应标注出偏心值，如图 5-50 所示。

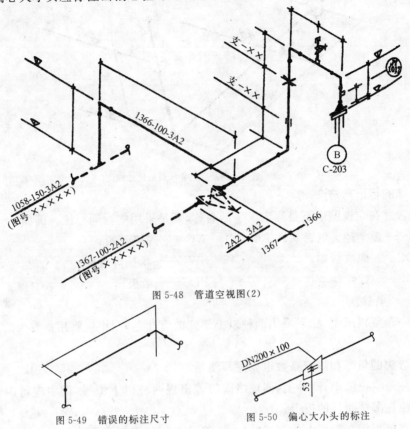

1366-100-3A2

1058-150-3A2
(图号×××××)

1367-100-2A2
(图号×××××)

女-××

女-××

2A2 3A2

1367

1366

B
C-203

图 5-48　管道空视图（2）

图 5-49　错误的标注尺寸

DN200×100

53

图 5-50　偏心大小头的标注

（10）法兰阀尺寸的标注方法如图 5-51 所示。

图 5-51　法兰阀尺寸的标注

（11）对孔板法兰，标注两法兰面之间的尺寸。该尺寸包括孔板和两个垫片的厚度。限流孔板、盲板、8 字盲板尺寸的标注方法与此相同。

（12）法兰、弯头、大小头、三通、封头等管道组成件的结构尺寸在空视图中不予标注。

（13）管段穿过平台、楼板、墙洞时，在空视图中应予以表示，并且要标注尺寸。其目的是在预制管道时避免将焊缝布置在穿洞处，以及便于确定长管段在现场分段组装时焊缝的合适位置。如图 5-52 所示。

（14）管段穿过分界区时，应标注分界线位置及尺寸，以方便管段图校核。如图 5-52 所示。

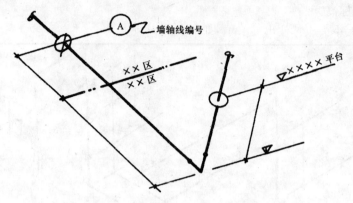

图 5-52　管道穿洞及穿过界区线的尺寸标注

3. 特殊的标记方法

一些管件在空视图中不是写出汉字的名称,而是采用缩写词标注。例如:

SRE——短半径无缝弯头；　　　　WC——焊接管帽；

THDC——螺纹管帽；　　　　　　SWC——承插焊管帽；

THDF——螺纹法兰；　　　　　　PLG——堵头；

NIP——管接头。

在同一张空视图中,如果采用两种以上形式的管法兰,图中应将用量较少的那些法兰注明。

焊接弯头的角度和焊缝系数也要注写清楚。

在同一张空视图中,同种类、同规格阀门若出现两种以上型号,图中应将用量较少的阀门型号注在那些阀门的近旁。

注出直接焊接在管道上的管架编号,该编号必须与管架表中的管架编号相同。但管架材料不列入管道空视图的材料表中。

4. 填写附表和材料表

管段空视图中常附有简单的表格,栏目通常有管道的设计温度、设计压力、水压试验压力、焊缝热处理要求、无损检验要求、硬度测试要求等。设计者要根据需要进行编写。

空视图中通常还附有材料表。项目有组件名称、型号或规格、材质、公称通径、数量等。填写组件的顺序为:管子、管件、阀门、法兰、垫片、螺栓、螺母。

填写材料表时应包括该管段所有组成件,但安全阀、调节阀、孔板和孔板法兰、流量计,以及编入设备规格表内的小型设备的过滤器、阻火器、混合器等除外。与这些不列入材料表的组成件相配合的法兰、垫片、螺栓、螺母,除确实自带者外,仍然要列入材料表。如图 5-47 所示。

思考题

5-1　进行管道设计时,应具有哪些资料作为依据? 要遵循的设计原则是什么?

5-2　按照《压力容器压力管道设计许可规则》的规定,压力管道级别如何划分?

5-3　管件与管子的连接方法有哪些？使用场合如何？

5-4　常用的管子、材质及型号有哪些？举例说明。

5-5　常用的管件有哪些？举例说明。

5-6　常用的低温用管有哪些？使用环境温度如何？

5-7　法兰密封原理是什么？绘制法兰连接结构图。

5-8　简述化工装置用管法兰的常用标准及类型。

5-9　常用管法兰的密封面形式有哪些？按照适用压力从低到高排序。

5-10　常用管法兰的密封垫片有几种形式？其适用压力如何？

5-11　影响法兰密封的因素有哪些？如何提高法兰刚度？

5-12　压力管道工程常用阀门有哪些种类？按照功能举例说明结构原理。

5-13　试说明下列阀门型号中的字母和数字的含义：

Z42N-10Q　　L11H-6C　　G93A-8L　　A22D-8I　　Q74T-5V

5-14　选择压力管道的基本参数是什么？

5-15　压力管道的公称压力分级有哪些？

5-16　管道工程上常用的热补偿办法有哪些？说明特点及使用场合。

5-17　简述管道位移应力的计算方法。

5-18　压力管道布置方式有哪些？常用的管廊的结构形式有哪些？主要尺寸是多少？

5-19　设计易燃管道应注意什么问题？

5-20　阀门布置设计时，应注意的问题有哪些？

5-21　简述泵的保护管线的作用原理。

习　题

　　5-1　设计输送石油气管道的壁厚。已知设计压力为 5 MPa，介质操作温度为 400 ℃。根据工艺要求，选用 DN200 的管道。介质腐蚀速率为 0.02 mm/a，设计寿命为 10 年。

　　5-2　不考虑腐蚀影响，试确定 $\phi108\times6$、$\phi57\times3.5$、$\phi219\times9$、$\phi400\times20$ 管道在常温下的耐压能力。管道材质均为 20 钢。

　　5-3　如果将上述各钢管制成弯头，弯头的半径依次为 600 mm、400 mm、1 200 mm、2 200 mm，各管耐压能力分别是多少？其他条件同上，不计椭圆度。

　　5-4　已知一段焊接钢管的公称通径为 20 英寸，实测最小壁厚为 10 mm，焊接记录是螺旋缝自动焊，无损探伤。拟用于输送设计压力为 5 MPa 的天然气管道，使用年限为 10 年，内外涂防锈漆。问强度是否合适？

　　5-5　拟将罐中存有的 30 m³ 水在 20 min 内排净，应该采用的管道的公称通径是多少？

第6章

管路绝热设计与施工

6.1 概 述

绝热是保温和保冷的统称。其目的是为了防止在生产过程中设备或管道等向环境散热或吸热，以节约能源，降低消耗，改善操作条件，保护环境，保障设备和管道的安全运行。其中保温是指温度高于环境气温时，其高出部分的绝热；保冷则是指低于环境气温部分的绝热，概括起来叫作保温和保冷。保温和保冷所用的材料又分别被称作保温材料或保冷材料。也有将保温材料和保冷材料统称作保温材料或绝热材料的。

有关管道保温和保冷的计算、材料选择及结构要求等，可按照现行国家标准 GB 50264—2013《工业设备及管道绝热工程设计规范》以及 GB 50126—2008《工业设备及管道绝热工程施工规范》进行设计、施工及验收。

一般来说，下列情况应该采取绝热措施：

（1）当设备、管道及其附件外表面温度达到 50 ℃时，或者外表面温度低于等于 50 ℃，且生产工艺要求保温时，须采取保温措施。例如，在阳光照射下的输送液化气的泵的入口管、精馏塔塔顶的馏出管线、回流管线等工艺生产中需要减小介质的温度降低值或延迟介质凝结时，都需要保温。

（2）当介质温度低于环境大气露点温度时，设备或管道外壁就会结露，容易造成锈蚀。

（3）有些设备、管道及其附件不需要绝热处理，但是其外表面温度超过 60 ℃时，对检修人员和操作人员容易烫伤，这些设备、管道及其附件也要做防烫伤处理。

（4）有些设备需要通过绝热提高耐火等级，则需要进行绝热处理。

（5）制冷系统中的一些设备和管道，如若不进行绝热处理，将会造成升温或气化，造成冷量损失，影响系统制冷效率。因此，这些设备、管道必须进行绝热处理。

不需要进行绝热处理的设备、管道及其附件主要有：

（1）生产过程中或工艺要求必须裸露的设备和管道；

（2）生产过程中要求及时发现泄漏的设备、管道法兰及附件；

（3）工艺上无特殊要求的放空、排凝液的管道；要求经常监测，防止发生损坏的部位等。

绝热处理是否得当，直接影响基本建设投资、生产运行费用和装置使用寿命。因此，绝热设计过程中，应认真地进行绝热材料选择、绝热结构设计、绝热计算，必须通盘考虑、慎重处理。

6.2　绝热结构形式

为了达到绝热目的,需要针对传热的三种基本形式,即热传导、对流、热辐射,采取有效措施,限制热量的传递,减缓传热速度。在绝热设计中,通常采用一些具有特殊性能的材料(绝热材料),组成一定的结构形式,以满足绝热要求。

绝热结构不是一个孤立的绝热层即可奏效的,还要考虑防腐蚀、防潮以及防水、防损伤等问题。一般的保冷结构由防锈层、绝热层、防潮层和保护层组成。露天保温结构由绝热层和保护层组成。埋地设备及管道的保温结构除绝热层和保护层外,还应设防潮层。所以,一个完整的绝热结构,由里到外一般由五层组成:防锈层、绝热层、防潮层、保护层和修饰层(识别层)。

正确选择绝热结构,直接关系到绝热效果、投资、费用、能耗、使用年限及外观整洁美观等问题。所以,绝热结构设计应做到:

①绝热效果好,热损失不超过国家规定的最大损耗允许值;

②足够的机械强度;

③良好的保护层,能够抵御外部雨水和蒸汽的侵蚀;

④满足装置使用寿命期要求;

⑤结构简单,便于施工;

⑥外表整齐美观,与环境协调。

工程上常用的绝热结构,通常有如下几种形式:

(1)胶泥结构

胶泥结构所用保温材料是石棉、石棉硅藻土或碳酸钙石棉粉等。将保温材料用水拌成胶泥状,按照规定的设计厚度覆盖在设备、管道及其附件的外壁上,再用镀锌铁丝网包覆,并抹面或设置其他保护层。此法应用较广,方法简单,效果较好,适用于各种表面形状。

(2)填充结构

填充结构是用钢筋或扁钢做成支撑环套在管道或设备外壁上,在支撑环外面敷设镀锌铁丝网或镀锌铁皮,在中间填充散状绝热材料,使之达到规定的密度。这种结构适用于表面不规则的设备、管道、阀门的绝热。由于施工时较难做到填充均匀,因此容易影响绝热效果。同时,由于使用的是松散绝热材料,粉尘易飞扬,影响环境和施工操作。因此,目前除了局部异形部件保温及保冷装置外,其余用场很少。结构中填充的绝热材料主要有岩棉、矿渣棉及玻璃棉,也可采用膨胀珍珠岩或膨胀蛭石。填充结构如图 6-1 所示。

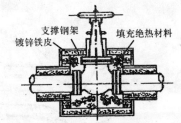

图 6-1　阀门保温填充结构

(3)捆扎绝热结构

捆扎绝热结构是把保温材料制成厚度均匀的毡状,在工程安装现场将其裁成所需要的尺寸,然后包覆在设备或管道外面,再用镀锌铁丝或钢带缠绕扎紧,一层或多层,使之达到设计厚度要求。包扎时要求接缝严密,厚薄均匀。捆扎结构所用的绝热材料主要有矿渣棉毡、玻璃棉毡、岩棉毡和石棉布。如图 6-2 所示。

(4)浇注结构

该结构是将发泡材料浇注在被绝热的设备、管道等的模壳中,发泡成绝热层结构。这种结构常用于地沟内的管道。近年来,随着泡沫塑料工业的发展,对管道、阀门、管件、法兰及其他异形部件的保温、保冷,常用聚氨酯泡沫塑料原料在现场发泡,以形成良好的保温、保冷层。如图 6-3 所示。

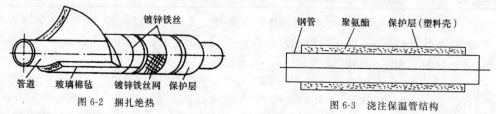

图 6-2　捆扎绝热

图 6-3　浇注保温管结构

还有用于无沟敷设的地下管道的保温、保冷场合的无模壳的浇灌结构,把泡沫混凝土与管道一起浇灌在地槽内。为了使管道在混凝土保温层内自由伸缩,在管道外表面可涂抹一层重油或沥青。

(5)预制结构

由生产厂将绝热材料预制成圆形管壳、板、弧形瓦、弧形块等,施工时,用铁丝将这些预制件捆扎在设备、管道及其附件上,构成绝热层。如图 6-4 所示。预制品结构使用的保温材料主要有石棉硅藻土、矿渣棉、岩棉、玻璃棉、膨胀蛭石、膨胀珍珠岩、微孔硅酸钙、硅酸铝镁、硅酸铝纤维等。用于预制品结构的保冷材料主要有硬质闭孔阻燃型聚氨酯泡沫塑料、自熄型聚苯乙烯泡沫塑料、闭孔型泡沫玻璃等。

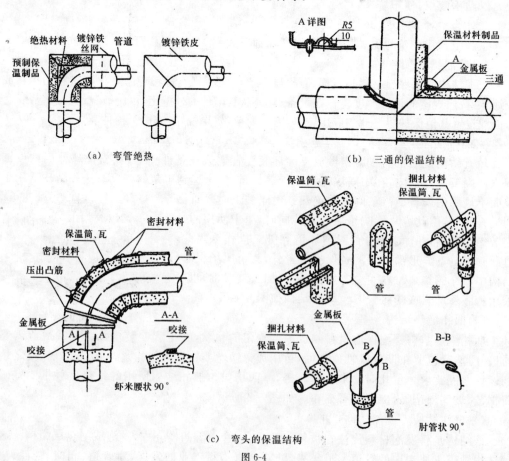

(a)　弯管绝热

(b)　三通的保温结构

(c)　弯头的保温结构

图 6-4

（6）复合结构

绝热层分为耐高温层和耐温度较低层，将耐高温层作里层，耐温度较低层作外层，组成双层或多层复合结构。这种复合结构是一种耐高温的高效绝热结构，适用于较高温度的设备及管道的保温，既满足保温要求，又可以减轻保温层的重量。如图6-5所示。

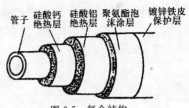

图6-5 复合结构

（7）可拆卸式结构

可拆卸式保温结构主要适用于设备和管道上的法兰、阀门以及需要经常进行维护、监视的部位和支吊架的绝热。如图6-6所示为设备的法兰处的绝热结构。

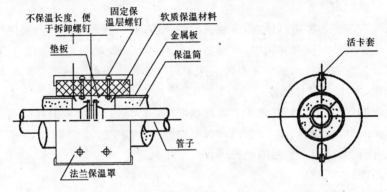

图6-6 剖分法兰保温罩

（8）喷涂结构

把混有发泡剂的绝热材料用喷涂设施喷涂在设备、管道及其附件上，使之瞬时发泡，形成绝热层。这种方法可在施工现场实施，施工方便，但要注意安全。喷涂结构使用的绝热材料主要是聚氨酯塑料。

（9）缠绕式结构

这种结构是将带状或绳状的保温制品直接缠绕在设备或管道上，实现保温效果。常用的绝热材料有石棉绳、岩棉绳、硅酸铝纤维编织绳等。

常用的管道和设备的绝热结构很多，上述只是其中一部分。

6.3 绝热材料的选择

6.3.1 常用绝热材料

1. 硅酸钙保温材料

硅酸钙保温材料是目前应用最多的一种保温材料。这种材料使用硅藻土、硅砂等硅酸类原料与石灰以及石棉纤维或者玻璃丝混合，经高压釜处理而制成。耐温可达650℃，抗压强度可达0.4~0.5MPa，绝热性能较好。

2. 石棉保温材料

石棉保温材料是以安山岩、玄武岩等岩石为原料，在炉内加热熔融制成的纤维状材料。这种材料既具有一定耐热性,价格又很便宜,作为保温材料用途极广。石棉比玻璃纤维的耐热性能高,导热率也比较低。极限使用温度可达 500 ℃,绝热性能较好。

3. 玻璃棉保温材料

玻璃棉保温材料的制作方法与石棉大致相同。玻璃棉有长纤维和短纤维之分,用作保温材料的均为短纤维玻璃棉。最高使用温度可达 300 ℃,绝热性能较好。

4. 硅酸铝纤维保温材料

在硅酸铝保温材料中,氧化铝、二氧化铝的含量各占 45%~50%,另外还含有少量的硼、钠、钛。该材料的使用温度可达 850 ℃。无论是制成疏松状或毛毡状,都可用在高温且部分需要有弹性的地方。绝热性能很好。

5. 硬质聚氨酯泡沫塑料

将异氰酸盐与多元醇进行反应,在使其树脂化的同时,还要使其产生氟代烃或二氧化碳气体。将这些气体封闭在树脂中,就可制得多泡体。如此制得的聚氨酯泡沫塑料是单气泡体。把氟代烃封闭在树脂中制得的泡沫塑料是热导率极低的优质绝热材料。使用温度为 −65~80 ℃,极限使用温度可达 −180 ℃,绝热性能好。

由于在现场发泡,所以可在施工工地现场浇注,并可进行大面积的连续喷涂施工。将预制加工的保冷材料与现场施工配合进行,可提高保冷施工效率。

因为是有机物,使用中要做阻燃处理。

6. 聚苯乙烯泡沫塑料

聚苯乙烯泡沫塑料是将苯乙烯放在石油乙醚等易挥发的液体中,使之发泡而制得的保冷材料。这种材料重量轻,导热率低,价格便宜,易于加工,用于条件不太苛刻的地方。缺点是使用范围小,耐热性差。对于瞬间温度骤然上升的地方严禁使用。另外,该材料容易受到溶剂的影响。

工程常用绝热材料的性能见表 6-1。

表 6-1　　　　　　　　　　　　　　　常用绝热材料性能

序号	材料名称	使用密度 kg/m³	材料标准规定最高使用温度 ℃	推荐使用温度 ℃	常温导热系数(70℃时)λ_0 W/(m·℃)	导热系数参考	抗压强度 MPa	要求
1	硅酸钙制品	170 220 240	T_a~650	550	0.005 0.062 0.064	$\lambda = \lambda_0 + 0.000\,11(T_m - 70)$	0.4 0.5 0.5	—
2	泡沫石棉	30 40 50	普通型 T_a~500 防水型 −50~500	—	0.046 0.053 0.059	$\lambda = \lambda_0 + 0.000\,14(T_m - 70)$	压缩回弹率% 80 50 30	室外只能用憎水型产品,回弹率95%
3	岩棉及矿渣棉制品	原棉≤150 毡 {60~80 100~120} 板 {80 100~120 150~160} 管≤200	~650 ~400 ~600 ~400 ~600 ~600 ~600	600 400 400 350 350 350 350	≤0.044 ≤0.049 ≤0.049 ≤0.044 ≤0.046 ≤0.048 ≤0.044	$\lambda = \lambda_0 + 0.000\,18(T_m - 70)$	—	—

（续表）

序号	材料名称	使用密度 kg/m³		材料标准规定最高使用温度 ℃	推荐使用温度 ℃	常温导热系数 (70℃时) λ₀ W/(m·℃)	导热系数参考 W/(m·℃)	抗压强度 MPa	要求
4	玻璃棉制品	纤维平均直径 ≤5μm	原棉 40	400	300	0.041	$\lambda = \lambda_0 + 0.000\,23(T_m-70)$	—	
		纤维平均直径 ≤8μm	原棉 40	400		0.042	$\lambda = \lambda_0 + 0.000\,17(T_m-70)$	—	
			毯 ≥24	350		≤0.048			
			毯 ≥40	400		≤0.043			
			毡 ≥24	300		≤0.049			
			板 24	300		≤0.049			
			板 32	300		≤0.047			
			40			≤0.044			
			毡 48	350		≤0.043			
			64~120	400		≤0.042			
			管 ≥45	350		≤0.043			
5	硅酸铝棉及其制品	原棉	1#	~800	800	0.056	$T_m \leqslant 400\,℃$时, $\lambda = \lambda_0 + 0.000\,2(T_m-70)$; $T_m > 400\,℃$时, $\lambda_H = \lambda_L + 0.000\,36(T_m-400)$ （下式中 λ_L 取上式 $T_m=400\,℃$ 时计算结果。下同）	—	$T_m=500\,℃$时导热系数 $\lambda_{500℃} \leqslant 0.153$（国际送审稿容重为192 kg/m³ 时的数据）
			2#	~1 000	1 000				$\lambda_{500℃} \leqslant 0.176$
			3#	~1 100	1 100				$\lambda_{500℃} \leqslant 0.161$
			4#	~1 200	1 200				$\lambda_{500℃} \leqslant 0.156$
		毯、板 64		—	—				$\lambda_{500℃} \leqslant 0.153$
		96							
		毡 128							
		19							
6	膨胀珍珠岩散料	70		−200~800	—	0.047~0.051		—	—
		100~150				0.052~0.062			
		150~250				0.064~0.074			
7	硬质聚氨酯泡沫塑料	30~60		−180~100	−65~80	(25℃时) 0.027 5	保温时 $\lambda = \lambda_0 + 0.000\,14(T_m-35)$ 保冷时 $\lambda = \lambda_0 + 0.000\,09T_m$	—	①材料的燃烧性能应符合《建筑材料及制品燃烧性能分级》B₁级难燃性材料规定 ②用于−65℃以下的特级聚氨酯性能应与产品厂商协商
8	聚苯乙烯泡沫塑料	≥30		−65~70	—	(20℃时) 0.041	$\lambda = \lambda_0 + 0.000\,093(T_m-20)$	—	材料的燃烧性能应符合《建筑材料及制品燃烧性能分级》B₁级难燃性材料规定
9	泡沫玻璃	150		−200~400		(24℃时) 0.060	$T_m > 24\,℃$时: $\lambda = \lambda_0 + 0.000\,22(T_m-24)$; $T_m \leqslant 24\,℃$时: $\lambda = \lambda_0 + 0.000\,11(T_m-24)$	0.5	−101℃, λ=0.046; −46℃, λ=0.052; 10℃, λ=0.058; 24℃, λ=0.060; 93℃, λ=0.073; 204℃, λ=0.099
		180				(24℃时) 0.064		0.7	−101℃, λ=0.050; −46℃, λ=0.056; 10℃, λ=0.062; 24℃, λ=0.064; 93℃, λ=0.077; 204℃, λ=0.103

注：(1)设计计算采用的技术数据必须是产品生产厂商提供的经国家法定检测机构核实的数据。

(2)设计采用的各种绝热材料的物理化学性能及数据应符合各自的产品标准规定。

(3)导热系数参考方程中 (T_m-70)，(T_m-400) 等表示该方程的常数项，如 λ_0，λ_L 等应对应 T_m 代入 70℃、400℃ 时的数值。

6.3.2 对绝热材料性能的要求

由绝热结构介绍可知,决定绝热效果的绝热材料主要应考虑:绝热层材料、防潮层材料以及保护层材料。

1. 对绝热层材料的要求

影响绝热效果的因素主要是材料的绝热性能、含水率、化学稳定性,以及影响绝热结构的重量、抗压能力以及耐燃性能。另外,还应考虑绝热材料的使用年限、重复使用性能、价格、是否施工方便等。因此,在选择绝热层材料时,应着重考虑材料的导热系数、含水率、材料密度、抗压强度、可燃性以及化学稳定性的性能指标。例如:

保温材料在运行中平均温度低于 350 ℃时,其导热系数不应大于 0.12 W/(m·℃);保冷材料的平均温度低于 27 ℃时,其导热系数不应大于 0.064 W/(m·℃)。

保温材料的含水率不应大于 7.5%(质量分数);保冷材料的含水率不应大于 1%。

保温的硬质材料的密度不应大于 300 kg/m³;软质材料及半硬质材料的密度不大于 200 kg/m³;保冷材料的密度不大于 200 kg/m³。

用于保温的硬质材料的抗压强度不应低于 0.4 MPa;用于保冷的硬质材料的抗压强度不应低于 0.15 MPa。

被绝热的设备与管道外表面温度高于 100 ℃时,绝热层材料应符合不燃类 A 级材料性能要求;被绝热的设备与管道外表面温度低于或等于 100 ℃时,绝热层材料不低于难燃类 B₁ 级材料性能要求;被绝热的设备与管道外表面温度低于或等于 50 ℃时,有保护层的泡沫塑料类绝热层材料不低于一般可燃性 B₂ 级材料性能要求。

绝热层材料应选择能提供具有允许使用温度和不燃性、难燃性、可燃性性能检验证明的产品;对保冷材料,尚需提供吸水性、吸湿性、憎水性检验证明。对硬质绝热材料,尚需提供材料的线膨胀或收缩率数据。

绝热层材料及其制品的化学性能应稳定,对金属不得有腐蚀作用。用于与奥氏体不锈钢表面接触的绝热层材料应符合 GB 50126—2008《工业设备及管道绝热工程施工规范》有关氯离子含量的规定。

2. 对防潮层材料的要求

防潮层的作用主要是防止环境中的水、蒸汽进入绝热层,造成绝热层材料的绝热效率下降。为此,选择防潮层材料要考虑防潮层材料的蒸汽渗透性能、防水性能和防潮性能。同时,还要考虑防潮层材料的吸潮、吸水、燃烧性能、化学稳定性、变脆、软化、结合牢固性等性能。

选择防潮层材料时,防潮层材料的吸水率应不大于 1%;其燃烧性能与绝热层材料规定的相同;化学性能稳定、无毒、耐腐蚀,尤其不能对绝热层和保护层材料产生腐蚀或溶解作用;该材料在夏季不软化、不起泡、不流淌,冬季时不脆化、不开裂、不脱落。涂抹型防潮层材料,其软化温度不应低于 65 ℃,黏接强度不应小于 0.15 MPa;挥发物不大于 30%。

总之,防潮层材料应符合选材规定,防潮层在环境变化与振动情况下应能保持其结构的完整性和密封性。防潮层外不得设置铁丝、钢带等硬质捆扎件,以防刺破防潮层。

3. 对保护层材料的要求

保护层的作用是保护其内部的材料不受影响和损坏。因此需要它有足够的强度,在使用环境温度下不软化、不脆裂,具有足够的使用寿命。国家重点工程的保温保护层材料的设计使用年限应大于 10 年。保冷时应达到 12~18 年。

另外,保护层还应具有防水、防潮、抗大气腐蚀、化学稳定性好等性能,且对防潮层或绝热层不发生腐蚀或溶解作用。保护层材料应采用不燃或难燃性材料。

保护层结构应严密、牢固,一般情况下应选用金属材料作为保护层,腐蚀性严重环境下宜采用耐腐蚀材料作保护层。一般选用 0.3~0.7 mm 镀锌薄钢板或 0.4~0.8 mm 铝合金薄板。

金属保护层接缝形式可根据具体情况,选用搭接、插接或咬接形式。硬质绝热层的金属保护层的纵缝,在不损坏内部结构及防潮层的前提下可进行咬接;半硬质或软质绝热层的金属保护层的纵缝可用搭接或插接;插接缝可用自攻螺钉或抽芯铆钉连接,搭接缝宜用抽芯铆钉连接,钉与钉间距离为 200 mm;金属保护层的环缝,可采用搭接或插接,重叠宽度为 30~50 mm;保冷结构的金属保护层接缝宜用咬接或钢带捆扎结构,不应使用螺钉或铆钉连接;金属保护层应有整体防雨(水)功能。

6.4　绝热计算

绝热计算主要是计算保温层厚度、散热损失和表面温度等。绝热层厚度取决于所需施加的保温层热阻,而保温层热阻的确定则取决于由保温目的所提出的要求和其他限制条件。例如,限定外表面温度、限定金属壁温度、限定散热热流密度、限定内部介质温降、限定内部介质的冻结和凝固温度、获得最经济效果等。

根据不同的目的和限制条件,可采用不同的计算方法。例如,为了减少散热损失并获得最经济效果,可采用经济厚度计算法;为限定表面温度,可采用表面温度计算法;为限定表面散热热流量,可采用最大允许散热损失计算法。除经济厚度计算法外,都是按热平衡方法计算的。

为了简化计算,设备和管道的直径等于或大于 1 000 mm 时,绝热层厚度可以按照平面计算。设备和管道的直径小于 1 000 mm 时,绝热层厚度按照圆筒面计算。

依据 GB 50264—2013《工业设备及管道绝热工程设计规范》,简介几种情况下绝热厚度的计算方法。

1. 经济厚度计算法计算绝热层厚度

所谓经济厚度是指设备或管道在采用绝热结构后,年散热损失的费用和绝热工程投资的年摊销费用之和为最小值时的计算厚度。

圆筒形绝热层厚度计算公式:

$$D_1 \ln \frac{D_1}{D_o} = 3.795 \times 10^{-3} \sqrt{\frac{P_E \cdot \lambda \cdot t \cdot (T_0 - T_a)}{P_T S}} - \frac{2\lambda}{\alpha_s} \tag{6-1}$$

$$\delta = \frac{D_o - D_i}{2}$$

平面形绝热层厚度计算公式:

$$\delta = 1.897\,5 \times 10^{-3} \sqrt{\frac{P_E \cdot \lambda \cdot t \cdot (T_0 - T_a)}{P_T S}} - \frac{\lambda}{\alpha_s} \tag{6-2}$$

式中 δ ——绝热层厚度,mm;

P_E ——热能价格,元/(10^6 kJ);

P_T ——绝热结构单位造价,元/m^3;

λ ——绝热材料在平均温度下的导热系数,W/(m·℃);

α_s ——绝热层外表面向周围环境的放热系数,W/(m·℃);

t ——年运行时间,h。常年运行一般取 8 000 h,其余按实际计算;

T_0 ——设备或管道外表面温度,℃。无衬里的金属设备或管道的外表面温度,取
介质正常运行温度;有衬里的金属设备或管道应进行传热计算确定;

T_a ——环境温度,℃。室内一般取 20 ℃;室外:常年运行取历年平均温度;季节性
运行,取运行期的日平均温度。防烫伤:取最热月平均温度。防冻:取冬季
历年极端平均最低温度。保冷:取历年最热月平均温度;

S ——绝热工程年摊效率,%。按设计使用年限内复利计算:

$$S = \frac{i(1+i)^n}{(1+i)^n - 1} \times 100\%$$

i ——年利率(复利率),%。一般取 $i = 10\%$;

n ——计息年数,年。一般取 7~10 年;

D_o ——保温层外径,m;

D_i ——保温层内径,m。

2. 控制允许热、冷损失量的绝热层厚度计算方法

季节运行工况允许最大散热损失不能超过表 6-2 的规定值。常年运行工况允许最大
散热损失不能超过表 6-3 的规定值。

表 6-2 　　　　　　　　　　**季节运行工况允许最大散热损失**

设备、管道外壁温度/℃	50	100	150	200	250	300
允许最大散热损失/(W/m^2)	116	163	203	244	279	308

表 6-3 　　　　　　　　　　**常年运行工况允许最大散热损失**

设备、管道外壁温度/℃	50	100	150	200	250	300	350	400	450	500	550	600	650	700
允许最大散热损失/(W/m^2)	58	93	116	140	163	186	209	227	244	262	279	296	314	330

单层圆筒形绝热层厚度计算公式:

$$D_1 \ln \frac{D_1}{D_o} = 2\lambda \left(\frac{T_0 - T_a}{[Q]} - \frac{1}{\alpha_s} \right) \tag{6-3}$$

$$\delta = \frac{1}{2}(D_1 - D_o)$$

单层平面形绝热层厚度计算公式:

$$\delta = \lambda \left(\frac{T_0 - T_a}{[Q]} - \frac{1}{\alpha_s} \right) \tag{6-4}$$

式中 $[Q]$ ——以每平方米绝热层外表面积为单位的最大允许热、冷损失量,W/m^2。
保温时依表 6-2 或表 6-3 插值得;保冷时 $[Q]$ 为负值;

D_o' ——管道、圆筒形设备或球形容器的外径,m;

D_1 ——管道、圆筒形设备或球形容器单层绝热层的外径,m;

其余同上。

3.防烫伤绝热层厚度计算公式

圆筒形绝热层：

$$D_1 \ln \frac{D_1}{D_o} = \frac{2\lambda}{\alpha_s} \cdot \frac{T_0 - T_s}{T_s - T_a} \tag{6-5}$$

平板形绝热层：

$$\delta = \frac{\lambda}{\alpha_s} \cdot \frac{T_0 - T_s}{T_s - T_a} \tag{6-6}$$

式中　　T_s——保温层外表面温度，℃。一般取为 60 ℃；

　　　　其余同上。

4.防结露绝热层厚度计算公式

单层圆筒形绝热层：

$$D_1 \ln \frac{D_1}{D_o} = \frac{2\lambda}{\alpha_s} \cdot \frac{T_d - T_0}{T_a - T_d} \tag{6-7}$$

单层平板形绝热层：

$$\delta = \frac{K\lambda}{\alpha_s} \cdot \frac{T_d - T_0}{T_a - T_d} \tag{6-8}$$

式中　　K——保冷厚度修正系数。保冷材料为聚苯乙烯，$K = 1.1 \sim 1.4$；保冷材料为聚
　　　　　　氨酯，$K = 1.2 \sim 1.35$；保冷材料为泡沫玻璃，$K = 1.1$；

　　　　T_d——当地气象条件下最热月的露点，℃；

　　　　其余同上。

6.5　绝热施工

绝热工程的施工一般应在设备和管道涂漆合格后进行。施工前，要进行绝热的设备和管道外表面应保持清洁干燥。冬季施工应有防冻、防雪措施，雨季施工应有防雨措施。

绝热工程材料及其制品，必须有制造厂的质量证明书或分析检验报告，种类、规格、性能应符合设计文件的规定。否则，应由供货方对其进行复验。

管道绝热层施工时，除伴热管道外，应单根进行。对于阀门、管件等附件的绝热施工，采取相应的绝热结构。如前所述。

需要蒸汽吹扫的管道，为了保证蒸汽吹扫效果，一般是按照加热—冷却—再加热的顺序，循环进行。因此，宜在吹扫后进行绝热工程施工。

有关绝热施工及质量要求，见现行国家标准 GB 50126—2008《工业设备及管道绝热工程施工规范》的规定。

思考题

6-1 在何种情况下压力管道需要采取绝热措施？

6-2 绘图说明工程上常用的绝热结构形式。

6-3 简述常用绝热材料的性能特点。

6-4　绝热层材料应具备哪些性能?

6-5　根据不同的目的和限制条件,常采用不同的绝热厚度计算方法。试举例说明。

6-6　绝热施工应注意哪些事项?

第7章

压力管道工程施工与验收

7.1 概 述

压力管道工程施工一般应在工艺设备安装就位之后，按照压力管道设计施工图进行压力管道施工，并由监检单位进行监督检验，合格后方可投入试运行。

为了提高管道工程的施工水平，保证工程质量，由国家质量技术监督局和国家建设部联合发布了 GB 50235—2010《工业金属管道工程施工规范》。该规范规定了设计压力不大于 42 MPa，设计温度不超过材料允许的使用温度的工业金属管道工程的施工要求。所有化工装置中压力管道工程的施工，都必须遵循该规范的要求进行。

压力管道工程主要包括管道组成件及管道支撑件的检验、管道加工与焊接、管道安装、管道检验及试验、管道吹扫与清洗、管道涂漆、管道绝热与工程交接验收等过程。施工顺序若出现错误，将严重影响工程进度和工程质量，并造成较大的浪费。因此，在管道工程施工过程中，必须严格按照规定的施工顺序进行。

压力管道工程质量直接影响装置的运行质量、运行成本及投资费用，也直接关系到装置运行寿命和安全性。所以，国家对压力管道工程及安装质量要求与压力容器的制造安装要求同样严格。对压力管道设计、安装、压力管道组成件制造以及质量监督检验都有严格的要求和规定。例如，《物种设备安全监察条例》、TSG D0001—2009《压力管道安全技术监察规程——工业管道》、《压力管道安全管理与监察规定》、《压力容器压力管道设计许可规则》、《压力管道元件制造许可规则》、《压力管道安装许可规则》、《压力管道使用登记管理规则》等。

7.2 管道组成件的检验

根据 GB 50235—2010《工业金属管道工程施工规范》及 GB 50184—2011《工业金属管道工程施工质量验收规范》的有关规定，所有的管道组成件，包括管子、阀门、管件、法兰、补偿器、安全保护装置等，在安装之前都要按照设计文件和有关施工规范的规定对其质量证明书、外观质量、产品标识及数量进行核查，确定是否符合规定的要求。对于某些性能或特性数据有异议时，应进行必要的复验或检验。

7.2.1 一般规定

管道元件和材料应具有制造厂的产品质量证明文件,并符合国家现行有关标准和设计文件的规定,对其材质、规格、型号、数量和标识,以及外观质量和几何尺寸检查验收。管道元件和材料标识应清晰完整,并应能够追溯到产品质量证明文件。

铬钼合金钢、含镍低温钢、不锈钢、镍及镍合金、钛及钛合金材料的管道组成件,应采用光谱分析或其他方法对材质进行复查,并应做好标识。

设计文件规定进行低温冲击韧性试验的管道元件或材料,供货方应提供低温冲击韧性试验结果的文件,且试验结果不得低于设计文件的规定。

设计文件规定进行晶间腐蚀试验的不锈钢、镍和镍合金管道元件或材料,供货方应提供晶间腐蚀试验结果的文件,且试验结果不得低于设计文件的规定。

检查不合格的管道元件或材料不得使用,并应做好标识和隔离。

管道元件和材料在施工过程中应妥善保管,不得混淆或损坏,其标记应明显清晰。材质为不锈钢、有色金属的管道元件和材料,在运输和储存期间不得与碳素钢、低合金钢接触。

7.2.2 阀门检验

(1)阀门安装前应进行外观质量检查,阀体应完好,开启机构应灵活,阀杆应无歪斜、变形、卡涩现象,标牌应齐全。

(2)阀门应进行壳体压力试验和密封试验,不合格者不得使用。阀门的壳体压力试验和密封试验应以洁净水为介质。不锈钢阀门试验时,水中的氯离子含量不得超过 25×10^{-6}。试验合格后应立即将水渍清除干净。

(3)阀门的壳体试验压力应为阀门在 20 ℃时最大允许工作压力的 1.5 倍,密封试验压力应为阀门在 20 ℃时最大允许工作压力的 1.1 倍。当阀门铭牌标示对最大工作压差或阀门配带的操作机构不适宜进行高压密封试验时,试验压力应为阀门铭牌标示的最大工作压差的 1.1 倍。

(4)阀门在试验压力下的持续时间不得少于 5 min。无特殊规定时,试验介质温度应为 5~40 ℃。

(5)公称压力小于 1.0 MPa,且公称尺寸大于或等于 600 mm 的闸阀,可不单独进行壳体压力试验和闸板密封试验。壳体压力试验宜在系统试压时按管道系统的试验压力进行。

(6)夹套阀门的夹套部分应采用设计压力的 1.5 倍进行压力试验。

(7)安全阀的校验,应按国家现行标准 TSG ZF001—2006《安全阀安全技术监察规程》和设计文件的规定进行整定压力调整和密封试验。安全阀校验应做好记录、铅封,并应出具校验报告。

7.2.3　其他管道元件检验

GC1 级管道和 C 类流体管道中，输送毒性程度为极度危害的介质或设计压力大于或等于 10 MPa 的管子、管件，应进行外表面磁粉或渗透检测，检测方法和缺陷评定应符合国家现行标准 JB/T 4730—2005《承压设备无损检测》的有关规定。经磁粉或渗透检测发现的表面缺陷应进行修磨，修磨后的实际壁厚不得小于管子名义壁厚的 90%，且不得小于设计壁厚。

合金钢螺栓、螺母应采用光谱分析或其他方法对材质进行复验，并应做好标识。设计压力大于或等于 10 MPa 的 GC1 级管道和 C 类流体管道用螺栓、螺母，应进行硬度检验。

7.3　管道的工厂预制

管道工程施工常有两种类型，一种是在施工现场进行配置与安装，另一种是将管段在工厂预制后，运抵施工现场进行安装。一般小型工程项目采取前者，而大型工程项目常采取后者。这是因为在现代大型化工装置中，现场配置与安装的做法产生了一些具体问题，例如，工期长、现场制作条件有限、难以保证质量等。

7.3.1　工厂预制管道的特点

工厂预制管段主要在室内进行，不受气候影响，尤其在高温、低温、多雨的地区施工，可以保证工作进度；管道在工厂预制，可以保证有足够的专业人员和专用设备，专业化程度高；工厂预制有足够的施工场地，而安装工地往往作业面积有限；工厂预制管段，大大减少了安装现场的工作量。安装现场往往位于郊外，生活条件和交通都很不方便，管理工作困难较多。工厂预制也减少了工程现场的管理工作量，改善了现场的安全管理条件；对管道加工制作要求严格的不锈钢及合金钢管道，在工厂预制可以便于焊接、探伤、热处理的连续操作，还可以运用退火炉等大型热处理设备及机具，有利于管道的质量保证。

当然，工厂预制管道也给运输增加了难度，因为运输中要保证管段预制件不受损伤。再则，预制管段要求设计图纸有非常精确的空间尺寸和详细的附加说明，否则，现场施工中往往会产生设计图纸与实际情况之间的差异。

所以，根据工程实际情况，合理安排管道在工厂预制和现场施工的关系，将有利于提高工程质量、缩短工期、降低施工成本。

工厂预制管段应根据审查确认的管段图或依据管道平、立面布置图绘制的管段加工图进行加工。预制加工图应标注预留的现场组焊位置和调节余量以便于现场组装。

工厂预制管段依据以下原则：

(1)预制的管段必须满足设计文件的要求。例如应满足设计说明书、管道布置图、管段图、管道支吊架图、管道规格表的要求。

(2)预制管段要便于运输和安装。

(3)合理选择自由管段和封闭管段。所谓自由管段，是指在管道预制加工前，按照单线图选择确定的可以先行加工的管段。所谓封闭管段，是指在管道预制加工前，按照单线图选择确定的、经实测安装尺寸后再进行加工的管段。

(4)减少现场组织的焊接工作量。

(5)尽量以平面组合件与单个管道件组成复杂空间预制件。

(6)在保证以上条件的前提下,应使每条管道的预制件数量尽量少。

另外,管道预制过程中应对管子的标记做好标记移植。不锈钢管道、低温管道不得使用钢印作标记,以免影响管道材质性能发生变化。在管段预制完后,对检查合格的管段要进行标记,并要进行内部净化处理,然后两端要封闭。

7.3.2 管道加工

1.管道切割

管道切割工作包括两个方面:一是管道的切断及端部处理;二是标记及标记移植。

管道切割,依据不同材料应采取不同的方法。一般情况下是:

(1)碳钢管、合金钢管宜采用机械方法切割或氧乙炔火焰切割。当采用氧乙炔火焰切割时,必须保证尺寸正确和表面平整;

(2)不锈钢管、有色金属管宜采用机械切割或等离子切割方法。不锈钢管及钛管用砂轮切割或修磨时,应使用专用砂轮片。

(3)镀锌钢管宜用钢锯或机械方法切割。

管道切割后的质量要求:

(1)切口端面应平整,无裂纹、重皮、毛刺、凸凹、缩口、熔渣、氧化物、铁屑等;

(2)切口端面与管中心线垂直。管道切口端面倾斜偏差 Δ(图 7-1)不应大于管子外径的 1%,且不得超过 3 mm。

管子在切断前应移植原有标记,即将原来作为材料的管子上的标记,移植到成品管道上来,形成一个新的标记。要对号入座,保证质量。新标记为:管道号——位置、介质、公称通径、顺序号以及管道等级。这个标记应与管段图一致。

如果管道端部拟进行焊接连接,一般管道端部应加工成坡口形式,以便保证焊透。坡口的形式要根据管道壁厚要求

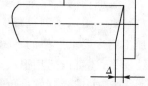

图 7-1 管子切口端面倾斜偏差

加工,常用的有 V 形坡口、带垫板 V 形坡口、X 形坡口以及 U 形坡口。详见附录 B。

2.弯管的制作

用直管制作弯管常用的方法有两种:一种是用弯管机冷弯;一种是将管子充砂子烘煨。

在制作弯管时,宜选用管子壁厚为正偏差的管子,以保证弯管后管子壁厚强度要求。钢管弯曲半径应按照表 7-1 的规定。高合金钢管或有色金属管采用充砂制作弯管时,不得用铁锤敲击,以免金属结构发生变化,特性降低,发生腐蚀。但铅管加热制作弯管时,由于强度低,受拉侧容易被拉破,所以不得充砂。

加工后弯管的质量要符合下列规定:

(1)弯管段中间不得有焊缝,目测不得有裂纹,不宜有皱纹,不得有过烧、分层等缺陷。

(2)宜采用壁厚为正偏差的管子。

（3）任意截面椭圆度 e：剧毒介质或设计压力大于 10 MPa 时，$e \leqslant 5\%$；非剧毒介质或设计压力小于 10 MPa 的钢管，$e \leqslant 8\%$。椭圆度定义如下：

$$e = \frac{\text{最大外径} - \text{最小外径}}{\text{弯管前管子外径}} \quad （\%）$$

表 7-1　　　　　弯管半径规定

设计压力/MPa	制作方式	最小半径
<10	热弯	$3.5D_0$
	冷弯	$4.0D_0$
≥10	冷热弯	$5.0D_0$

7.4　管道焊接

管道焊接应依照现行国家标准 GB 50236—2011《现场设备、工业管道焊接工程施工规范》的有关规定进行。

7.4.1　常用焊接方法简介

压力管道焊接常用的方法有手工电弧焊、手工钨极氩弧焊、二氧化碳气体保护电弧焊、埋弧焊及氧乙炔焊。

1. 手工电弧焊

手工电弧焊的原理是手工操作，利用焊条与焊件之间产生的电弧将焊条和焊件熔化。同时在电弧的高温作用下，焊条药皮熔化分解生成气体和熔渣。在气体和熔渣的联合保护下，有效地隔绝了周围空气的有害作用。熔融的金属填满两管端坡口之间的熔池。通过高温下熔化金属与熔渣的冶金反应、还原与净化金属，从而得到优质的焊缝。手工电弧焊的设备简单，工艺灵活，适应性强。在科技高速发展的今天，虽然许多机械化的焊接方法在生产中不断推广使用，但对一些结构复杂、工件尺寸小、焊缝短或弯曲的焊件，以及在室外甚至野外作业，或要进行全位置焊接时，采用机械化的焊接方法施焊就比较困难，这时用手工电弧焊就比较方便。因此，无论在国内还是国外，即便在工业相当发达的国家，手工电弧焊一直是主要的焊接方法之一。手工电弧焊可以根据不同材质的焊件，选用不同的弧焊机与焊条，焊接碳素钢、低合金钢、耐热钢、低温钢、不锈钢等多种材料，以及由不同钢材组成的异种钢。手工电弧焊容易通过调整焊接工艺（如对称焊、分段退焊等）来控制焊接变形和减小焊接应力。

手工电弧焊的缺点是生产效率低，劳动强度大，焊接质量除与焊机、焊条质量有关外，还在很大程度上取决于焊工素质。因此，手工电弧焊对焊工的要求较高。一方面，焊工必须有较高的技术素质，能在室内室外、高空（如管架、大型容器的顶部）、地下（如管沟）熟练地进行各种材质工件的平焊、立焊、横焊、仰焊等各种位置的焊接。另一方面，焊工必须要有良好的身体素质。特别是在焊接厚大的焊件时，焊工往往要连续工作 8 小时以上，没有一个好的身体素质是无法完成任务的。

2. 手工钨极氩弧焊

手工钨极氩弧焊的原理是，依靠不熔化的钨极与焊件之间的电弧熔化基本金属和填充焊丝,借助喷嘴出来的氩气在电弧及熔池周围形成连续、封闭的气流,保护钨极及熔池不被氧化的一种熔焊方法。钨极惰性气体保护焊如图7-2所示。

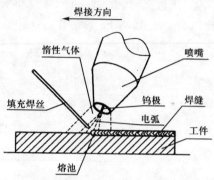

图7-2　钨极惰性气体保护焊示意图

氩弧焊有以下几个特点:

(1)氩气属于惰性气体,既不与熔化的金属起反应,也不溶解于金属。因此,不会造成合金元素的氧化烧损,也不会引起气孔。

(2)钨极氩弧焊不仅可以焊接低合金高强度钢、高合金钢、铝、镁、铜及其合金和稀有金属等材料,同时还适用于补焊、定位焊、单面焊双面成型的打底焊缝等。

(3)由于电弧受到氩气流的压缩和冷却作用,电弧集中,热影响区小,在焊接薄板时变形比较小。

(4)焊缝区无熔渣,焊工在施焊过程中可以清楚地看到熔池和焊缝形成过程,便于操作和调整。

(5)操作时不受空间位置的限制,适于全位置(平、立、仰)焊接。焊接质量容易保证。

(6)手工钨极氩弧焊的缺点是效率低,成本高,不宜在有风的地方焊接,并且只适于焊接较薄的焊件,工件为6 mm以上的焊件较少使用(打底焊时厚度不受此限制)。

手工钨极氩弧焊主要用于奥氏体不锈钢和一些有色金属,如铝及其合金、铜及其合金、钛及钛合金的管道或薄板结构。另外,一些有特殊要求的耐热钢和碳素钢管道,也常用氩弧焊打底、电弧焊盖面的方法来满足焊接质量的要求。

3. 二氧化碳气体保护电弧焊

二氧化碳气体保护电弧焊与手工钨极氩弧焊的区别一个是保护气体不同,使用二氧化碳气体进行保护,另一个是二氧化碳气体保护焊不用钨极,而是采用焊丝作为电极,被焊工件作为另一极而形成焊接回路,依靠焊丝与被焊工件之间的电弧作热源熔化焊丝与母材金属,并向焊接区域输送保护气体,使电弧、熔化的焊丝、熔池及附近的母材金属免受周围空气的有害作用。连续送进的焊丝金属不断熔化并过渡到熔池,与熔化的母材金属融合形成焊缝金属。因此,二氧化碳气体保护电弧焊属于熔化极气体保护电弧焊的范畴。保护气体有多种,例如CO_2、CO_2+Ar、$Ar+O_2$等。而手工钨极氩弧焊则是非熔化极气体保护焊。由于二氧化碳气体保护焊对焊接区的保护简单、方便,焊接区便于观察(明弧),生产效率高,易于实现机械化和自动化,且易于进行全位置焊接,因此在生产中日益广泛地被采用。二氧化碳气体保护焊设备如图7-3所示。

4. 埋弧焊

埋弧焊也是利用电弧作为热源的焊接方法。埋弧焊时电弧是在一层颗粒状的可熔化焊剂覆盖下燃烧,电弧光不外露,埋弧焊由此得名。所用的金属电极是不间断送进的裸焊丝。

(1)工作原理

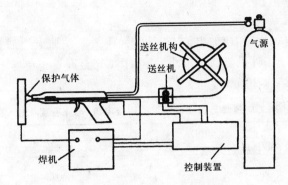

图 7-3　二氧化碳气体保护焊设备

图 7-4 是埋弧焊焊缝形成过程示意图。焊接电弧在焊丝与工件之间燃烧。电弧热将焊丝端部及电弧附近的母材和焊剂熔化。熔化的金属形成熔池，熔融的焊剂成为熔渣。熔池受熔渣和焊剂蒸气的保护，不与空气接触。电弧向前移动时，电弧力将熔池中的液体金属推向熔池后方。在随后的冷却过程中，这部分液体金属凝固成焊缝。熔渣则凝固成渣壳覆盖在焊缝表面。熔渣除了对熔池和焊缝金属起机械保护作用外，焊接过程中还与熔化金属发生冶金反应，从而影响焊缝金属的化学成分。

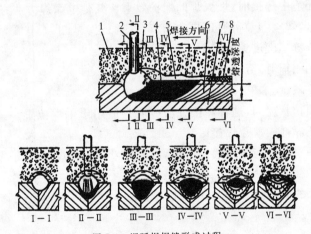

图 7-4　埋弧焊焊缝形成过程

1-焊剂；2-焊丝；3-电弧；4-金属熔池；5-熔渣；6-焊缝；7-工件；8-渣壳

埋弧焊时，被焊工件与焊丝分别接在焊接电源的两极。焊丝通过与导电嘴的滑动接触与电源连接。焊接回路包括焊接电源、连接电缆、导电嘴、焊丝、电弧、熔池、工件等。焊丝端部在电弧热作用下不断熔化，因而焊丝应连续不断地送进，以保持焊接过程的稳定进行。焊丝的送进速度应与焊丝的熔化速度相平衡。焊丝一般由电动机驱动的送丝滚轮送进。根据应用场合不同，焊丝数目可以有单丝、双丝或多丝。有的应用中采用药芯焊丝代替实心焊丝，或用钢带代替焊丝。

埋弧焊有自动埋弧焊和半自动埋弧焊两种方式。前者的焊丝送进和电弧移动都有专门的机头自动完成；后者的焊丝送进由机械完成，电弧移动则由人工进行。焊接时焊剂由漏斗铺撒在电弧的前方。焊接后，未熔化的焊剂可用焊剂回收装置自动回收，或由人工清理回收。

（2）优点和缺点

埋弧焊的主要优点：

①所用的焊接电流大，相应的电流密度也大（表7-2）。加上焊剂和熔渣的隔热作用，热效率较高，熔深大。工件的坡口可减小，减少了填充金属量。单丝埋弧焊在工件不开坡口的情况下，一次可熔深20 mm。

表7-2　　　　　　　手工电弧焊与自动埋弧焊的焊接电流、电流密度比较

焊条（焊丝）直径 mm	手工电弧焊		自动埋弧焊	
	焊接电流 / A	电流密度 /（A·mm^{-2}）	焊接电流 / A	电流密度 /（A·mm^{-2}）
2	50～65	16～25	200～400	63～125
3	80～130	11～18	350～600	50～85
4	125～200	10～16	500～800	40～63
5	190～250	10～18	700～1 000	30～50

②焊接速度高。以厚度8～10 mm的钢板对接焊为例，单丝埋弧焊速度可达50～80 cm/min，手工电弧焊则不超过10～13 cm/min。

③焊剂的存在不仅能隔开熔化金属和空气的接触，而且能使熔池金属凝固减慢。液体金属与熔化的焊剂之间有较多时间进行冶金反应，减少了焊缝中气孔、裂纹等缺陷产生的可能性。焊剂还可以向焊缝金属补充一些合金元素，提高焊缝金属的力学性能。

④在有风的环境中焊接时，埋弧焊的保护效果比其他电弧焊方法好。

⑤自动焊接时，焊接参数可通过自动调节保持稳定。与手工电弧焊相比，焊接质量对焊工技艺水平的依赖程度可大大降低。

⑥没有电弧光的辐射，劳动条件较好。

埋弧焊的主要缺点：

①由于采用颗粒状焊剂，这种焊接方法一般只适用于平焊位置。其他位置焊接需采用特殊措施以保证焊剂能覆盖焊接区。

②不能直接观察电弧与坡口的相对位置，如果没有采用焊缝自动跟踪装置，则容易焊偏。

③埋弧焊电弧的电场强度较大，电流小于100 A时电弧不稳定，因而不适于焊接厚度小于1 mm的薄板。

（3）适用范围

由于埋弧焊的熔深大，生产率高，机械化操作的程度高，因而适于焊接中厚板结构的长焊缝。在造船、桥梁、起重机械、铁路车辆、工程机械、重型机械和冶金机械、管道、核电站结构、海洋结构、武器等制造部门有着广泛的应用，是当今焊接生产中最普遍使用的焊接方法之一。

随着焊接冶金技术和焊接材料生产技术的发展，埋弧焊能焊的材料已从碳素结构钢发展到低合金结构钢、不锈钢、耐热钢等，以及某些有色金属，如镍基合金、钛合金、铜合金等。

7.4.2　几种常用钢的焊接

1.低碳钢的焊接

（1）低碳钢的焊接特点

从材料手册可以看出,低碳钢的含碳量不高于 0.25％,焊接性能良好。其焊接特点主要表现在如下几方面:

①焊接工艺和焊接技术比较简单,一般不必采取特殊的工艺措施。可进行全方位焊接。

②焊接前一般不必预热。但在低温下施焊时,焊件厚度较厚(如 30 mm 以上)或刚性较大,以及含磷、硫量较高的沸腾钢钢件,应考虑预热措施(预热温度视具体情况而定,一般为 100～150 ℃),以防产生裂纹。

③不需要特殊和复杂的设备,对焊接电源无特殊要求。但如果工艺参数选择不当(如电流过大),可能出现热影响区晶粒长大倾向。温度过高,热影响区在高温停留时间越长,晶粒长大越严重。

(2)影响焊接质量的三要素

手工电弧焊是低碳钢常用的焊接方法之一,在焊件材质的化学成分符合要求的条件下,要获得优质的焊缝,必须严格控制焊工技能、焊条和焊接工艺这三个关键环节。

焊接低碳钢的焊工,应具有较熟练的操作技术。对锅炉压力容器和压力管道的施焊焊工,必须持有市级以上安全监察机构签发的"焊工合格证",并具有与实际产品的材质及焊接位置相适应的合格项目。

焊接低碳钢的焊条,一般选用 E43×× (旧牌号为 J42×)级焊条;对用于强度等级较高或重要的焊接结构及低温(-20 ℃以下)工作的焊条也可选用 E50×× (旧牌号为 J50×)级中的碱性低氢型焊条。

低碳钢焊接的工艺参数,应该在焊接工艺评定报告的基础上进行确定。其具体要求是既要保证焊接过程的稳定,又要保证焊缝成型良好,且尽可能少地产生焊接缺陷。

(3)低碳钢在低温下的焊接

尽管低碳钢的含碳量低、塑性好,焊接时一般不会产生裂纹,但是在低温(一般指 0 ℃以下)环境下进行焊接时,焊接接头的冷却速度较快,热影响区的晶粒较粗大,内应力较高,使裂纹倾向增大。特别是对厚度较大、刚性较大的焊件,裂纹倾向更大。因此,低碳钢焊件在低温下焊接时,应在工艺上采取一些措施,主要有:

①对于厚度较大的焊件在焊接前应进行预热,一般为 100～150 ℃,并注意保持层间温度。对于具体焊接件的最低预热温度,应根据其厚度及刚性大小,通过抗裂纹试验以及焊接工艺评定来确定。

②采用碱性低氢型焊条,因为其抗裂性与韧性都较好。

③在进行弯管校正及组对时,尽量避免在过低温度下进行,以免钢材因低温脆性在加工或组装过程中出现微小裂纹。

④尽可能避免和减少焊缝中的未焊透、电弧擦伤、弧坑裂纹、咬边及夹渣等缺陷,因为这些缺陷都可成为裂纹源。

⑤实行定位焊时,适当加大电流,减慢焊速,以保证"点透",并适当加大定位焊缝的截面和长度。整条焊缝应尽量连续焊完,不要中断。熄弧时要注意填满弧坑。

根据气温和焊件的具体情况,上述措施可单独或综合采用。

2. Q345 钢的焊接

Q345 钢(包括 Q345R)属于低合金钢。它是在普通低碳钢基础上加了一点锰,其余成分与 Q235 钢基本相同,所以其焊接性能良好。在一般情况下,不需采取复杂的工艺措施,便可获得性能良好的焊接接头。但是由于锰含量的存在,其淬硬倾向及冷裂倾向都比 Q235 钢稍大些。因此,在气温较低的情况下,或在刚性较高、厚度较大的焊件上施焊时,应考虑采取预热以及在焊接工艺允许范围内的偏大的焊接线能量(即偏大的焊接电流或偏小的焊接速度)等措施,以避免在焊接接头中产生淬硬组织甚至产生冷裂纹的可能性。Q345 钢低温焊接时的预热温度见表 7-3。

表 7-3   Q345 钢低温焊接时的预热温度

焊件厚度 / mm	不同气温下焊接的预热温度
<16	−10 ℃ 以下预热 100~150 ℃
16~24	−5 ℃ 以下预热 100~150 ℃
25~40	0 ℃ 以下预热 100~150 ℃
>40	均预热 100~150 ℃

Q345R 钢的化学成分和力学性能与 Q345 钢基本相同,但是含硫、磷量比 Q345 钢低,因此,它们的焊接性能比 Q345 钢还要好些。Q345R 钢多用于压力容器和锅炉制造,所以一般都应选用碱性低氢焊条,在焊接工艺和质量方面要求也较严格。但是从焊接工艺的全程来看,这三种钢种是基本一致的。因此,这里介绍的 Q345 钢的焊接工艺也适用于 Q345R 钢的焊接。

Q345 钢可采用手工电弧焊、手工钨极氩弧焊(多用在管道的封底焊)及二氧化碳气体保护焊等焊接方法。目前大部分管道安装单位都采用手工电弧焊和手工钨极氩弧焊。

选择焊接材料时,应保证焊缝金属的强度、韧性和塑性等性能符合设计要求。应选择与母材强度相当的焊接材料,并综合考虑焊缝金属的韧性、塑性及焊接接头的抗裂性。只要焊缝金属的强度不低于母材的下限值即可。Q345 钢常用的焊接材料见表 7-4。

表 7-4   Q345 钢常用的焊接材料

手工电弧焊		手工钨极氩弧焊	CO_2 气体保护焊焊丝
焊条型号	焊条牌号		
E5003、E5001	J502、J503		$H08Mn_2Si$
E5015、E5016	J506、J507		$H08Mn_2SiA$

3. 奥氏体不锈钢的焊接

奥氏体不锈钢具有良好的焊接性能,焊接时一般不需要采取特殊的工艺措施。但是若焊条选用不当或焊接工艺不正确,就可能产生晶间腐蚀或热裂纹的问题。

奥氏体不锈钢在进行焊接时,不可避免地要经过焊接高温阶段,而在 450~850 ℃ 时,碳在奥氏体中的扩散速度高于铬的扩散速度。当奥氏体中含碳量超过它在室温下的溶解度后,碳就不断向奥氏体晶粒边界扩散,并与铬化合,以碳化铬($Cr_{23}C_6$)的形式沿奥氏体晶间析出,不锈钢的强度和韧性大大下降。同时,铬原子的半径较大、扩散速度较小,晶粒内的铬原子来不及向边界扩散、补充,结果在靠近晶界的晶粒表层造成贫铬层。当晶界附近的含铬量小于 12% 时将失去抗腐蚀的能力,在腐蚀介质作用下晶间贫铬层迅速被腐蚀,从而产生晶间腐蚀。

奥氏体不锈钢的晶间腐蚀可能出现在焊缝或热影响区,有时也可能在熔合线附近出现如刀刃状的晶间腐蚀,称之为刃状腐蚀。如图 7-5 所示。在焊接过程中,焊缝处钢材温度不可避免地要被加热到 $450\sim850\,℃$,并停留一段时间。对于奥氏体不锈钢而言,这是一个危险的温度区间,想越过这个危险温度区间是不可能的。为了减少和防止奥氏体不锈钢焊接接头产生晶间腐蚀,主要从材料和工艺两方面采取措施。

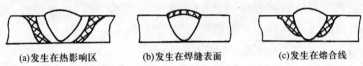

(a)发生在热影响区　　　(b)发生在焊缝表面　　　(c)发生在熔合线

图 7-5　奥氏体不锈钢焊接接头的晶间腐蚀

①材料方面(包括母材和焊接材料)

碳是造成不锈钢产生晶间腐蚀的主要元素。钢材中含碳量低于 0.08% 时,碳的析出量较少;含碳量在 0.08% 以上时,碳的析出量迅速增加。所以,不锈钢焊接的基本金属和焊条中碳的含量一般控制在 0.08% 以下。若奥氏体不锈钢中碳含量低于 0.03% 时,碳原子全部固溶于奥氏体中,不会有碳的析出和扩散,也就不会形成碳化铬,不会形成贫铬层。因此,控制奥氏体不锈钢中碳元素的含量,是减少其发生晶间腐蚀的重要因素。

②工艺方面

为了尽量减少奥氏体不锈钢焊接接头在 $450\sim850\,℃$ 危险区的停留时间,焊接工艺应尽量减少焊件受热。例如,在保证焊透的前提下,采用尽可能小的焊接电流与尽可能大的焊接速度;焊条最好不做横向摆动;多层焊时,保持较低的层间温度($60\,℃$ 以下);必要时可采用垫铜板甚至浇水的办法;与腐蚀介质接触的焊缝应最后焊接等。

还可以对焊接接头采用固溶处理,就是将焊接接头加热到 $1\,050\sim1\,100\,℃$,使碳原子重新溶入奥氏体中,然后迅速冷却。另外,也可以进行 $850\sim900\,℃$ 保温 2 小时的稳定化热处理,此时奥氏体晶粒内部的铬逐步扩散到晶界,使晶界处的含铬量又增加到 12% 以上,重新具备了防止晶间腐蚀的能力。

4. 焊接接头设计及焊接工艺

(1)接头和坡口形式

①常用的基本接头形式有对接、搭接、角接和 T 形接,如图 7-6 所示。选择接头形式时,主要根据产品的结构,并综合考虑受力条件、加工成本等因素。对接与搭接相比,具有受力简单、均匀、节省金属等优点,故应用最多。但是对接形式对下料尺寸要求比较严格。

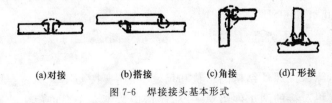

(a)对接　　　(b)搭接　　　(c)角接　　　(d)T 形接

图 7-6　焊接接头基本形式

②坡口是根据设计或工艺需要,在工件的待焊部位加工成一定几何形状,经装配后构

成的沟槽。对接焊接头常用的基本坡口形式如图7-7所示。板厚1～6 mm时，用I形坡口，采用单面焊或双面焊即可保证焊透。板厚≥3 mm时，为了保证焊缝有效厚度或焊透，并为了容纳填充金属，改善焊缝成形，可加工成V形、X形、U形等各种形状的坡口。坡口根部的直边称作钝边，其作用是避免烧穿。根部间隙的作用是保证焊透。

在板厚相同的情况下，X形坡口和U形坡口比V形坡口增加了坡口加工费用，但是可以节省焊条和焊接工时，并可减小焊接变形。随着板厚增大，这些优点更加突出。

坡口形式及其尺寸一般随板厚而变化，同时还与焊接方法、焊接位置、热输入量、坡口加工以及工件材质有关。坡口形式与尺寸详见附录B。

（2）焊接位置

熔焊时，被焊工件接缝处所处的空间位置，称为焊接位置，有平焊、立焊、横焊和仰焊等位置。如图7-8所示。水平固定管的对接，包括平焊、立焊和仰焊等焊接位置。类似这样的焊接位置施焊时，称为全位置焊接。

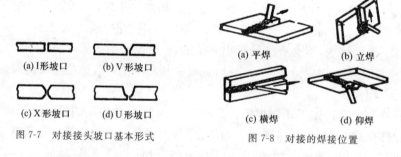

图7-7 对接接头坡口基本形式

(a) I形坡口　　(b) V形坡口

(c) X形坡口　　(d) U形坡口

图7-8 对接的焊接位置

(a) 平焊　　(b) 立焊

(c) 横焊　　(d) 仰焊

在平焊位置施焊时，熔滴可借助重力落入熔池，熔池中气体、熔渣容易浮出表面。因此，平焊可以用较大电流焊接，生产率高，焊接成形好，焊接质量容易保证，劳动条件较好。因此，一般应尽量采用平焊位置施焊。当然，在其他位置施焊，也能保证焊接质量，但是对焊工操作技术要求较高，劳动条件较差。

（3）焊前准备

①焊条烘干

焊条烘干的目的是去除受潮涂层中的水分，以便减少熔池及焊缝中的氢，防止产生气孔和冷裂纹。烘干焊条要严格按照规定的工艺参数进行操作。烘干温度过高时，涂层中某些成分会发生分解，降低机械保护的效果；烘干温度过低或烘干时间不够时，则受潮涂层的水分去除不彻底，仍会产生气孔和延迟裂纹。

②焊前清理

用碱性焊条焊接时，工件坡口及两侧各20 mm范围内的锈、水、油污、油漆等必须清除干净。这对防止气孔和延迟裂纹的产生有重要作用。用酸性焊条时，一般也应清理，但是假如被焊工件的锈蚀不严重，且对焊缝质量要求不高时，也可以不除锈。

③组对

组对工件时，除保证焊件结构的形状和尺寸外，还要按照工艺规定在接缝处留出根部间隙和反变形量，将对接的两工件组对平齐，使错边量不大于允许值。然后按规定的定位焊位置和尺寸进行定位焊。

④预热

对于刚性不大的低碳钢和强度级别较低的低合金高强度钢的一般结构,一般不必预热。但是对于刚性大或焊接性能差容易裂纹的结构,焊前需要预热。

预热是焊接开始前对被焊工件的全部或局部进行适当加热的工艺措施。预热可以减小接头焊后冷却速度,避免产生淬硬组织,减小焊接应力及变形。它是防止产生裂纹的有效措施。预热温度一般先按照被焊金属的化学成分、板厚和施焊环境温度等条件,根据有关产品的技术标准或已有的资料确定,重要的结构要经过裂纹试验确定不产生裂纹的最低预热温度。预热温度不是越高越好。对于有些钢种,预热温度过高时,接头的延性和韧性可能不合格,劳动条件也将会更加恶化。整体预热通常用各种炉子加热。局部预热一般采用气体火焰加热或红外线加热。预热温度常用表面温度计测量。

(4)电流种类、极性以及电弧偏吹

①采用直流电焊接,电弧稳定、柔顺,飞溅少。用交流电焊接时,电弧稳定性较差。低氢钠型焊条稳弧性差,必须采用直流弧焊电源。用小电流焊接薄板时,也常用直流弧焊电源,因为引弧比较容易,电弧比较稳定。

②用直流电源焊接时,工件和焊条与电源输出端正负极的接法,称为极性。工件接直流电源正极,焊条接负极时,称为正接或正极性;工件接负极,焊条接正极时,称为反接或反极性。反接的电弧比正接稳定。因此,低氢型焊条用直流电焊接时,一定要用反接,以保证电弧稳定燃烧。焊接薄板时,焊接电流小,电弧不稳定。因此,焊接薄板时,不论用碱性焊条还是酸性焊条,都选用直流反接。

③焊接过程中,因气流干扰、磁场作用或焊条偏心等影响,使电弧中心偏离电极轴线的现象,称为电弧偏吹。直流电弧焊时,因受到焊接回路所产生的电磁力的作用而产生的电弧偏吹,称为电弧磁偏吹。焊接电流越大,磁偏吹现象越严重。磁偏吹会导致未焊透和未熔合等焊接缺陷。交流电弧焊时,磁偏吹现象不明显。这是采用交流电弧焊的显著优点之一。克服磁偏吹的措施主要有:减小焊接电流;压低电弧;调整焊条角度(焊条倒向电弧磁偏吹的一侧);改变焊接电缆连接工件的部位,使之尽量远离焊缝等。

(5)焊接条件

①焊条直径

焊条直径一般根据工件厚度选择,可参考表 7-5。开坡口多层焊的第一层及非平焊位置焊接,应采用较小的焊条直径。对于重要结构应根据规定的焊接电流范围(根据热输入确定),参见表 7-6 焊接电流与焊条直径的关系来决定焊条直径。

表 7-5　　　　　　　　　焊条直径的选择

板厚 / mm	≤4	4～12	＞12
焊条直径 / mm	不超过工件厚度	3.2～4	≥4

表 7-6　　　　　　　　焊接电流与焊条直径的关系

焊条直径 / mm	1.6	2.0	2.5	3.2	4	5	6
焊接电流 / A	25～40	40～65	50～80	100～130	160～210	200～270	260～300

②焊接电流

焊接电流是手工电弧焊的主要工艺参数。焊接电流太大时,焊条尾部发热,部分涂层失效或崩落,机械保护效果变差,会造成气孔。此外,还会导致咬边、烧穿等焊接缺陷。使用过大的焊接电流时,还会使接头热影响区晶粒粗大,焊接接头的延性下降。焊接电流太小时,会造成未焊透、未熔合、气孔和夹渣等缺陷,且生产率低。因此,选择焊接电流,首先应保证焊接质量,其次应尽量采用较大电流,以提高劳动效率。

焊接电流一般可根据焊条直径进行初步选择,此时可参考表 7-6。此外,还要进一步考虑板厚、接头形式、焊接位置、施焊环境温度、工件材质和焊条等因素。板厚较大、T 形接和搭接、施焊环境温度低时,由于导热快,焊接电流要大一些。非平焊位置焊接时,为了易于控制焊缝成形,焊接电流要小一些。不锈钢焊接时,为了减小晶间腐蚀程度,焊接电流应小一些。有的重要结构,甚至要通过试验确定热输入量范围,然后根据允许的热输入量确定焊接电流范围。

初步选定焊接电流后,要经过试焊,检查焊缝成形和缺陷,最终才可确定焊接。对于有性能要求的,如锅炉、压力容器、高压管道等重要结构,要经过焊接工艺评定合格以后,才能最后确定焊接电流等焊接工艺。

③焊接层数

厚板的焊接,一般要开坡口,并采用多层焊或多层多道焊,如图 7-9 所示。多层焊和多层多道焊接头的纤维组织较细,热影响区较窄。因此,接头的延性和韧性都比较好。特别是对于易淬火钢,后焊道对前焊道有回火作用,可改善接头组织和性能。

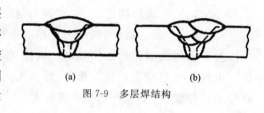

(a)　　　　(b)

图 7-9　多层焊结构

对于低合金高强度钢等钢种,焊缝层数对接头性能有明显影响。焊缝层数少,每层焊缝厚度太大时,由于晶粒粗化,将导致焊接接头的延性和韧性下降。

④热输入

熔焊时,由焊接能源输入给单位焊缝长度上的热量,称为热输入(又称线能量)。计算公式如下:

$$q = \frac{IU}{v} \tag{7-1}$$

式中　　q—— 单位长度焊缝的热输入,J/cm;

　　　　I—— 焊接电流,A;

　　　　U—— 电弧电压,V;

　　　　v—— 焊接速度,cm/s。

热输入对于低碳钢焊接接头性能影响不大。因此,对于低碳钢手工电弧焊,一般不规定热输入。对于低合金钢和不锈钢等钢种,热输入太大时,接头性能可能不合格;热输入太小时,有的钢种焊接时可能产生裂纹。因此,由焊接工艺规定热输入。焊接电流和热输入规定之后,手工电弧焊的电弧电压和焊接速度就间接地大致确定了。

一般要通过试验来确定既不产生焊接裂纹,又能保证接头性能的合格的热输入范围。允许的热输入范围越大,越便于焊接操作。

⑤后热与焊后热处理

焊接后立即对焊件的全部（或局部）进行加热和保温，使其缓冷的工艺措施，称为后热。后热的目的是避免形成硬脆组织，以及使扩散氢逸出焊缝表面，从而防止产生裂纹。

焊后为了改善焊接接头的纤维组织和性能或消除焊接残余应力而进行的热处理，称为焊后热处理。对于易产生脆断和延迟裂纹的重要结构，尺寸稳定性要求高的结构，以及有应力腐蚀的结构，应考虑进行消除应力退火。对于锅炉、压力容器，有专门的规程，规定厚度超过一定限度后，要进行消除应力退火。消除应力退火的温度按有关规程或资料，根据结构材质确定，必要时，要经过试验确定。铬钼珠光体耐热钢焊后常常需要高温回火，以改善接头组织，消除焊接残余应力。

重要的焊接结构，如锅炉、压力容器等，焊接工艺的确定需要进行焊接工艺评定。按所设计的焊接工艺而焊得的试板焊接质量和接头性能达到技术要求后，焊接工艺才予以正式确定。焊接施工时，必须严格按规定的焊接工艺进行，不得随意更改。

7.5 管道安装

预制好的管道在安装之前要与管道图进行核对，确认设备连接部位，并考虑配管的复杂程度和设备安装等条件，在此基础上决定管道安装顺序，并选定安装机具。安装之前还应确认管段的材质、温度-压力额定值、尺寸等是否都正确，并且制造加工完好、无泄漏，支架设置在预定位置，管段位于规定的位置，包括标高、水平位置等均符合要求，还要研究现场连接部位是否需要脚手架等，全部准备停当后再进行安装。

一般管道安装应具备下列条件：

（1）与管道有关的土建工程已检验合格，满足安装要求，并已办理了交接手续。

（2）与管道连接的机器、设备已找正合格，固定完毕。

（3）管道组成件及管道支承件等已检验合格。

（4）管子、管件、阀门等已清理干净，无杂物。对管内有特殊要求的管道，其质量已符合设计文件的规定。

（5）在管道安装之前必须完成的脱脂、内部防腐与衬里等有关工序已进行完毕。

7.5.1 一般要求

管道安装应依据设计文件及其相应的施工标准、规范的要求进行。管道安装顺序一般是先地下后地面，先管廊后设备周围。以管廊上的管道配置为起点，调整设备周围连接配管尺寸。泵和压缩机周围的配管受到设备安装的限制，所以最后安装。

另外，也有利用导链起吊，以及自动进行管道圆度调整和坡口对位的夹具。如果用焊接夹具和定位板等办法安装，在拆除定位板时要注意用砂轮将管子表面打磨光滑，使表面没有伤痕。

下面介绍的是一般的管道安装要求：

（1）管道在安装前应逐件清除管道组成件内部的沙土、铁屑、熔渣以及其他杂物。有特殊要求的管道，应按照设计要求进行处理，处理合格后，应及时封闭管口。

（2）管道的位置、走向、坡度及坡向、有定位要求的管道组成件（如阀门、孔板前后的直管段、计量仪表的直管段)都应严格遵守设计规定,如果应在现场对实际情况进行调整时,应征得设计者的同意。管道的坡度可用支架的安装高度或支座下的金属垫板来调整,也可用吊架的吊杆螺栓来调整。垫板要与预埋件或钢结构进行焊接,不得夹于管道和支座之间了事。

(3)管道法兰、焊缝、阀门及其他连接件的设置应便于操作和维修,不得紧贴墙壁、楼板、框架、管架。

(4)管道穿越道路、墙或构筑物时,需要加套管或砌筑涵洞保护,防止管道被压坏。管道焊缝不宜置于套管内,管道与套管的间隙要用阻燃的材料填塞。

(5)经过脱脂处理的管子、管件及阀门等组成件,在安装前需进行严格检查,其内外表面不得有油迹污染。当发现有污迹斑点时,应重新进行脱脂处理,检验合格后方可安装。安装脱脂管道时使用的工具、量具等用具,必须按照脱脂的要求预先进行脱脂处理;操作用的手套、工作服等防护用品也必须是无油的。

(6)安装在管道上的仪表导压管、流量孔板、流量计、调节阀、温度计套管等仪表元件,需要与管道同时安装,并符合仪表安装的有关规定。

(7)埋地钢管的防腐层应在安装前做好,在安装和运输过程中要注意保护防腐层,焊缝部分的防腐应在管道施压合格后再进行。

7.5.2　钢制管道安装的注意事项

对于预制管道应该按照管道系统编号和预制顺序号进行安装,以免安装错误,造成返工。在安装管道时,应事先检查法兰密封面及密封垫片,不得有影响密封性能的划痕、斑点等缺陷。当大直径垫片需要拼接时,应采用斜口搭接或迷宫式拼接,不能采用平口对接。橡胶垫、石棉橡胶垫等软垫片的周边应整齐,垫片尺寸应与法兰密封面相符,其允许偏差应符合表 7-7 的规定,以免使垫片比压力分布不匀,造成泄漏。软钢、铜、铝等金属垫片,当出厂前未进行退火处理时,安装前应进行退火处理。

表 7-7　　　　　　　软垫片尺寸允许偏差　　　　　　　　（mm）

公称通径	法兰密封面形式					
	平面型		凹凸面		榫槽面	
	内径	外径	内径	外径	内径	外径
<125	+2.5	-2.0	+2.0	-1.5	+1.0	-1.0
≥125	+3.5	-3.5	+3.0	-3.0	+1.5	-1.5

法兰连接应与管道同心,并应保证螺栓自由穿入。法兰螺栓孔应跨中安装,螺栓孔不要骑中,以避免单个螺栓受力过大,造成危险。为了保证密封垫片沿周向受力均匀,法兰间应保持平行,其偏差不得大于法兰外径的 1.5‰,且不得大于 2 mm。不得用强紧螺栓的方法消除歪斜。法兰连接时,应使用统一规格的螺栓,安装方向应该一致。螺栓紧固后,螺帽端面应与法兰贴紧,不得有楔缝,尽量避免螺栓承受弯曲载荷。螺帽内需要加垫圈时,每个螺栓不应超过一个。紧固后的螺栓与螺母总体宜平齐。

对于工作温度低于 200 ℃的管道,其螺纹接头密封材料宜选用聚四氟乙烯带。在拧紧螺纹时,要注意不要将密封材料挤入管内,增大流体阻力或污染介质。

在连接管道时,不得用强力对接管口,以免造成焊接口局部应力过大。不得用加偏垫或加多层垫等方法来消除接口端面的空隙、偏斜、错口或不同心等缺陷,以免出现未焊透、夹渣以及应力集中部位。

在安装合金管道时,应该注意的是,合金钢管在进行局部弯度矫正时,加热温度应控制在该材质的临界温度以下,避免发生金相组织变化。在合金钢管道上不得焊接临时支撑物,以保证该管道的力学性能和化学性能不发生变化。对于不锈钢管道,不得用铁质工具敲击。还要注意不锈钢管道法兰用的非金属垫片,其氯离子含量不得超过 50×10^{-6}。而且不锈钢管道与支架之间应垫入不锈钢或氯离子含量不超过 50×10^{-6} 的非金属垫片。合金管道系统安装完毕后,应检验材质标记,确保无误。如发现无标记时,必须查验钢号。

穿墙或过楼板的管道,应加套管,管道焊缝不宜置于套管内,以免出现泄漏时难于维修处理。穿楼板套管应高出楼面 50 mm,便于进行其他施工时保护管道不受损伤。穿过屋面的管道应有防水肩和防雨帽,避免雨水冲刷或进入管内。管道与套管之间的间隙应采用不燃材料填塞。

对于埋地钢管应在安装前做好防腐层,在运输和安装时应防止损坏防腐层。其焊缝部位在未经试压并且合格时,不得防腐。

7.5.3　配管安装

1. 塔、槽、换热器周围的配管

(1)高处配管的安装尽量在地面上组装,并做完规定的耐压试验,然后用把杆或大型吊车进行安装。当在地面上完全组装好、只在两端用法兰连接有困难时,需要在现场施焊,此时要对现场焊接的焊缝用 X-射线或着色试验进行无损检测,并在装置最终气密试验时确认无泄漏。为此,对于耐压试验有困难的配管,最好事先研究好,将现场焊接点限制在最小数量。

(2)确认各设备连接口的法兰面水平度和垂直度,以及螺栓孔的对中状态,在安装前与配管管段核对,并在各设备管口上写上安装的管段号。

(3)安装配管管段时,往往用耐压试验用的盲板代替临时垫片。但这种做法不仅使法兰面的平行度偏移,而且降低了配管安装的尺寸精度,因此应避免使用。

(4)进行现场焊接时,焊前要将预定的配管管段以正规的状态安装在设备管口上,并加以紧固。如果在临时紧固状态下进行焊接,容易降低法兰端部的精度,造成耐压试验时发生泄漏。

(5)对于安装在塔上的长配管段,应避免用设备等作为临时支架,而要用正规的支架安装。

2. 管廊上的配管

(1)管廊上敷设管道,往往是上部设置空冷器,下部设置泵等,它是全面性的配管集合。因此,要在考虑这些管段配置施工日期的基础上决定配管敷设顺序。

(2)管廊上的配管安装优先于其他与设备连接的管段配置,它是现场安装尺寸调整的基准点。

(3)配管应从下层开始向上层按预先规划好的位置敷设,要安装好滑动或止推管托。

多数情况是将供货状态的钢管连接起来敷设,敷设时要考虑到不能让焊缝位于管廊的梁上。

(4)管廊上的梁应在配管敷设前完成涂漆。

3. 连接机器的配管

配管连接从管廊或其他设备一侧开始,安装好支架后再与泵或压缩机的连接管口相连接。配管中,要避免让泵自身支撑配管的重量。在最终连接时,要使用正规的垫片或厚度相等的垫片。用塞尺测量,确认泵连接部位的平行度。连接时要同时与驱动机之间进行找正。配管试压时,不能将盲板直接安装到泵口上,一定要将安装部位的管子拆下来加盲板,泵体不要成为试压对象。

一般来说,在配置连接机器的管道之前,机器和管道架已安装固定完毕,安装管道要注意:

(1)连接机器的管道,其固定焊口应远离机器。避免焊口一旦泄漏时损坏机器。

(2)对于不允许承受附加外力的机器,管道与机器的连接应符合下列规定:

①在管道与机器连接前,应在自由状态下检验法兰的平行度和同轴度,允许偏差应符合表 7-8 的规定。

表 7-8　　　　　　法兰平行度、同轴度允许偏差

机器转速 / (r/min)	平行度 / mm	同轴度 / mm
3 000~6 000	≤0.15	≤0.50
>6 000	≤0.10	≤0.20

②管道系统与机器最终连接时,应在联轴节上架设百分表监视机器位移。具体要求是:

a.当转速大于 6 000 r/min 时,其位移值应小于 0.02 mm;

b.当转速小于或等于 6 000 r/min 时,其位移值应小于 0.05 mm。

(3)管道安装合格后,管道上不得承受设计以外的附加载荷。

(4)管道经试压、吹扫合格后,应对该管道与机器的接口进行复位检验,其偏差值应符合前述规定。

7.5.4　阀门安装

1. 一般阀门的安装

(1)在安装阀门之前,再次确认阀门的法兰面及配对法兰面有无伤痕、其清洗程度、平行度和温度-压力额定值。检查阀门密封填料,填料压盖螺栓应留有调节裕量。

(2)应按设计文件核对其型号,按介质流向确定其安装方向。

(3)当阀门与管道以法兰或螺纹方式连接时,即可拆结构,阀门应处于关闭状态,防止脏物进入阀门,损伤阀座。但是,与管道以焊接形式连接的阀门不得关闭,以便管内气流畅通,保证焊接质量。焊缝底层宜采用氩弧焊,既能保证焊接质量,又能使焊接热量小,减小热应力。

(4)阀门与管道连接时不得强力连接,阀门受力应均匀。否则,容易使阀门产生变形,造成泄漏。

（5）安装高压阀门前，必须复核产品合格证和试验记录。

2. 安装安全阀时应符合的规定

（1）安全阀应垂直安装，以保证阀头顺利回座；

（2）安全阀的出口管应接向安全地点；

（3）当进出管道上放置截止阀时，应加铅封，且应锁定在全开启状态。

7.5.5　仪表类安装

除了测温热电偶的套管外，原则上仪表类都要在所有的配管耐压试验及配管的水冲洗、水循环等作业全部结束后再行安装。

1. 配管施工中所包含的主要仪表安装项目

（1）直接装在配管上的流量计（面积式、容积式、电磁式流量计等）；

（2）孔板法兰及节流孔板；

（3）浮筒式或浮球式液面计及法兰型差压式液面计；

（4）玻璃液面计及浮子式液面计；

（5）至差压计、压力表导压管上第一个切断阀的管道；

（6）压力指示计；

（7）温度计保护管；

（8）调节阀、自动控制阀和安全阀。

2. 一般的注意事项

安装时要确认仪表位号，并明确安装方位为水平、垂直或规定的角度后再安装。

（1）调节阀、流量计的安装

调节阀、流量计如果有杂物进入则容易引起内部损坏，因此，在水冲洗、水循环作业结束之前不要安装，而应制作连接尺寸与其相同的短管节临时代替安装上，然后再进行所需要的作业。

（2）孔板法兰及节流孔板的安装

①安装法兰时，为了保证孔板流量计的精度，要注意上、下游规定的必要直管长度。

②法兰的焊接部位内部要用砂轮打磨光滑，以免增大流体摩擦，影响测量精度。

③在管内清洗全部结束前不能安装孔板。安装孔板时要先确认好流向。重要的是孔板中心与管道的中心要对正。特别要注意垫片被挤出的问题，在安装孔板之前，最好插入厚度与孔板相同的垫片以定位。

（3）液面计的安装

要事先测量好管口的中心和距离后再安装。如果上、下阀门中心偏移，会造成阀门损坏、液面计损坏事故和泄漏。因此，绝不可以强行安装。

7.5.6　支、吊架安装

在配管安装时，应按图纸指示的位置正确设置配管支架，需要基础的支柱要打预埋板，事先找好平面位置和基准标高，并测定出地脚螺栓的间距。生根在设备上的托架类要在设备出厂之前确认安装支耳,对于漏装的和需要追加设置的应尽量避免在设备上焊接。

管道安装时应及时固定和调整支、吊架。支、吊架的位置要准确,安装要平整牢固,与管子接触应紧密。

无热位移的管道,其吊杆应垂直安装。有热位移的管道,吊点应设在位移的相反方向,按位移值的 1/2 偏位安装。如图 7-10 所示。两根热位移方向相反或位移值不等的管道,吊杆应分别设置。

固定支架应该按照设计文件要求安装,并应在补偿器预拉伸之前固定。

导向支架或滑动支架的滑动面应洁净平整,不得有歪斜、卡涩现象。其安装位置应从支撑面中心向位移方向偏移位移值的 1/2(图 7-11)或符合设计文件规定,所做的绝热层不得妨碍其位移。

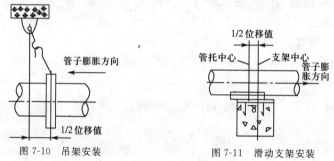

图 7-10 吊架安装　　　　图 7-11 滑动支架安装

弹簧支、吊架的弹簧高度,应按设计文件规定安装,弹簧应调整至冷态值,并做记录。弹簧的临时固定件应待系统安装、试压、绝热完毕后再行拆除。

支、吊架的焊接应保证质量,应该由合格焊工施焊,不可出现漏焊、欠焊或焊接裂纹等缺陷。管道与支架焊接时,管子不得有咬边、烧穿等现象。

对于大口径管道上的阀门,或在铸铁、铅、铝管道上安装阀门时,应设置专用支架,不可以管道承重。

管架紧固在槽钢或工字钢翼板斜面上时,其连接螺栓应有相应的斜垫片。

有时在安装管道时使用临时支、吊架,要注意这些临时支、吊架不能与正式支、吊架位置相冲突,并且要做好标记,以免弄错。在管道安装完毕后应予以拆除。

另外,配管安装后,应按照设计文件的规定逐个核对支、吊架的形式和位置。要确认支架有无松动,有无不需要的定位焊,以及所用材料两端截断部分的加工状态等,如有问题,要加以处理。这一点十分重要。

有热位移的管道在热负荷运行时,应及时对支、吊架进行检查与调整。活动支架的位移方向、位移值及导向性能应符合设计文件的规定;管托不得脱落;固定支架应牢固可靠;弹簧支、吊架的安装标高与弹簧工作载荷应符合设计文件的规定;对可调支架的位置应调整合适。

7.6　管道检验、检查和试验

配管施工中,要注意在作业的每一个阶段都要进行必要的检查,确认合格后才能开始下一项作业。如果太急于赶工程进度,未经检查确认合格就继续作业,不仅会在最终阶段发生大修补,影响整体施工,而且会导致全部返工,造成工程的严重浪费。另外,如果不认真进行过程的检查和确认,不维持适度的作业进度,要保证配管施工全部高质量是很困难的。因此,一定要按照规定的各过程进行质量检查控制和试验。

进行管道工程检验的人员一般是:

①施工单位内部质检员,按照质量体系规定的项目进行过程控制,负责工程施工质量全面检验;

②建设单位或其授权机构,通过其质检人员对施工质量进行监督和检查。

压力管道安装检验内容分以下四个方面:

①外观检验。各管道组成件、支撑件以及施工过程检验,覆盖施工全过程。

②焊缝表面无损检验。

③焊缝内部检验。

④压力试验。

下面就后三方面检验内容做简要介绍。

1. 焊缝表面无损检验

焊缝表面无损检验是根据设计文件的规定,进行磁粉检测(图 7-12)、渗透检测(着色)或涡流检测。磁粉检测或渗透检测按照国家现行标准 GB 50683—2011《现场设备、工业管道焊接工程施工质量验收规范》的规定进行。

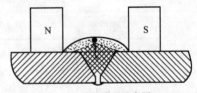

图 7-12　磁粉检测示意图

液体渗透检验是在被检测的表面涂抹着色液,其渗透力强,一般为红色,一定时间后擦去表面着色液,在有裂纹处会留下渗入的着色液,从而便于发现肉眼难以见到的裂纹。当发现焊缝表面有缺陷时,应及时消除,并且在消除缺陷后应重新进行检验,直至合格。

另外要注意,有热裂纹倾向的焊缝,在热处理过程中可能出现裂纹等缺陷,所以应在热处理后进行检验。

2. 焊缝内部检验

在管道焊缝内部,常出现未焊透,焊缝内有夹渣、气孔、裂纹等缺陷,用肉眼是看不见的。因此,管道焊缝的内部质量,一般是按照设计文件的规定进行射线照相检验或超声波检验。射线照相检验和超声波检验的方法和质量分级标准应符合现行国家标准 JB/T 4730—2005《承压设备无损检测》的规定。

管道焊缝的射线照相检验或超声波检验应在施焊后及时进行。当抽样检验时,应对每一个焊工所焊焊缝按照规定的比例进行抽查,检查位置应由施工单位和建设单位的质检人员共同确定。抽样检验是一种过程控制手段,检验的对象是施焊焊缝。抽样检查的数量一般不少于焊缝总数的 5%。当抽样检验未发现需要返修的焊缝缺陷时,则该次抽样所代表的一批焊缝应认为全部合格;当抽样检验发现需要返修的焊缝缺陷时,除返修该焊缝外,还要进行扩探。即每出现一道不合格焊缝,应再检验两道该焊工所焊的同一批焊缝。当这两道焊缝均合格时,应认为检验所代表的这一批焊缝合格。当这两道焊缝又出现不合格时,相对一道不合格焊缝应再检验两道该焊工的同一批焊缝。当再次检验的焊缝均合格时,可认为检验所代表的这一批焊缝合格。如果再次检验又出现不合格时,应对该焊工所焊的同一批焊缝全部进行检验。

焊缝无损检测均采用射线照相或超声波检测。需要检测的管道及检测比例见表7-9。

表7-9 管道施工中的无损检测

无损检测比例	需要检测的管道
100%	(1)做替代性试验的管道 (2)剧烈循环条件 (3)A1类流体管道 (4)设计压力大于或等于 10 MPa 的 B 类及 A2 类流体管道 (5)设计压力大于或等于 4 MPa、设计温度高于或等于 400 ℃ 的 B 类及 A2 类流体管道 (6)设计压力大于或等于 10 MPa、设计温度高于或等于 400 ℃ 的 C 类流体管道 (7)设计温度低于 −29 ℃ 的所有流体管道
10%	(8)设计压力大于或等于 4 MPa,且低于以上(4)～(6)项参数的 B 类、C 类及 A2 类流体管道
5%	(9)除上述 100% 和 10% 的检测及 D 类流体以外的管道
不做无损检测	(10)所有 D 类流体管道

注:(1)对于 D 类流体管道,要求进行抽查时,应在设计文件中规定,抽查不合格应修复,但不要求加倍抽查。
(2)夹套内管的所有焊接在夹套以内时应经 100% 无损检测。

检测合格标准应符合现行国家标准 GB 50683—2011《现场设备、工业管道焊接工程施工质量验收规范》的规定。

3.压力试验

管道安装完毕,热处理和无损检验合格后,就要进行压力试验。管道安装后进行压力试验是非常重要的检验过程,目的是检验管道系统的宏观强度、变形(支、吊架的固定效果)和连接点的密封情况。详细规定按 GB 50235—2010《工业金属管道工程施工规范》执行。

(1)试验前应具备的条件

①试验范围内的管道安装工程除涂漆和绝热外,已按图纸要求全部完成安装,质量符合有关规定。

②焊缝及其他待检部位尚未涂漆和绝热,已备检验。

③管道上的膨胀节已设置了临时约束装置,管道已经加固。

④待检管道与无关系统之间已用盲板或采取其他措施有效隔开。

⑤试验用压力表已经校验合格,并在有效期内,其精度不低于 1.6 级,表的满刻度值为被测最大压力的 1.5～2.0 倍,压力表数量不得少于 2 块。

⑥待试管道上的安全阀、爆破片以及仪表元件等已经拆下或加以隔离。

⑦试验方案已经过批准和技术交底。

在上述准备工作均已做好之后才能进行试验。

(2)有关压力试验的规定

压力试验原则上以液体为试验介质。当管道设计压力小于等于 0.6 MPa 时,可采用气体为试验介质,但应采取有效的安全措施。脆性材料严禁使用气体进行压力试验。

①液压试验的规定

a.液压试验应使用洁净水。当对奥氏体不锈钢管道及管件进行试压时,水中氯离子不得超过 25×10^{-6}。当采用可燃液体进行试验时,其闪点不得低于 50 ℃。

b.试验前,加注试验液体时应排净空气。

c.试验时,环境温度不宜低于 5 ℃,否则要采取防冻措施。

d.试验压力,以试压系统最高点压力为准。试验压力取值分别如下:

(i)承受内压的地上钢管道及有色金属管道取 1.5 倍设计压力。

(ii)埋地钢管道取 1.5 倍设计压力,且不低于 0.4 MPa。

(iii)当管道与设备作为一个系统进行试验,管道的试验压力等于或小于设备的试验压力时,应按管道试验压力进行试验;当管道试验压力大于设备试验压力,且设备的试验压力大于按式(7-2)计算的管道试验压力的 77% 时,经设计或建设单位同意,可按设备的试验压力进行试验。

(iv)当管道设计温度高于试验温度时,试验压力应按式(7-2)计算:

$$p_{\mathrm{T}} = 1.5 p [\sigma]_1 / [\sigma]_2 \qquad (7\text{-}2)$$

式中　　p_{T}——试验压力(表压),MPa;

　　　　p——设计压力(表压),MPa;

　　　　$[\sigma]_1$——试验温度下管材许用应力,MPa;

　　　　$[\sigma]_2$——设计温度下管材许用应力,MPa。

当 $[\sigma]_1 / [\sigma]_2 > 6.5$ 时,取 6.5。

当 p_{T} 在试验温度下,产生超过屈服强度的应力时,应将试验压力 p_{T} 降至不超过屈服强度时的最大压力。

(v)承受内压的铸铁管道的试验压力,当设计压力小于等于 0.5 MPa 时,应为设计压力的 2 倍;当设计压力大于 0.5 MPa 时,应为设计压力加 0.5 MPa。

(vi)对位差较大的管道,试验压力应计入液体静压力。液体管道的试验压力应以最高点的压力为准,最低点的压力不得超过管道组成件的承受力。

(vii)承受外压的管道,其试验压力应为内、外设计压力差的 1.5 倍,且不低于 0.2 MPa。

e.试验程序:

(i)打开最高处的排气阀。

(ii)将试验介质充满,关闭排气阀。缓慢升压至试验压力,保压 10 分钟。

(iii)缓慢降压至设计压力,保压 30 分钟。检查泄漏情况。压力不降低,无渗漏为合格。

需要注意的是:

a.试验结束后,应及时拆除盲板、膨胀节限位设施,排尽积液。排液卸压时系统内不要形成负压,并不得随地排放。

b.当试验过程中发现泄漏时,不得带压处理。消除缺陷后,应重新进行试验。

②气压试验的规定

a.气压试验前,必须用空气进行预试验,试验压力宜为 0.2 MPa。应大致检查一下连接是否做好了,该隔离的部位是否隔开了,检测压力表是否合适等。

b.试验介质应采用干燥洁净的空气、氮气或其他不易燃和无毒的气体。

c.试验时应装有压力泄放装置,其设定压力不得高于试验压力的 1.1 倍。

d.试验压力:

(i)内压钢管及有色金属管的试验压力应为设计压力的 1.15 倍。

(ii)真空管道的试验压力宜为 0.2 MPa。

e.试验程序:

(i)缓慢升压至试验压力的 50%,无泄漏,无异常。

(ii)以试验压力的 10%逐级升压,每级稳压 3 min,直至试验压力。稳压 10 min。

(iii)降压至设计压力,检漏。

(iv)以发泡剂检验不泄漏为合格。否则卸压处理,重新试压,直至合格。

需要注意的是,根据实际情况,制订有效的安全防范措施。

③泄漏性试验的规定

输送极度和高度危害介质,以及可燃介质的管道必须进行泄漏性试验。

泄漏性试验应在压力试验合格后进行,试验介质宜采用空气。泄漏性试验压力取值为设计压力。泄漏性试验一般结合试车工作一并进行。

泄漏性试验重点检验的项目是阀门填料函、法兰或螺纹连接处、放空阀、排气阀、排水阀等。内压管道以发泡剂检验不泄漏为合格。经气压试验合格,且在试验后未经拆卸过的管道可不进行泄漏性试验。

真空系统的压力试验合格后,还应按设计文件规定进行 24 小时真空度试验,增压率不大于 5%为合格。增压率应按式(7-3)计算:

$$\Delta p = \frac{p_2 - p_1}{p_1} \times 100\% \tag{7-3}$$

式中　Δp——24 小时的增压率,%;

p_1——试验初始压力(表压),MPa;

p_2——试验最终压力(表压),MPa。

7.7　管道吹扫与清洗

管道在压力试验合格后,按照预先制订的吹扫或清洗方案进行吹洗。其目的是保证管道系统内部清洁,不能有油污或杂物。制订管道吹扫及清洗方案的依据是 GB 50235—2010《工业金属管道工程施工规范》。

1.管道吹洗方法

吹洗的方法应根据管道的使用要求、工作介质及管道内表面的脏污程度确定。对有特殊要求的管道,应按照设计文件要求采用相应的吹洗方法。一般采用方法有水冲洗、空气吹扫、蒸汽吹扫、化学清洗和油清洗等,或者采用混合吹洗方法。

(1)水冲洗

采用水冲洗,水要洁净。冲洗奥氏体不锈钢管道时,冲洗水中的氯离子含量不应超过

$25×10^{-6}$。冲洗时,流速不应低于 1.5 m/s,冲洗压力不得超过管道的设计压力。

排放水应引入可靠的排水井或沟中,排放水管的截面积不小于被冲洗管的 60%。排水时,管系内不得形成负压,以免造成管道失稳。管道的排水支管应全部冲洗,不留隐患。

水冲洗应连续进行,以排出口水色和透明度与入口水目测一致为合格。冲洗后应将水排净,及时用压缩空气吹干。

(2)空气吹扫

空气吹扫应利用本生产装置的压缩机及储气罐,进行间断性吹扫。吹扫气体压力不得高于容器和管道的设计压力,流速不宜小于 20 m/s。

吹扫忌油管道时,气体中不得含油。

空气吹扫过程中,当目测排气无烟尘时,应在排气口设置贴白布或涂白漆的木制靶板检验,5 分钟内靶板上无铁锈、尘土、水分及其他杂物为合格。

(3)蒸汽吹扫

当用空气吹扫管道达不到要求时采用蒸汽吹扫。应注意为蒸汽吹扫安设的临时管道应按蒸汽管道的技术要求安装,符合相应规范的规定,避免出现不安全事故。

蒸汽管道应以大流量蒸汽进行吹扫,流速不应低于 30 m/s,并应按照加热—冷却—再加热的顺序,循环进行。每次吹扫一根管,采用轮流吹扫的方法。

要充分考虑高温和受热膨胀因素对管系安全的影响,防止造成设备、管道及其附件与支架的损坏。

蒸汽吹扫的检验,除前述检验方法外,还可用刨光木板检验,无铁锈、脏物为合格。

(4)化学清洗

是否采用化学清洗压力管道,其范围和质量要求应依据设计文件的规定确定。管道需要进行化学清洗时必须与无关的设备相隔离,否则会造成不必要的腐蚀发生。要注意的是,化学清洗液的配方必须经过鉴定,并曾在生产装置中使用过,经实践证明是有效和可靠的。

进行化学清洗时,操作人员要穿好专用的防护服装,并根据不同清洗液对人体的危害佩戴护目镜、防毒面具等防护用具。化学清洗合格的管道,当不能及时投入运行时,应进行封闭或充氮保护。当然还要处理好化学清洗后的废液的回收及排放问题。

2. 管道吹洗的注意事项

(1)管道吹洗方法的选择

管道吹洗方法的选用一般是根据对管道的使用要求、工作介质以及管道内表面的脏污程度进行确定。公称通径大于或等于 600 mm 的液体或气体管道,宜采用人工清理;公称通径小于 600 mm 的液体管道宜采用水清洗;公称通径小于 600 mm 的气体管道宜采用空气吹扫;蒸汽管道应以蒸汽吹扫;非热力管道不得用蒸汽吹扫。

对特殊要求的管道,应按照设计文件规定采用相应的吹洗方法。

(2)管道吹洗前

①不允许吹洗的管道及设备应该与吹洗系统隔离开。

②吹洗前应检查管道支、吊架的牢固程度,必要时应加固。

③管道吹洗之前,不应安装孔板、法兰连接的调节阀、重要阀门、节流阀、安全阀、仪表

等,对于焊接的上述阀门和仪表,应采取流经旁路或卸掉阀头及阀座加保护套等保护措施。

(3)管道吹洗过程

①吹扫时应设置禁区,以避免不安全事故发生。

②吹洗的顺序应按主管、支管、疏排管依次进行,吹洗出的脏物不得进入已清洗合格的管道。

③清洗排放的脏液不得污染环境,严禁随地排放。

④蒸汽吹扫时,要注意管道的热胀冷缩的影响,尤其在支、吊架及与机械、设备的连接点处。

⑤蒸汽吹扫时,管道上及其附近不得放置易燃物,以免温度升高后引起自燃。

⑥吹洗介质应有足够的流量,但是压力不得超过设备的设计压力。

(4)管道吹洗后

①管道吹洗合格并复位后,不得再进行影响管内清洁的其他作业。

②管道复位时,应由施工单位会同建设单位共同检查,并按照规范 GB 50235《工业金属管道工程施工规范》规定的格式填写"管道系统吹扫及清洗记录"及"隐蔽工程(封闭)记录"。

7.8 管道涂漆

管道及其绝热保护层的涂漆应符合国家现行标准 HGJ 229—1991《工业设备、管道防腐蚀工程施工及验收规范》的规定。

管道涂漆目的是管道防腐以及工艺上需要将管道内介质用不同颜色进行区别。

1.防腐蚀涂层施工的一般规定

(1)工业防腐蚀涂料包括:乙烯磷化底漆(过渡漆)、过氯乙烯漆、酚醛树脂漆、环氧树脂漆、聚氨酯漆、氯化橡胶漆、氯磺化聚乙烯漆、无机富锌漆和漆酚防腐漆。

(2)防腐蚀工程涂料的原材料质量,应符合 HGJ 229—1991《工业设备、管道防腐蚀工程施工及验收规范》的规定。应按设计要求进行防腐蚀涂料品种的选用和涂层的层数、厚度的确定。

(3)腻子、底漆、中间过渡漆、面漆、罩面漆应根据设计文件规定或产品说明书配套使用。不同厂家、不同品种的防腐蚀涂料,不宜掺和使用。如掺和使用,必须经试验确定。

(4)防腐蚀工程施工环境温度宜为 15～30 ℃,相对湿度不宜大于 85%(漆酚防腐漆除外),被涂覆表面的温度至少应比露点温度高 3 ℃。不应在风沙、雨、雪天进行室外涂漆。

(5)防腐蚀涂层全部完工后,应自然干燥七昼夜以上方可交付使用。

(6)防腐蚀涂料和稀释剂在储存、施工及干燥过程中,不得与酸、碱及水接触,并应防尘、防曝晒,严禁烟火。

(7)配漆所用的填料应干燥,其耐酸率不应小于 95%,其细度要求经网号 0.08 标准筛过筛,余量不应大于 15%。

(8)当使用同一涂料进行多层涂刷时,为防止漏涂,宜采用同一品种不同颜色的涂料调配成颜色不同的涂料。

(9)设备、管子和管件防腐蚀涂层的施工宜在设备、管子的强度试验和严密性试验合格后进行。如在试验前进行涂覆,应将全部焊缝预留,并将焊缝两侧的涂层做成阶梯状接头,待试验合格后,按设备和管子的涂层要求补涂。

2. 涂层质量的要求

①涂层应均匀,光滑平整,颜色应一致。

②漆膜应附着牢固,无剥落、皱纹、气泡、针孔等缺陷。用 5～10 倍放大镜检查,无微孔者为合格。

③涂层应完整,无损坏、流淌。

④涂层厚度应符合设计文件规定。当设计要求测定厚度时,可用磁性测厚仪测定。其厚度偏差不小于设计规定厚度的 5% 为合格。

⑤涂刷色环时,应间距均匀,宽度一致。

思考题

7-1 压力管道工程主要包括哪些内容?

7-2 工厂预制管道有何优缺点?

7-3 简述弯管工艺及实用性。

7-4 常用焊接工艺有哪些? 相应的特点、设备如何?

7-5 低碳钢的焊接特点有哪些? 影响焊接质量的三要素是什么?

7-6 低碳钢低温下焊接应注意什么问题? 采取什么措施?

7-7 Q345 钢管焊接与低碳钢钢管焊接有何区别? 采取什么措施?

7-8 奥氏体不锈钢焊接接头的晶间腐蚀产生的原因是什么? 如何避免?

7-9 常用对接焊接头的基本坡口形式有哪些? 焊接坡口的钝边以及管端焊缝间隙各起什么作用?

7-10 基本焊接位置有哪些? 何谓全位置焊接?

7-11 何谓电弧焊的后热与焊后热处理,其作用是什么?

7-12 何谓电弧磁偏吹,如何避免?

7-13 管道安装应具备哪些条件?

7-14 安装钢制管道工程中,对安装管法兰应注意些什么问题?

7-15 在设备、机器进行配管时,均不得使机器或设备承受管道载荷,为什么? 应采取什么措施?

7-16 在安装阀门之前,为什么必须核对阀门内介质流通方向? 根据前面讲过的阀门结构分别说明。

7-17 安装安全阀时应符合哪些规定?

7-18 安装管道过程中,控制仪表应该在什么时机安装?

7-19 调节阀、流量计、节流孔板在安装时的注意事项是什么?

7-20 有热位移的管道,吊点应如何设置?

7-21 导向支架或滑动支架的滑动面如何设置?

7-22 压力管道安装检验内容分哪些方面?

7-23 焊缝检验有哪些方法? 需要进行 100% 无损检验的管道有哪几种?

7-24 管道压力试验的目的、方法及注意事项有哪些? 简述液压试验的步骤。

7-25 在什么情况下需要进行泄漏性试验？其目的是什么？

7-26 管道压力试验之后，要进行吹洗，其目的、方法是什么？

7-27 管道涂漆的目的及注意事项有哪些？

第3篇
在役压力容器及管道风险评估

实践证明，以风险评估为基础的检测是合理制订装置、承压设备检验计划的一种先进有效的方法。基于风险评估检验技术(RBI)可以对在役的工厂、装置、单元和单体设备进行评估，也可对新建装置和设备评估其设计缺陷。用 RBI 方法还可以帮助制订维修计划、评估设备更新、审查设计等，是日常设备管理工作中的一个先进有效工具。RBI 技术涉及收集和录入大量工艺及设备基础数据的工作，又涉及专有计算方法及软件使用。目前，RBI 技术已在在役压力容器和压力管道的风险评估中推广使用。该技术除在欧美等国家已经应用外，在亚洲的中国、韩国、马来西亚、印尼、印度等国家以及中国台湾地区也已经进行了研究与应用。

本篇简要介绍了基于 RBI 的基本原理进行风险评估的程序及方法分类、定量风险评估过程，以及基于风险的检测等内容。

通过本篇内容的学习，可以了解在役过程装置检验的国际先进技术；可以基本掌握并运用基于 RBI 的原理和方法，对在役压力容器、压力管道及压力管件做简单的定量风险评估、检测和分析。

第8章

风险评估管理

8.1 概　述

现代化工业生产逐渐向规模化、设备大型化、生产连续化、高自动化的方向发展,其中过程装置的生产广泛应用于石油化工、电力、冶金等领域,其介质具有易燃、易爆、有毒、强腐蚀等特点,使生产过程发生事故的可能性增大,诱发事故的因素更加复杂。一旦发生泄漏或断裂将有可能引发火灾、爆炸及中毒事故,使生产、生命和财产蒙受重大损失。因此,确保设备安全是一个高度综合化、系统化的工作。

表 8-1 列出了 1960～1990 年世界范围内,石化行业发生的 100 起损失重大的事故的主要引发原因。

表 8-1　　　　1960～1990 年石化行业重大事故原因分析

事故原因	百分比/%	平均损失/百万美元	事故原因	百分比/%	平均损失/百万美元
机械故障	43	72.1	自然灾害	5	55.7
操作错误	21	87.4	设计错误	5	82.5
不明原因	14	68.9	人为破坏	1	37.1
工艺错误	11	81			

对上述事故的分析,引导了设备完整性技术的发展。设备完整性技术的提出,与传统的设备维修方法经历的事后维修、定期维修和状态维修三阶段相比,设备管理更强调安全、效率、环保有机结合的必要性。风险管理学科起始于 20 世纪 70 年代的核工业,在航空航天、石油化工等工业领域得到了广泛应用。"风险管理"是一门跨学科的新兴科学,它不仅涉及广义物理学、生物学等自然科学,工程技术等硬科学及决策论、心理学、社会学、政策学、经济学等软科学,还涉及法律、意识形态、舆论、传媒等人文领域。

风险管理的目标是在社会效益、风险和费用的三度空间中寻求达到风险最小和效益最大,基于风险的检验技术 RBI 因此而产生。以风险为基础的检测是合理制订装置承压设备检验计划的方法。石油业界采用 4 年以上的连续操作周期,提高装置的可靠性和有效分配维修资源就显得十分必要。为实施安全有效的维修,必须对风险进行量化。作为风险评价法,RBI 最早由 ASME 为核电厂开发。之后,石油行业把 RBI 技术引入,在 ASME RBI 基础上,改造成 API RBI。API RBI 技术是理论和经验的结合,这项技术用于石油化工企业设备管理,能在科学检修的基础上,保证安全前提下延长装置寿命,降低修理费。借助这个技术,在我们过去经验式管理的基础上,增加风险分析和基础数据库的支持,量化决策。

目前,石化系统设备管理以车间为单位,普遍问题是设备历史问题多、基础资料缺、检修规范少、日常检测数据少等。检修计划制订通常以集体讨论、领导批准的方式,基本上是定性经验式的高风险决策。由于决策粗糙,造成装置设备的过修或失修,修理费用高。随着国家和部门法制管理加强,直接管理者背负巨大压力,不得不采取高投入保守做法,替换一些不放心的设备(往往这些设备可以通过风险检验评价的风险管理,不必更换)。这是造成企业修理费居高不下,非计划停工仍然不少的原因之一。

8.1.1 RBI 简介

RBI 是基于风险的检验,这项技术是在追求系统安全性与经济性统一理论基础上建立的一种优化检验策略的方法,是近年发展起来的一项设备管理新技术,在石油化工行业得到了广泛应用,并形成了标准 API RP 580。RBI 技术的基本思路是采用系统论的原理和方法,对系统中固有的或潜在的危险进行分析,并对其危害程度进行排序,找出薄弱环节,进而优化检验策略,降低停机、日常检维修的费用。

RBI 可以对在役的工厂、装置、单元、单体设备分别进行评估,也可以对新建装置和设备评估其设计缺陷。因此,RBI 不仅可以对设备进行评估,还可以帮助制订维修计划、评估设备更新、审查设计,是日常设备管理工作中的一个工具。RBI 技术在石油化工领域适用范围很广,该技术可以应用于炼油厂、气体处理工厂、LNG 装置、LPG 装置、石油化工厂、海上生产平台、长输管线等。RBI 覆盖的主要设备有反应器、压力容器、管线、加热炉、热交换器、储罐、炉管以及安全阀等各类承压设备。

RBI 技术从 20 世纪 80 年代末诞生至今已有 20 余年历史,已在石油化工、核电等行业得到了应用。目前,该技术除在欧美等国家得到应用外,在亚洲的中国、韩国、马来西亚、印度尼西亚、印度等国家以及中国台湾地区也得到了研究与应用。影响 RBI 技术发展的一个主要障碍是政府对 RBI 结果的认可,因为政府一般要对承压设备进行固定周期的检验。但这也正发生着变化,1999 年 API 修订了承压设备的检测标准,对采用 RBI 技术的工厂可适当延长承压设备的检验周期。

8.1.2 RBI 在国外的发展和应用

在欧洲,RBI 技术分析的结果得到了广泛的认可。英国天然气公司(BG)的管道完整性国际公司开发了用于管道危险和风险控制的商品化软件"New Pipe Vision 4",可对管道进行风险和可靠性分析,具有很强的数据处理和显示功能。美国休斯敦的 Fluor Daniel Williams Bros 公司开发了用于老管道评价的风险管理工具,已被德克萨斯通用燃料公司应用了 10 年,在降低管道风险的同时,取得了显著的经济效益。挪威船级社(DNV)用 ORBIT Onshore 软件分析某瓦斯气体处理工厂的设备、设备内部 CO_2 及保温材料的腐蚀,采用 RBI 分析方法,检验周期从 18 个月延长到 36 个月。新加坡 CELANESE 工厂于 1999 年用了 8 个月时间采用 RBI 分析方法,设备检验周期由 2 年延长到 4 年,节约成本 120 万新币。法国国际检验局(BV)在欧洲、中东等地开展 RBI 取得成效,开发了 RB-eye 软件。澳大利亚和新西兰也修订了承压设备的监测标准,英国政府允许采用 RBI 技术的工厂延长承压设备的检测周期。

API 581 研究阶段的成果:从 1995 年试行版本以来开始推行 RBI,并且开发了不同的软件;大规模应用并且得到政府部门认可是在 2000 年 5 月正式版之后。目前欧美非常重视风险工程学的应用,对 RBI 推荐的检验计划和延长法定检验周期的申请都作为个案得到批准。

8.1.3　RBI 在国内的发展和应用

中国加入 WTO 之后,面临着世界大环境的竞争挑战。企业要生存就必须在提高产品质量的同时努力降低成本,而降低成本的主要方法之一是延长装置操作周期,实现安全生产和降低修理费。几年前,国外以 DNV 和 BV 为主的风险评估公司纷纷来到中国开展评估业务。加入 WTO 之后,为了给企业创造和国际竞争的有利条件,除了修订制度、标准外,还要积极引进国外先进的管理技术,同时在国内开展基础技术研究。中国石化非常重视风险工程的应用,于 2000 年聘请美国达信公司对上海石化、金陵公司、镇海公司、上海高桥公司等十几家企业进行风险评估和咨询。

在我国,最早引进 RBI 技术是在 2002 年,应用挪威船级社的 RBI 技术在大芳烃预加氢装置上进行试点工作。随后,国内的相关科研院所对 RBI 技术开展了大量的研究工作,并取得了一定的成果。2006 年 10 月,茂名石化公司乙烯装置在连续成功运行了79 个月后停工大检修,此次停工检修验证了 2003 年 RBI 的分析结果。如今,RBI 技术已经在国内得到更大范围的应用,在中石化、中石油、中海油等大型企业的数百套装置中得到了开展。

作为推动国内 RBI 技术发展的支撑条件,由中国特检院负责,在国家“十一五”科技支撑计划中,专门设立了相关课题进行相关的基础研究工作。课题名称为“大型高参数高危险性过程装置长周期运行安全保障关键技术研究及工程示范”。课题的总体目标为:建立一套完整的、适合我国国情的、与国际发展趋势充分接轨的大、高、危过程装置长周期运行的安全保障技术体系。

在国内的政府层面,国家质量监督检验检疫总局(以下简称“国家质检总局”)在征求了有关单位和专家意见的基础上,于 2006 年 6 月颁布了国质检特[2006]198 号文《关于开展基于风险的检验(RBI)技术试点应用工作的通知》,决定在特种设备检验检测领域开展应用 RBI 检验技术,及时地解决了 RBI 技术应用的合法化问题。这标志着 RBI 技术在我国的应用得到了政府层面的支持和认可。

2009 年 8 月,国家质检总局修订颁布了《固定式压力容器安全技术监察规程》(TSG R0004—2009),在容规的 7.8 中规定了实施 RBI 的基本要求:

(1)承担 RBI 的检验机构须经过国家质检总局核准;

(2)经过国家质检总局同意进行 RBI 应用的压力容器使用单位,可以向核准的 RBI 检验机构提出申请,同时将该情况书面告知使用登记机构;

(3)承担 RBI 的检验机构,应当根据设备状况、失效模式、失效后果、管理情况等评估装置和压力容器的风险水平；

（4）检验机构应当根据风险分析结果，以压力容器的风险处于可接受水平为前提制订检验方案，包括检验时间、检验内容和检验方法；

（5）对于装置运行期间风险位于可接受水平之上的压力容器，应当采用在线检验方法降低其风险。

8.2 风险评估基本原理

风险具有二维性，它是发生的概率和后果（通常是不利后果）的结合。风险用数学公式表示为

$$风险(R) = 概率(P) \times 后果(C)$$

风险分为绝对风险和相对风险。绝对风险是对风险完整、准确的描述和量化。对于工业生产过程而言，相对风险是设备、工艺单元、系统、设备元件相对其他设备、工艺单元、系统、设备元件的风险。计算绝对风险非常费时耗力，而且由于存在不准确性，这种计算通常无法完成。RBI 定位于系统地评估装置、单元、系统、设备或部件的相对风险，并进行风险排序，根据风险的分布情况制订风险管理策略。

8.2.1 RBI 项目必须具备的要素

RBI 项目必须具备的要素如下：

（1）维护文件、人员资格、数据要求和分析更新的管理系统；

（2）确定失效可能性和失效后果的系统化、文件化的方法；

（3）通过检测和其他风险减缓措施管理风险的系统方法。

这些关键要素与确定 RBI 的实施过程和维护策略的要求相关。评估失效可能性和后果是个复杂的过程，每种设备都包含多种情况的失效可能性和后果，因此，保证评估所需的原始数据是很重要的。

8.2.2 风险评价

识别评价设备部件的失效机理、敏感性和失效模式对 RBI 评估的质量和效用非常重要。在石油化工行业，要识别减薄、应力腐蚀、金相和环境退化、机械退化等机理，必须了解设备的运行条件、化学和机械环境的相互作用。

RBI 失效概率分析的重点是研究设备容易发生的全部失效机理（承压设备失效机理详见附录 H）。失效概率用频率来表示，即特定时间内设备发生失效的次数。定性的失效概率用分级来表示。无论使用定性还是定量分析，失效概率都必须考虑运行环境引起的设备部件失效机理和速率，确定失效模式，量化检测程序的有效性。通过将预期的失效机理、退化速率或敏感性、检测数据和检测有效性结合，给出每种失效机理的类型和可能的失效概率。

RBI 对失效后果的分析，为区分设备部件在可能失效时的重要性提供了依据。RBI 主要关注由于腐蚀退化引起的承压容器内介质的损失，其他功能失效的后果可以包含在

研究的范围内。在大多数后果评价中,决定后果大小的一个关键要素是流体泄漏量。后果分析应包括安全影响、经济损失、生产影响和环境破坏四个方面。

将失效概率和失效后果结合起来就可以进行风险评估,设备的风险是每一特定后果单个风险的总和。在完成设备风险评估之后,就可以根据风险准则判定风险是否可以接受,在检测和维护计划中使用风险评估结果,并将评估结果提交给决策者和检测计划的制订者。

实施风险控制具有双重含义:一是对不可接受的风险实施减缓措施,用检测活动进行风险管理,检测可以降低风险的不确定度,提高预测失效机理和退化速率的能力;二是对低风险的设备可以延长检验周期、减少检验项目及比例,在确保安全性和可靠性的同时,降低设备的检验维修费用。

8.2.3　通过检测降低风险

基于风险分析的检测计划的制订,与传统检测计划的制订有较大的差别。长期以来,对设备的管理是经验型的,对设备的检测遵循固定的检验周期。传统的检测方法很少考虑造成设备失效的具体原因和失效的具体模式,对检测内容也没有细化,这必然会造成检测时间和资源的浪费。据统计数字表明,生产装置的大部分风险通常集中在少数设备上,对于不同风险的设备,在检测时应加以区别对待。RBI 将检测方法和检测频率有效地结合起来,分析每种可用的检测方法和它对降低失效概率的相对有效性,根据设备部件的失效模型和概率、失效的后果以及风险的等级决定检测的方法、检测的范围和检测的时间,给出每一步检测的信息和费用,制订出最佳的检测方案。因此,与传统的检测相比,RBI 根据风险排序优化检验计划和维护资源,重点关注那些高风险的设备,将设备的风险控制在可接受的范围内。

检测是一种有效的设备风险管理方法,其作用在于通过检测及时发现设备可能出现的失效,并采取应对措施,从而控制设备的运行风险。但检测不可能降低设备的失效后果,检测只对降低失效发生的频率有效。

8.2.4　风险再评估和 RBI 评价的更新

RBI 是一个动态的评价工具,可以对设备现在和将来的风险进行评估。然而,这些评估是基于当时的数据和认识,随着时间的推移,不可避免地会有改变。有些失效机理随时间发生变化,适当的检测行为可以增大设备失效的置信度。工艺条件和设备的改变,也会带来设备风险的变化,因此,RBI 评价的前提也可能发生变化,减缓措施的应用也可以改变风险。对上述条件的变化进行有效的管理,进行风险的再评估工作是十分必要的。

8.3　风险评估程序及方法分类

8.3.1　RBI 的程序

RBI 实施的流程如图 8-1 所示。

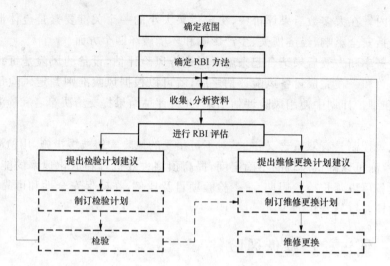

图 8-1 RBI 实施的流程

在图 8-1 中，实线部分属于 RBI 的范畴，虚线部分属于与 RBI 密切相关的管理（基于风险的管理——RBM）的范畴。下面简述 RBI 的主要步骤。

（1）确定范围

RBI 通常有三种应用范围：工厂或车间、设备单元、单台过程装置。

（2）确定 RBI 方法

RBI 方法可以归纳为三类：定性 RBI、半定量 RBI、定量 RBI。在实践中根据 RBI 的应用范围和能够收集到的资料的详细程度进行选择。

（3）收集、分析资料

如前所述，RBI 是一种系统分析的方法，必须对大量资料进行收集、整理和分析。其所需要的资料可以归纳为四类：设计和竣工资料、工艺资料、检验资料、维护和更换资料。

（4）进行 RBI 评估

RBI 评估的简单流程如图 8-2 所示。

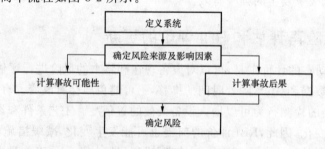

图 8-2 RBI 评估的简单流程

（5）提出检验计划和维修更换计划的建议

检验计划的要点包括检验周期和检验方法。建议检验周期时，需要考虑以下因素：政府法规的要求、过程装置的风险、工厂整体的大修计划。建议检验计划和维修更换计划时，需要考虑以下因素：有效性、可行性、经济性。

8.3.2　RBI 再评估

RBI 是一个不断循环、周而复始的过程。当过程装置及其环境状况发生变化或获得新的资料时,即在下列情况下应该再次进行 RBI 评估:

(1)上次 RBI 评估建议的周期到期;

(2)维护性停车前后;

(3)采用重大救援措施后;

(4)工艺条件发生重大变化;

(5)破坏机理发生重大变化;

(6)RBI 的前提条件发生重大变化。

8.3.3　风险评估方法分类

风险评估分析方法可分为定性评估、半定量评估及定量评估三种。定性方法简单易用,需要的资料较少,可以应用于工厂或车间、设备单元和单台过程装置上;半定量方法比较简单,需要的资料较多,通常应用于设备单元和单台过程装置上;定量方法很复杂,需要的资料很多,通常应用于设备单元和单台过程装置上。定量 RBI 是最严谨的风险评估分析技术,也是 RBI 技术的发展趋势。表 8-2 对比分析了定性 RBI、半定量 RBI 和定量 RBI 三种评估方法之间的特点。

表 8-2　　　　　　定性 RBI 评估、半定量 RBI 评估和定量 RBI 评估的比较

评估方法	优点	缺点
定性 RBI 评估	简单	主观性强,不同评价结果间不可比
半定量 RBI 评估	比较简单,结果准确,性价比高	有一定主观性
定量 RBI 评估	结果更加精确	复杂,需要大量资料,成本高

1.定性 RBI 评估

定性 RBI 评估主要通过问答的方式确定影响事故可能性和事故后果的各个因素的得分,再分别换算为事故可能性类别和事故后果类别,并用风险矩阵表示风险,其具体过程如下:

(1)确定事故可能性类别

影响事故可能性的因素很多,可以归纳为六类:设备因子、破坏因子、检验因子、环境因子、工艺因子和设计因子。通过问答的方式确定以上因子的得分,并将上述得分之和换算成可能性类别。可能性共分为 1、2、3、4、5 五个类别,类别 1 表示可能性最小,类别 5 表示可能性最大。

(2)确定燃烧爆炸事故后果类别

影响燃烧爆炸事故后果的因素很多,可以归纳为六类:化学因子、质量因子、状态因子、自燃因子、压力因子和补偿因子。通过问答的方式确定以上因子的得分,并将上述得分之和换算成后果类别。后果共分为 A、B、C、D、E 五个类别,类别 A 表示后果最轻微,类别 E 表示后果最严重。

(3)确定中毒事故后果类别

影响中毒事故后果的因素很多，可以归纳为四类：毒性因子、扩散因子、补偿因子和人口因子。通过问答的方式确定以上因子的得分，并将上述得分之和换算成后果类别。

（4）确定最终的事故后果类别

取燃烧爆炸与中毒事故后果类别中较严重的一个作为最终的后果类别。

（5）确定风险

根据事故可能性类别和事故后果类别，在图 8-3 所示的风险矩阵中表示风险。

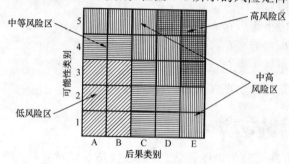

图 8-3　风险矩阵图

2. 半定量 RBI 评估

半定量 RBI 评估采用问答、选择、估算和计算等多种方式确定事故可能性类别和事故后果类别，根据分析得到的事故可能性类别和事故后果类别，同样可以在图 8-3 所示的风险矩阵中表示风险。

3. 定量 RBI 评估

定量 RBI 评估是一个相对复杂的过程，其具体过程如下：

（1）确定通用事故频率

以 6 mm、25 mm、100 mm 和完全开裂四种典型尺寸表示破坏的规模，根据设备类型，从同类设备平均失效概率数据库中确定所预计的破坏规模的同类设备平均失效概率。

（2）确定设备修正因子

根据设备的实际情况，通过选择的方式，确定四方面的修正因子：技术模型亚因子、环境亚因子、机械亚因子和工艺亚因子。

设备修正因子＝技术模型亚因子＋环境亚因子＋机械亚因子＋工艺亚因子

其中，技术模型亚因子是最重要的修正亚因子，其值往往比其他三个亚因子之和还高 1～2 个数量级。其计算过程涉及很多因素，十分复杂。

（3）确定管理系统评价因子

根据设备所在车间或工厂的实际情况，通过问答的方式，确定以下方面的得分：领导和监督；工艺安全资料；工艺危险性分析；变更管理；操作程序；安全作业手册；培训；机械完整性；开车前的安全检查；紧急情况处理；事故调查；分包管理；管理系统评估。

将上述得分之和换算为管理系统评价因子。

（4）确定失效概率

失效概率＝同类设备平均失效概率 × 设备修正因子× 管理系统评价因子

（5）确定事故后果

在定量 RBI 评估中，考虑四方面的后果：燃烧爆炸后果、中毒后果、环境清理后果和停产损失。

以上每种事故后果都取决于很多因素,其计算都是非常复杂的过程。在定量 RBI 评估中,按照一些假设,对事故后果的计算进行了简化。

(6)确定风险

在定量 RBI 评估中,按照下式确定风险:

$$R = \sum_{i=1}^{4} P_i (C_{1i} + C_{2i} + C_{3i} + C_{4i}) \tag{8-1}$$

式中　P_i——第 i 种破坏规模的失效概率;

　　　C_{1i}——对应第 i 种破坏规模的燃烧爆炸后果;

　　　C_{2i}——对应第 i 种破坏规模的中毒后果;

　　　C_{3i}——对应第 i 种破坏规模的环境清理后果;

　　　C_{4i}——对应第 i 种破坏规模的停产损失。

8.4　定量风险评估过程

8.4.1　概　述

图 8-4 所示为定量 RBI 的过程。在 RBI 计算中,一个关键因子是设备开孔尺寸,开孔尺寸和泄漏情景一一对应。对每种泄漏情景分别计算不同泄漏孔尺寸对应的风险,风险值相加就可得到设备风险。

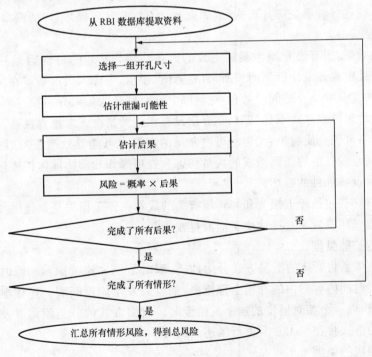

图 8-4　定量 RBI 的过程

8.4.2　可能性概述

可能性分析是从特定类型设备的同类设备平均失效概率数据库中获得其同类设备平均失效概率 F_g，然后通过设备修正因子 F_E 和管理系统评价因子 F_M 对同类设备平均失效概率进行修正。采用下式计算修正后的失效概率 $F_{adjusted}$：

$$F_{adjusted}=F_g \times F_E \times F_M \tag{8-2}$$

在对多个行业的设备失效历史进行收集整理的基础上，建立同类设备平均失效概率数据库。根据这些数据，确定每种类型的设备或每种直径的管道对应的同类设备平均失效概率。

设备修正因子 F_E 反映了每台设备特定的运行环境。

管理系统评价因子 F_M 反映了设备工艺安全管理系统对设备的机械完整性所产生的影响。不同工厂或同一工厂中具有不同管理系统的设备单位，管理系统评价因子不同，但对同一设备单元中所有被研究的设备，该因子是相同的。

8.4.3　后果概述

承压设备因失效导致的危险介质泄漏可产生很多严重后果。RBI 将这些后果归为四种基本类型：

(1)燃烧爆炸后果：基于热辐射和爆炸造成的人员伤害和财产损失而确定。采用事件树进行分析，确定每种燃烧爆炸模式(例如火池、闪燃、蒸气云爆炸等)的概率，然后采用计算模型确定总后果。

(2)毒性后果：因有毒介质泄漏而造成的人员伤害。RBI 的毒性后果只考虑急性中毒，不考虑慢性中毒。毒性后果面积所采用的计算模型，考虑人员所暴露在的有毒云团中毒性组分的浓度。如果介质同时具有可燃性和毒性，则认为如果介质被点燃，则有毒介质被燃烧，毒性后果可以忽略不计(即只在介质没有燃烧的情况下考虑毒性后果)。

(3)无毒不可燃介质后果：无毒不可燃介质的泄漏也可能导致严重的后果，考虑化学品的溅洒和高温蒸气的灼伤而造成的人员伤害。物理爆炸和沸腾液体扩展爆炸也可能造成人员伤害和设备部件的破坏。

(4)经济损失：包括停工损失和与环境有关的成本。停工损失是燃烧爆炸和非燃烧后果面积的函数。环境后果直接取决于泄漏量或泄漏率。

1. 泄漏的扩散类型

RBI 方法体系将所有的泄漏方式分为两类：瞬时泄漏和连续泄漏。瞬时泄漏是在一段相对较短的时间内容器内的介质全部流失，如容器发生脆性断裂。连续泄漏是在一段较长的时间里，以一个相对恒定的速率发生泄漏。泄漏方式的分类原则以及对这两种泄漏方式建模的公式将在 8.4.6 节进行描述。

2. 泄漏效应的类型

在 RBI 分析的特定环境下，泄漏效应是指危害性介质的物理行为。例如，安全扩散、爆炸或者火焰喷射。对于风险分析来说，后果是指输出结果对人、设备和环境所产生的有害影响。

实际的效应取决于泄漏介质的种类和性质。对各种类型可能的效应简介如下：

（1）易燃介质泄漏的效应

易燃介质泄漏产生下列六种可能的效应：

①安全扩散：流体产生了泄漏但在随后的扩散中未燃烧，即为安全扩散。这是由于流体进行扩散时，在遇到火源之前，其浓度已经低于可燃极限。尽管没有发生燃烧，但易燃物质的泄漏仍然可能对环境产生有害的影响，如液体介质对环境所产生的影响。

②火焰喷射：高动量的气体、液体或两相混合体被点燃，即产生火焰喷射。通常，在邻近喷射点的区域内，辐射水平很高。如果泄漏物质没有立即被点燃，就可能会形成一股可燃的烟流或烟团。一旦点火后，烟流或烟团将会闪燃或者回燃，造成火焰喷射。

③爆炸：在特定的条件下，火焰前锋可能运动得非常快，此时就会发生爆炸。爆炸通过火焰前锋产生的超压波会造成较大破坏。

④闪燃：云团燃烧不产生明显的超压，即为闪燃。闪燃所产生的后果仅在燃烧云团所在区域及其附近比较显著，不会产生足以破坏设备的超压。

⑤火球：当大量的燃料仅与周围有限的空气混合后燃烧，就会产生火球。火球产生的热辐射水平在云团边界外仍相当大，但维持这种热辐射水平的时间通常很短。

⑥火池：易燃物质形成的液池发生燃烧，只在液池周围的区域内产生热辐射，即形成火池。

（2）有毒介质泄漏的效应

有毒介质泄漏产生两种可能的效应：安全泄漏或显现其毒性。有毒介质泄漏时产生毒性效应必须具备下列两个条件：

①泄漏介质在与人体接触时，必须要有足够高的浓度；

②泄漏介质停留的时间足够长，以便有害效应得以显现。

如果以上两个条件中有一条不满足，则有毒介质泄漏的结果就是安全扩散，即毒性事故没有达到临界值。如果以上两个条件都满足了（浓度和时间），也有人员在场，将会发生中毒事件。

（3）环境效应

从环境的角度来说，只有当泄漏介质被完全密封在设备的物理边界内时，才是安全扩散。如果介质没有被密封，就会出现因介质泄漏而引起的扩散。地下污染通常是介质泄漏超出边界而导致的环境效应。

（4）停产效应

由于装置与设备失效导致的相关成本影响，主要是设备维修与更换成本、人员伤亡成本等。停工损失是燃烧爆炸和非燃烧后果面积的函数，利用易燃事件后果，可以对停产所产生的影响进行分析。

3. 利用效应模型评价后果

后果计算的前两步从物理现象的角度预测了效应，第三步则将效应转化为后果。

RBI利用两种不同类型的影响准则来评价一个给定的效应所产生的后果：直接效果模型和概率模型。直接效果模型适用于易燃介质泄漏后果、停产损失后果及环境后果，概率模型适用于有毒介质泄漏后果。直接效果模型使用发生/不发生方法来预测某一给定效应所产生的后果。概率模型反映了正态分布的变量随时间的变化,是一种评价后果的统计方法。

8.4.4 风险计算

某一事件的风险值定义为失效后果和失效概率的乘积,则某一事件的风险按下式计算:

$$Risk_S = C_S \times F_S \tag{8-3}$$

式中,S 为情景,事件的情景共分四种,后面会详细介绍;C_S 为情景 S 的后果,平方米(面积)或元(金额);F_S 为情景 S 的概率。

对于每一设备项,总风险是所有事件情景的风险值之和,则每一设备项的总风险按下式计算:

$$Risk_{item} = \sum Risk_S \tag{8-4}$$

式中,$Risk_S$ 为情景 S 的风险值,平方米/年或元/年;$Risk_{item}$ 为每一设备项的风险值,平方米/年或元/年。

8.4.5 定量风险评估可能性分析

可能性分析首先对炼油和化工设备的同类设备平均失效概率的数据库进行分析。同类设备平均失效概率通过两个条件进行修正:设备修正因子(F_E)和管理系统评价因子(F_M),按照式(8-2)进行计算,可以得出一个修正的失效概率,即设备项的失效可能性。

修正因子反映两个操作单元之间以及一个操作单元的各设备部件之间的特定差异。第一个修正因子 F_E,检查每一设备部件具体的细节以及部件运行环境,这样可以建立一个只适于该设备的修正因子。第二个修正因子 F_M,调节设备管理系统对车间内机械完整性的影响,这个修正同时适用于车间内所有的设备部件。

如果修正因子的值大于 1.0,修正的故障发生频率就会增加;如果修正因子的值小于 1.0,修正的故障发生频率就会减小。但在任何情况下,这两个修正因子恒为正数。

(1)同类设备平均失效概率

同类设备平均失效概率的数据库是基于对设备故障历史记录的统计而建立起来的,从这些数据中能够得出不同类型设备和直径不同的管子的同类设备平均失效概率。

(2)设备修正因子

设备修正因子 F_E 与一些特定的条件有关,这些条件对设备部件的故障发生频率有较大影响。这些条件可划分为如下四类亚因素:

①检查建造材料、环境和检验程序的技术模块;

②影响所有设备部件的全局条件;

③不同设备部件项的机械考虑;

④影响设备完整性的工艺。

(3)管理系统评价因子

一个公司的操作安全管理系统的有效性对机械完整性有很大的影响。RBI 程序包含一个评价方法，应用这个方法来评价设备管理系统对故障发生频率的影响的大小。此评价由一系列对检测、维护、操作、安全人员的审查组成。这样的评价能够比较详细地提供管理系统之间的显著区别。

1. 同类设备平均失效概率

对于给定设备，如有足够数据，那么就可以从实际观测到的故障算出实际发生故障的概率。一台设备即使没有发生过故障，实际发生故障的概率也是大于零的。

在估算故障概率的第一步时，有必要先在一个比较大的范围内统计同类设备发生故障的历史，以便为实际故障发生概率提供一个合理的估计。用这种一般的设备组故障历史可以得出一个同类设备平均失效概率。从一个公司的所有车间或者一个行业的各个厂的记载、文献资料、以前的报道、商业资料库记载可以得出同类设备平均失效概率。因此，同类设备平均失效概率通常只代表一个行业，它并不反映一个具体车间或者一台具体设备的实际故障发生频率。同类设备平均失效概率见附录Ⅰ。

2. 设备修正因子

设备修正因子 F_E 是基于每一设备部件在特定的运行环境中建立起来的，由四个亚因子组成（图 8-5）。

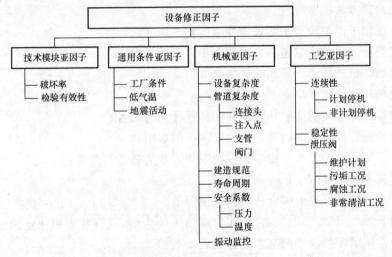

图 8-5　设备修正因子概览

每个亚因子都包含几个因素，对每一个因素，各条件的分析结果用一些数字来说明故障发生频率偏离同类设备平均失效概率的程度。若结果是正值，就可判断此条件使故障发生频率增加，若结果是负值，表明可以减小故障发生频率。如果一种条件会使故障发生频率增加约一个数量级，那么这个值就赋予"＋10"。

由于在破坏机理存在的情况下，发生故障的可能性不会减小，因此量化出来的破坏速度的值都是正数。但是，根据定义，同类设备平均失效概率的数据是包括设备所有部件的，其中在一些部件上具有正在破坏的机理，而另一些部件还没有。如果设备部件目前还不存在某种破坏机理，则它的故障发生频率就稍低于同类设备平均失效概率。根据这个原理，为所有设备部件的故障发生频率选定一个基础值"－2"，然后再相应地加上破坏机理的数值。如果没有典型的破坏机理，那么设备部件的故障发生频率的值就应该是负的（低于同类设备平均失效概率）。

各个亚因子分析完成后，将其各部分所测定的赋值加起来，最后的设备修正因子就以这个值为基础。这个值可能是正的也可能是负的，一般来说它都在-10到20之间变化。如果设备因子的总和是一个负值，按照表8-3将其最终转换成一个正的设备修正因子F_E。

表8-3 转换后的设备修正因子

各亚因子数值的总和	转化的设备修正因子 F_E
<-1.0	该值绝对值的倒数
$-1.0 \sim 1.0$	1.0
>1.0	等于该数值

（1）技术模块亚因子

技术模块是用来估计特定的失效机理对故障发生概率的影响的，主要包含以下四项内容：

①在操作条件下筛选破坏机理；

②确定操作环境下的破坏速度；

③量化检测方法的有效性；

④计算适用于同类设备平均失效概率的修正因子。

技术模块亚因子的确定包含如下几个步骤：

①筛选破坏机理和求出预期的破坏速度；

②确定破坏速度的置信水平；

③确定检测程序对确认破坏程度和破坏速度的有效性；

④计算检测程序对提高破坏速度置信水平的影响；

⑤计算已知破坏程度超过设备破坏极限并导致失效的可能性；

⑥计算技术模块亚因子；

⑦计算所有破坏机理的综合技术模块亚因子。

以压力容器"常压塔顶贮液器"的均匀腐蚀失效为例，进行技术模块亚因子确定的过程演示。该常压塔顶贮液器的基本信息见表8-4。

表8-4 常压塔顶贮液器的基本信息表

参数	数据	参数	数据
材料	SA 285-Gr. C	直径	457 mm
厚度	9.5 mm	设计腐蚀速度	10 mm/a
设计压力	0.345 MPa	使用寿命	6 年
腐蚀裕量	4.75 mm	以前检测数据	无

下面叙述确定该"常压塔顶贮液器"技术模型亚因子的七个分析步骤：

①筛选破坏机理，求出预期的破坏速度

对每个设备部件的操作条件和建造材料的组合进行评估，以确定哪种损伤机理是潜在发生的。确定有损伤机理的设备，破坏发展速度一般是已知的或者是可以估算的，确定破坏速度资料的来源包括：已发表的文献数据、试验、现场测试、类似设备的经验数据和以往的检测数据。

在确定设备由某种损伤机理产生的破坏速率时，优先选择现场实测数据。在没有检测数据或上述其他数据来源缺失的情况下，对于均匀腐蚀减薄失效机理，取 0.25 mm/a 作为破坏速度的估计值。

②确定破坏速度的置信水平

通常，设备的破坏速度是不能确定的。精确地确定设备破坏速度的能力受设备复杂程度、工艺过程和金相组织变化、检测和试验方法的局限性等的限制。

以往的有关各种故障发生频率的数据表现了破坏速度的预先估计值的不确定性，对破坏速度预先估计值的不确定性的理解就是从各种相似的工艺和设备中选择典型例证。最好的资料来源于现场操作经验，从这些经验中可以找到在目前考虑的设备中发生的某种损伤的条件，而曾经观测到的破坏速度就是由这些条件引起的。其他数据来源有车间经验、资料库或者专家意见。

对于一般内部腐蚀，用以确定腐蚀速度的资料来源的可靠性可以分成三类：

a.不太可靠的腐蚀速度的资料来源

(i)公开发表的文献数据；

(ii)专家给出的数据；

(iii)缺省值。

b.中等可靠的腐蚀速度的资料来源

(i)在实验室内模拟工艺条件做的试验；

(ii)现场挂片试验。

c.可靠性较大的腐蚀速度的资料来源

(i)大量现场检测数据；

(ii)反映设备五年或更多年的工艺经验的挂片数据(若工艺条件没有发生过变化)。

如果可以从实际操作经验中获得足够的数据，那么在正常工艺条件下，实际腐蚀速度大大超过预期值的可能性就很小。

表 8-5 列出了基于破坏速度数据可靠性得出的可信度，即实际破坏速度在所得数据中所占的比例。

表 8-5　　　　　　　　　　　预期破坏速度的可信度

实际破坏速度范围	可靠性较低的数据	可靠性中等的数据	可靠性较高的数据
小于或等于预期破坏速度	0.5	0.7	0.8
一倍到两倍的预期破坏速度	0.3	0.2	0.15
两倍到四倍的预期破坏速度	0.2	0.1	0.05

③确定破坏程度和破坏速度所用检测方法的效果

检测方法(NDE 方法的组合，如目视检查、超声波检测等的组合)对破坏的定位和测定破坏的尺寸的有效性是不同的，因此测定破坏速度的效果也是不同的。检测方法可以提高检测出来的破坏程度的可信度，但由于不能完全检测出易于发生破坏的区域以及量化破坏程度而有其局限性。表 8-6 给出了技术模块所定义的三种破坏情形。

表 8-6 破坏情形种类的描述

破坏情形种类	均匀腐蚀情况
破坏情形 1 设备破坏程度低于根据模型或经验的破坏速度	如果没有进行检测,腐蚀速度小于或等于根据过去检测记录或历史数据预测的数据
破坏情形 2 设备的破坏程度稍高于预料的破坏速度	腐蚀速度是预测的两倍
破坏情形 3 设备的破坏程度比预料的破坏速度大许多	腐蚀速度是预测的四倍

检测方法的有效性可以定量地用可能性表示出来,这种可能性就是观测到破坏情形真实发生的概率。一般来说,检测方法可以分为五种:高度有效、通常有效、十分有效、有效性差和无效。

表 8-7 描述了针对均匀腐蚀损伤的五种检测方法以及检测效果的种类,说明了选用哪一种检测方法具有怎样的估算检测效果。例如,对于一般内部腐蚀,应用全面彻底的检测可以很有效地确定破坏速度,按照检验规范和规程期,在可重复点进行厚度测试以提高腐蚀速度预测的准确性。

表 8-7 内部腐蚀的检验有效性

检验有效性类别	均匀腐蚀例子
高度有效 几乎在每个例子中检测方法都可以准确地确定预料中的已存在的破坏($>90\%$)	通过全面的内部目视检查和超声波测厚方法来进行全面腐蚀的评价
通常有效 在大部分情况下检测方法都会准确地确定实际破坏情形($>70\%$)	通过局部的内部目视检查和超声波测厚方法来进行全面腐蚀的评价
十分有效 在一般的情况下检测方法都会准确地确定实际破坏情形($>50\%$)	应用外部点超声波测厚方法来进行全面腐蚀的评价
有效性差 这种检测方法不会很准确地确定实际破坏情况(40%)	用锤打试验,指示孔来进行全面腐蚀的评价
无效 这种检测方法不能或几乎不能检测出实际破坏情形(33%)	用外部目视检查方法来进行全面腐蚀的评价

在以往没有进行过检测的情况下,往往根据专家意见确定破坏速率。表 8-8 给出了不同等级检测效果对应测定腐蚀速度的置信水平。

表 8-8 全面腐蚀——检验有效性

破坏速度情形	实际破坏速度范围	检测结果确定实际破坏情形的可能性			
		有效性差/无效	十分有效	通常有效	高度有效
1	小于或等于预估速度	0.33	0.5	0.7	0.9
2	1~2 倍的预估速度	0.33	0.3	0.2	0.09
3	2~4 倍的预估速度	0.33	0.2	0.1	0.01

④计算检测方法对提高破坏速度可信度的效果

技术模块已经规定了需要测定的项目,即被评价的设备部件上一个已知破坏情形发生的可能性。问题形式一般如下:给出一个已知情况下的预测值,假如可以做试验来提高这种情况下预测值的可信度,一旦试验没有得出最后结果,那么试验做完后这种情况的预测值又是多少?

通过贝叶斯理论统计学的方法来解决上述问题。这个理论是将先验概率 $p[A_i]$(预测值)和条件概率 $p[B_k|A_i]$(检测有效性)结合起来得出最终预测概率的表达式,则概率 $p[A_i|B_k]$ 为

$$p[A_i \mid B_k] = \frac{p[B_k \mid A_i]p[A_i]}{\sum\limits_{j=1}^{n} p[B_k \mid A_j]p[A_j]} = \frac{p[B_k \mid A_i]p[A_i]}{p[B_k]} \qquad (8-5)$$

其中,$p[A_i|B_k]$ 为 B_k 条件下发生 A_i 的概率;$p[B_k|A_i]$ 为 A_i 条件下发生 B_k 的概率(即检验有效性,表示在任一 A_i 情况下得到 B_k 结果的概率);$p[A_i]$ 为发生 A_i 事件的概率;$p[B_k]$ 为发生 B_k 事件的概率,可以通过 $\sum\limits_{j=1}^{n} p[B_k|A_j]p[A_j]$ 公式得到,也可以通过其他方式得到。

该定律的作用是提出一个正规的方法将不确定的检测结果与以分析和建议为依据得到的预期条件的数据结合起来。

如果已知不同破坏速度的概率的预期值,并且给定倾向于显示一个或另一个破坏速度的检测结果,那么就可以用贝叶斯理论来修正之前的期望值。

检测频率和检测总数用来进行检测更新修正。在提高破坏速度确定性时,应用贝叶斯理论无疑可以确定检测的"值"。然后应用破坏速度的修正值计算设备可能的破坏程度。例如,对于上面的破坏速度期望值和检测结果例子,修正的破坏速度的可信度在检测后就可以计算出来:①对于一个新的装置,从腐蚀表中可以估计出腐蚀速度;②运行过一段时间后进行一次彻底的检测;③确认预期的腐蚀速度。

腐蚀速度的预期值可以应用贝叶斯理论得到修正,见表 8-9。

表 8-9   检测后预测破坏速度的可信度

破坏速度情况	破坏速度范围	一个十分有效的检测后	一个通常有效的检测后	一个高度有效的检测后
1	小于或等于测量速度	0.660	0.814	0.940
2	1~2 倍的测量速度	0.240	0.140	0.056
3	2~4 倍的测量速度	0.100	0.046	0.004

研究事例:压力容器的例子。在压力容器中,第一次检测方法被确定为通常有效的。表 8-9 以图的形式表示在图 8-6 中。

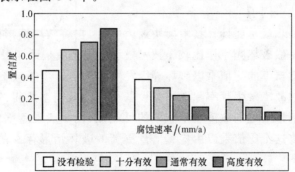

图 8-6   破坏速度的可信度——检验更新修正与检验有效性的关系

⑤计算破坏程度超过破坏极限从而导致故障的频率

由破坏速度估计值的不确定性表示的潜在的破坏速度在设备运行一段时间后将导致不同等级的破坏。技术模块的下一步是要计算与已知破坏情形有关的失效发生频率。

与破坏情形有关的工艺设备的失效取决于一系列的随机变量 $Z_1, Z_2, \cdots, Z_n$，如最大压力、最大裂纹尺寸、屈服强度或者断裂韧性等。这些量的空间可以分成两个范围：

a.安全组，不会引起失效的基本变量空间 Z_i 的组合；

b.失效组，会引起失效的变量空间 Z_i 的组合。

失效方式可由极限状态函数 $g(Z_i)$ 来确定。由 $g(Z_i)=0$ 的临界函数将变量划分成 $g(Z_i)>0$ 的安全组和 $g(Z_i)<0$ 的失效组。例如，对一个压力容器，极限状态函数可能是这样的：

$$g = S - L$$

其中，S 为强度；L 为载荷。当 $L>S$ 时，容器就会发生失效，$g(S,L)<0$。

对于临界状态函数描述的失效方式，失效发生的概率就是故障组 $g(Z_i)<0$ 的概率。可以用几种方法来计算失效发生的概率。对于 RBI，由于这是一个决策的手段，它选择了相对简单的可靠性指数方法。

这里用的程序就是针对同类设备平均失效概率，通过调整可靠性指数的输入以校对已算出来的故障发生概率，这样就可以得到符合故障发生频率的可以接受的破坏程度。用这一"校正过"的可靠性指数模型来计算较严重破坏情形的故障发生频率。

例如，对于破坏情形为全面腐蚀的情况，失效发生方式是延性过载，当外加载荷引起的应力超过薄壁内的流变应力时，就会引起延性过载失效。

对于上面所提到的例子，在不同的潜在腐蚀速度下，可以计算出每种速度下的破坏情形（器壁损耗）。然后，应用简单的可靠性指数方法计算出每种情况的失效发生频率。

研究事例：压力容器的例子，该容器已经使用 6 年。表 8-10 给出了三种不同破坏情形的失效发生概率。

表 8-10 　　　　　　　计算出的不同破坏情形的失效发生频率

故障情况	腐蚀速度/(mm/a)	壁厚损耗/mm	剩余壁厚/mm	失效概率
1	0.25	1.5	8.0	8×10^{-6}
2	0.5	3.0	6.5	2×10^{-5}
3	1.0	6.0	3.5	5×10^{-3}

⑥计算技术模块亚因子

技术模块的下一步就是要计算技术模块亚因子，用它将破坏情形引起的故障发生频率与所研究设备的一般破坏频率作比较。技术模块亚因子就是破坏引起的故障发生频率与同类设备平均失效概率的比值乘以破坏等级发生的概率。

破坏情形引起的故障发生频率除以同类设备平均失效概率所得的结果说明：所分析的设备已知的破坏情形引起的故障发生频率的可能性，比一般设备部件的故障发生频率的可能性大多少。将这个比值乘以由检验信息更新的破坏情形存在的概率，就得到检测数据的修正值。

研究事例：对于容易形成全面腐蚀的压力容器，表 8-11 给出了技术模块亚因子。为

说明检测的校正作用,对下列两种情况计算了亚因子:

a. 容器已经工作六年且没有检测过;

b. 容器已经工作六年且经过一次"通常有效"的检测。

从表 8-11 可以看出,在实施检测后,技术模块亚因子有减小的趋势。

表 8-11 计算出的技术模块亚因子

破坏情况	失效概率	"一般故障"发生概率	与"一般故障"频率的比值	破坏概率(检测前)	局部破坏因子(未检测)	破坏的概率(检测后)	局部破坏因子(1次检测)
1	8×10^{-6}	1×10^{-4}	0.08	0.5	0.04	0.81	0.06
2	2×10^{-5}	1×10^{-4}	0.2	0.3	0.06	0.14	0.03
3	5×10^{-3}	1×10^{-4}	50	0.2	10	0.05	2
整体技术模块亚因子					10		2

将表 8-11 以图的形式表现在图 8-7 中。注意:检测显著减小了破坏情形严重发生的可能性。

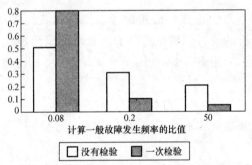

图 8-7 失效概率——检验对计算频率的影响

技术模块亚因子是不同破坏情形下的部分破坏因子的和,由于在风险分析中,任一种特殊类型的破坏都要考虑,所以其最小值是 1.0。

⑦计算所有破坏机理的总的技术模块亚因子

已计算出设备所有可能破坏机理出现的技术模块亚因子,要计算设备总的技术模块亚因子,就要把所有独立的亚因子相加。这个方法的优点是它可以说明任一个亚因子变化时总的因子变化大小,也反映了不同破坏机理之间并不是完全独立的,即一种机理造成的破坏可能会影响另一种机理造成破坏的严重程度。

(2)通用条件亚因子

通用条件亚因子适用于所有设备部件有相同影响的条件。因此,只需要一次收集和记录与这些条件有关的资料数据。通用亚因子包括三个要素:工厂条件、低气温运行、地震活动性。

①工厂条件

工厂条件考虑被评价设备的现有条件,包含以下几个方面:

a. 工厂的总体状况。包括:(i)内部管理的整体情况;(ii)临时修理,特别是这种临时情况经常发生;(iii)涂层的退化。

b. 工厂维修计划的有效性。比较有效的维修程序有:(i)在第一时间完成维修,很少有返工的情况；(ii)避免过多和不断增长的库存；(iii)维修和操作人员之间的良好组织关系。

c. 工厂的布局。在现有的条件中，工厂设备的间距和布局应方便维修和检测。

② 低气温运行

寒冷气候将给工厂运行带来一定的风险，低温会增加维修和检测的难度。冬天的天气条件会对设备构件产生直接的影响，如集结的冰和雪会引起小管线和电气仪表系统管段的变形或失效。此外，液位计冻结，水管破裂，含水盲管段的破裂或者工艺管线冻结、堵塞都是常见的低气温问题。合理的设计可以降低由气温低引起的问题，但并不能完全消除。

③ 地震活动性

尽管装置按照相关标准进行设计，但位于地震多发区车间的设备事故发生可能性比处在地震多发区以外的大。

(3)机械亚因子

机械亚因子反映的是与设备部件最初设计和制造相关的条件。一般可在 P&ID 图及工程文件中找到供分析的资料。机械亚因子由五个要素组成（其中的一些要素还有次要素）：复杂度、建造规范、使用寿命、安全因子和振动监控。机械亚因子为这五个因素的因子值之和。

① 复杂度

压力容器和管道的复杂度要素是不同的，应分别进行分析。

a. 压力容器复杂度

在大多数情况下，判断压力容器部件的复杂度是通过其上的接管数量来确定的，所有直径大于或等于 50.8 mm 的接管都应计算在内，包括人孔及目前未服役的接管。表 8-12 为接管数量所对应的压力容器复杂度因子值。

表 8-12　　接管数量所对应的压力容器复杂度因子值

设备类型	接管数量			
塔(全部)	<20	20~35	36~46	>46
塔(一半)	<10	10~17	18~23	>23
压缩机	2	3~6	7~10	>10
热交换器(壳程)	<7	7~12	13~16	>16
热交换器(管程)	<4	4~8	9~11	>11
泵	—	2~4	>4	
罐	<7	7~12	13~16	>16
压力容器复杂度因子赋值	−1.0	0	1.0	2.0

b. 管道复杂度

管道复杂度因子是管段特征的总体表现，包括四个因素：连接接头数、注入点个数、支路个数和阀门个数。

(i)连接接头数

连接接头既包含焊接接头，同时也包含法兰结构的连接。

(ii)注入点个数

经验表明,即使在正常运行的工况下,邻近注入点管道的腐蚀也容易加速,表现为腐蚀局部化。向转化炉里注入氯,向分馏塔顶系统中注入水,向催化裂解湿气里注入多硫化物、防沫剂等都属于注入点的范畴。

(iii)支路个数

采用三通管连接所形成的管段而不是由注入点连接形成的管段都可作为支路进行评价。如排液管线、混合三通、泄压阀支管等。

(iv)阀门个数

RBI 分析中,把管段的下游阀门看成是管段的一部分。切断阀、控制阀、排液阀和排气阀都包括在内,但不包括安全阀。

管道的复杂度因子按下式计算:

管道复杂度因子 n＝(接头数×10)＋(注入点数×20)＋(支路数×3)＋(阀门数×5)

由于管道的同类设备平均失效概率是单位管长的故障发生次数,因此管道的复杂度因子也要进行调整。用上面确定的复杂度因子 n 除以管长 L 来确定单位管长的复杂度子因子,再对每一管段赋予相应的数值,见表 8-13。

表 8-13　　　　　　　　　　管道的复杂度子因子

复杂性系数/m	赋值	复杂性系数/m	赋值
$n/L < 0.1$	-3.0	$2.0 < n/L \leqslant 3.5$	1.0
$0.1 < n/L \leqslant 0.5$	-2.0	$3.5 < n/L \leqslant 6.0$	2.0
$0.5 < n/L \leqslant 1.0$	-1.0	$6.0 < n/L \leqslant 10.0$	3.0
$1.0 < n/L \leqslant 2.0$	0	$n/L > 10.0$	4.0

②建造规范

建造规范体现了加工行业逐年积累的知识经验。尽管根据标准设计并制造出来的设备部件不能保证无故障运行,但是可以最大程度地减小发生问题的可能性。表 8-14 就是根据新规范、旧规范、无规范设计出来的设备分类及相应建造规范子因子。

表 8-14　　　　　　　　　　　　建造规范子因子

所依据规范的状况	类别	赋值
设备满足规范的最新版本	A	0
设备制造后,有关规范已进行了重大修改	B	1.0
制造这个设备时还没有正式规范,或未按当时规范制造这类设备	C	5.0

注:"C"类设备的赋值可以根据可靠的行业实践经验在 2.0~10.0 内进行调整。

③使用寿命

通常,设备部件在最初几个月或最初几年使用时,其可靠性很低且故障发生概率较高。经过最初使用期后,设备部件故障发生频率相对趋于稳定,直到接近其使用寿命,故障发生频率才会再一次增加。

对于设备使用寿命的评价是以设备部件当前已经服役的时间和设计寿命为根据的。服役年数可以不同于装置投用的时间:如部件是已经更换了的或是新增的,其服役年数就比装置投用的时间短;如部件以前在其他的装置中用过,其服役年数就比装置投用的时间长。设备的设计寿命受服役的工艺运行环境影响,对于有严重的腐蚀或疲劳等典型破坏机理的设备部件,其设计寿命一般是有限的。这类部件的失效概率在其接近使用寿命时会增加。

对于使用寿命要素,每种设备部件都需要确定服役年限和设计寿命。使用寿命修正数值是以部件开始服役时,其设计寿命失去作用的百分比为依据的(表 8-15)。

表 8-15　　　　使用寿命修正数值

已服役年限与设计寿命的比值/%	赋值	已服役年限与设计寿命的比值/%	赋值
0~7	2.0	76~100	1.0
7~75	0	>100	4.0

④安全因子

安全因子由两个次因素组成:操作压力和操作温度。

a.操作压力

正常操作情况下,操作压力和设计压力的比值就是安全因子。在设计压力以下运行良好的设备,其故障发生概率要比在以设计压力运行时的故障发生概率低。表 8-16 中的数值反映了这个特点。

表 8-16　　　　操作压力修正数值

操作压力/设计压力	数值	操作压力/设计压力	数值
>1.0	5.0	0.5~0.69	−1.0
0.9~1.0	1.0	<0.5	−2.0
0.7~0.89	0		

b.操作温度

设备部件的运行温度在操作温度以上且接近其结构材料的上限温度时,其故障发生频率会增加。类似地,在不正常的低温下运行的部件,其故障发生概率也较高。操作温度子因子不考虑低温操作引起的碳钢或低合金钢的脆断,潜在的脆断失效在脆断技术模块中进行评价。表 8-17 的值反映了这些关系,操作温度在上限和下限之间时,操作温度要素数值为 0。

表 8-17　　　　操作温度修正数值

材质	操作温度	数值	材质	操作温度	数值
碳钢	>288 ℃	2.0	304/316 不锈钢	>816 ℃	2.0
1%~5%Cr 钢	>343 ℃	2.0	所有钢材	<−20 ℃	1.0
5%~9%Cr 钢	>399 ℃	2.0			

⑤振动监控

磨损是泵、压缩机等旋转设备最常见的故障。磨损会造成密封破坏、轴破坏,在极端情况下甚至导致泵体破裂。一般来说,振动监控可以在设备故障发生前探测到要产生的问题,泵和压缩机的值见表 8-18。

表 8-18　　　　泵和压缩机的振动监控

监控技术	数值	
	泵	压缩机
无振动监控程序	0.5	1.0
定期振动监控	−2.0	0
在线振动监控	−4.0	−2.0

（4）工艺亚因子

工艺亚因子包括受工艺影响较大的条件和设备运行的方式。工艺亚因子的影响是全局的还是设备部件特有的取决于环境。工艺亚因子包括三个要素，其中每一个都有三个次因素：工艺连续性、操作稳定性和安全阀。

①工艺连续性

任何一次停车，即使经过严格的计划和处理，都会有操作失误和机械故障发生的潜在可能。停车次数越多，发生这种故障的概率越大，但概率增加值并不正比于计划停车的次数。

a.计划停车

计划停车包括所有按照生产计划进行的正常停车，应该用过去三年中每年的平均停车次数来确定数值。表 8-19 给出了计划停车对工艺连续性的评价数值。

b.非计划停车

非计划停车是指没有预先计划或在动力故障、泄漏、着火情况下的停车。紧急情况下的非计划停车比计划停车的弊端大得多。表 8-19 用过去三年中每年的平均非计划停车次数来确定其对工艺连续性的评价数值。

表 8-19　计划停车、非计划停车对工艺连续性的评价数值

每年计划停车数	数值	每年非计划停车数	数值
0~1	-1.0	0~1	-1.5
1.1~3	0	1.1~3	0
3.1~6	1.0	3.1~6	2.0
>6	1.5	>6	3.0

②操作稳定性

不稳定的生产操作会造成严重的工艺干扰或者非计划停车，由此会提高故障发生频率。这个要素选定的数值是以工艺固有的稳定性为根据的。要了解工艺稳定性，RBI 评价人员应与工艺、设备、维修人员进行沟通，然后看操作记录和一些其他资料。判断稳定性分类需要考虑的因素如下：

a.化学工艺是否复杂，是否包括放热反应或者异常极端变化的温度和压力。

b.该工艺在此处或别处是否发生过重大事故。

c.该工艺是否包括未被评审的工艺包和设计理念，或者该工艺的设备是否需要用特殊材料。

d.控制系统（包括相关安全特征的计算机控制）是否符合当前标准。该控制系统是否需要紧急停车系统或辅助动力系统。

e.工艺操作人员是否经过充分的培训或有熟练的操作经验。

在很多情况下，一个车间的所有设备部件是一个等级的。然而，如果车间的一部分比其他部分的稳定性高或低，且此部分的稳定性对其他部分的影响不大，那么这部分设备部件的分类应不同于其他部分。表 8-20 是所确定的稳定性等级转换成的数值。

表 8-20　稳定性类别数值

稳定性类别	数值	稳定性类别	数值
高于一般工艺	-1.0	低于一般工艺	1.0
和一般工艺差不多	0	更低于一般工艺	2.0

③安全阀

安全阀对工艺亚因素的影响主要考虑四个要素:维护计划、堵塞维护、腐蚀维护和清洁维护。

a.维护计划

按照法规要求,安全阀必须进行定期维护和检测以确保其功能正常运行。需要考察车间记录来确定未按照预定的时间进行维护和检测的安全阀的百分比。这个百分比是以没有按照预定的时间进行维护和检测的安全阀与安全阀的总数的比值为依据。如果没有建立确定的安全阀维护计划,车间没有维护记录及延期维护的安全阀,其默认值属于D类。

如果一个设备的安全阀下面安装截止阀以便在装置运行期间可以将安全阀拆下来维护和检测,必须要有一个非常严格的程序确保在安全阀正常服役时,截止阀不会被无意关闭。安全阀在工作状态下,要锁住其下面所有的阻塞阀门以避免误操作而关死阀门;如果设备安全阀下面有阻塞阀门但没有书面的计划来实现这个要求,其维护类别为D类。

在车间巡视时,应检查安全阀下面的截止阀门,确定它们是否可能被无意关闭。如果检查发现阀门开着时没有密封或是可以关闭,其维护类别为D类。表8-21是选取的值,包括上面所提到的可能补充措施。

表8-21　　　　　　　　　　安全阀维护数值

安全阀维护状态	类别	数值	安全阀维护状态	类别	数值
过期维护的<5%	A	−1.0	过期维护的15%～25%	C	1.0
过期维护的5%～15%	B	0	过期维护的>25%或缺少维护计划或切断阀程序	D	2.0

b.堵塞维护

含有大量聚合物或其他黏性较大物料的工业生产流体的部件更容易受损害。即使设计方法是正确的,黏性较大的物质也能堵塞安全装置或进口管道,使物料不能进入安全阀。表8-22给出的数值表明了安全阀是否容易受到工业生产物料的堵塞。

表8-22　　　　　　　　　　安全阀堵塞倾向数值

堵塞倾向	类别	数值
没有大量的堵塞物	A	0
体系中包含一部分有偶尔堵塞记录的聚合物或其他易于堵塞的物料	B	2.0
严重堵塞,有经常在安全阀或系统的其他部分内堵塞堆积的记录	C	4.0

c.腐蚀维护

腐蚀性的工业生产流体会给安全装置带来一定问题。设计时需要系统地考虑这方面因素以抵制腐蚀,但是安全阀内部构件的抗蚀性往往较弱,阀座的微小泄漏也能腐蚀阀门、弹簧、导向器等,造成不可预知的阀门功能失效。如果工业生产流体对碳钢或低合金钢有腐蚀性,除阀门内部构件的抗腐蚀性与阀体相同,或是在安全阀下面安装了抗腐蚀的爆破片之外,应按表8-23确定腐蚀状态子因子。

表 8-23　腐蚀维护数值

腐蚀维护	数值
是	3.0
非	0

d. 清洁维护

没有堵塞、腐蚀性或者其他污染倾向的工业生产流体的安全阀比其他安全阀要可靠。对于无结垢趋势、无腐蚀物质或其他污染物的工艺流体，按照表 8-24 对清洁状态子因子进行赋值。

表 8-24　清洁维护数值

清洁维护	数值
是	−1.0
非	0

3. 管理系统评价因子

由于企业的工艺安全管理系统之间存在区别，对不同企业的装置、操作单元及设备的失效可能性有较大影响，RBI 通过管理系统评价因子对同类设备平均失效概率的修正来反映这一影响。管理系统评价因子同等地应用于所评估装置的所有设备项，因此，不改变设备项的基于风险的评级顺序，但该因子对每个设备项的风险和所研究装置的总体风险水平有影响。

RBI 过程中的管理系统评价覆盖了车间内对设备完整性有直接或间接影响的所有工艺安全管理系统。表 8-25 列出了管理系统评价所涵盖的主要内容及其分值权重。管理系统评价共有 102 个问题，以问卷的形式要求领导和管理层、设备管理人员、操作人员等对与其相关的问题逐一进行回答。对每个问题的答案都给一个分数，分值大小取决于问题的重要性和答案的适应性。

表 8-25　管理系统评价问题汇总表

部门	主题	问题数	分数	部门	主题	问题数	分数
1	领导和管理	6	70	8	机械完整性	20	120
2	操作安全资料	10	80	9	开车前的安全回顾	5	60
3	操作危险分析	9	100	10	紧急反映	6	65
4	变化的管理	6	80	11	事故调查	9	75
5	操作程序	7	80	12	承建人	5	45
6	安全工作实践	7	85	13	安全生产管理系统评估	4	40
7	减薄	8	100		总计	102	1000

将管理系统评价分值转化成管理系统评价因子 F_M（管理子因子）有两个假设条件：

(1)"管理水平一般"的装置在管理系统上的得分为 50%；

(2)管理系统评价分值为满分的装置，其总风险可以降低一个数量级。

基于上述两个假设条件，管理系统评价分值转化成管理系统评价因子的函数关系为 $F_M = 10^{1-\frac{x}{500}}$，式中 x 为管理系统评价分值。管理系统评价因子 F_M 的取值范围为 $[0.1, 10]$。

该函数关系反映在半对数坐标系中如图 8-8 所示。

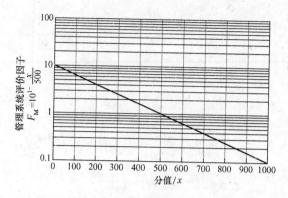

图 8-8　管理系统评价分值与管理系统评价因子的关系

需要强调的是,管理系统评价因子平等地应用于所有设备部件,因此,在制订基于风险检测排序时,它不会改变部件的相对风险级别排序。因子值是一个运行单元或车间与另一个运行单元或车间(不同位置区域)的比较。

8.4.6　定量风险评估后果分析

定量 RBI 后果计算流程如图 8-9 所示。由介质泄漏导致的失效后果可以通过八个步骤来评估:①确定代表性介质及其特性;②选定一组开孔尺寸;③估算可能的介质泄漏总量;④估算潜在的泄漏速率;⑤确定泄漏类型;⑥确定介质的最终状态,即液体或气体;⑦评价泄漏反应系统的影响;⑧确定潜在的泄漏影响区,计算失效后果。

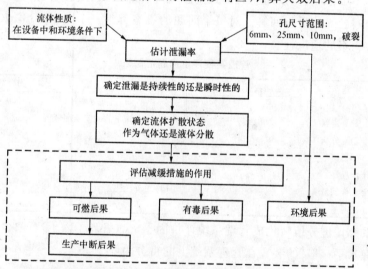

图 8-9　后果计算概述

1. 确定代表性介质及其特性

石油化工企业几乎所有的物料和产品都是混合物,在选定典型物质时,总要进行某些合理的假设。表 8-26 列出了在 RBI 建模时所采用的介质。

表 8-26 后果分析的代表性介质选取

代表性介质	涵盖介质	代表性介质	涵盖介质
$C_1 \sim C_2$	甲烷、乙烷、乙烯、液化天然气	HCl	氯化氢
$C_3 \sim C_4$	丙烷、丁烷、异丁烷、液化石油气	Nitric Acid	硝酸
C_5	戊烷	NO_2	二氧化氮
$C_6 \sim C_8$	汽油、石脑油、轻直馏馏分、庚烷	Phosgene	光气
$C_9 \sim C_{12}$	柴油、煤油	TDI	甲苯二异氰酸酯
$C_{13} \sim C_{16}$	航空燃料、煤油、汽油	Methanol	甲醇
$C_{17} \sim C_{25}$	柴油、典型原油	PO	环氧丙烷
C_{25+}	渣油、重原油、润滑油、密封油	Styrene	苯乙烯
H_2	氢气	EEA	乙二醇乙醚醋酸酯
H_2S	硫化氢	EE	乙二醇乙醚
HF	氟化氢	EG	乙二醇
Water	水	EO	环氧乙烷
Steam	蒸汽	Aromatics	苯、甲苯、二甲苯、异丙苯
Acid	酸、碱	Ammonia	氨
$AlCl_3$	氯化铝	Chlorine	氯
CO	一氧化碳	Pyrophoric	自燃物质
DEE	乙醚		

在 RBI 后果模型中,标准沸点被用来确定介质泄漏后的物理状态;根据泄漏介质的物理状态(气体还是液体),分别用相对分子质量或密度确定泄漏速率。因此,对于混合物应根据其平均的标准沸点(NBP)、自燃温度(AIT)、相对分子质量(MW)和密度(DENSITY)确定对应的代表性介质。混合物的物性可以按照下式计算:

$$Property_{mix} = \sum x_i Property_i \tag{8-6}$$

式中,x_i 为组分的摩尔分数;$Property_i$ 可以是标准沸点、自燃温度或密度。

代表性介质的特性参数见表 8-27。

表 8-27 代表性介质参数选取

介质	相对分子质量	液体密度 kg/m^3	标准沸点 ℃	环境中的相态	理想气体热容计算公式	C_p A	B	C	D	E	自燃温度 ℃
$C_1 \sim C_2$	23	250.512	−125	气体	注1	1.23×10	1.15×10^{-1}	$−2.87 \times 10^{-5}$	$−1.30 \times 10^{-9}$	—	558
$C_3 \sim C_4$	51	538.379	−21	气体	注1	2.63×10^{0}	3.188×10^{-1}	$−1.35 \times 10^{-4}$	1.47×10^{-8}	—	369
C_5	72	625.199	36	液体	注1	$−3.63 \times 10^{0}$	4.873×10^{-1}	$−2.60 \times 10^{-4}$	5.30×10^{-8}	—	284
$C_6 \sim C_8$	100	684.018	99	液体	注1	$−5.15 \times 10^{0}$	6.76×10^{-1}	$−3.65 \times 10^{-4}$	7.66×10^{-8}	—	223
$C_9 \sim C_{12}$	149	734.012	184	液体	注1	$−8.5 \times 10^{0}$	1.01×10^{0}	$−5.56 \times 10^{-4}$	1.18×10^{-7}	—	208
$C_{13} \sim C_{16}$	205	764.527	261	液体	注1	$−1.17 \times 10$	1.39×10^{0}	$−7.72 \times 10^{-4}$	1.67×10^{-7}	—	202
$C_{17} \sim C_{25}$	280	775.019	344	液体	注1	$−2.24 \times 10$	1.94×10^{0}	$−1.12 \times 10^{-3}$	$−2.53 \times 10^{-7}$	—	202
C_{25+}	422	900.026	527	液体	注1	$−2.24 \times 10$	1.94×10^{0}	$−1.12 \times 10^{-3}$	$−2.53 \times 10^{-7}$	—	202
H_2	2	71.010	−253	气体	注1	2.71×10	9.27×10^{-3}	$−1.38 \times 10^{-5}$	7.65×10^{-9}	—	400
H_2S	34	993.029	−59	气体	注1	3.19×10	1.44×10^{-3}	2.43×10^{-5}	$−1.18 \times 10^{-8}$	—	260

（续表）

介质	相对分子质量	液体密度 kg/m³	标准沸点 ℃	环境中的相态	理想气体热容计算公式	C_p A	B	C	D	E	自燃温度 ℃
HF	20	967.031	20	气体	注1	2.91×10	6.61×10^{-4}	-2.03×10^{-6}	2.50×10^{-9}	—	—
Water	18	997.947	100	液体	注3	2.76×10^{5}	-2.09×10^{3}	8.13×10^{0}	-1.41×10^{-2}	9.37×10^{-6}	—
Steam	18	997.947	100	气体	注3	3.34×10^{4}	2.68×10^{4}	2.61×10^{3}	8.90×10^{3}	1.17×10^{3}	—
Acid	18	997.947	100	液体	注3	2.76×10^{5}	-2.09×10^{3}	8.13×10^{0}	-1.41×10^{-2}	9.37×10^{-6}	—
AlCl₃	133.5	2 434.798	194	粉末	注1	4.34×10^{4}	3.97×10^{4}	4.17×10^{2}	2.40×10^{4}	—	558
CO	28	800.920	-191	气体	注2	2.91×10^{4}	8.77×10^{3}	3.09×10^{3}	8.46×10^{3}	1.54×10^{3}	609
DEE	74	720.828	35	液体	注2	8.62×10^{4}	2.55×10^{5}	1.54×10^{3}	1.44×10^{5}	-6.89×10^{2}	160
HCl	36	1 185.362	-85	气体	—	—	—	—	—	—	—
Nitric Acid	63	1 521.749	121	液体	—	—	—	—	—	—	—
NO₂	90	929.068	135	液体	—	—	—	—	—	—	—
Phosgene	99	1 377.583	83	液体	—	—	—	—	—	—	—
TDI	174	1 217.399	251	液体	—	—	—	—	—	—	620
Methanol	32	800.920	65	液体	注2	3.93×10^{4}	8.79×10^{4}	1.92×10^{3}	5.37×10^{4}	8.97×10^{2}	464
PO	58	832.957	34	液体	注2	4.95×10^{4}	1.74×10^{5}	1.56×10^{3}	1.15×10^{5}	7.02×10^{2}	449
Styrene	104	683.986	145	液体	注2	8.93×10^{4}	2.15×10^{5}	7.72×10^{2}	9.99×10^{4}	2.44×10^{3}	490
EEA	132	977.123	156	液体	注2	1.06×10^{5}	2.40×10^{5}	6.59×10^{2}	1.50×10^{5}	1.97×10^{3}	379
EE	90	929.068	135	液体	注2	3.25×10^{4}	3.00×10^{5}	1.17×10^{3}	2.08×10^{5}	4.73×10^{2}	235
EG	62	1 105.270	197	液体	注2	6.30×10^{4}	1.46×10^{5}	1.67×10^{3}	9.73×10^{4}	7.74×10^{2}	396
EO	44	881.013	11	气体	注2	3.35×10^{4}	1.21×10^{5}	1.61×10^{3}	8.24×10^{4}	7.37×10^{2}	429
Pyrophoric	149	734.012	184	液体	注1	-8.5×10^{0}	1.01×10^{0}	-5.56×10^{-4}	1.18×10^{-7}		—

注1：$C_p=A+BT+CT^2+DT^3$，T 为温度，K；C_p 的单位为 J/(kmol·K)。

注2：$C_p=A+B\left[\dfrac{C/T}{\sinh(C/T)}\right]^2+D\left[\dfrac{E/T}{\cosh(E/T)}\right]^2$，$T$ 为温度，K；C_p 的单位为 J/(kmol·K)。

注3：$C_p=A+BT+CT^2+DT^3+ET^4$，T 为温度，K；C_p 的单位为 J/(kmol·K)。

2. 选定一组开孔尺寸

在进行风险后果分析中，对连续开孔尺寸进行风险计算是不切实际的，必须采用一组不连续的开孔尺寸。RBI 方法采用一组预先定义的开孔尺寸模拟设备的开孔情况，定义的不同尺寸开孔分别表示小、中、大尺寸开孔及开裂时的情况。表 8-28 列出了 RBI 程序选定的几种开孔尺寸。

表 8-28　　　　定量 RBI 分析中使用的开孔尺寸

泄漏孔编号	泄漏孔尺寸	泄漏孔直径范围/mm	泄漏孔直径 d_n/mm	泄漏孔编号	泄漏孔尺寸	泄漏孔直径范围/mm	泄漏孔直径 d_n/mm
1	小	(0,6]	$d_1=6$	3	大	(50,150]	$d_3=100$
2	中等	(6,50]	$d_2=25$	4	开裂	>150	$d_4=\min\{D,400\}$

对不同设备类型的开孔尺寸选取原则如下：

（1）管道开孔尺寸的选择

泄漏孔的直径应小于或者等于管道的直径。例如，公称直径为 DN20 的管道只能有两种开孔尺寸：6 mm 及开裂；而一条公称直径为 DN100 的管道有三种开孔尺寸：6 mm、

25 mm 及开裂。

（2）压力容器开孔尺寸的选定

所有尺寸和类型的压力容器均有上述预定义的四种标准开孔尺寸。

（3）泵开孔尺寸的选择

泵有三种开孔尺寸：6 mm、25 mm 和 100 mm。

（4）压缩机开孔尺寸选择

往复式及离心式压缩机只有两种开孔尺寸：25 mm 和 100 mm。

3. 估计可能的介质泄漏总量

RBI 后果计算需要知道从设备中泄漏出来的介质总量的上限。从理论上讲，泄漏的介质总量就是被密封在承压设备以及能迅速被关闭的切断阀之间的介质量。例如，可以进行应急操作来关闭手动阀门、限流部件或者采取其他的措施来阻止泄漏。

当对某设备进行评价时，不仅要考虑该设备中的介质量，还要考虑与该设备相连的其他设备中的介质量，这些设备形成了设备群组。RBI 分析采用下述两个值中的较小者作为泄漏介质的总量：

（1）设备中的介质总量，加上 3 分钟内从设备群组中流入到该设备的介质量；

（2）与设备相连的设备群组中介质的总量。

4. 估算泄漏速率

RBI 后果分析将泄漏分为两种类型：

（1）瞬时泄漏：泄漏非常迅速，泄漏介质以单个大的云团或液体池的形式进行扩散。

（2）连续泄漏：泄漏持续时间较长，泄漏介质的扩散形状为伸长的椭圆形（其具体形状取决于天气条件）。

在初始分析时，并不能确定泄漏是瞬时的还是连续的，因此，应首先计算出理论泄漏速率，再判断在该速率下采用哪种泄漏模型更合适。

泄漏速率取决于介质的物理特性、初始状态及工艺条件。应根据介质在设备中的初始状态、泄漏介质以音速还是亚音速进行扩散，选择恰当的泄漏速率公式计算。初始状态为在正常操作条件下设备内介质的相态：液态或者气态。暂不考虑气液两相流的泄漏模型计算，当系统介质为气液两相流时需进行如下简化：通常多数情况下应以液相为初始状态，但含有两相流的管道除外。对于含有两相流的管道，初始状态取决于上游系统，如果上游介质主要以气态形式泄漏，应选择气相为初始状态，否则选择液相作为初始状态。

（1）液体泄漏速率计算

对每种尺寸的泄漏孔，其液相介质理论泄漏速率按下式进行计算：

$$W_n = C_d \rho_1 \frac{A_n}{31\,623} \sqrt{\frac{2g_c(p_s - p_{atm})}{\rho_1}} \tag{8-7}$$

式中，C_d 为泄漏系数，湍流介质通过边缘尖锐孔的泄漏系数为 $[0.60, 0.65]$，推荐保守的取值为 0.61；A_n 为孔的横截面积，m^2；ρ_1 为液体密度 kg/m^3；g_c 为力学常数，$1.0(kg \cdot m)/(N \cdot s^2)$；$p_s$ 为正常操作压力或储存压力，kPa；p_{atm} 为大气压力，kPa。

（2）气体泄漏速率计算

气体通过孔时的流速有两种：较高内压时为音速，较低内压时为亚音速。因此，对气体泄漏速率应分两步进行计算。第一步是确定流动形式；第二步是利用特定流动形式的方程来估算流动速率。下列方程定义了流动形式由音速向亚音速转换时的转变压力：

$$p_{\text{trans}} = p_{\text{atm}} \left(\frac{k+1}{2} \right)^{\frac{k}{k-1}} \tag{8-8}$$

式中，p_{trans} 为转变压力，kPa；p_{atm} 为大气压力，kPa；$k = C_p / C_V$，C_p 为理想气体恒压比热，J/(kmol·K)，C_V 为理想气体恒容比热，J/(kmol·K)。

当设备内操作压力大于转变压力时，采用音速气体泄漏速率方程进行泄漏速率估算，否则采用亚音速气体泄漏速率方程。

①音速气体泄漏速率计算

若气体泄漏时以音速扩散，则按照下式计算泄漏速率：

$$W_n = \frac{C_d}{1\,000} A_n p_s \sqrt{ \left(\frac{k \cdot M_W \cdot g_c}{RT_s} \right) \left(\frac{2}{k+1} \right)^{\frac{k+1}{k-1}} } \tag{8-9}$$

式中，W_n 为以音速扩散的气体泄漏速率，kg/s；C_d 为泄漏系数，$C_d = 0.85 \sim 1$，推荐保守的取值为 0.9；A_n 为孔的截面积，m^2；p_s 为上游压力，kPa；M_W 为相对分子质量，g/mol；R 为摩尔气体常数，8.314 J/(mol·K)；T_s 为操作温度，K。

②亚音速气体泄漏速率计算

若气体泄漏时以亚音速扩散，则按照下式计算泄漏速率：

$$W_n = \frac{C_d}{1\,000} A_n p_s \sqrt{ \left(\frac{M_W \cdot g_c}{RT_s} \right) \left(\frac{2k}{k-1} \right) \left(\frac{p_{\text{atm}}}{p_s} \right)^{\frac{2}{k}} \left[1 - \left(\frac{p_{\text{atm}}}{p_s} \right)^{\frac{k-1}{k}} \right] } \tag{8-10}$$

式中参数的选取同上。

5. 确定泄漏类型

基于火灾和爆炸历史数据的准则表明，如果超过 4 500 kg 的流体在短时间内泄漏，则很可能发生大面积的蒸气云爆炸，表现为瞬时泄漏；在连续泄漏模型中，蒸气云团爆炸的概率较小。这表明如果短时间内的泄漏量小于 10 000 kg，则更容易发生闪燃，而不是蒸气云团爆炸。按照以下原则确定泄漏类型：

（1）泄漏孔直径小于或等于 6 mm，则为连续泄漏模型；

（2）如果泄漏孔尺寸大于 6 mm，并且泄漏 4 500 kg 介质所需的时间少于 3 分钟，则为瞬时泄漏；

（3）如果泄漏孔尺寸大于 6 mm，但泄漏 4 500 kg 介质所需的时间高于 3 分钟，则为连续泄漏。

6. 确定流体的最终状态

介质泄漏后的扩散特性很大程度上取决于其在环境中的物理状态（气相或液相）。如果介质从稳定的操作条件下泄漏到稳定的周围环境中时，状态不发生改变，则其最终状态和初始状态一样。如果介质泄漏后会改变状态，则在后果计算中很难确定介质的状态。表 8-29 给出了推荐的介质最终状态确定方法。

表 8-29 　　　　　　　　　确定介质泄漏最终状态的原则

正常操作条件下介质在设备中的相态	介质在大气环境中的相态	介质泄漏相态
气态	气态	确定为气态
气态	液态	确定为气态
液态	气态	如果介质在环境中的沸点高于 30 ℃，则确定为液态，否则确定为气态
液态	液态	确定为液态

7. 评价泄漏后探测、隔离系统及减缓系统的影响

各种正常发挥功能的探测、隔离系统及缓解系统在失效发生后,对泄漏后果有一定的减缓作用。在进行泄漏后的探测和隔离系统评价时,要确定两个关键性参数:泄漏持续时间和危险介质扩散程度。在毒性介质后果评价中,泄漏持续时间是关键性参数;对于易燃介质泄漏很快就达到稳定的浓度,因此泄漏持续时间并不重要。

所有的石油化工厂都具有多种用于探测、隔离及减少危险介质泄漏所产生影响的缓解系统。RBI 采用简化的方法体系来评价各种缓解系统的效果。缓解系统分为两种类型:探测及隔离泄漏的系统、直接减小由危险介质泄漏所产生后果的缓解系统。

(1)探测及隔离系统的评价

探测及隔离系统的评价分两步进行:

①确定探测及隔离系统的分类等级;

②估计探测及隔离系统对后果的影响。

表 8-30 给出了检测及隔离系统分级(A、B 或 C 级)的原则,检测及隔离系统等级在后果评价部分用以确定对最终后果的影响。

表 8-30 　　　　　　　　　探测及隔离系统分级原则

	探测及隔离系统描述	类别
探测系统	依据系统中操作条件的变化(例如压力损失或流速降低)探测系统内介质损失的仪器	A
	正确布置的探测器,探测介质何时发生泄漏	B
	目视检测、照相或探测范围有限的探测器	C
隔离系统	隔离或切断系统,该系统直接由工艺仪表或探测器启动,而不需要操作者对此进行干预	A
	隔离或切断系统,该系统由控制室内或处在其他远离泄漏点的适当位置的操作者启动	B
	依靠手动阀门的隔离系统	C

根据现场经验,探测及隔离系统的分级与泄漏持续时间对应关系见表 8-31,泄漏总的持续时间是下列时间的总和:探测泄漏所需的时间、分析事故及确定措施所需的时间、完成适当的措施所需的时间。

表 8-31 　　　　　　　　基于探测和隔离系统的泄漏持续时间

探测系统类别	隔离系统类别	泄漏持续时间/min		
		6 mm	25 mm	100 mm
A	A	20	10	5
A	B	30	20	10
A	C	40	30	20
B	A 或 B	40	30	20
B	C	60	30	20
C	A,B 或 C	60	40	20

（2）探测、隔离系统及减缓系统对泄漏量或泄漏速率的影响

表 8-32 中列出了依据探测、隔离、缓解系统对泄漏特性进行的调整。这些值以工程判断为基础并借鉴了定量化风险分析中评价缓解措施的经验。

表 8-32　　　　　　　　具有缓解系统时燃烧后果的调整

反应系统		后果调整
	A 类探测系统＋A 类隔离系统	将泄漏总量或泄漏速率减小 25％
	A 类探测系统＋B 类隔离系统	将泄漏总量或泄漏速率减小 20％
	A 或 B 类探测系统＋C 类隔离系统	将泄漏总量或泄漏速率减小 10％
	B 类探测系统＋B 类隔离系统	将泄漏总量或泄漏速率减小 15％
	C 类探测系统＋C 类隔离系统	不做调整
直接减小危险介质泄漏后果的缓解系统	放空系统，且隔离系统的等级为 B 或更高	将泄漏总量或泄漏速率减小 25％
	消防喷淋系统和监视器	将泄漏总量或泄漏速率减小 20％
	消防监视器	将泄漏总量或泄漏速率减小 5％
	泡沫喷洒器	将泄漏总量或泄漏速率减小 15％

8. 确定泄漏后果

对易燃介质后果、有毒介质后果、环境后果及停车后果所采用的分析方法各不相同：

a. 通过事件树来计算有毒和易燃介质所产生的后果并以此确定各种效应（例如，闪燃、蒸气云团爆炸）的概率，结合计算模型得到的方程确定后果的范围；

b. 环境后果由可能的泄漏总量或泄漏速率直接确定；

c. 停产损失作为易燃介质后果的一个函数来进行评价。

为计算某一特定事件所导致的后果，首先需要确定产生特定后果的门槛值，该门槛值也称为影响准则。RBI 对设备损伤和人员伤亡采用不同的影响准则：

① 设备损伤准则

a. 爆炸超压——超压大于等于 34.5 kPa 的区域；

b. 热辐射——热辐射大于等于 42 kW/m² 的区域（火焰喷射及火池）；

c. 闪燃 ——按照云团燃烧下限浓度所确定区域面积的 25％。

② 人员伤亡准则

a. 爆炸超压——超压大于等于 34.5 kPa 的区域；

b. 热辐射——热辐射大于等于 14 kW/m² 的区域（火焰喷射、火球及火池）；

c. 闪燃——按照云团燃烧下限浓度确定的区域。

（1）易燃介质泄漏所产生的后果

对于易燃介质，RBI 用泄漏介质燃烧影响区域的面积来衡量后果。对任何易燃介质的泄漏都存在几种潜在效应：全泄漏（SD）、火焰喷射（JF）、蒸气云团爆炸（VCE）、闪燃（FF）、火球（BL）和火池（PF）。RBI 将所有可能的效应根据其概率加权，将其平均值作为综合效应。对于给定的泄漏类型，根据着火概率和着火时间确定易燃介质泄漏效应因子，以事件树的形式表现如下（图 8-10），事件树中描述了三种可能性：不着火、早期着火和延迟着火。

着火概率是自燃温度、闪点、可燃性物质指数和着火范围的函数。附录 J 中的附表 J1～J4 为不同介质和泄漏类型对应的泄漏效应概率。

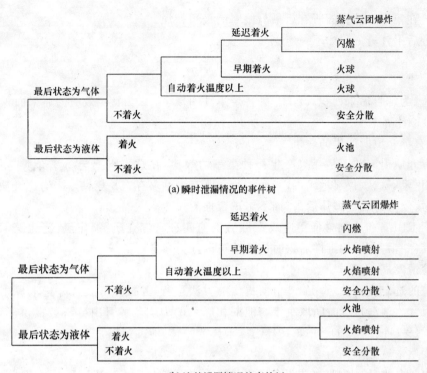

图 8-10 不同泄漏类型的事件树

易燃介质后果分析流程：

①确定泄漏类型和扩散相。

②根据考虑的效果，即设备破坏区的面积或潜在人员伤害面积，选择合适的表格。附录 K 中的附表 K1 适用于设备破坏后果面积计算，附表 K2 适用于人员伤害后果面积计算。

③选定表格的适用范围为气态或液态。

④根据代表性介质和后果类型选择相应的常量 a,b。

⑤依据泄漏类型，用泄漏速率或泄漏总量代替方程中的 x。后果是概率加权的影响区面积。

按照危险分析筛选程序分析一系列代表性介质，确定所有潜在效应的后果区域。根据后果区域-泄漏速率或泄漏总量关系图中，后果区域对数与泄漏速率或泄漏总量呈线性关系，其拟合方程的形式如下：

$$A = ax^b \tag{8-11}$$

式中，A 为后果面积，m^2；a、b 为取决于介质和后果类型的常量，量纲根据拟合方程确定，与介质相态以及泄漏类型有关；x 为经过调整的泄漏速率，$\mathrm{kg/s}$（对于连续泄漏或泄漏总量），kg（对于瞬时泄漏）。

⑥计算综合后果面积。

通过以下两步可以确定综合后果区域的面积：

a.将每个效应的后果面积（由式(8-12)计算）乘以相关的事件树概率；

b.将在第 a 步计算的所有后果与概率的乘积相加。

综合后果计算方程如下：

$$A_{comb} = \sum_{i=1}^{n} P_i A_i \qquad (8-12)$$

式中，A_{comb} 为综合后果面积，m^2；P_i 为特定事件的概率；A_i 为特定效应的后果面积，m^2，由方程(8-11)计算。

(2)有毒介质所产生的后果

有毒介质泄漏并不是都只产生一种类型的效应，在这一点上与易燃介质是相似的。例如，氟化氢、氨、氯仅显示出毒性，而硫化氢既有毒性又存在易燃性。当有毒介质发生燃烧现象时，仅考虑燃烧爆炸后果，而不考虑毒性后果。

炼厂 RBI 评价中通常使用造成毒性后果的四种有毒介质：氟化氢、硫化氢、氨及氯。在评价其他有毒介质的毒性后果时该方法可以作为参考。

①险情发展

险情的选定应该按照8.4.6节所提出的方法进行，并按照开孔尺寸选取原则选定一组开孔尺寸。泄漏持续时间取决于与泄漏相联系的周围环境且由分析者提供。随后，可以按照式(8-7)或式(8-9)、式(8-10)计算(液体或气体)泄漏速率。

②物质浓度极限

作为一个普遍的原则，如果设备组内的物质浓度等于或低于 IDLH(对健康或生命存在极度危害)，则没有必要对毒物泄漏进行评价。对于氟化氢，临界浓度是 30×10^{-6}；对于硫化氢，临界浓度是 300×10^{-6}；对于氨，临界浓度是 300×10^{-6}；对于氯，临界浓度是 30×10^{-6}。

③代表性物质

如果泄漏物质并不是单一的有毒介质，则在泄漏速率模型中应确定一种代表性物质。代表性物质的选择应依据混合物的平均沸点、密度及相对分子质量。

④泄漏速率/质量

a.在大多数情况下，氟化氢以液态形式进行储存、运输和加工。而液态氟化氢泄漏到大气中后，其毒性是通过有毒蒸气云团的扩散显现出来的。氟化氢蒸气云团由液池泄放或蒸发时通过液体闪蒸产生。对于 RBI，氟化氢的初始状态被假定为液态，计算氟化氢液体泄漏所产生的有毒影响区域面积时，所使用的模型已将闪蒸及液池蒸发的概率考虑在内。对氟化氢泄漏，RBI 使用以下原则：

(i)如果被泄漏混合物中含有氟化氢组分，确定氟化氢的质量分数；

(ii)仅利用氟化氢组分的液体比例(或质量)计算有毒影响区域的面积。

b.硫化氢其沸点较低，一般当作蒸气处理，或者在高压状态下，泄放时快速闪蒸。在这两种情况下，硫化氢泄漏到大气中后都会快速地形成有毒蒸气云团。对于硫化氢泄漏，RBI 使用以下原则：

(i)如果泄漏混合物中含有硫化氢组分，确定硫化氢的质量分数；

(ii)如果物质的初始状态为蒸气，则硫化氢的质量分数被用来得到仅硫化氢的蒸气排量(或质量)，该排量(或质量)被用来确定影响区；

(iii)如果物质的初始状态为液体，则硫化氢的质量分数被用来得到仅硫化氢的蒸气闪蒸率(或质量),该闪蒸率(或质量)被用来确定影响区。

c.对于连续泄漏,应该按照式式(8-7)计算泄漏速率。RBI 使用一种简化的方法来建立混合物的泄漏模型。如果泄漏物质是混合物,那么应该用每种有毒介质组分的质量分数乘以先前计算出的泄漏速率来计算。对于瞬时泄漏,计算步骤一样,只要用总量替代泄漏速率。

⑤泄漏持续时间

a.在 RBI 中,利用泄漏持续时间和泄漏速率来估计有毒介质的潜在后果,而可燃影响只取决于泄漏速率。泄漏持续时间取决于下列三个因素:设备项和连接系统中的物质总量;探测及隔离时间;可能采取的任何响应措施。

b.对于 RBI,泄漏持续时间最长被定为一小时,其原因如下:预计工厂应急响应人员将采取停机程序并启动组合的减缓措施来限制泄漏时间;毒性剂量影响估计中使用的氟化氢毒性数据是以对动物的 5~60 分钟的实验为依据的。

c.用系统内的物质总量除以初始泄漏速率就可以估算出泄漏持续时间。当计算时间超过 1 小时时,可能存在将显著缩短这一时间的现场系统,如隔离阀和快动检漏系统。时间应该根据实际情况确定。计算出的有效持续时间应该是下列几个值中的最小值:一个小时;总量除以泄漏速率;表 8-31(基于探测和隔离系统的泄漏持续时间)中所列的数值,加上通过泄漏向隔离区域排空流体所需的时间。

9.后果估计

一种后果分析工具应用于某一泄放率范围和时间,来获得毒性后果区的面积图。为了取得不同泄漏速率下的有毒介质后果区的曲线图,对瞬时泄漏(小于 3 分钟)及泄漏持续时间分别为 5 分钟、10 分钟、20 分钟、40 分钟及 1 小时的情况进行评估,以获得泄放率变化时的毒性后果区。

(1)后果区域

从理论上讲,连续泄漏时云团运动轨迹大致为如图 8-11 所示的椭圆形。因此,云团覆盖区域一定程度上保守地假定为椭圆形,同时,可以利用椭圆面积公式计算出区域的面积:

$$Area = \pi ab \tag{8-13}$$

式中,a 为云团宽度的二分之一(短轴),截取最大点(致命剂量水平的 50% 概率内);b 为顺风扩散距离的二分之一(长轴),在致命剂量水平的 50% 概率下截取;$\pi = 3.141\ 59$。

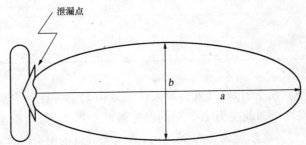

图 8-11　有毒烟流连续泄漏状态示意图

对于瞬时泄漏,云团扩散随时间的变化如图 8-12 所示。除 x 方向长度仅为最大云团宽度的二分之一外,覆盖的这个区域也保守地假设为椭圆形。

(2)结果概率

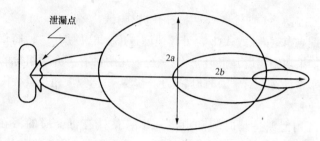

图 8-12　有毒烟流瞬时泄漏状态示意图

在同时涉及有毒及易燃结果的泄漏事件中,假定易燃结果消耗了有毒介质或者有毒介质扩散了并且易燃介质产生的后果也不重要,在这种情况下,有毒事件的概率就是此事件残余的不起火频率。

（3）有毒介质泄漏的组合后果计算

利用前面提出的方法及方程(8-12)就可以计算出有毒介质的后果平均值。

（4）氨/氯模拟

当环境温度为 24 ℃时,某种饱和液体从罐中泄漏出来。罐顶部离地面高为 3 m。为确定氨和氯在连续泄漏时的影响区域面积方程,对不同泄漏持续时间(10 min,30 min,60 min)考虑四种泄漏情况(6 mm、25 mm、100 mm 及 400 mm),泄漏速率(x)和面积(A)之间的关系符合下式:

$$CA_{inj,n}^{tox} = e(\text{rate}_n^{tox})^f \tag{8-14}$$

式中,$CA_{inj,n}^{tox}$ 为影响区域面积,m^2;rate_n^{tox} 为泄漏速率,kg/s。表 8-33 列出了不同情况下的常量值(e 和 f)。

对于瞬时泄漏,氨和氯的毒性后果面积按下式计算:

$$CA_{inj,n}^{tox} = e(\text{mass}_n^{tox})^f \tag{8-15}$$

式中,mass_n^{tox} 为介质实际泄漏量,kg。

表 8-33　　　　氨和氯连续泄漏时所持续的时间

化学物质	泄漏持续的时间/min	e	f
氯	60	10 994	1.026
	30	5 312	1.082
	10	3 518	1.095
氨	60	2 714	1.145
	30	1 650	1.174
	10	846.3	1.181

10. 蒸汽泄漏后果

当人暴露于高温蒸汽下时,蒸汽就会对人体表现出其危害性。当蒸汽从设备组内的孔洞逸出来后,其温度立即就变为 100 ℃。在短距离范围内,蒸汽根据其自身的压力和空气混合,冷却并浓缩。在浓度大约为 20%时,蒸汽和空气的混合气体将会冷却至 60 ℃(60 ℃为造成人身伤害的阈值,即为防止人体受到灼伤,热表面需要保温的临界温度值)。

为确定蒸汽连续泄漏时影响区域的方程,研究不同蒸汽压力下的四种(6 mm、25 mm、100 mm 及 400 mm)泄漏情况。泄漏速率和区域面积之间为一种线性关系,用方程表示如下:

$$CA_{inj,n}^{CONT} = 0.123 \times rate_n \tag{8-16}$$

式中，$CA_{inj,n}^{CONT}$ 为影响区域的面积，m^2；$rate_n$ 为泄漏速率，kg/s。

瞬时泄漏时，建立了四种质量（4.54 kg，45.4 kg，454 kg 及 4540 kg）的蒸汽模型，泄漏总量和区域面积之间的关系为

$$CA_{inj,n}^{CONT} = 9.744(mass_n)^{0.6384} \tag{8-17}$$

式中，$CA_{inj,n}^{CONT}$ 为影响区域的面积，m^2；$mass_n$ 为泄漏量，kg。

11. 酸/碱泄漏后果

对于仅有飞溅类型后果的酸/碱，选水做代表性介质来确定人员受影响区域的面积。这个区域被定义为 $180°$ 的半圆，此区域被液体射流或雨状散落物所覆盖。酸/碱泄漏后果模型的建立仅针对连续泄漏，因为瞬时泄漏不产生雨状散落物。泄漏速率和影响区域面积之间的关系如下：

$$CA_{inj,n}^{CONT} = 0.2 \times 0.092\ 9 \times g \times (2.205 \times rate_n)^h \tag{8-18}$$

式中，$CA_{inj,n}^{CONT}$ 为影响区域的面积，m^2；$rate_n$ 为泄漏速率，kg/s；常数 g 和 h 是压力的函数，分别按下式计算：

$$g = 2\ 696.0 - 21.9 \times 145(p_s - p_{atm}) + 1.474[145 \times (p_s - p_{atm})]^2 \tag{8-19}$$

$$h = 0.31 - 0.000\ 32 \times [145(p_s - p_{atm}) - 40]^2 \tag{8-20}$$

12. 环境清理成本

因介质泄漏造成的环境后果用环境清理成本表示，是经济风险计算的成本之一。环境清理成本仅计算"最终状态为液体，不可能自燃"时的情况，如果标准沸点低于 93 ℃，则不必计算环境清理成本。

环境清理成本计算流程见表 8-34。

表 8-34　　　　　　　　　　　　　　环境清理成本输入量

输入变量	来源	单位
考虑环境泄漏吗？	使用者输入	Y/N
向地面还是水中泄漏？	使用者输入	地面/水中
来自每个损伤模数的损伤因子	损伤建模程序	没有
代表性介质	使用者输入	没有
流体的最终相为液体或气体	后果模型	没有
瞬时泄漏或连续泄漏	后果模型	没有
后果模数	可能或不可能自燃	没有
流体密度	查表	kg/m³
标准沸点	查表	℃
泄漏持续时间	按表 8-31 进行计算	min
每一种开孔尺寸下的泄漏速率	后果模型	kg/s
设备组总量	后果模型	kg
流体蒸发的百分率	查表 8-35	%

首先确定物质最终状态是否为气体。如果是则退出模块，随后确定是否可能自燃。如果不是也退出模块。

检查泄漏类型为瞬时泄漏还是连续泄漏。瞬时泄漏使用整个设备组存量。对于连续泄漏，则应该由表 8-31 计算泄漏持续时间，检查泄漏持续时间是否受限于每种不同开孔尺寸中的流动速率。采用泄漏持续时间中的最小值。利用持续时间、流动速率及密度计

算泄漏液体的质量。表 8-35 列出了代表性介质的物理特性。

基于向地表或水中泄漏,用清理流体所需的成本乘以剩下的流体。再用开孔尺寸频率与组合技术模块亚因子相乘所得的数值乘以这一数值。将所有的后果数值相加得到环境成本风险。最后再将它乘上 0.9 就可以用来说明能够燃烧但不会导致环境污染的泄漏量。

表 8-35 　　　　　　　　　　　　　　　**流体泄漏特性**

代表性介质	相对分子质量	密度/(kg/m³)	标准沸点/℃	蒸发比例(24 h 内)
$C_1 \sim C_2$	23	250.513	−125	1.00
$C_3 \sim C_4$	51	538.379	−21	1.00
C_5	72	625.199	36	1.00
$C_6 \sim C_8$	100	684.018	99	0.90
$C_9 \sim C_{12}$	149	734.012	184	0.50
$C_{13} \sim C_{16}$	205	764.527	261	0.10
$C_{17} \sim C_{25}$	280	775.019	344	0.05
$C_{25}+$	422	900.026	527	0.02
H_2	2	71.010	−253	1.00
H_2S	34	993.029	−59	1.00
HF	20	967.031	20	1.00

8.4.7　经济风险评估

在炼化企业中存在许多与设备失效相关的成本,经济风险评估考虑以下几个方面:①设备维修及更换成本;②因设备维修和更换而造成的停工成本;③与失效相关的潜在伤害所带来的成本;④环境清理成本。

经济风险评估首先是用失效后果乘以失效可能性来计算面积风险,再通过相关单位成本,得到经济风险的财务数值。因此,利用与每种开孔尺寸相联系的失效可能性就可以在开孔尺寸的水平上评价风险,总的风险是每种开孔尺寸风险的加和。

(1)设备维修及更换成本——针对具体设备项

设备维修及更换成本是单独评价设备的失效成本,而不考虑它是否存在于被影响区。然后可以加进任何别的成本。利用与所有可能险情组合相关的复合经济成本,以及每个设备项所独有的与每种开孔尺寸相关的特定成本来测试这种方法。

附录 L 中附表 L1 给出了推荐的设备失效成本数据,其中估算成本是以碳钢的价格为基础的,附表 L2 列出了其他材料与碳钢成本因子的推荐值。

(2)设备维修及更换成本——其他受影响设备

如果失效能够导致燃烧事件,则就有必要计算失效临近区其他设备的设备损伤成本,采用该生产装置中设备每平方米的成本常量作为装置内所有设备的默认值。最后基于燃烧爆炸后果面积进行经济风险计算。

(3)停工成本——特定设备项

当设备发生严重失效导致其丧失了生产的要求时,需要进行停产维修或者更换,因设备失效导致停产造成的经济损失称为停工成本。对于每种开孔尺寸,每一项设备失效潜在的停工时间经验值见附录 M。

(4)停工成本——其他受影响设备

如果失效影响到一定的面积,则必须考虑其他受影响设备的更换和修理的停工时间成本。采用该生产装置中设备每平方米的停产成本常量作为装置内所有设备的默认值,乘以影响区的面积进行停工成本计算。

(5)潜在伤害的成本

发生失效时要考虑的另一个成本是潜在伤害成本。根据一个生产装置中的人口密度和每个人的伤亡成本进行潜在的人员伤害成本计算。

8.5 基于风险的检测

检测是控制设备风险和确定设备完整性的主要方式之一,其他措施应根据具体情况进行选择,比如,预防性维护、材质试验、耐压试验、加强操作人员的培训、运行条件的监控等。显然,检测不能阻止或减少设备的损伤,检测只能确定、监控和度量设备损伤是否发生及程度,从而预防设备在今后工作条件下可能发生的损伤和可能出现的缺陷,降低失效的不确定性,从而降低风险。这其中假定采用的检测方法可靠有效,能够及时进行检测,并且所收集的数据准确、真实。检测数据和缺陷分析的质量对风险降低的水平有显著影响,因此,选用正确的检测和数据分析方法在设备的风险管理中十分关键。

8.5.1 传统常规检测方法简介

我国传统的承压系统的检验检测主要依据国家相关法规的要求来制订检测方案。依据《固定式压力容器安全技术监察规程》(TSG R0004—2009)和《压力容器定期检验规则》(TSG R7001—2013)制订压力容器的检测方案,依据《压力管道安全技术监察规程——工业管道》(TSG D0001—2009)和《在用工业管道定期检验规程》制订压力管道的检测方案。现行压力容器和工业管道定期检验的项目和检验比例有明确要求,最长的检验周期一般不超过 6 年,定期检验的具体要求详见第四篇。

8.5.2 传统常规检测方法的不足

从以上我国关于压力容器和压力管道的检测规范可以看出,传统定检程序对检测内容和检测周期都有明确的规定,检测内容和方法通常比较固定。这种检测方式是一种没有区别对待的、广泛的检测方式,检测行为相对比较被动,往往会进行一些重复检测,得到大量无用数据,而这些数据对于设备风险管理作用并不大,相反延长了检测所花费的时间和整套装置停工检测期,增加了检测费用和检测辅助费用(保温、油漆、人工等)。

从我国的运行实践来看,由于缺乏对装置工艺和失效机理的了解,因此在编制传统检测方案时无法依据设备和管道的不同失效形式采用不同的检测方法,也不能根据设备和管道的风险水平确定科学的检测比例。同时,一些其他因素也影响了检测的有效性,如生产厂考虑经济和工期等因素,要求简化检测;检验员采取保守(扩大检测比例)、方便(外部检测)、迎合用户要求(减少检测项目)的检测方案等。

8.5.3 新法规对实施 RBI 工作的相关规定

基于近几年 RBI 技术在我国应用的成果和经验,国家安全监察机构于 2009 年对在役压力容器和工业管道的相关法规进行了修订,明确了 RBI 技术在定期检验工作中的应用,也提出了可以适当延长检验周期的规定。新修订的法规《固定式压力容器安全技术监察规程》和《压力管道安全技术监察规程——工业管道》规定:实施基于风险的检验技术的压力容器和工业管道,使用单位应当根据风险评估结论所提出的检验策略制订检验计划,定期检验机构依据其检验策略制订具体的检验方案,并且实施定期检验;其检验周期可根据风险水平延长或者缩短,但最长不得超过 9 年。

8.5.4 基于风险的检测方法

RBI 的思想是通过对装置工艺和损伤机理的全面掌握,将检测资源按照设备的风险等级重新分配,在保证给予低风险项目足够检测和维护资源的条件下,将大量检测和维护资源转移到高风险项目上,给高风险项目提供更高水平的检测。因此运用 RBI 技术的检测是一种更主动、更有针对性的检测。

RBI 是一个将风险分析和机械完整性两种方法相结合的方法。RBI 侧重于装置损伤机理的风险分析。RBI 根据设备风险等级,从经济和健康、安全、环境的角度,给出了一个明确的检测程序。应用 RBI 技术,在当前可接受风险水平的条件下,区分那些不需要检测或可以采取其他风险降低措施的设备,确定设备的检测频率、检测范围和检测方法,使检测和管理行为更加有效、更加集中,这往往引起所采集的检测数据量的显著减少。因此,在很多情况下,除了降低风险和过程安全改进外,应用 RBI 技术可以节约大量成本(如延长装置的使用周期)。图 8-13 给出了随着检测水平增加,风险水平随之变化的曲线。

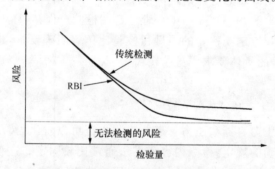

图 8-13　检测水平与风险水平的关系曲线

图 8-13 中上面的曲线代表传统检测时的风险。没有检测的风险水平很高,投入检测活动后,风险水平急剧下降。当风险降低到一定水平后,检测引起的风险水平降低逐渐趋于平缓,最终检测活动将不再引起风险的降低,这对传统检测与 RBI 检测都是一样的。

1. RBI 在制订检测计划时考虑的因素

RBI 风险评估的结果可以作为制订生产装置整体检测方案的基础。所制订的检测方案的基本要求是:能与其他的风险减缓措施一起,使装置的风险达到可接受的程度。检测方案的制订应该考虑风险等级、风险来源、设备历史、检测数量、检测类型和有效性,制订检测方案时还应考虑设备的实际情况和剩余寿命。

RBI 的基本功效在于优化检测方案,即给予高风险设备更多的检测资源,同时避免在低风险设备上的过多投入。检测方案通常包括检测方法、检测范围和检测周期三方面,其中检测方法的有效性非常重要。在 RBI 分析过程中必须确定检测方法的有效性,以保证能检测出设备已存在的缺陷和严重程度。例如,特定的损伤机理造成无法预测的局部腐蚀(如凹坑、局部减薄等),对于这种情况采用沿管线测厚的方式,很难发现已存在的缺陷,而超声波扫描、射线探伤等更有效。

RBI 在制订检测计划时应考虑:①各种退化机理所引起的设备失效模式;②缺陷开始出现到设备失效之间的时间间隔(如腐蚀速度);③检测方法的检测能力;④检测范围;⑤检测频率。

RBI 检测的目的是在设备失效前识别设备退化情况。一个完整的 RBI 检测方案应当回答四个问题:①检测哪一种缺陷;②缺陷所在的位置;③确定缺陷的最好检测方法;④检测的最佳时机,主要从经济方面考虑用户可接受的风险水平。

这四个问题分别代表:检测范围、检测方法、检测周期和检测比例。RBI 通过失效概率模型的计算明确了检测比例,通过对检测技术的有效性评价确定了检测方法,根据用户的风险接受程度确定了检测时间。

2. 缺陷的可检测性

各种检测技术的检测能力都有一定的限制,它受检测人员、检测技术以及缺陷自身特性等多方面的影响,RBI 通过对缺陷可检测性的分析更好地认识检测结果。

RBI 中使用了两种方法评价缺陷的可检测性:①发现与定位缺陷的概率;②检测方法的自身特性。

检测技术并不能百分之百地检测出所有缺陷,各种检测技术都有一定的发现与定位缺陷的概率。在发现检测结果时应当认识到,检测结果并不总是真实有效的,因为总有些缺陷是检测不出来的。

3. 检测内容

设备的检测工作是非常昂贵的,因此检测内容是控制检测费用的关键因素。在制订检测方案时,应当明确哪些是影响设备完整性的关键因素,哪些是在整体上影响设备的风险,哪些问题是普遍的,哪些问题是局部的,这将直接影响设备的风险水平。检测方案中应当明确那些容易退化和失效的位置(例如焊缝、高应力区域、液位的水平线等)。

RBI 通过制订针对不同失效机理的检测计划,同时对高失效后果的项目实施比低失效后果的项目更全面的检测,明确不同风险等级设备的检测程度。例如,腐蚀减薄严重且具有很高失效后果的管道系统,应使用可靠的检测技术对其壁厚检测位置进行 100% 的检测,而对于低失效后果的管道系统,则没有必要进行 100% 的检测,甚至仅需要进行 10% 的检测。

根据风险评估和风险排序结果,明确具有较大风险的设备,将检测资源集中到高风险的设备上,从而使检测行为更有效。管道失效是原油和天然气企业以及石化厂经常发生的主要事故和主要财产损失。通常,管道的失效情况跟管道所在的位置有关。邻近区域、介质流向、水和化学品的介入都表现为一定的位置特点。与大直径管线连接的小管道(通常不大于 38 mm,如采样口接管、排水管线和接连仪表管线)具有不同的失效概率,而且失效原因也与主管道有所不同。这些特殊位置和相关小管道的危险程度可能比那些主管道要大得多,因此可能需要更高频率、更彻底的检测。

不同的失效模式将会导致设备发生不同形式的破坏,例如,腐蚀将造成壁厚减薄、硫化氢应力腐蚀开裂可能导致表面裂纹。根据可能出现的破坏形式选择合适的检验方法是制订检验计划的关键。将检验效果分为五类,即高度有效、通常有效、一般有效、差和无效,检验有效性的具体分类方法见表8-36。目前在用压力容器的主要检验手段包括宏观检查、壁厚测定、磁粉检测、渗透检测、超声检测、射线检测、金相检验、涡流、漏磁、声发射检测等,这些检测方法对不同破坏形式的检测效果见表8-37。

表 8-36　　　　　　　　　　　　检验有效性的具体分类方法

检验有效性类别	定义
高度有效	检验方法可以正确识别几乎每种情况中可能发生的在役破坏,准确性可达到90%
通常有效	检验方法可以正确识别大部分的实际破坏状态,准确性可达到70%
一般有效	检验方法可以正确识别50%的破坏状态
差	只能提供很少的信息来正确识别实际的破坏状态(40%)
无效	检验方法不提供或几乎不提供正确识别实际破坏状态的信息(33%)

表 8-37　　　　　　　　　　不同检测方法对破坏形式的检测有效性

检测技术	减薄	表面裂纹	近表面裂纹	微裂纹	金相组织变化	尺寸变化	鼓泡
宏观检查	1~3	2~3	X	X	X	1~3	1~3
超声波纵波检测	1~3	3~X	3~X	2~3	X	X	1~2
超声波横波检测	X	1~2	1~2	2~3	X	X	X
射线探伤	1~3	3~X	3~X	X	X	1~2	X
荧光磁粉	X	1~3	3~X	X	X	X	X
渗透	X	1~3	X	X	X	X	X
声发射	X	1~3	1~3	3~X	X	X	3~X
涡流	1~2	1~2	1~2	3~X	X	X	X
漏磁	1~2	X	X	X	X	X	X
尺寸测量	1~3	X	X	X	X	1~2	X
金相	X	2~3	2~3	2~3	1~2	X	X

注:1为高度有效,2为一般有效,3为可能有效,X为不常用。

通常使用不同检验手段相互配合可以有效地提高检验有效性,例如,对于可能发生局部腐蚀的压力容器,进入压力容器内部采用宏观检查加超声测厚可以达到良好的检验效果。

8.5.5　检验计划制订的原则

基于安全风险的分析结果,并参考总风险的分析结果,考虑装置的实际情况,制订检验计划。检验计划包括检验方法和检验时间两方面的内容。基于风险的检验计划主要遵循以下原则:

(1)检验方式的选取:对于压力容器,如可以进入压力容器内部的,优先选择内部检验,具体检验方法应根据潜在的失效模式合理确定。

(2)检验比例的选取:根据风险分析的结果合理确定检验比例。基于风险的检验计划并不要求所有压力容器和压力管道的检验有效性都要达到高度有效,应根据实际情况合理选择检验有效性。

(3)对可能出现多种失效模式的压力容器和压力管道,在制订检验计划时应综合考虑多种失效模式的检验有效性。

(4)制订检验计划时,在参考本书提供的检验有效性的同时,结合我国的具体国情和法规要求,进行调整。

第4篇 压力容器与压力管道管理

压力容器与压力管道都属于特种设备。为了加强对特种设备的安全管理，预防和减少特种设备事故，保障人身和财产安全，促进经济社会发展，2009年国务院批准修订了《特种设备安全监察条例》，2014年1月1日《中华人民共和国特种设备安全法》正式实施。依据《特种设备安全监察条例》，国务院特种设备安全监督管理部门对特种设备的设计、制造、安装、改造、维修、使用、检验检测及其监督检查等环节，均实施严格的监督和管理。所以，从事涉及特种设备的人员必须掌握一系列相关的国家法律、法规、标准和规定，否则很容易造成危险。

本篇介绍了有关压力容器和压力管道管理方面的知识。根据国家一系列相关特种设备的管理法规，具体介绍了对涉及设计、制造、安装、改造、维修、使用、检验检测及其监督检查等环节的相关单位如何进行资格许可管理，对特种设备制造、安装过程如何实行监督检验的规定以及对使用部门如何进行定期检验的规定。内容均为原则规定，对于实施细则不做介绍。

通过本篇内容的学习，可以熟悉和了解有关压力容器和压力管道的一系列管理规范和规定，基本掌握压力容器与压力管道的设计、制造、安装、使用的资格管理以及安全质量的监督检验管理等方面知识。

第9章

压力容器与压力管道管理

9.1 概　述

生产和生活中常用的可能造成人身和财产安全的燃烧、爆炸和中毒等危害的设备属于特种设备范畴。特种设备技术水平代表着一个国家经济技术发展的程度。

这里的特种设备是指涉及生命安全、危险性较大的锅炉、压力容器(含气瓶)、压力管道、电梯、起重机械、客运索道、大型游乐设施等。通常称锅炉、压力容器和压力管道为承压类特种设备;称电梯、起重机械、客运索道、大型游乐设施和场(厂)内专用机动车辆为机电类特种设备。

为了加强特种设备的安全管理工作,预防和减少特种设备事故,保障人身和财产安全,2009 年国务院批准修订了《特种设备安全监察条例》,2014 年 1 月 1 日《中华人民共和国特种设备安全法》正式实施。

《中华人民共和国特种设备安全法》明确规定国家对特种设备实行目录管理,对特种设备的生产、经营和使用实施分类、全过程的安全监督管理。依据《特种设备安全监察条例》,国务院特种设备安全监督管理部门对特种设备的设计、制造、安装、改造、维修、使用、检验检测及监督检查等环节进行监督和管理。对涉及上述环节的有关单位进行资格许可,对特种设备制造、安装过程实行监督检验,对使用情况进行定期检验。

本章主要介绍压力容器与压力管道的设计、制造、安装、检验、使用登记和事故处理等管理方面的内容。

9.1.1　接受强制性管理的压力容器范围

按照 2009 年国务院批准修订的《特种设备安全监察条例》的规定,压力容器是指盛装气体或者液体承载一定压力的密闭设备,其范围为

(1)盛装最高工作压力大于或者等于 0.1 MPa(表压),且压力与容积的乘积大于或者等于 2.5 MPa·L 的气体、液化气体和最高工作温度高于或者等于标准沸点的液体的固定式容器和移动式容器;

(2)盛装公称压力大于或者等于 0.2 MPa(表压),且压力与容积的乘积大于或者等于 1.0 MPa·L 的气体、液化气体和标准沸点等于或者低于 60 ℃的液体的气瓶;

(3)氧舱。

同时,按照国家质检总局颁布的《固定式压力容器安全技术监察规程》,接受监督检验的压力容器,应同时具备下列三个条件:

(1)工作压力大于或等于 0.1 MPa;

(2)工作压力与容积的乘积大于或等于 2.5 MPa·L;

(3)盛装介质为气体、液化气体以及最高工作温度高于或等于其标准沸点的液体。

9.1.2 接受强制性管理的压力管道范围

《特种设备安全监察条例》规定,压力管道是指利用一定的压力,用于输送气体或者液体的管状设备。其范围规定为最高工作压力大于或者等于 0.1 MPa(表压)的气体、液化气体、蒸气介质或者可燃、易爆、有毒、有腐蚀性、最高工作温度高于或者等于标准沸点的液体介质,且公称直径大于 25 mm 的管道。上述管道属于"特种设备"管理范畴。

按照 1996 年原劳动部颁布的《压力管道安全管理与监察规定》,压力管道是指生产、生活中使用的可能引起燃爆或中毒等危险性较大的特种设备,且具备下列条件之一者:

(1)输送 GB 5044《职业性接触毒物危害程度分级》中规定的毒性程度为极度危害介质的管道。

(2)输送 GB 50160《石油化工企业设计防火规范》及 GB 50016《建筑设计防火规范》中规定的火灾危险性为甲、乙类介质的管道。

(3)最高工作压力大于或等于 0.1 MPa(表压,下同),输送介质为气(汽)体、液化气体的管道。

(4)最高工作压力大于或等于 0.1 MPa,输送介质为可燃、易爆、有毒、有腐蚀性的或最高工作温度大于等于标准沸点的液体的管道。

(5)前四项规定的管道的附属设施及安全保护装置等。

9.2 压力容器与压力管道设计、制造、安装的许可管理

9.2.1 压力容器与压力管道设计许可管理

根据《特种设备安全监察条例》、《压力管道安全管理与监察规定》的有关规定,由国家质检总局制定并颁布的《压力容器压力管道设计许可规则》,于 2008 年 4 月 30 日起实施。《压力容器压力管道设计许可规则》将压力容器与压力管道的设计许可级别进行了划分,并实行分级管理。设计许可程序包括申请、受理、试设计、鉴定评审、审批和发证。设计许可证有效期为 4 年。

1.压力容器设计许可级别的划分

压力容器设计的级别分为 A 级、C 级、D 级和 SAD 级。具体分级划分为:

(1)A 级,包括 A1、A2、A3 和 A4 四个级别。

①A1 级:指超高压容器、高压容器(注明单层、多层);

②A2 级:指第三类低、中压容器;

③A3 级:指球形储罐;

④A4 级:指非金属压力容器。

(2)C 级,包括 C1、C2 和 C3 三个级别。

①C1 级:指铁路罐车;

②C2 级:指汽车罐车或长管拖车;

③C3 级:指罐式集装箱。

(3)D 级,包括 D1 和 D2 两个级别。

①D1 级:指第一类压力容器;

②D2 级:指第二类压力容器。

(4)SAD 级:指压力容器应力分析设计。

2.压力管道设计许可级别的划分

压力管道设计许可级别按照 GA 类、GB 类、GC 类、GD 类管道的类别分为:

(1)GA 类(长输管道),划分为 GA1 和 GA2 两个级别。

①符合下列条件之一的长输管道为 GA1 级:

a.输送有毒、可燃、易爆气体介质,最高工作压力大于 4.0 MPa 的管道;

b.输送有毒、可燃、易爆液体介质,最高工作压力大于或等于 6.4 MPa,并且输送距离(指产地、储存库、用户间的用于输送商品介质管道的长度)大于或者等于 200 km 的长输管道;

②GA1 级以外长输(油气)管道为 GA2 级。

(2)GB 类(公用管道),划分为 GB1 和 GB2 两个级别:

①GB1 级为城镇燃气管道;

②GB2 级为城镇热力管道。

(3)GC 类(工业管道),划分为 GC1、GC2 和 GC3 三个级别。

①符合下列条件之一的工业管道为 GC1 级:

a.输送 GB 5044《职业性接触毒物危害程度分级》中,毒性程度为极度危害、高度危害的气体介质和工作温度高于标准沸点的高度危害液体介质的管道;

b.输送 GB 50160《石油化工企业设计防火规范》及 GB 50016《建筑设计防火规范》中规定的火灾危险性为甲、乙类可燃气体或甲类可燃液体介质,并且设计压力大于或者等于 4.0 MPa 的管道;

c.输送流体介质,且设计压力大于或者等于 10.0 MPa,或者设计压力大于或者等于 4.0 MPa,且设计温度大于等于 400 ℃的管道。

②GC2 级管道是除 GC3 级管道外,介质毒性危害程度、火灾危险性(可燃性)、设计压力和设计温度小于 GC1 级的管道。

③输送无毒、非可燃流体介质,设计压力小于或者等于 1.0 MPa,且设计温度大于 −20 ℃但小于 185 ℃的管道为 GC3 级。

(4)GD 类(动力管道),划分为 GD1 和 GD2 两个级别:

①GD1 级为设计压力大于等于 6.3 MPa,或者设计温度大于等于 400 ℃的管道;

②GD2 级为设计压力小于 6.3 MPa,且设计温度小于 400 ℃的管道。

3.设计许可的管理

(1)设计许可的分级管理

根据压力容器与压力管道的分类与分级,相应的设计许可的管理也实行分级,分别由国家质检总局和省级质量技术监督部门负责审批。

压力容器 A 级、C 级和 SAD 级设计单位由国家质检总局负责受理和审批;D 级设计单位由省级质量技术监督部门负责受理和审批。

压力管道 GA 类、GCl 级和 GD1 级设计单位由国家质检总局负责受理和审批;GB类、GC2 级、GC3 级和 GD2 级设计单位由省级质量技术监督部门负责受理和审批。

设计单位同时含有国家质检总局和省级质量技术监督部门负责受理和审批的项目时,由国家质检总局负责受理和审批。

(2)设计单位必须具备的基本条件

设计单位必须同时具备如下条件方可申请设计资格:

①有企业法人营业执照或者分公司性质的营业执照,或者事业单位法人证书;

②有中华人民共和国组织机构代码证;

③有与设计范围相适应的设计、审批人员;

④有健全的质量保证体系和程序文件(管理制度)及其设计技术规定;

⑤有与设计范围相适应的法规、安全技术规范、标准;

⑥有专门的设计工作机构、场所;

⑦有必要的设计装备和设计手段,具备利用计算机进行设计、计算、绘图的能力,利用计算机辅助设计和计算机出图率应达到 100%,具备在互联网上传递图样和文字所需的软件和硬件;

⑧有一定的设计经验和独立承担设计的能力。

(3)下列单位不允许申请从事压力容器和压力管道的设计工作资格:

①学会、协会等社会团体;

②咨询性公司、社会中介机构;

③从事特种设备检验检测的机构和单位。

9.2.2 压力容器与压力管道制造许可

压力容器与压力管道的制造必须经过资格申请。

1.压力容器制造的许可

根据《特种设备安全监察条例》的有关规定,由国家质检总局制定并颁布《锅炉压力容器制造许可条件》和《锅炉压力容器制造许可工作程序》,于 2004 年 1 月 1 日起实施。压力容器制造许可程序包括申请,受理,审查,证书的批准、颁发、审批及有效期满时的换证。压力容器制造许可证的有效期为 4 年。

(1)压力容器制造许可级别

压力容器制造许可分为 A、B、C、D 四个级别。各级别的制造许可范围见表 9-1。

表 9-1 压力容器制造许可级别

级别	制造压力容器范围
A	超高压容器、高压容器(A1);第三类低、中压容器(A2);球形储罐现场组焊或球壳板制造(A3);非金属压力容器(A4);医用氧舱(A5)
B	无缝气瓶(B1);焊接气瓶(B2);特种气瓶(B3)
C	铁路罐车(C1);汽车罐车或长管拖车(C2);罐式集装箱(C3)
D	第一类压力容器(D1);第二类低、中压力容器(D2)

(2)压力容器制造许可的管理

国家质检总局负责压力容器制造的监督管理工作,地方各级质量技术监督部门负责本行政区域内的压力容器制造的监督管理工作。

D级压力容器的《制造许可证》,由制造企业所在地的省级质量技术监督部门颁发,其余级别的《制造许可证》由国家质检总局颁发。境外企业制造的用于境内的压力容器,其《制造许可证》由国家质检总局颁发。

境内制造压力容器企业必须取得《中华人民共和国锅炉压力容器制造许可证》。未取得《制造许可证》的企业,其产品不得在境内销售、使用。

用于境内的制造压力容器持证企业,不得超出《制造许可证》所批准的产品范围。产品铭牌上应标注与《制造许可证》一致的制造企业名称和编号。压力容器随机文件中应附有《制造许可证》复印件。

(3)压力容器制造企业必须具备的基本条件

①具有企业法人资格或已取得所在地合法注册;

②具备与制造产品相适应的生产场地、加工设备、技术力量、检测手段等条件;

③建立质量保证体系,并能有效运转;

④保证产品安全性能符合国家安全技术规范的基本要求。

2. 压力管道元件制造的许可

压力管道元件制造资格也要经相关部门审批。

根据《特种设备安全监察条例》,国家质检总局制定并颁布《压力管道元件制造许可规则》,于 2007 年 1 月 1 日起实施。压力管道元件制造许可程序包括申请、受理、产品试制、型式试验、鉴定评审、审批和发证。压力管道元件制造许可证有效期为 4 年。

(1)压力管道元件制造许可级别(表 9-2)

表 9-2 压力管道元件制造许可级别

许可项目		代表产品的范围	限制范围
品种(产品)	级别		
无缝钢管	A1	公称直径大于或者等于 200 mm 的无缝钢管	材料、规格、标准
	A2	(1)公称直径小于 200 mm 的锅炉压力容器气瓶用无缝钢管 (2)公称直径小于 200 mm 的石油天然气输送管道用和油气井油(套)管用无缝钢管	
	B	(1)公称直径大于 25 mm 的其他无缝钢管 (2)各类管坯	

（续表）

许可项目			代表产品的范围	限制范围
品种（产品）		级别		
焊接钢管	螺旋缝埋弧焊钢管	A1	有特殊要求的石油天然气输送管道用螺旋缝埋弧焊钢管	材料、钢级、规格、标准
		A2	石油天然气输送管道用螺旋缝埋弧焊钢管	
		B	（1）低压流体输送用螺旋缝埋弧焊钢管 （2）各类螺旋缝桩用管	
	直缝埋弧焊钢管	A1	石油天然气输送管道用直缝埋弧焊钢管；	
		A2	低压流体输送用直缝埋弧焊钢管	
	直缝高频焊钢管	A1	（1）有特殊要求的石油天然气输送管道用直缝高频电阻焊钢管 （2）油气井油（套）管用直缝高频电阻焊钢管	
		A2	石油天然气输送管道用直缝高频电阻焊钢管	
		B	低压流体输送用直缝高频电阻焊钢管	
	其他焊接钢管	B		材料、规格
有色金属管（铝、铜、钛、铅、镍、锆等有色金属管及其合金管）		A		材料、规格
铸铁管		B		材料、规格
钢制无缝管件（包括工厂预制弯管、无缝管坯制管件）		A	（1）公称直径大于 250 mm 的耐热钢制无缝管件 （2）公称直径大于 250 mm 的双相不锈钢制无缝钢管 （3）公称直径大于 250 mm 且标准抗拉强度大于 540 MPa 的合金钢制无缝管件	产品名称、材料、规格
		B	其他无缝管件	
钢制有缝管件（钢板制对焊管件）		B1	（1）不锈钢制有缝管件 （2）标准抗拉强度大于 540 MPa 的合金钢制有缝管件	材料、规格
		B2	其他有缝管件	
有色金属及有色金属合金制管件		A		材料、规格
锻制管件（限机械加工）		B		规格
铸造管件		B		材料、规格
阀门		A1	设计温度大于 425 ℃，公称压力大于 10 MPa，且公称直径大于或等于 300 mm 的特殊工况阀门	用途、产品名称、规格
		A2	（1）公称压力大于或等于 6.4 MPa，且公称直径大于或者等于 300 mm 的特殊工况阀门 （2）设计温度低于 −46 ℃，公称压力大于或者等于 4 MPa，且公称直径大于或者等于 300 mm 的特殊工况阀门	
		B	一般工况阀门和其他特殊工况阀门	
锻制法兰及管接头（限机械加工）		B		产品名称、规格
金属波纹膨胀节		A	（1）公称压力大于或者等于 4.0 MPa，且公称直径大于或者等于 500 mm 的金属波纹膨胀节 （2）公称压力大于或者等于 2.5 MPa，且公称直径大于或者等于 1 000 mm 的金属波纹膨胀节	产品名称、规格
		B	其他金属波纹膨胀节	

（续表）

许可项目		代表产品的范围	限制范围
品种（产品）	级别		
其他形式补偿器（不含聚四氟乙烯波纹管膨胀节）	B		产品名称、规格
金属软管	B		规格
弹簧支吊架	B		
密封件（金属垫片、非金属垫片、金属、非金属复合垫片、密封填料）	AX		产品名称
紧固件（合金钢制 M14 以上螺柱、螺母）	B		材料、规格
元件组合装置　井口装置和采油树、节流压井管汇	A	额定压力大于或者等于 35 MPa 的井口装置和采油树、节流压井管汇	产品名称
	B	其他井口装置和采油树、节流压井管汇	
元件组合装置　燃气调压装置、减温减压装置	A	额定压力大于 1.6 MPa 的燃气调压装置	产品名称
	B	各类减温减压装置	
元件组合装置　其他组合装置	B		产品名称
防腐蚀压力管道用管子、管件、阀门、法兰、（涂敷防腐层、内衬防腐蚀材料、内搪玻璃等）	AX		产品名称、规格
低温绝热管、直埋夹套管	AX		产品名称
聚乙烯及聚乙烯复合管材、管件　聚乙烯管材	A1	公称直径大于或者等于 450 mm 的燃气用埋地聚乙烯管材	产品名称
	A2	其他燃气用埋地聚乙烯管材	
	A3	流体输送用埋地聚乙烯管材	
聚乙烯及聚乙烯复合管材、管件　聚乙烯管件	A1	(1)燃气用和流体输送用埋地聚乙烯电熔管件 (2)燃气用和流体输送用埋地聚乙烯热熔管件	
	A2	燃气用和流体输送用埋地聚乙烯多角焊制管件	
聚乙烯及聚乙烯复合管材、管件　带金属骨架的聚乙烯复合管材、管件	A		产品名称、规格
其他非金属及非金属复合压力管道元件（管材、管件、阀门、波纹管膨胀节）	A		材料
阀门铸件　铸铜件	B	各种铸铜阀体	材料
阀门铸件　铸铁件	B	各种铸铁阀体	
阀门铸件　铸钢件	B1	精密铸造的铸钢件	材料
	B2	砂型铸造的铸钢件	

许可项目		代表产品的范围	限制范围
品种（产品）	级别		
锻制法兰、锻制管件、阀体锻件的锻坯	A	（1）公称直径大于 250 mm 的耐热钢制各种锻制法兰、管件、阀体锻坯 （2）公称直径大于 250 mm 的双相不锈钢制各种锻制法兰、管件、阀体锻坯 （3）公称直径大于 250 mm 且标准抗拉强度大于 540 MPa 的合金钢制各种锻制法兰、管件、阀体锻坯	材料
	B	其他锻制法兰、管件、阀体锻坯	
压力管道制管专用钢板（钢级 L360 及以上压力管道制管专用钢板）	AX		材料、规格
聚乙烯管材及复合管材、管件原料（聚乙烯混配料）	AX		牌号、级别

注：(1)许可级别栏中的"A(A1,A2,A3)，AX级"由国家质检总局审批；"B(B1,B2)级"由国家质检总局委托制造单位所在地的省级质量技术监督部门审批。制造单位申请的项目中同时含有 A 级项目和 B 级项目时，由国家质检总局统一负责审批。表中同一品种（产品）的许可项目，A 级许可可以覆盖 B 级许可，A1 级许可可以覆盖 A2 级许可，B1级许可可以覆盖 B2 级许可，以此类推，但无缝钢管、阀门、燃气调压装置、减温减压装置、聚乙烯管件和铸钢件除外，相互不能覆盖。在确定的许可产品基本范围内，A2 级许可不包括 A1 级许可，B 级许可不包括 A 级许可，以此类推。

境外压力管道元件制造许可范围和许可方式由国家质检总局另行确定。

(2)压力管道密封件、防腐蚀压力管道元件、低温绝热管、直埋夹套管、压力管道制管专用钢板、聚乙烯混配料的制造许可采用型式试验的方式（AX 级），单独颁发制造许可证。

(3)产品限制范围是指许可品种产品的范围。一般涉及其产品名称、规格、产品标准，部分还涉及制造工艺、材料等。限制范围通过型式试验和生产条件确定。许可证书无法表明产品限制范围时，可采用许可证书加明细表的方式予以详细标注。许可产品的工作压力应当大于或者等于 0.1 MPa，公称直径应当大于 25 mm。

(4)特殊工况阀门，是指专用于电站、石油天然气及化工用高温高压管道、剧毒管道、低温管道和城镇燃气管道的阀门；一般工况阀门，是指不属于特殊工况阀门的其他压力管道用阀门。

阀门典型品种名称（包括特殊工况阀门和一般工况阀门）：闸阀、截止阀、节流阀、球阀、止回阀、蝶阀、隔膜阀、旋塞阀、柱塞阀、疏水阀、低温阀、调节（控制）阀、减压阀（自力式）、眼镜阀（冶金工业用阀）、孔板阀（冶金工业用阀）、排污阀、减温阀、减压阀、紧急切断阀、其他阀门（无行业标准或者国家标准，用于石油、化工装置上的非标阀门）。

(5)元件组合装置项目中的其他组合装置，包括汇管（汇流排）、过滤器、除污器、混合器、缓冲器、凝气（水）缸、绝缘接头、阻火器和其他产品等。本表未列入的其他元件组合装置，应当由国家质检总局确定是否按照本规则管理。

元件组合装置中不包括已纳入压力容器管理范围的产品。

(6)防腐蚀压力管道元件仅指对金属压力管道元件内、外表面复合防腐层（不含油漆）制造的许可，金属压力管道元件制造还应当取得相应的制造许可。

(7)仅对无缝钢管或有缝钢管进行扩径、减径的制造单位也应取得相应的钢管制造许可。

(8)螺旋缝缝埋弧焊桩用管和仅用于给排水的流体输送用埋地聚乙烯管材，制造单位可以申请特种设备制造许可。

(9)焊接钢管中，有特殊要求的石油天然气输送管道用钢管一般指符合 GB 9711—2011 要求的钢管。

(10)本规则所称的公称直径根据相关标准，依据不同的管材、管件，可以指公称外径、公称内径、通径和口径、公称尺寸。

(2)压力管道元件制造许可的管理

国家质检总局统一管理境内、境外压力管道元件制造许可工作，并且颁发制造许可证。同时委托省、自治区、直辖市级质量技术监督局负责本辖区内其他部分压力管道元件的制造许可审批。从事压力管道安装许可鉴定评审的机构和从事相关型式试验工作的机构,由国家质检总局公布。

(3)压力管道元件制造单位应当符合的基本要求

①制造单位应当具有法定资格,取得所在地政府部门合法注册;

②有适应制造需要的专业技术人员、检验人员和技术工人;

③有制造产品需要的生产条件,包括厂房场地、原材料和产品存放保管场地、制造管理的办公条件、生产设备、工艺装备等;

④有适应产品制造需要,并且能满足产品质量要求的检测手段,包括检测仪器、理化试验设备、无损检测设备、计量器具,有与产品出厂检验项目相适应的试验条件;

⑤具备产品的主要生产工序和完成最终检验工作的能力。

9.2.3　压力管道安装许可

压力管道的安装资格也必须经过有关部门的审批,方可实施。

根据《特种设备安全监察条例》,国家质检总局制定并颁布《压力管道安装许可规则》,于 2009 年 8 月 1 日起实施。压力管道安装许可程序包括申请、受理、试安装、鉴定评审、审批和发证。压力管道安装许可证有效期为 4 年。

1. 压力管道安装许可的分级

压力管道安装许可是按照压力管道类别进行分级的:

(1)GA 类为长输(油气)管道,安装许可级别划分为 GAl 和 GA2 两个级别;

(2)GB 类(公用管道),安装许可级别划分为 GB1 和 GB2 两个级别;

(3)GC 类(工业管道),安装许可级别划分为 GC1、GC2 和 GC3 三个级别;

(4)GD 类(动力管道),安装许可级别划分为 GD1 和 GD2 两个级别;

(5)长输(油气)管道带压封堵,安装许可级别划分为甲级和乙级两个级别;

(6)管道现场防腐蚀作业,安装许可级别划分为甲级和乙级两个级别。

2. 压力管道安装许可的管理

压力管道安装许可工作由国家质检总局统一管理。负责 GA 类[含长输(油气)管道带压封堵、管道现场防腐蚀作业(甲级)]、GC1 级和 GD1 级压力管道安装许可的受理、审批、发证,省级质量技术监督部门负责本辖区内其他级别的压力管道安装许可的受理、审批、发证。

3. 压力管道安装单位应当符合的基本要求

压力管道安装单位应同时具备如下基本条件:

(1)安装单位应当具有法定资格,取得工商行政管理部门营业执照;

(2)有与安装工作相适应的专业人员,包括管理人员、专业技术人员、检验检测人员和技术工人;

(3)有与安装工作相适应的安装条件,包括办公条件、安装设备与工艺装备、试验用的厂房场地、原材料和管道元件存放保管场地等;

(4)有与安装工作相适应的检测手段,包括检测仪器设备、无损检测设备、理化试验设备、计量器具和试验条件;

(5)具备主要的安装工序和完成最终检验工作的能力。

9.2.4 质量管理体系要求

特种设备制造、安装、改造、维修单位应当结合许可项目特性和本单位实际情况,按照《特种设备制造、安装、改造、维修质量保证体系基本要求》建立质量保证体系,并有效实施。

《特种设备制造、安装、改造、维修质量保证体系基本要求》中规定的质量保证体系基本要素至少应包括管理职责、质量保证体系文件、文件和记录控制、合同控制、设计控制、材料(零部件)控制、作业(工艺)控制、检验和试验控制、设备和检验试验装置控制、不合格品(项)控制、质量改进与服务、人员培训、考核及其管理、执行特种设备许可制度等。特种设备制造、安装、改造、维修单位应定期对质量保证体系进行管理评审,质量保证体系发生变化时,应及时修订质量保证体系文件。

9.3 压力容器与压力管道元件产品制造安全质量的监督检验

9.3.1 压力容器产品制造安全性能的监督检验

根据《锅炉压力容器产品安全性能监督检验规则》的规定,中华人民共和国境内压力容器制造企业的压力容器产品安全性能监督检验工作,由企业所在地的省级质量技术监督部门特种设备安全监察机构授权相应的检验单位承担;境外压力容器制造企业的压力容器产品安全性能监督检验工作,由中华人民共和国国家质检总局特种设备安全监察机构授权有相应资格的检验单位承担。

接受监督检验的压力容器制造企业,必须持有《压力容器制造许可证》或者省级以上安全监察机构对试制产品的批准文件。

压力容器产品的监督检验工作应在压力容器制造现场,且在制造过程中进行。监督检验是在受检企业质量检验(自检)合格的基础上,对压力容器产品安全性能进行的监督验证。监督检验不能代替受检企业自检,监督检验单位应对所承担的监督检验工作质量负责。

境外企业制造的锅炉压力容器产品,如未安排或因故不宜进行制造过程监督检验的,在设备到岸后,必须进行产品安全性能检验。

1.监督检验工作的依据与内容

(1)监督检验工作的依据

压力容器产品的监督检验工作主要依据《固定式压力容器安全技术监察规程》、《超高压容器安全技术监察规程》、《移动式压力容器安全技术监察规程》及相关标准、设计文件等。

(2)监督检验工作的内容

①监督检验工作包括对压力容器制造过程中涉及安全性能的项目进行监督检验和对受检企业压力容器制造质量体系运转情况的监督检查。

②按《压力容器产品安全性能监督检验项目表》的要求，压力容器产品监督检验项目分为 A 类和 B 类。

对 A 类项目，监督检验人员必须到场进行，并在受检企业提供的相应的见证文件（检验报告、记录表、卡等，下同）上签字确认，未经确认，不得流转至下一道工序。

对 B 类项目，监督检验人员可以到场进行，如不能到场，可在受检企业自检后，对受检企业提供的相应见证文件进行审查并签字确认。

③对实施监督检验的压力容器产品，必须逐台进行产品安全性能监督检验。同时，经监督检验合格的产品，应根据《压力容器产品安全性能监督检验项目表》的要求及时汇总并审核见证材料，按台出具《压力容器产品安全性能监督检验证书》，并在产品铭牌上打钢印。

2. 监督检验的项目和方法

（1）图样、资料审查

监督检验人员应检查压力容器设计单位的设计资格印章，确认资格有效；审查压力容器制造和检验标准的有效性；审查设计变更（含材料代用）手续。

（2）材料质量检查

监督检验人员应审查材料质量证明书和材料复检报告；检查材料标记移植；审查主要受压元件材料的选用和材料代用手续。

（3）焊接质量检查

监督检验人员应审查焊接工艺评定及施焊记录，确认产品施焊所采用的焊接工艺符合相关标准和规范的要求；确认焊接试板数量及制作方法；审查产品焊接试板性能报告，确认试验结果；检查焊工钢印；审查焊缝返修的审批手续和返修工艺。

（4）外观和几何尺寸检查

监督检验人员应检查焊接接头表面质量；检查母材表面的机械损伤情况；检查筒体最大内径与最小内径差；当直立容器壳体长度超过 30 m 时，要检查筒体直线度；检查焊缝布置和封头形状偏差，并记录实际尺寸；对球形容器的球片，要抽查成型尺寸。

（5）无损检测质量和管理检查

监督检验人员应检查布片（排版）图和探伤报告，核实探伤比例和位置，对局部探伤产品的返修焊缝，应检查扩探情况；对超声波探伤和表面探伤，除审查报告外，检验人员还应不定期到现场对产品进行实地监督检验；抽查 RT 底片，抽查数量不少于探伤比例的 30%，且不少于 10 张（少于 10 张的全部检查），检查部位应包括 T 形焊缝、可疑部位及返修片。

（6）热处理的检查

监督检验人员应检查并确认热处理的记录、曲线和热处理工艺的一致性；审查热处理报告。

（7）压力试验

监督检验人员应确认需监督检验的项目均已合格，受检企业应完成的各项工作均有见证。压力试验时，监督检验人员必须亲临现场，检查试验装置、仪表及准备工作，确认试验结果。

（8）对安全附件监督检验

监督检验人员应检查其数量、规格、型号及产品合格证是否符合要求。

（9）气密性试验

监督检验人员应确认气密性试验结果符合有关规范、标准及设计图样的要求。

（10）出厂技术资料审查

监督检验人员应审查产品出厂技术资料；检查铭牌内容是否符合有关规定；在铭牌上打监督检验钢印。

9.3.2　压力管道元件产品制造安全性能的监督检验

根据《特种设备安全监察条例》，国家质检总局制定并颁布《压力管道元件制造监督检验规则》，于2013年7月1日实施。

压力管道元件产品的监督检验工作，由制造单位所在地具有相应资质的特种设备检验机构承担。监督检验是指产品制造过程中，在制造单位对产品质量检验与试验（自检）合格的基础上，由监督检验机构对产品进行的符合性验证。监督检验不能代替制造单位的自检。

1. 监督检验的产品范围

根据《压力管道元件制造监督检验规则》和《压力管道元件制造许可规则》的规定，监督检验的产品范围包括：

（1）无缝钢管及管件、焊接钢管及管件（专用钢板）、有色金属（合金）管及管件；

（2）铸铁管及铸造管件；

（3）锻制法兰（锻坯）及管接头；

（4）金属波纹膨胀节及其他形式的补偿器；

（5）金属软管；

（6）弹簧支吊架；

（7）密封件及紧固件；

（8）元件组合装置；

（9）防腐蚀压力管道元件；

（10）低温绝热管及直埋夹套管；

（11）聚乙烯管材管件（原料）及其他非金属管件；

（12）铸铁阀门等。

2. 监督检验的方法和内容

（1）监督检验人员应按要求对压力管道元件产品进行逐台或逐批监督检验，产品监督检验项目分为A类和B类。

对于A类监督检验项目，监督检验人员在制造现场进行巡查的基础上，检查相关资料、实物或者进行现场监督，确认检验与试验结果，判定是否符合要求；未经监督检验或者监督检验不符合要求的产品，不得流转至下一道工序。

对于B类监督检验项目，监督检验人员在制造现场进行巡查的基础上，随机抽查各项相关资料、检验与试验报告、记录表、卡，必要时抽查实物或者进行现场监督，确认检验与试验结果,判定是否符合要求。

(2)监督检验机构应当在监督检验人员监督检验的基础上,按照《压力管道元件制造单位质量保证体系实施情况检查大纲》的要求,每年对制造单位质量保证体系实施情况至少进行一次检查。

(3)经逐台或逐批监督检验,对符合有关安全技术规范及其相应标准的产品,监检机构应当根据产品技术特性和制造单位产品生产和管理的实际情况,采用适当的方式,在产品明显部位标注监督检验标志。

(4)全部监督检验工作结束后,如果监督检验结论符合要求,对实施逐台或逐批监督检验的,监检机构应当及时向制造单位逐台或逐批出具《特种设备制造监督检验证书》;对实施年度监督检验的,监检机构应当及时向制造单位出具《特种设备制造监督检验报告》,注明下次监督检验日期。

3. 监督检验的项目

(1)设计文件

审查设计选用的安全技术规范及其相应的产品标准是否现行、有效,标注的检验与试验要求是否符合产品标准和合同技术要求,图样签字手续是否符合规定。审查是否进行了强度校核,是否有补偿量计算,检查签字手续是否符合要求。审查设计变更手续是否符合规定。

(2)许可证、型式试验文件和定型试验报告

审查许可证、型式试验证明文件及其结果是否符合要求。审查定型试验报告是否有效,是否能覆盖本批产品。

(3)制造工艺文件和焊接工艺评定文件

审查产品工艺文件是否完整齐全,签字手续是否符合规定。审查制造单位焊接工艺评定文件是否有效,是否能覆盖本批产品。对新的焊接工艺评定,监督检验人员应当对焊接工艺评定过程进行监督。

(4)材料质量控制

审查材料质量证明书是否有效,内容是否符合相关标准和合同的技术要求,数据是否齐全、正确和清晰。必要时可抽查制造单位对材料复检、标记移植和性能检查的控制情况。

(5)制造(焊接)质量控制

审查产品制造过程检查记录和焊接记录是否符合安全技术规范及其相应标准的要求。检查焊接人员资格证件,现场抽查施焊人员的资格是否与实际焊接情况一致,抽查产品制造工艺和焊接工艺的执行情况。

(6)无损检测质量控制

审查无损检测报告,核查其无损检测人员是否具备相应资格,检测方法、检测标准、检测比例和结果是否符合设计和相关标准要求,签字手续是否齐全。必要时现场监督无损检测过程。

需要进行射线检测的产品,对每个焊工施焊的焊缝进行 10% 的抽查,审查射线底片的质量和评定结果是否符合安全技术规范及其相应标准的要求。对于采用工业电视进行

无损检测的产品,可抽查存储的透照影像。

(7)外观与几何尺寸检查

审查检验记录,对实行逐批监督检验的产品,每批至少抽取1件产品进行外观质量和主要几何尺寸检查;实行逐台监督检验的产品,逐台进行外观质量和主要几何尺寸检查;对实行监督检验的制造单位,仅对抽查的产品进行外观质量和主要几何尺寸检查。

(8)热处理

审查热处理报告,核查其热处理记录、曲线与热处理工艺的一致性,必要时现场抽查热处理工艺的执行情况。

(9)理化试验

审查理化试验报告,检查其方法、内容及其检验数量是否符合相关产品标准和合同的技术要求,签字手续是否符合规定。由制造单位自行进行理化试验时,监督检验人员认为必要时,应现场监督试验过程。

(10)耐压试验和泄漏试验

审查耐压试验报告和泄漏试验报告,定期检查试验条件和试验设备,按要求检查试验压力、保压时间和压力表的有效期。对实行逐批监督检验的产品,每批至少跟踪抽取1件产品进行泄漏试验检查;实行逐台监督检验的产品,逐台进行泄漏试验检查;对实行监督检验的制造单位,仅对抽查的产品进行泄漏试验检查。

(11)安全附件

按照规定需要配置安全附件的,检查其数量、型号规格及其产品质量证明文件是否符合要求。

(12)产品标志

对实行逐批监督检验的产品,每批至少抽取1件产品进行标志检查;实行逐台监督检验的产品,逐台进行标志检查;对实行年度监督检验的制造单位,仅对抽查的产品进行标志检查。

9.4 压力管道安装安全质量的监督检验

根据国务院赋予国家质量监督检验检疫行政部门的职责和《压力管道安全管理与监察规定》,国家质检总局制定并颁布了《压力管道安装安全质量监督检验规则》,于2002年3月21日起施行。

安全质量监督检验(以下简称监督检验)是对压力管道安装安全质量进行的监督验证,具有法定检验性质。监督检验工作应在压力管道安装现场,且在安装施工过程中进行。在压力管道安装施工中,建设单位、设计单位、安装单位、监理单位、检测单位、防腐单位和其他相关单位(以下简称受监督检验单位),必须接受并配合监督检验工作,并应承担压力管道安装安全质量责任。

压力管道安装监督检验工作,由具有资格并经授权的检验单位承担。各级质量技术监督行政部门特种设备安全监察机构(以下简称安全监察机构)必须按要求对压力管道安装进行安全监察,并加强对监督检验单位的监督检查。

9.4.1　受监督检验的单位及其职责

建设单位、设计单位、安装单位、监理单位、检测单位及防腐单位等受监督检验单位的有关压力管道安全质量管理行为、技术文件、安装安全质量均应接受监督检验单位进行的检查和检验。

1.压力管道建设单位的职责

(1)认真贯彻执行国家有关压力管道安全质量方面的法律法规和技术规程、标准,采取措施保证压力管道安全质量符合国家有关规定和标准要求。

(2)压力管道安装开工前,填写《压力管道安装安全质量监督检验申报书》,跨省、自治区、直辖市的长输管道,向国家安全监察机构办理备案手续;其他压力管道向地方安全监察机构办理备案手续。

(3)向监督检验单位提供相应的设计文件及有关资料,办理相关的监督检验手续。

(4)在监督检验工作中,建设单位及其代表应负责为监督检验单位实施监督检验工作提供必要的工作条件,包括监督检验人员查阅有关资料和进入现场检查,配合监督检验人员协调相关工作等。

(5)配备专职或兼职人员负责监督检验工作的协调和见证工作。

2.压力管道安装单位、监理单位、检测单位及防腐单位的职责

(1)认真贯彻执行国家有关压力管道安全质量方面的法律法规和技术规程、标准,采取措施保证压力管道安装质量和提供的材料、设备、服务符合国家有关规定和标准。

(2)建立项目质量保证体系并组织实施,建立并妥善保存必要的施工记录及见证文件。

(3)接受监督检验单位的监督检验。

(4)配合监督检验单位实施监督检验工作,为监督检验工作的正常开展提供必要条件,包括监督检验人员查阅有关资料和进入现场检查,及时通知监督检验人员作业施工进度等。

(5)压力管道施工前,安装单位和监理单位应向安全监察机构备案。跨省、自治区、直辖市的长输管道,向国家安全监察机构办理备案手续;其他压力管道向地方安全监察机构办理备案手续。

9.4.2　监督检验的内容与方法

1.监督检验的内容

压力管道安全性能监督检验的重点是在压力管道安装过程中对安全质量有影响的活动及其结果。主要内容包括:

(1)管道元件及焊接材料的材质确认;

(2)管道焊接或其他固定连接和可拆卸连接装配质量;

(3)影响管道热补偿和热传导的支承件安装质量;

(4)管道防腐质量;

（5）管道焊接、防腐质量检验检测质量；

（6）管道附属设施和设备安装质量；

（7）管道穿跨越、隐蔽工程等重要项目安装质量；

（8）管道强度试验、严密性试验（工业管道为压力试验、泄漏性试验，下同）；

（9）管道通球、扫线、干燥；

（10）管道的单体试验及整体试运行；

（11）管道安全保护装置及密封性能测试。

2. 监督检验的方法

监督检验单位应根据压力管道的等级和技术要求等具体情况确定监督检验的方式。其中，管道强度试验、严密性试验和管道安全保护装置及密封性能测试为现场监督检验项目，监督检验员必须到安装现场监督检验并出具监督检验专项报告；其他监督检验项目一般采用抽样的方式进行。

为保证监督检验结果的客观、准确，监督检验人员在确定抽样方案时，应考虑抽样的数量和代表性，合理确定抽样方案。监督检验可根据具体情况，选用适宜的方法进行：

（1）查阅有关文件、记录或有关证据；

（2）观察安装或施工活动过程；

（3）抽样进行检验检测；

（4）必要时，也可进行有关的验证试验；

（5）会议或与有关人员交谈的书面记录并经相关人员签字；

（6）其他方法。

压力管道安装完工后，监督检验单位应及时出具《压力管道安装安全质量监督检验报告》。该报告作为压力管道工程竣工验收和办理使用登记的依据。没有监督检验单位出具的《压力管道安装安全质量监督检验报告》或监督检验结论的工程为不合格，工程不得竣工验收，不得投入使用。

9.5 在用压力容器与工业管道的定期检验

9.5.1 在用压力容器的定期检验

根据《特种设备安全监察条例》和《固定式压力容器安全技术监察规程》等相关压力容器安全技术监察规程的规定，国家质检总局修订并颁布了《压力容器定期检验规则》，于2013 年 7 月 1 日施行。

压力容器定期检验是指特种设备检验机构按照一定的时间周期，在压力容器停机时，根据《压力容器定期检验规则》的规定对在用压力容器的安全状况所进行的符合性验证活动。

1. 定期检验周期的确定

压力容器一般于投用后 3 年内进行首次定期检验。以后的检验周期由检验机构根据压力容器的安全状况等级确定。应用基于风险检验技术的压力容器，按照《固定式压力容器安全技术监察规程》的要求确定检验周期。

(1)安全状况等级为 1、2 级的,一般每 6 年检验一次;

(2)安全状况等级为 3 级的,一般每 3～6 年检验一次;

(3)安全状况等级为 4 级的,监控使用,其检验周期由检验机构确定,累计监控使用时间不得超过 3 年,在监控使用期间,使用单位应当采取有效的监控措施;

(4)安全状况等级为 5 级的,应当对缺陷进行处理,否则不得继续使用。

2. 定期检验的一般程序

定期检验的一般程序是:

制订检验方案→检验前的准备→检验实施→缺陷及问题的处理→检验结果汇总→出具检验报告等。

3. 定期检验的项目和内容

压力容器定期检验以宏观检验、壁厚测定、表面缺陷检测、安全附件检验为主,必要时增加埋藏缺陷检测、材料分析、密封紧固件检验、强度校核、耐压试验和泄漏试验等项目。

设计文件对压力容器定期检验项目、方法和要求有专门规定的,还应当遵从其规定。

(1)资料审查

定期检验前,检验人员需要对有关资料进行审查:

①设计资料,包括设计单位资质证明,设计、安装、使用说明书,设计图样,强度计算书等;

②制造(含现场组焊)资料,包括制造单位资质证明、产品合格证、质量证明书、竣工图、制造监督检验证书、进口压力容器安全性能监督检验报告等;

③压力容器安装竣工资料;

④改造或者重大维修资料,包括施工方案、竣工资料以及改造、重大维修监督检验证书;

⑤使用管理资料,包括《使用登记证》和《特种设备使用登记表》,运行记录、开停车记录、运行条件变化情况以及运行中出现异常情况的记录等;

⑥检验、检查资料,包括定期检验周期内的年度检查报告和上次的定期检验报告。

(2)宏观检验

宏观检验主要是采用目视方法(必要时利用内窥镜、放大镜或者其他辅助仪器设备、测量工具)检验压力容器的本体结构、几何尺寸、表面情况(如裂纹、腐蚀、泄漏、变形),以及焊缝、隔热层、衬里等。

结构和几何尺寸等检验项目应当在首次全面检验时进行,以后定期检验仅对承受疲劳载荷的压力容器进行,并且重点是检验有问题部位的新生缺陷。

具体检验项目及内容如下:

①结构检验,包括封头型式,封头与筒体的连接,开孔位置及补强,纵(环)焊缝的布置及型式,支承或者支座的型式与布置,排放(疏水、排污)装置的设置等。

②几何尺寸检验,包括筒体同一断面上最大内径与最小内径之差,纵(环)焊缝对口错边量、棱角度、咬边、焊缝余高等。

③壳体外观检验,包括铭牌和标志,容器内外表面的腐蚀,主要受压元件及其焊缝裂

纹、泄漏、鼓包、变形、机械接触损伤、过热,工卡具焊迹、电弧灼伤,法兰、密封面及其紧固螺栓,支承、支座或者基础的下沉、倾斜、开裂,地脚螺栓,直立容器和球形容器支柱的铅垂度,多支座卧式容器的支座膨胀孔,排放(疏水、排污)装置和泄漏信号指示孔的堵塞、腐蚀、沉积物等情况。

④隔热层检查,包括隔热层的破损、脱落和潮湿,隔热层下容器壳体有腐蚀倾向或者产生裂纹可能性的应当拆除隔热层进一步检验。

⑤衬里层检查,包括衬里层的破损、腐蚀、裂纹和脱落,查看检查孔是否有介质流出。发现衬里层穿透性缺陷或者有可能引起容器本体腐蚀的缺陷时,应当局部或者全部拆除衬里,查明本体的腐蚀状况和其他缺陷。

⑥堆焊层检查,包括堆焊层的裂纹、剥离和脱落检查。

(3)壁厚测定

采用超声测厚方法对压力容器进行壁厚测定。测定位置应当有代表性,有足够的测点数,如果发现母材存在分层缺陷,应当增加测点或者采用超声检测,查明分层分布情况以及与母材表面的倾斜度,对异常测厚点做详细标记。

一般选择以下位置进行壁厚测定:

①液位经常波动的部位;

②物料进口、流动转向、截面突变等易受腐蚀、冲蚀的部位;

③制造成型时壁厚减薄部位和使用中易产生变形及磨损的部位;

④接管部位;

⑤宏观检验时发现的可疑部位。

(4)表面缺陷检测

应当采用磁粉检测或者渗透检测方法,对压力容器焊缝(母材)进行表面缺陷检测。铁磁性材料制压力容器的表面检测应当优先采用磁粉检测。

①碳钢、低合金钢制低温压力容器,存在环境开裂倾向或者产生机械损伤现象的压力容器,有再热裂纹倾向的压力容器,Cr-Mo钢制压力容器,标准抗拉强度下限值大于或者等于540 MPa的低合金钢制压力容器,按照疲劳分析设计的压力容器,首次定期检验的设计压力大于或者等于1.6 MPa的第三类压力容器,检测长度不少于对接焊缝长度的20%。

②应力集中部位、变形部位、宏观检验发现裂纹的部位、奥氏体不锈钢堆焊层、异种钢焊接接头、T形接头、接管角接接头、其他有怀疑的焊接接头,补焊区、工卡具焊迹、电弧损伤处和易产生裂纹部位应当重点检验;对焊接裂纹敏感的材料,注意检验可能出现的延迟裂纹。

③检测中发现裂纹,检验人员应当扩大表面无损检测的比例或者区域,以便发现可能存在的其他缺陷。

④如果无法在内表面进行检测,可以在外表面采用其他方法对内表面进行检测。

(5)埋藏缺陷检测

应当采用射线检测或者超声检测等方法,对压力容器焊缝进行埋藏缺陷检测。超声检测包括衍射时差法超声检测(TOFD)、可记录的脉冲反射法超声检测和不可记录的脉冲反射法超声检测。已进行过埋藏缺陷检测的压力容器,使用过程中如果无异常情况,可以不再进行检测。

有下列情况之一时,应当进行射线检测或者超声检测抽查:

①使用过程中补焊过的部位;

②检验时发现焊缝表面裂纹,认为需要进行焊缝埋藏缺陷检测的部位;

③错边量和棱角度超过相应制造标准要求的焊缝部位;

④使用中出现焊接接头泄漏的部位及其两端延长部位;

⑤承受交变载荷的压力容器的焊接接头和其他应力集中部位;

⑥使用单位要求或者检验人员认为有必要的部位。

(6)材料分析

根据具体情况,可以采用化学分析或者光谱分析、硬度检测、金相分析等方法进行材料分析。

①材质不明的,一般需要查明主要受压元件的材料种类和牌号;对于第三类压力容器、移动式压力容器以及有特殊要求的压力容器,必须查明材质。

②有材质劣化倾向的压力容器,应当进行硬度检测,必要时进行金相分析。

③有焊缝硬度要求的压力容器,应当进行硬度检测。

(7)无法进行内部检验的压力容器,应当采用可靠的检测技术(例如内窥镜、声发射、超声检测等)从外部检测内部缺陷。

(8)M36 以上(含 M36)的设备主螺柱逐个清洗后,检验其损伤和裂纹情况,必要时进行无损检测,重点检验螺纹及过渡部位有无环向裂纹。

(9)对腐蚀(及磨蚀)深度超过腐蚀裕量、名义厚度不明、结构不合理(并且已经发现严重缺陷),或者检验人员对强度有怀疑的压力容器,应当进行强度校核。强度校核由检验机构或者委托有资质的压力容器设计单位进行。

(10)安全附件检验,主要检查安全阀是否在校验有效期内;爆破片装置是否按期更换;压力表是否在检定有效期内。安全附件检验不合格的压力容器不允许投入使用。

(11)耐压试验

定期检验过程中,使用单位或者检验机构对压力容器的安全状况有怀疑时,应当进行耐压试验。耐压试验的试验参数(试验压力、温度等)以本次定期检验确定的允许(监控)使用参数为基础计算,准备工作、安全防护、试验介质、试验过程、合格要求等按照有关安全技术规范的规定执行。耐压试验由使用单位负责实施,检验机构负责检验。

(12)泄漏试验

对于介质毒性程度为极度、高度危害,或者设计上不允许有微量泄漏的压力容器,应当进行泄漏试验。泄漏试验包括气密性试验和氨、卤素、氦检漏试验。试验方法的选择,按照压力容器设计图样的要求执行。

4. 安全状况等级评定及检验结论的实施

(1)安全状况等级评定

检验人员根据压力容器检验结果综合评定其安全状况等级,以其中项目等级最低者为评定等级。需要改造或者维修的压力容器,按照改造或者维修结果进行安全状况等级评定。

①综合评定安全状况等级为1~3级的,检验结论为符合要求,可以继续使用;

②安全状况等级为4级的,检验结论为基本符合要求,有条件地监控使用;

③安全状况等级为5级的,检验结论为不符合要求,不得继续使用。

(2)检验结论的实施

因压力容器使用需要,检验人员可以在定期检验报告出具前,先出具《特种设备检验意见通知书》,将检验初步结论书面通知使用单位,检验人员对检验意见的正确性负责。

检验发现设备存在需要处理的缺陷,由使用单位负责进行处理,检验机构可以利用《特种设备检验意见通知书》将缺陷情况通知使用单位,处理完成并且经过检验机构确认后,再出具检验报告。

在用压力容器移装后的检验、停用后重新启用前的检验、超期服役继续使用前的检验均可参照《压力容器定期检验规则》进行。

使用单位对检验结论有异议,可以向当地或者省级质量技术监督部门申诉。

9.5.2 在用工业管道的定期检验

根据《压力管道安全管理与监察规定》,国家质检总局制定并颁布《在用工业管道定期检验规程》,于2003年6月1日起实施。《在用工业管道定期检验规程》中将定期检验分为在线检验和全面检验。

1.在用工业管道的在线检验

在线检验是在运行条件下对在用工业管道进行的检验,在线检验每年至少一次。在线检验工作一般由使用单位进行,但使用单位也可将在线检验工作委托给具有压力管道检验资格的检验检测机构。

(1)在线检验的一般程序

检验前的准备→记录检查→现场宏观检查与其他检查→泄漏检查→绝热层和防腐层检查→振动检查→位置与变形情况检查→支吊架检查→阀门法兰膨胀节检查→阴极保护装置检查→蠕胀测点检查→管道标识检查→安全保护装置检验→电阻测量→壁厚测定→出具在线检验报告→检验后的处理

(2)在线检验的重点部位

①压缩机、泵的出口部位;

②补偿器、三通、弯头(弯管)、大小头、支管连接及介质流动的死角等部位;

③支吊架损坏部位附近的管道组成件以及焊接接头;

④曾经出现过影响管道安全运行问题的部位;

⑤处于生产流程要害部位的管段以及与重要装置或设备相连接的管段;

⑥工作条件苛刻及承受交变载荷的管段。

(3)在线检验的主要内容

在线检验一般以宏观检查和安全保护装置检验为主,必要时进行测厚检查和电阻值测量。宏观检查的主要检查项目和内容包括:

① 泄漏检查:主要检查管子及其他组成件泄漏情况。

②绝热层、防腐层检查：主要检查管道绝热层有无破损、脱落、跑冷等情况；防腐层是否完好。

③振动检查：主要检查管道有无异常振动情况。

④位置与变形检查：主要检查管道位置是否符合安全技术规范和现行国家标准的要求；管道与管道、管道与相邻设备之间有无相互碰撞及摩擦情况；管道是否存在挠曲、下沉以及异常变形等。

⑤支吊架检查：主要检查支吊架是否脱落、变形、腐蚀损坏或焊接接头开裂；支架与管道接触处有无积水现象；恒力弹簧支吊架转体位移指示是否越限；变力弹簧支吊架是否异常变形、偏斜或失载；刚性支吊架状态是否异常；吊杆及连接配件是否损坏或异常；转导向支架间隙是否合适，有无卡涩现象；阻尼器、减振器位移是否异常，液压阻尼器液位是否正常；承载结构与支撑辅助钢结构是否明显变形，主要受力焊接接头是否有宏观裂纹。

⑥阀门检查：主要检查阀门表面是否存在腐蚀现象；阀体表面是否有裂纹、严重缩孔等缺陷；阀门连接螺栓是否松动；阀门操作是否灵活。

⑦法兰检查：主要检查法兰是否偏口，紧固件是否齐全并符合要求，有无松动和腐蚀现象；法兰面是否发生异常翘曲、变形。

⑧膨胀节检查：主要检查波纹管膨胀节表面有无划痕、凹痕、腐蚀穿孔、开裂等现象；波纹管波间距是否正常、有无失稳现象；铰链型膨胀节的铰链、销轴有无变形、脱落等损坏现象；拉杆式膨胀节的拉杆、螺栓、连接支座有无异常现象。

⑨阴极保护装置检查：对有阴极保护装置的管道应检查其保护装置是否完好。

⑩蠕胀测点检查：对有蠕胀测点的管道应检查其蠕胀测点是否完好。

⑪管道标识检查：检查管道标识是否符合现行国家标准的规定。

⑫检验人员认为有必要的其他检查。

另外，对需重点管理的管道或有明显腐蚀和冲刷减薄的弯头、三通、管径突变部位及相邻直管部位应采取定点测厚或抽查的方式进行壁厚测定。对输送易燃、易爆介质的管道采取抽查的方式进行防静电接地电阻和法兰间的接触电阻值的测定。要求管道对地电阻不得大于 100 Ω，法兰间的接触电阻值应小于 0.03 Ω。

2. 在用工业管道的全面检验

全面检验是按一定的检验周期，在用工业管道停车期间进行的较为全面的检验。

（1）检验周期的确定

安全状况等级为 1 级和 2 级的在用工业管道，其检验周期一般不超过 6 年；安全状况等级为 3 级的在用工业管道，其检验周期一般不超过 3 年。

（2）全面检验的一般程序

检验前准备→资料审查→制订检验方案→外部宏观检查→材质检验→壁厚测定→无损检测→理化检验→安全保护装置检验→耐压强度校验和应力分析→压力试验→泄漏性试验→出具全面检验报告→检验后的处理

（3）全面检验的主要内容

①外部宏观检查

无绝热层的非埋地管道一般应对整条管线进行外部宏观检查；有绝热层的非埋地管

道应按一定的比例拆除绝热层,进行抽查检验;埋地敷设的管道应选择易发生损坏部位开挖抽查(如有证据表明防腐情况良好,可免于开挖抽查)。

②材质检查

一般应查明管道材料的种类和牌号。材质不明的,可根据具体情况,采用化学分析、光谱分析等方法予以确定。

③壁厚测定

对管道进行剩余厚度的抽查测定,一般采用超声波测厚的方法,测厚的位置应在管道单线图上标明。对于被抽查的每个管件,测厚位置不得少于3处,被抽查管件与直管段相连的焊接接头的直管段一侧应进行厚度测量,测厚位置不得少于3处,检验人员认为必要时,对其余直管段也应进行厚度测量抽查。如发现管道壁厚有异常情况,应在附近增加测点,确定异常区域大小,必要时,可适当提高整条管线的厚度测量抽查比例。对不锈钢管道、介质无腐蚀性的管道可适当减少测厚抽查比例。弯头、三通和直径突变处厚度测量的抽查比例见表9-3。

表 9-3　弯头、三通和直径突变处厚度测量的抽查比例

管道级别	抽查比例
GC1	≥50%
GC2	≥20%
GC3	≥5%

④表面无损检测抽查

a.宏观检查中发现裂纹或可疑情况的管道,应在相应部位进行表面无损检测;

b.绝热层破损或可能渗入雨水的奥氏体不锈钢管道,应在相应部位进行外表面渗透检测;

c.处于应力腐蚀环境中的管道,应进行表面无损检测抽查;

d.长期承受明显交变载荷的管道,应在焊接接头和容易造成应力集中的部位进行表面无损检测;

e.检验人员认为有必要时,应对支管角焊缝等部位进行表面无损检测抽查。

⑤超声波或射线检测抽查

GC1、GC2级管道的焊接接头一般应进行超声波或射线检测抽查。GC3级管道如未发现异常情况,一般不进行其焊接接头的超声波或射线检测抽查。GC1、GC2级管道焊接接头超声波或射线检测抽查比例见表9-4。

表 9-4　　GC1、GC2 级管道焊接接头超声波或射线检测抽查比例

管道级别	抽查比例
GC1	焊接接头数量的 15% 且不少于 2 个
GC2	焊接接头数量的 10% 且不少于 2 个

注:(1)温度、压力循环变化和振动较大的管道的抽查比例应为表中数值的2倍。
　　(2)耐热钢管道的抽查比例应为表中数值的2倍。
　　(3)抽查的焊接接头应进行全长度无损检测。

⑥理化检验

对于工作温度大于 370 ℃ 的碳素钢和铁素体不锈钢管道、工作温度大于 450 ℃ 的钼钢和铬钼钢管道、工作温度大于 430 ℃ 的低合金钢和奥氏体不锈钢管道、工作温度大于

220 ℃的输送临氢介质的碳钢和低合金钢管道,一般应选择有代表性的部位进行金相和硬度检验抽查。

对于工作介质含湿 H_2S 或介质可能引起应力腐蚀的碳钢和低合金钢管道,一般应选择有代表性的部位进行硬度检验。

对于使用寿命接近或已经超过设计寿命的管道,检验时应进行金相检验或硬度检验,必要时应取样,进行力学性能试验或化学成分分析。

⑦耐压强度校验、应力分析及压力试验

如管道的全面减薄量超过公称厚度的10%,须进行耐压强度校验。耐压强度校验参照国家标准 GB 50316—2000《工业金属管道设计规范》(2008 版)的相关要求进行。

对于无强度计算书,并且 $t_0 \geqslant D_0/6$ 或 $P_0/[\sigma]' > 0.385$ 的管道,有较大变形、挠曲的管道,法兰经常性泄漏、破坏的管道,应设而未设置补偿器或补偿器失效的管道,支吊架异常损坏的管道,严重全面减薄的管道,须进行管系应力分析。

在用工业管道应按一定的时间间隔进行压力试验,经全面检验的管道、重大修理改造的管道、使用条件变更的管道、停用两年以上重新投用的管道,应进行压力试验。

3. 安全保护装置检验

安全保护装置要符合安全技术规范和现行国家标准的规定。安全保护装置的检验分为运行检查和停机检查。

运行检查是在运行状态下对安全保护装置的检查,运行检查可与在线检验同时进行。停机检查是在停止运行状态下对安全保护装置的检查,停机检查可与全面检验同步进行,也可单独进行。

(1)安全保护装置的运行检查

①压力表

检验人员要对压力表进行外观检查,并检查同一系统上的压力表读数是否一致。如压力表存在超过校验有效期、铅封损坏、量程与其检测的压力范围不匹配、指示失灵、表内弹簧管泄漏、指针松动、刻度不清、表盘玻璃破裂、指针断裂、外壳腐蚀严重、压力表与管道间装设的三通旋塞或针形阀开启标记不清或锁紧装置损坏等现象时,应立即更换。

②测温仪表

检验人员要对测温仪表进行外观检查。如发现测温仪表超过校验有效期、铅封损坏、量程与其检测的温度范围不匹配时,应立即更换。

③安全阀

检验人员要对安全阀进行外观检查,重点检查是否在校验有效期、是否有泄漏及锈蚀情况。对杠杆式安全阀,应检查防止重锤自由移动和杠杆越出的装置是否完好;对弹簧式安全阀,应检查调整螺钉的铅封装置是否完好;对静重式安全阀,应检查防止重片飞脱的装置是否完好。安全阀与排放口之间装设截断阀的,运行期间必须处于全开位置并加铅封。检验中超过校验有效期、铅封损坏或泄漏时,应立即更换。如发现安全阀失灵或有故障时,应立即处置或停止运行。

④爆破片装置

检验人员要对爆破片装置进行外观检查,检查爆破片装置的爆破片是否在规定的使用期限、安装方向是否正确、标定的爆破压力和温度是否符合运行要求、有无泄漏及其他异常现象、爆破片装置和管道间的截断阀是否处于全开状态、铅封是否完好。检验中如发现爆破片装置超过规定使用期限、爆破片装置安装方向错误、爆破片装置的爆破压力和温度不符合运行要求时,应立即更换。

⑤爆破片装置和安全阀串联使用

爆破片装置和安全阀串联使用时,除分别对爆破片装置和安全阀进行检查外,对爆破片装置装在安全阀出口侧的,还应注意检查爆破片装置和安全阀之间所装的压力表和截断阀,二者之间不应积存压力,应能疏水或排气。对爆破片装置装在安全阀进口侧的,还应注意检查爆破片装置和安全阀之间所装的压力表有无压力指示,截断阀打开后有无气体漏出,以判定爆破片装置的完好情况。

(2)安全保护装置的停机检查

①压力表

检查压力表的精度等级、表盘直径、刻度范围、安装位置等是否符合有关规程和标准的要求。校验压力表必须由有资格的计量单位进行,校验合格后,重新铅封并出具合格证,注明下次校验日期。

②测温仪表

检查测温仪表的精度等级、量程、安装位置等是否符合有关规程和标准的要求。校验测温仪表必须由有资格的计量单位进行,校验合格后,重新铅封并出具合格证,注明下次校验日期。

③安全阀

安全阀的校验单位和人员须具备相应的资格。对拆换下来的安全阀,解体检查、修理和调整,进行耐压试验和密封试验,校验开启压力,具体要求应符合有关规程和标准的规定。新安全阀根据使用要求校验后,才可安装使用。安全阀校验合格后,打上铅封并出具合格证。

安全阀一般每年至少校验1次,对于弹簧直接载荷式安全阀,经使用经验证明和检验单位确认可以延长校验周期的,使用单位向省级或其委托的地(市)级安全监察机构备案后,其校验周期可以延长,但最长不超过3年。

④爆破片装置

爆破片装置应按有关规定,定期更换。

⑤紧急切断装置

对拆下来的紧急切断装置,解体、检验、修理和调整,进行耐压、密封、紧急切断等性能试验。具体要求应符合相关规程和标准的规定。检验合格后,重新铅封并出具合格证。

(3)存在下列情况之一的安全保护装置,不准继续使用:

①无产品合格证和铭牌的;

②性能不符合要求的;

③逾期不检查、不校验的;

④爆破片已超过使用期限的。

9.6　压力容器与工业管道的使用管理

9.6.1　压力容器的使用管理

1. 压力容器的使用安全管理

根据《中华人民共和国特种设备安全法》的规定,特种设备的使用单位应当使用取得许可生产并经检验合格的特种设备。禁止使用国家明令淘汰和已经报废的特种设备。

压力容器的使用单位要按照《压力容器使用管理规则》的要求设置安全管理机构,配备安全管理负责人和安全管理人员,建立并实施岗位责任、操作规程、年度检查、隐患治理、应急救援、人员培训管理和采购验收等安全管理制度,定期召开压力容器使用安全管理会议,督促、检查压力容器安全工作,对保障压力容器安全进行必要的投入。使用单位还应对压力容器本体及其安全附件、装卸附件、安全保护装置、测量调控装置、附属仪器仪表进行日常维护保养。发现的异常情况,及时处理并且记录处理情况,定期进行安全检查,保证在用压力容器始终处于正常使用状态。

压力容器发生异常情况时,操作人员应当立即采取紧急措施,并且按照规定的程序报告。这些异常情况包括:

(1)工作压力、介质温度超过规定值,采取措施仍不能得到有效控制;

(2)受压元件发生裂缝、异常变形、泄漏、衬里层失效等危及安全的现象;

(3)安全附件失灵、损坏等不能起到安全保护的情况;

(4)垫片、紧固件损坏,难以保证安全运行;

(5)发生火灾、交通事故等直接威胁到压力容器安全运行的情况;

(6)过量充装、错装;

(7)液位异常,采取措施仍不能得到有效控制;

(8)压力容器与管道发生严重振动危及安全运行;

(9)与压力容器相连管道出现泄漏,危及安全运行;

(10)真空绝热压力容器外壁局部严重结冰、介质压力和温度明显上升;

(11)其他异常情况。

2. 压力容器的年度检查

按照《压力容器使用管理规则》的要求,使用单位每年要对所使用的压力容器至少进行 1 次年度检查。年度检查工作由压力容器使用单位安全管理人员组织经过专业培训的作业人员进行,也可以委托有资质的特种设备检验机构进行。检查的内容包括压力容器安全管理情况检查、本体及其运行状况检查和安全附件检查等。年度检查工作完成后,要对压力容器使用安全风险进行分析,对发现的隐患应当及时消除。

在进行压力容器安全管理情况检查时,至少应检查以下内容:

(1)压力容器的安全管理制度和安全操作规程是否齐全有效;

(2)压力容器安全技术规范规定的设计文件、竣工图样、产品合格证、产品质量证明文件、监督检验证书以及安装、改造、维修资料等是否完整;

(3)《使用登记表》、《使用登记证》是否与实际相符;

(4)压力容器作业人员是否持证上岗;

(5)压力容器日常维护保养、运行记录、定期安全检查记录是否符合要求;

(6)压力容器年度检查、定期检验报告是否齐全,检查、检验报告中所提出的问题是否得到解决;

(7)安全附件校验、修理和更换记录是否齐全真实;

(8)是否有压力容器应急预案和演练记录;

(9)是否对压力容器事故、故障情况进行了记录。

在进行压力容器本体及其运行状况检查时,至少应检查以下内容:

(1)压力容器的产品铭牌、漆色、标志与标注的使用登记证编号是否符合有关规定;

(2)压力容器的本体、接口(阀门、管路)部位、焊接接头等有无裂纹、过热、变形、泄漏、损伤等;

(3)外表面有无腐蚀,有无异常结霜、结露等;

(4)隔热层有无破损、脱落、潮湿、跑冷;

(5)检漏孔、信号孔有无漏液、漏气,检漏孔是否通畅;

(6)压力容器与相邻管道或者构件有无异常振动、响声或者相互摩擦;

(7)支承或者支座有无损坏,基础有无下沉、倾斜、开裂,紧固螺栓是否齐全、完好;

(8)排放(疏水、排污)装置是否完好;

(9)运行期间是否有超压、超温、超量等现象;

(10)罐体有接地装置的,检查接地装置是否符合要求;

(11)监控使用的压力容器,监控措施是否有效实施;

(12)快开门式压力容器安全联锁功能是否符合要求。

从事年度检查的工作人员还应按有关要求,对压力表、液位计、测温仪表、爆破片装置和安全阀等安全附件进行检查。

3. 压力容器的使用登记管理

压力容器使用单位应当按照《压力容器使用管理规则》的规定,对压力容器的使用实行分级管理,并且办理压力容器使用登记,领取《特种设备使用登记证》。使用登记程序包括申请、受理、审查和颁发《使用登记证》。

使用单位在办理压力容器使用登记申请时,应当逐台提交有关资料:

(1)《使用登记表》;

(2)使用单位组织机构代码证或者个人身份证明;

(3)压力容器产品合格证(含产品数据表);

(4)压力容器监督检验证书;

(5)压力容器安装质量证明资料;

(6)压力容器投入使用前的验收资料。

使用单位应当将《使用登记证》悬挂或者固定在压力容器显著位置。当无法悬挂或者固定时,可存放在使用单位的安全技术档案中,同时将使用登记证编号标注在压力容器产品铭牌上或者其他可见部位。

压力容器改造、长期停用、移装、变更使用单位或者使用单位更名时,相关单位应当向登记机关申请变更登记。

办理压力容器变更登记时,如果压力容器产品数据表中的有关数据发生变化,使用单位应当重新填写产品数据表,并且在《使用登记表》设备变更情况栏目中,填写变更情况。压力容器申请变更登记,其设备代码保持不变。

压力容器报废时,使用单位应当将《使用登记证》交回登记机关,予以注销。

9.6.2　工业管道的使用管理

1. 工业管道的安全使用管理

按照《压力管道安全技术监察规程——工业管道》的要求,使用单位应对压力管道的安全性能负责。管道数量较多的使用单位,应当设置安全管理机构或者配备专职的安全管理人员,对使用管道的车间、装置均应当配备管道的专职或兼职安全管理人员。

压力管道的安全管理人员应当具备管道的专业知识,熟悉国家相关法规标准,经过安全教育和培训,取得《特种设备作业人员证》,按要求从事压力管道的安全管理工作。压力管道的操作人员应当在取得《特种设备作业人员证》后,方可从事压力管道的操作工作。

2. 压力管道安全保护装置和附属设施的界定

根据《压力管道安全管理与监察规定》和《压力管道安全技术监察规程——工业管道》的规定,压力管道安全保护装置和附属设施的界定为

(1)安全保护装置是指与管道连接的安全阀、爆破片、阻火器和紧急切断阀等超温、超压控制装置和报警装置。

(2)附属设施是指阴极保护装置、压气站、泵站、阀站、调压站、监控系统等。

(3)管道的划分界为管道元件间的连接接头、管道与设备或者装置连接的第一道连接接头(焊缝、法兰、密封件及紧固件等)、管道与非受压元件的连接接头。

3. 压力管道使用登记管理

(1)压力管道使用登记

根据《压力管道使用登记管理规则》的规定,压力管道使用单位、产权单位、个人业主应当按规定办理管道使用登记,领取《特种设备使用登记证》。

使用登记程序包括申请、受理、审核(核查)和发证(注册)。压力管道使用登记以使用单位为对象。

新建、扩建、改建的压力管道在投入使用前,使用单位应当填写《特种设备使用登记表》,携带如下资料:

①压力管道使用安全管理制度;

②事故应急预案;

③压力管道安全管理人员和操作人员名录;

④安装监督检验机构出具的压力管道安装监督检验报告等。

(2)《特种设备使用登记证》的换证

《特种设备使用登记证》上注明有效期,到期需要换证。使用单位应当在其有效期内,完成定期检验工作,重新填写《特种设备使用登记表》,携带原《特种设备使用登记证》、压

力管道运行和事故记录、压力管道安全管理人员和操作人员名录、压力管道定期检验报告或者基于风险的检验评价报告等资料向原登记机关申请换证。

(3)压力管道使用变更

①因租赁、转让或者承包等原因变更压力管道使用单位时,应重新填写《特种设备使用登记表》,办理使用登记变更;

②压力管道停用或者报废时,在停用或者报废后,应及时办理停用或者注销使用登记手续;

③经过改造、修理或者定期检验、基于风险检验之后,安全状况有变化时,使用单位应当在上述检验完成后,办理使用登记变更,重新填写《特种设备使用登记表》。

第10章

压力容器与压力管道的事故处理

　　根据《中华人民共和国特种设备安全法》、《特种设备安全监察条例》和《特种设备事故报告和调查处理规定》，国家质检总局制定了 TSG Z0006—2009《特种设备事故调查处理导则》，于 2010 年 5 月 1 日起施行。

　　一般情况下，压力容器和压力管道等特种设备发生事故后，事故发生单位或者业主，除按规定报告外，必须严格保护事故现场，妥善保存现场相关物件及重要痕迹等各种物证，并采取措施抢救人员，防止事故扩大。为防止事故扩大、抢救人员或者疏通通道，需要移动现场物件和设施时，必须做出标志，绘制现场简图并写出书面记录，必要时应对事故现场和伤亡情况录像或者拍照。

10.1　事故分类

　　特种设备的不安全因素会引发特种设备事故。例如，特种设备本体或者安全保护装置失效和损坏，发生爆炸、爆燃、泄漏、倾覆、变形、断裂、损伤、坠落、碰撞、剪切、挤压、失控，或者长时间中断运行等故障所造成的事故。特种设备相关人员的不安全行为同样会造特种设备事故的发生，例如，行为人违章指挥、违章操作或者操作失误等。

　　不属于特种设备事故的有：

　　（1）由自然灾害、不可抗力（包括洪涝、台风、风暴潮、雹灾、海啸、地震、火山、滑坡、泥石流等）等引发的事故；

　　（2）人为破坏或者利用特种设备实施违法犯罪、恐怖活动或者自杀的事故；

　　（3）特种设备作业人员、检验检测人员因劳动保护措施缺失或者不当出现坠落、中毒、窒息等情形引发的事故。

　　属于特种设备相关事故的有：

　　（1）移动式压力容器、气瓶因非本体原因导致的撞击、倾覆及其引发爆炸、泄漏等特征的事故；

　　（2）火灾引发的特种设备爆炸、爆燃、泄漏、倾覆、变形、断裂、损伤、坠落等事故；

　　（3）非压力容器等因其使用参数达到《特种设备安全监察条例》规定范围而引发的事故；

　　（4）因市政、建筑等土建施工或者交通运输导致压力管道破损而发生的事故。

根据《中华人民共和国特种设备安全法》和《特种设备安全监察条例》认定的压力容器和压力管道等特种设备事故,按照所造成的人员伤亡、经济损失、破坏程度和社会影响等因素,分为特别重大事故、重大事故、较大事故和一般事故。

(1)特别重大事故:是指造成30人(含30人)以上死亡,或者100人以上重伤(包括急性工业中毒,下同),或者1亿元以上直接经济损失的;压力容器和压力管道有毒介质泄漏,造成15万人以上转移的。

(2)重大事故:是指造成10人以上30人以下死亡,或者50人以上100人以下重伤,或者5 000万元以上1亿元以下直接经济损失的;压力容器和压力管道有毒介质泄漏,造成5万人以上15万人以下转移的。

(3)较大事故:是指造成3人以上10人以下死亡,或者10人以上50人以下重伤,或者1 000万元以上5 000万元以下直接经济损失的;压力容器和压力管道爆炸的;压力容器和压力管道有毒介质泄漏,造成1万人以上5万人以下转移的。

(4)一般事故:是指造成3人以下死亡,或者10人以下重伤,或者1万元以上1 000万元以下直接经济损失的;压力容器和压力管道有毒介质泄漏,造成500人以上1万人以下转移的。

10.2　事故报告

根据《特种设备事故报告和调查处理规定》,发生特种设备事故后,事故现场有关人员应当立即向事故发生单位负责人报告。事故发生单位的负责人接到报告后,应当于1小时内向事故发生地的县以上质量技术监督部门和有关部门报告。情况紧急时,事故现场有关人员可以直接向事故发生地的县以上质量技术监督部门报告。

接到事故报告的质量技术监督部门,应当尽快核实有关情况,依照《特种设备安全监察条例》的规定,立即向本级人民政府报告,并逐级报告上级质量技术监督部门直至国家质检总局。对于特别重大事故、重大事故,由国家质检总局报告国务院并通报国务院安全生产监督管理等有关部门。对较大事故、一般事故,由接到事故报告的质量技术监督部门及时通报同级有关部门。

对事故发生地与事故发生单位所在地不在同一行政区域的,事故发生地质量技术监督部门应当及时通知事故发生单位所在地质量技术监督部门。事故发生单位所在地质量技术监督部门应当做好事故调查处理的相关配合工作。

10.3　事故报告内容

根据《特种设备事故报告和调查处理规定》,有关人员在报告事故时应详细描述的内容包括:

(1)事故发生的时间、地点、单位概况以及特种设备种类;

(2)事故发生初步情况,包括事故简要经过、现场破坏情况、已经造成或者可能造成的伤亡和涉险人数、初步估计的直接经济损失、初步确定的事故等级、初步判断的事故原因;

(3)已经采取的措施;

(4)报告人姓名、联系电话等。

报告事故后出现新情况的应及时续报。

续报内容应当包括:事故发生单位详细情况、事故详细经过、设备失效形式和损坏程度、事故伤亡或者涉险人数变化情况、直接经济损失、防止发生次生灾害的应急处置措施和其他有必要报告的情况等。

10.4　事故调查

10.4.1　事故调查工作的程序

(1)成立事故调查组,明确各工作小组及其分工;

(2)制订调查工作计划;

(3)封存与事故相关的设备、场地、财务等相关资料;

(4)提出控制事故责任人员、保护重要证人的建议;

(5)开展事故现场调查工作:

①查阅特种设备生产、使用、充装、检验检测、采购、租赁等有关档案资料;

②开展现场痕迹和物品的检验分析鉴定工作;

③根据事故调查的需要,做出委托鉴定、评估项目的决定;

④分析事故发生的原因;

⑤认定事故责任,提出处理建议;

⑥提出事故预防措施和整改建议;

⑦汇总调查资料,形成事故调查报告;

⑧整理移交事故调查资料。

10.4.2　事故调查组的职责

应根据事故严重程度,立即成立相应级别的事故调查组。其职责如下:

(1)调查事故发生前设备的状况;

(2)查明人员伤亡、设备损坏、现场破坏以及经济损失情况(包括直接和间接经济损失);

(3)分析事故原因(必要时应当进行技术鉴定);

(4)查明事故的性质和相关人员的责任;

(5)提出对事故有关责任人员的处理建议;

(6)提出防止类似事故重复发生的措施;

(7)写出事故调查报告书。

10.5　事故责任的认定和预防措施的建议

1.责任认定过程

(1)事故调查组根据当事人行为与特种设备事故之间的因果关系以及在特种设备事

故中的影响程度,认定当事人所负的责任。

(2)根据责任者的行为与事故发生原因的联系,分为直接责任和间接责任。

(3)根据责任者的行为对事故后果所起作用的程度,分为全部责任、主要责任和次要责任。

(4)当事人伪造或者故意破坏事故现场、毁灭证据、未及时报告事故等,致使事故责任无法认定的,应当承担全部责任。

2.预防措施的建议

调查组应当在认定事故性质和事故责任的基础上,从技术、教育、管理等方面,针对事故责任单位和人员、监督管理机构和人员、社会公众以及法规制定等提出有效的事故预防措施和整改建议。

(1)技术方面:针对设备的不安全因素,改善生产工艺、技术措施和生产条件;

(2)教育方面:针对人的不安全行为,进行宣传教育、培训演练,采取必要的方法和措施,提高知识和技能;

(3)管理方面:针对企业特点,建立特种设备安全管理制度,明确岗位责任、安全管理机构和人员的配置,保证安全生产投入,完善安全检查机制等措施。

10.6 事故案例

案例一 2005年,山东某公司尿素合成塔突然发生爆炸并起火,造成4人死亡,1人重伤,车间烧毁,外管架上部分管道塌陷,直接经济损失2 000多万元。该合成塔为立式高压反应器,筒体为多层包扎结构,层板材料为15 MnVR和Q345R,内衬为尿素级不锈钢衬里,设计压力21.5 MPa,设计温度195 ℃,公称容积37.5 m³,工作介质为尿素溶液和氨基甲酸胺。

事故特征:尿素合成塔突然发生爆炸后,有十个筒节组成的塔体断为三段,其中基座部分沿第十筒节的环向焊缝断裂,内侧4层钢板断口平齐;第九筒节在热电偶位置纵向开裂,除内衬板外断面为脆性平断口;第八筒节以上环向焊缝开裂,断面以三角形撕开的斜断口为主。

断口分析:因制造过程中改变了衬里蒸气检漏孔的原始设计,在盲板上锥螺纹后将检漏接管直接拧入,导致氨渗漏检测介质和检漏蒸气渗入塔体多层层板的缝隙中;盲板材料Q235A,纵向焊缝是多点点焊的连接方式,进一步加速了氨渗漏检测介质和检漏蒸气在塔体多层层板间的扩散。所以该尿素合成塔母材在爆炸前就存在大量的应力腐蚀裂纹,是爆炸断裂的一个起始原因。

直接原因:有关单位在进行设计和制造时,对尿素合成塔蒸气检漏试验给使用安全带来的严重后果认识不足,特别是对现有检漏孔结构可能会因安装和使用不当,造成蒸气加速进入包扎层板,产生比焊接检漏孔结构更为严重的后果,没有足够重视,也没有对使用单位履行应有的告知义务,从而导致检漏蒸气进入层板产生严重的应力腐蚀。

主要原因:由于采用蒸气检漏方法,尿素合成塔检漏孔的实际结构造成检漏蒸气向塔体层板间泄漏,使多个层板同时产生应力腐蚀,加速了塔体层板的应力腐蚀开裂速度。

为此,国家质检总局下发《关于进一步加强尿素合成塔生产使用检验工作的通知》,要求采用氨红外分析仪对尿素合成塔内层的泄漏情况进行实时在线检漏,及时发现和消除事故隐患。

案例二　2004 年,重庆某化工总厂 1♯氯冷凝器列管腐蚀穿孔,在抢修过程中,3 台液氯储罐等设备突然发生爆炸,造成 9 人死亡,3 人受伤,直接经济损失 277 万元。

事故过程:当班操作人员发现盐水箱内氯化钙盐水量减少,有氯气从氨蒸发器盐水箱泄出,判断氯冷凝器穿孔,系统停车。随后开启液氯尾气泵抽取排污罐内的氯气,导致排污罐爆炸;为加快氯气处理,紧急开启三个耗氯生产装置,处置事故氯气,但在抽取氯气储罐内液氯时,又导致 3 台氯气储罐接连爆炸。

直接原因:氯气中水分对碳钢造成的应力腐蚀,有关人员没有在明显腐蚀和腐蚀穿孔前及时发现,造成大量氨进入盐水,氯冷凝器列管腐蚀穿孔,导致含高浓度铵的氯化钙盐水进入液氯系统,生成并大量富集具有极具危险性的三氯化氮爆炸物。在抽吸过程中,事故氯处理装置水封处的三氯化氮因与空气接触和振动而首先爆炸,爆炸形成的巨大能量通过管道传道,导致 3 台氯气储罐接连爆炸。

间接原因:冷凝器投入使用后没有按规定进行首次定期检验,且以后的两次定期检验都没有按要求进行耐压试验,致使该冷凝器的腐蚀现象没能在明显腐蚀和腐蚀穿孔前及时发现,留下了严重的事故隐患。该厂压力容器档案资料不齐全,近年维修、保养和检查情况没有记录,尤其是未见任何技术和法定检验报告,日常管理混乱,检验检测不规范。

案例三　2010 年,贵州某化工工程公司变换工段操作人员在日常巡查时发现 1♯变换系统换热器与中变器之间的中变炉一段冷激副线有泄漏点,随后安全部等 10 多人到达现场对泄漏部位复查时发生闪爆,外径 273 mm,厚 8 mm 的管道被炸成两段,造成 7 人死亡,4 人重伤,2 人轻伤,该公司全面停产。

直接原因:由于设计施工选用管材不当,管道产生应力腐蚀穿孔,导致介质泄漏,泄漏的气体在局部空间形成爆炸性混合物,因高速气流摩擦产生静电,造成泄漏管道闪爆。

间接原因:企业安全主休责任落实不到位,没按规定进行压力管道的定期检验。现场安全生产管理混乱,部分弯头两次维修,焊缝外观质量较差,管道没有伴热,管段低位没有做到经常放空,排除冷凝液。

案例四　2007 年,安徽某化工集团液氨罐区的操作人员向 2♯液氨球罐倒罐输送液氨,交接班操作结束离开现场时,操作人员听到氨库方向异常响声,进口管道安全阀下部截止阀阀体发生破裂,导致大量液氨泄漏,造成 33 人因呼入氨气出现中毒和不适,全部住院治疗。

对破裂的截止阀进行分析,发现在爆裂时阀体底部整体脱落,断口处有长 42 mm、深 8.5 mm 的陈旧性裂纹,延内壁向外壁扩展,断裂部位没有塑性变形,呈明显的脆性断裂特征。

直接原因:截止阀存在原始缺陷,在外力的作用下,裂纹扩展,液氨开始泄漏。由于泄漏的液氨汽化吸收热量,造成截止阀温度降低,阀体在低温下发生低应力脆性断裂,导致大量液氨泄漏。

间接原因:首先,安全阀设计配置不当。该管线介质为液氨,安全阀设计选择为微启式结构,且直接安装在管道上,一旦液氨介质超压,安全阀起跳,泄漏介质汽化吸收热量造成安全阀冻结,失去安全泄放作用。其次,截止阀设计选型错误。液氨球罐设计压力 2.6 MPa,而该管道截止阀的选型为 PN2.5,压力等级偏低。最后,截止阀制造存在质量问题,阀体材料为 HT100,按国家有关标准规定,阀体材料应选用球墨铸铁或铸钢。

思考题

10-1 接受强制性管理的压力容器范围有哪些?

10-2 接受强制性管理的压力管道范围有哪些?

10-3 压力容器设计、制造和安装改造维修的许可级别是如何划分的?

10-4 压力管道设计、制造和安装的许可级别是如何划分的?

10-5 特种设备制造安装改造维修单位的质量管理体系基本要素有哪些?

10-6 压力容器产品制造安全性能监督检验的项目和方法有哪些?

10-7 压力管道元件产品制造安全性能监督检验的方法和内容有哪些?

10-8 在压力管道安装过程中,接受监督检验的单位有哪些? 其职责是如何规定的?

10-9 压力容器定期检验的一般程序有哪些?

10-10 工业管道在线检验和全面检验的一般程序有哪些?

10-11 工业管道定期检验中,安全保护装置的检验分几种? 哪些情况不准继续使用?

10-12 压力容器发生哪些异常情况时,操作人员应当立即采取紧急措施?

10-13 压力容器年度检查的内容有哪些?

10-14 压力管道安全保护装置和附属设施是如何界定的?

10-15 压力容器和压力管道的事故是如何分类的?

10-16 压力容器和压力管道的事故调查工作程序有哪些?

附　录

附录 A　常用金属管道材料的许用应力表

材料	标准	牌号	厚度/mm	最低使用温度/℃	σb	σs	20	100	150	200	250	300	350	400	425	450	475	500	525	550	575
灰铸铁	GB/T9439	HT200		−10	200		20	20	20	20	20										
灰铸铁	GB/T9439	Ht250		−10	250		25	25	25	25	25										
球墨铸铁	GB/T1348	QT400—18		>−20	400	250	50	50	50	50	50	50	50								
无缝管	GB/T8163	10	≤16	>−20	330	205	112	112	112	112	110	104	100	73	65	56	47				
无缝管	GB/T8163	20	≤16	>−20	410	245	137	137	137	137	132	122	116	89	76	62	49	(36)	24	15	10
无缝管	GB5310	20	全部	>−20	410	245	137	137	137	137	132	122	116	89	76	62	49	(36)	24	15	10
无缝管	GB5310	20MnG	全部	>−20	415	240	138	138	138	138	132	122	116	89	76	62	49	(36)	24	15	10
无缝管	GB/T8163	Q345	≤16	>−20	490	325	163	163	161	158	151	140	133	101	84						
焊管（ERW）	GB/T3091	Q215A	≤10	>−10	335	215	103	103	103	103	101	96	92								
焊管（ERW）	GB/T3091	Q235A	≤10	>−10	375	235	115	115	115	115	115	109	105								
焊管（ERW）	GB/T3091	Q235B	≤10	>−10	375	235	125	125	125	125	125	119	114								
管件（无缝管制）GB/T8163.20	GB/T12459	20	≤16	>−20	410	245	137	137	137	137	132	122	116	89	76	62	49	(36)	24	15	10
GB5310.20G	GB/T12459	20G	全部	>−20	410	245	137	137	137	137	132	122	116	89	76	62	49	(36)	24	15	10
GB5310.20MnG	GB/T12459	20MnG	全部	>−20	415	240	138	138	138	138	132	122	116	89	76	62	49	(36)	24	15	10

注：σb、σs 为最小强度/MPa；温度列为在下列温度（℃）下的许用应力/MPa。

附录 A（续）　常用金属管道材料的许用应力表——不锈钢无缝管及其管件

标准	牌号（代号）	最低使用温度/℃	最小强度/MPa σb	σs	\\multicolumn{24}{在下列温度（℃）下的许用应力/MPa}

标准	牌号（代号）	最低使用温度/℃	σb	σs	20	100	150	200	250	300	350	400	425	450	475	500	525	550	575	600	625	650	675	700	725	750	775	800
无缝管 GB/T14976	0Cr18Ni9 (304/304H)	-253	520	205	138	138	138	130	122	115	111	107	105	103	101	100	97	90	78	63	51	41	33	27	21	17	14	11
	00Cr19Ni10 (304L)	-253	480	175	115	115	115	109	103	98	94	92	90	88	84	73	61	49	41	33	27	22	18	15	12	9	7	7
	0Cr17Ni12Mo2 (316/316H)	-253	520	205	138	138	138	133	125	119	114	111	110	108	107	106	106	103	95	81	65	51	39	30	23	19	14	11
	00Cr17Ni14Mo2 (316L)	-253	480	175	115	115	115	107	101	95	90	87	86	84	82	80	78	76	73	68	58	44	33	25	19	14	11	8
	0Cr18Ni10Ti (321)	-253	520	205	138	138	138	138	134	128	123	119	117	115	115	114	112	92	60	44	33	25	18	13	9	6	4	3
	0Cr18Ni11Nb (347)	-253	520	205	138	138	138	138	137	134	130	128	127	126	125	125	124	107	77	58	40	30	23	16	12	9	7	6
管件 GB/T12459	00Cr19Ni10 (304L)	-253	480	175	115	115	115	109	103	98	94	92	90	88	84	73	61	49	41	33	27	22	18	15	12	9	7	7
	00Cr17Ni14Mo2 (316L)	-253	480	175	115	115	115	107	101	95	90	87	86	84	82	80	78	76	73	68	58	44	33	25	19	14	11	8
	0Cr18Ni9 (304/304H)	-253	520	205	138	138	138	130	122	115	111	107	105	103	101	100	97	90	78	63	51	41	33	27	21	17	14	11
	0Cr17Ni12Mo2 (316/316H)	-196	520	205	138	138	138	133	125	119	114	111	110	108	107	106	106	103	95	81	65	51	39	30	23	19	14	11
	0Cr18Ni10Ti (321)	-253	520	205	138	138	138	138	134	128	123	119	117	115	115	114	112	92	60	44	33	25	18	13	9	6	4	3
	0Cr18Ni11Nb (347)	-253	520	205	138	138	138	138	137	134	130	128	127	126	125	125	124	107	77	58	40	30	23	16	12	9	7	6

附录 B　常用坡口形式与尺寸

项次	厚度 T mm	坡口名称	坡口形式	坡口尺寸			备　注
				间隙 c mm	钝边 p mm	坡口角度 $\alpha(\beta)$ (°)	
1	1~3	Ⅰ形坡口		0~1.5	—	—	单面焊
	3~6			0~2.5			双面焊
2	3~9	V形坡口		0~2	0~2	65~75	
	9~26			0~2	0~3	55~65	
3	6~9	带垫板 V形坡口	$\delta=4~6$　$d=20~40$	3~5	0~2	45~55	
	9~26			4~6	0~2		
4	12~60	X形坡口		0~3	0~3	55~65	
5	20~60	双V形坡口	$h=8~12$	0~3	1~3	65~75 (8~12)	
6	20~60	U形坡口	$R=5~6$	0~3	1~3	(8~12)	

（续表）

项次	厚度 T mm	坡口名称	坡口形式	坡口尺寸 间隙 c mm	钝边 p mm	坡口角度 $\alpha(\beta)$ (°)	备注
7	2～30	T形接头 I形坡口		0～2	—	—	
8	6～10	T形接头 单边V 形坡口		0～2	0～2	45～55	
	10～17			0～3	0～3		
	17～30			0～4	0～4		
9	20～40	T形接头 对称K形 坡口		0～3	2～3	45～55	
10	管径 ø≤76	管座坡口	$a=100$　$b=70$　$R=5$	2～3	—	50～60 (30～35)	
11	管径 ø76～133	管座坡口		2～3	—	45～60	
12		法兰角 焊接头		—	—	—	$K=$ $1.4T$，且 不大于颈 部厚度；E $=6.4$且 不大于T
13		承插焊 接法兰		1.6	—	—	$K=$ $1.4T$，且 不大于颈 部厚度
14		承插焊 接接头		1.6	—	—	$K=$ $1.4T$， 且不小于 3.2

附录 C　金属材料的弹性模量与平均膨胀系数

附表 C-1　　金属材料的弹性模量

材料	在下列温度(℃)下的弹性模量 / (10³ MPa)																		
	−196	−150	−100	−20	20	100	150	200	250	300	350	400	450	475	500	550	600	650	700
碳素钢(C≤0.30%)	−	−	−	194	192	191	189	186	183	179	173	165	150	133	−	−	−	−	−
碳素钢(C>0.30%)、碳锰钢	−	−	−	208	206	203	200	196	190	186	179	170	158	151	−	−	−	−	−
碳钼钢、低铬钼钢(至 Cr3Mo)	−	−	−	208	206	203	200	198	194	190	186	180	174	170	165	153	138	−	−
中铬钼钢(CrMo~Cr9Mo)	−	−	−	191	189	187	185	182	180	176	173	169	165	163	161	156	150	−	−
奥氏体不锈钢(至 Cr25Ni20)	210	207	205	199	195	191	187	184	181	177	173	169	164	162	160	155	151	147	143
高铬钢(Cr13~Cr17)	−	−	−	203	201	198	195	191	187	181	175	165	156	153	−	−	−	−	−
灰铸铁	−	−	−	−	92	91	89	87	84	81	−	−	−	−	−	−	−	−	−
铝及铝合金	76	75	73	71	69	66	63	60	−	−	−	−	−	−	−	−	−	−	−
紫铜	116	115	114	111	110	107	106	104	101	99	96	−	−	−	−	−	−	−	−
蒙乃尔合金(Ni67-Cu30)	192	189	186	182	179	175	172	170	168	167	165	161	158	156	154	152	149	−	−
铜镍合金(Cu70-Ni30)	160	158	157	154	151	148	145	143	140	136	131	−	−	−	−	−	−	−	−

附表 C-2　　金属材料的平均膨胀系数

材料	在下列温度与20 ℃之间的平均线膨胀系数 α / (10⁻⁶℃)																		
	−196	−150	−100	−50	0	50	100	150	200	250	300	350	400	450	500	550	600	650	700
碳素钢、碳钼钢、低铬钼钢(至 Cr3Mo)	−	−	9.89	10.39	10.76	11.12	11.53	11.88	12.25	12.56	12.90	13.24	13.58	13.93	14.22	14.42	14.62	−	−
铬钼钢(Cr5Mo~Cr9Mo)	−	−	−	9.77	10.16	10.52	10.91	11.15	11.39	11.66	11.90	12.15	12.38	12.63	12.86	13.05	13.18	−	−
奥氏体不锈钢(Cr18-Ni9~Cr19Ni14)	14.67	15.08	15.45	15.97	16.28	16.54	16.84	17.06	17.25	17.42	17.61	17.79	17.99	18.19	18.34	18.58	18.71	18.87	18.97
高铬钢(Cr13、Cr17)	−	−	8.95	9.29	9.59	9.94	10.20	10.45	10.67	10.96	11.19	11.41	11.61	11.81	11.97	12.11	−	−	−
Cr25-Ni20	−	−	−	−	−	15.84	15.98	16.05	16.06	16.07	16.11	16.13	16.17	16.33	16.56	16.66	16.91	17.14	−
灰铸铁	−	−	−	−	−	10.39	10.68	10.97	11.26	11.55	11.85	−	−	−	−	−	−	−	−
球墨铸铁	−	−	−	9.48	10.08	10.55	10.89	11.26	11.66	12.20	12.50	12.71	−	−	−	−	−	−	−
蒙乃尔(Monel)Ni67-Cu30	9.99	11.06	12.13	12.81	13.26	13.70	14.16	14.45	14.74	15.06	15.36	15.67	15.98	16.28	16.60	16.90	17.18	−	−
铝	17.86	18.72	19.65	20.78	21.65	22.52	23.38	23.92	24.47	24.93	−	−	−	−	−	−	−	−	−
青铜	15.13	15.43	15.76	16.41	16.97	17.53	18.07	18.22	18.41	18.55	18.73	−	−	−	−	−	−	−	−
黄铜	14.77	15.03	15.32	16.05	16.56	17.10	17.62	18.01	18.41	18.77	19.14	−	−	−	−	−	−	−	−
铜及铜合金	13.99	14.99	15.70	16.07	16.63	16.96	17.24	17.48	17.71	17.87	18.18	−	−	−	−	−	−	−	−
Cu70~Ni30	12.00	12.64	13.33	13.98	14.47	14.94	15.41	15.69	16.02	−	−	−	−	−	−	−	−	−	−

附录 D 柔性系数和应力增大系数

名称	柔性系数 K	应力增大系数 ①⑦		尺寸系数 h	简图
		平面外 i_o	平面内 i_i		
弯头或弯管 ①②③⑥⑧	$\dfrac{1.65}{h}$	$\dfrac{0.75}{h^{2/3}}$	$\dfrac{0.9}{h^{2/3}}$	$\dfrac{t_{Fn}R}{r_o^2}$	
窄间距斜接弯管或弯头 $S < r_o(1+\tan\theta)$ ①②③⑧	$\dfrac{1.52}{h^{5/6}}$	$\dfrac{0.9}{h^{2/3}}$	$\dfrac{0.9}{h^{2/3}}$	$\dfrac{\cot\theta}{2}\dfrac{t_{sn}\cdot S}{r_o^2}$	$R_1=\dfrac{s\cot\theta}{2}$
单节斜接弯管或宽间距斜接弯管 $S \geqslant r_o(1+\tan\theta),\theta \leqslant 22.5°$ ①②⑧	$\dfrac{1.52}{h^{5/6}}$	$\dfrac{0.9}{h^{2/3}}$	$\dfrac{0.9}{h^{2/3}}$	$\dfrac{(1+\cot\theta)}{2}\dfrac{t_{sn}}{r_o}$	$R_1=\dfrac{r_o(1+\cot\theta)}{2}$
标准对焊三通 $r_x \geqslant \dfrac{1}{8}d_o$ ①②⑬　$T_c \geqslant 1.5T_{tn}$	1	$\dfrac{0.9}{h^{2/3}}$	$\dfrac{3}{4}i_o+\dfrac{1}{4}$	$4.4\dfrac{T_{tn}}{r_o}$	
加强焊接支管或焊制三通 ①②⑤⑬	1	$\dfrac{0.9}{h^{2/3}}$	$\dfrac{3}{4}i_o+\dfrac{1}{4}$	$\dfrac{(T_{tn}+1/2t_4)^{2.5}}{T_{tn}^{1.5}r_o}$	
未加强焊接支管或焊制三通 ①②⑬	1	$\dfrac{0.9}{h^{2/3}}$	$\dfrac{3}{4}i_o+\dfrac{1}{4}$	$\dfrac{T_{tn}}{r_o}$	
挤压成形对焊三通 $r_x \geqslant 0.05d_o,T_c < 1.5T_{tn}$ ①②⑬	1	$\dfrac{0.9}{h^{2/3}}$	$\dfrac{3}{4}i_o+\dfrac{1}{4}$	$\left(1+\dfrac{r_x}{r_o}\right)\dfrac{T_{tn}}{r_o}$	
嵌入式支管 $r_x \geqslant \dfrac{1}{8}d_o$ ①② $T_c \geqslant 1.5T_{rn}$	1	$\dfrac{0.9}{h^{2/3}}$	$\dfrac{3}{4}i_o+\dfrac{1}{4}$	$4.4\dfrac{T_{tn}}{r_o}$	
对焊支管台 ①②	1	$\dfrac{0.9}{h^{2/3}}$	$\dfrac{0.9}{h^{2/3}}$	$3.3\dfrac{T_{tn}}{r_o}$	
支管接头 ②⑫	1	用于校核支管端部 $1.5\left(\dfrac{R_m}{T_{tn}}\right)^{2/3}\left(\dfrac{r_m}{R_m}\right)^{1/2}\left(\dfrac{t_{tn}}{T_{tn}}\right)\left(\dfrac{r_m}{r_p}\right)$			

名称	柔性系数 K	应力增大系数 i	简图
对接焊或对焊法兰 $t_{sn} \geqslant 6mm$ ②⑩ $\delta_{max} \leqslant 1.6mm$, $\delta_{ave}/t_{sn} \leqslant 0.13$	1	1.0	
对接焊 $t_{sn} \geqslant 6mm$ ②⑩ $\delta_{max} \leqslant 3.2mm, \delta_{ave}/t_{sn} =$ 任何值 对接焊 $t_{sn} < 6mm$ ②⑩ $\delta_{max} \leqslant 1.6mm, \delta_{ave}/t_{sn} \leqslant 0.33$	1 1	最大 1.9 或 $0.9 + 2.7(\delta_{ave}/t_{sn})$ 最小 1.0	
角焊 ⑨	1	2.1 或 1.3	
削薄过滤段 ②	1	最大 1.9 或 $1.3 + 0.0036 \dfrac{D_o}{t_{sn}} + 3.6 \dfrac{\delta_{max}}{t_{sn}}$	
同心异径管 ⑪	1	最大 2.0 或 $0.5 + 0.01\beta \left(\dfrac{D_{os}}{t_{L2}}\right)^{1/2}$	
波纹直管或带波纹或皱纹弯管 ④	5	2.5	
螺纹管接头或螺纹法兰	1	2.3	
松套法兰	1	1.6	
内外侧焊的平焊法兰	1	1.2	

注：①②③④⑤⑥⑦⑧⑨⑩⑪⑫说明见《工业金属管道设计规范》GB 50316－2000。

附录 E   常用管道仪表流程图设备图形符号

（取自 HG/T 20519—2009）

1. 工业炉、锅炉

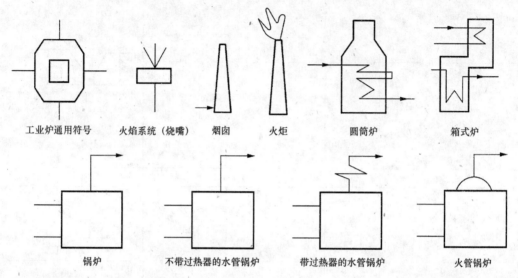

工业炉通用符号　　火焰系统（烧嘴）　　烟囱　　火炬　　圆筒炉　　箱式炉

锅炉　　不带过热器的水管锅炉　　带过热器的水管锅炉　　火管锅炉

2. 换热器、冷却器、蒸发器

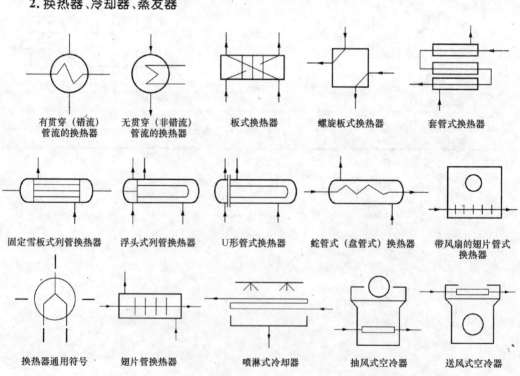

有贯穿（错流）管流的换热器　　无贯穿（非错流）管流的换热器　　板式换热器　　螺旋板式换热器　　套管式换热器

固定雪板式列管换热器　　浮头式列管换热器　　U形管式换热器　　蛇管式（盘管式）换热器　　带风扇的翅片管式换热器

换热器通用符号　　翅片管换热器　　喷淋式冷却器　　抽风式空冷器　　送风式空冷器

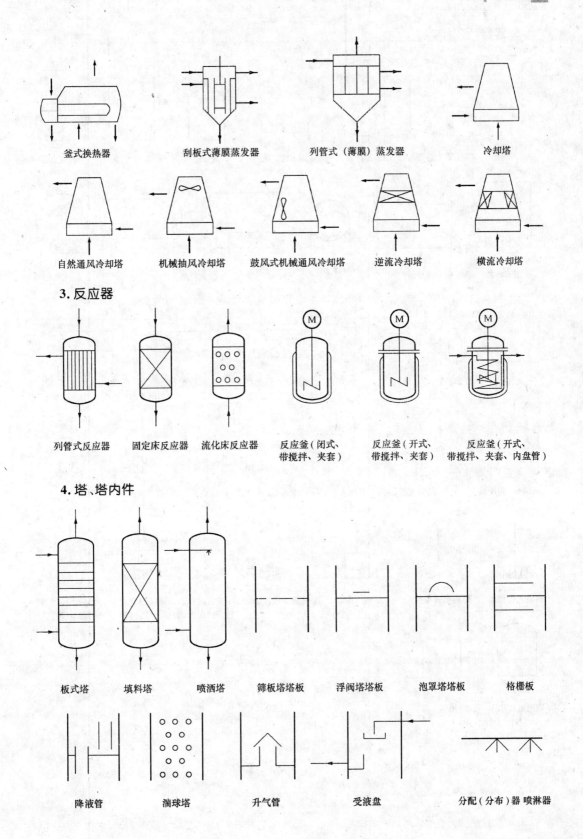

釜式换热器　　刮板式薄膜蒸发器　　列管式（薄膜）蒸发器　　冷却塔

自然通风冷却塔　　机械抽风冷却塔　　鼓风式机械通风冷却塔　　逆流冷却塔　　横流冷却塔

3.反应器

列管式反应器　　固定床反应器　　流化床反应器　　反应釜（闭式、带搅拌、夹套）　　反应釜（开式、带搅拌、夹套）　　反应釜（开式、带搅拌、夹套、内盘管）

4.塔、塔内件

板式塔　　填料塔　　喷洒塔　　筛板塔塔板　　浮阀塔塔板　　泡罩塔塔板　　格栅板

降液管　　湍球塔　　升气管　　受液盘　　分配（分布）器 喷淋器

5. 容器、容器内件

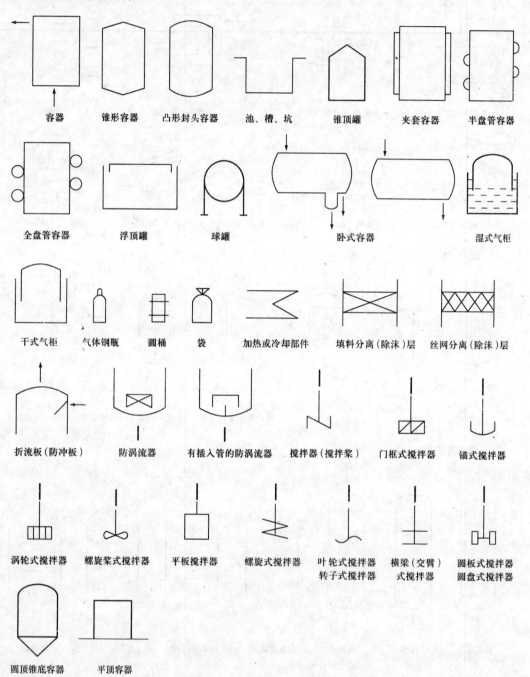

容器   锥形容器   凸形封头容器   池、槽、坑   锥顶罐   夹套容器   半盘管容器

全盘管容器   浮顶罐   球罐   卧式容器   湿式气柜

干式气柜   气体钢瓶   圆桶   袋   加热或冷却部件   填料分离(除沫)层   丝网分离(除沫)层

折流板(防冲板)   防涡流器   有插入管的防涡流器   搅拌器(搅拌桨)   门框式搅拌器   锚式搅拌器

涡轮式搅拌器   螺旋桨式搅拌器   平板搅拌器   螺旋式搅拌器   叶轮式搅拌器 转子式搅拌器   横梁(交臂) 式搅拌器   圆板式搅拌器 圆盘式搅拌器

圆顶锥底容器   平顶容器

6. 压缩机、真空泵、鼓风机、泵

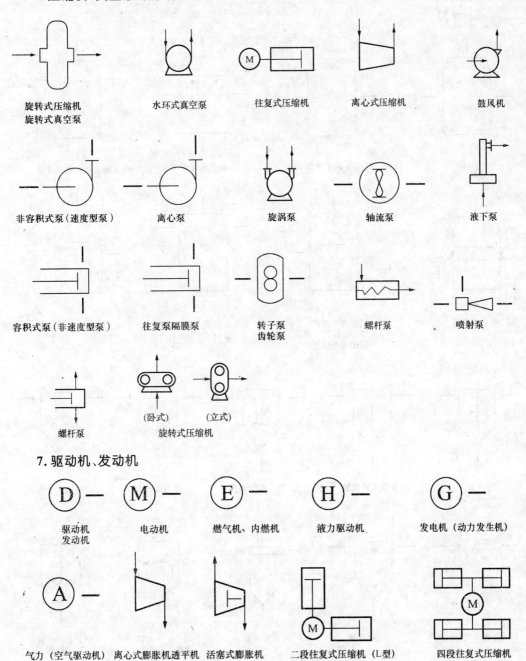

旋转式压缩机　　　　水环式真空泵　　　往复式压缩机　　　离心式压缩机　　　　鼓风机
旋转式真空泵

非容积式泵（速度型泵）　　离心泵　　　　　旋涡泵　　　　　　轴流泵　　　　　　液下泵

容积式泵（非速度型泵）　往复泵隔膜泵　　转子泵　　　　　螺杆泵　　　　　　喷射泵
　　　　　　　　　　　　　　　　　　　　齿轮泵

螺杆泵　　　　　　（卧式）　（立式）
　　　　　　　　旋转式压缩机

7. 驱动机、发动机

驱动机　　　　　电动机　　　燃气机、内燃机　　液力驱动机　　　发电机（动力发生机）
发动机

气力（空气驱动机）　离心式膨胀机透平机　活塞式膨胀机　　二段往复式压缩机（L型）　四段往复式压缩机

8.其他设备
(1)干燥器

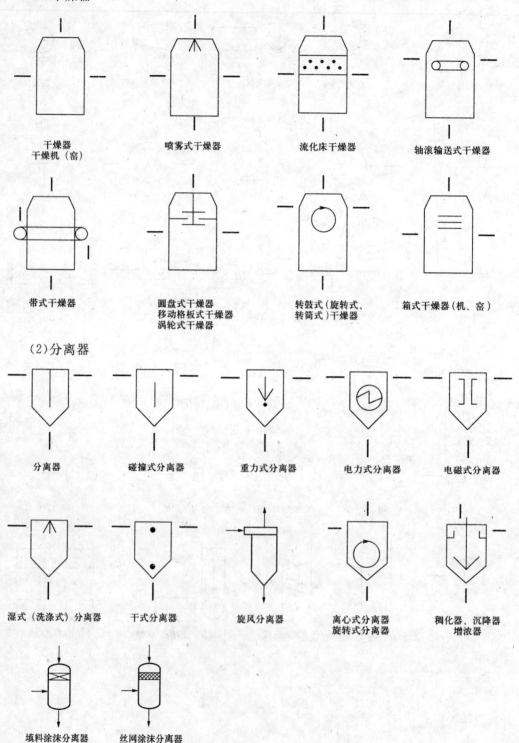

干燥器
干燥机（窑）　　　　喷雾式干燥器　　　　流化床干燥器　　　　轴滚输送式干燥器

带式干燥器　　　圆盘式干燥器　　　转鼓式（旋转式、　　　箱式干燥器（机、窑）
　　　　　　　移动格板式干燥器　　转筒式）干燥器
　　　　　　　涡轮式干燥器

(2)分离器

分离器　　　碰撞式分离器　　　重力式分离器　　　电力式分离器　　　电磁式分离器

湿式（洗涤式）分离器　　干式分离器　　　旋风分离器　　　离心式分离器　　　稠化器、沉降器
　　　　　　　　　　　　　　　　　　　　　　　　　　旋转式分离器　　　　增浓器

填料涂沫分离器　　　丝网涂沫分离器

（3）过滤器

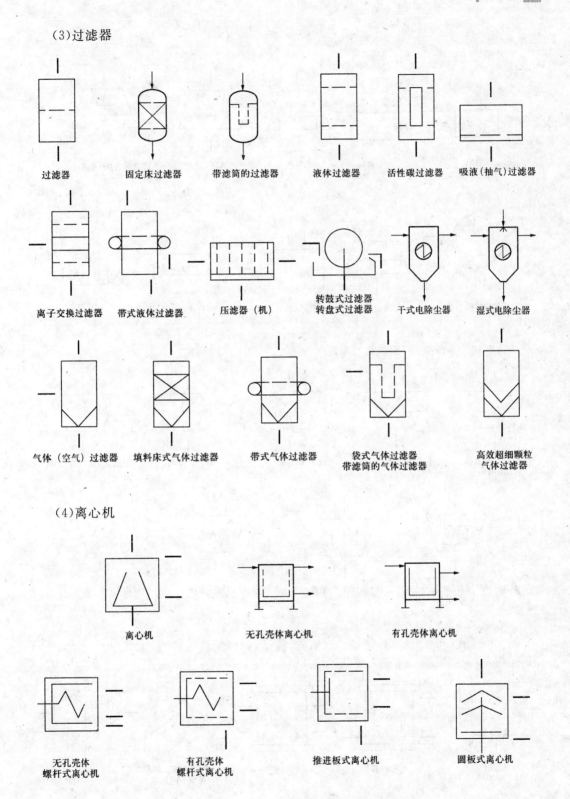

过滤器　　固定床过滤器　　带滤筒的过滤器　　液体过滤器　　活性碳过滤器　　吸液(抽气)过滤器

离子交换过滤器　　带式液体过滤器　　压滤器（机）　　转鼓式过滤器 转盘式过滤器　　干式电除尘器　　湿式电除尘器

气体（空气）过滤器　　填料床式气体过滤器　　带式气体过滤器　　袋式气体过滤器 带滤筒的气体过滤器　　高效超细颗粒 气体过滤器

（4）离心机

离心机　　无孔壳体离心机　　有孔壳体离心机

无孔壳体 螺杆式离心机　　有孔壳体 螺杆式离心机　　推进板式离心机　　圆板式离心机

(5)成型机

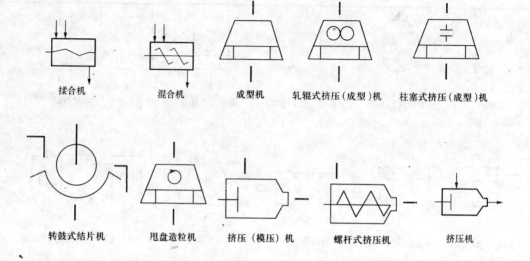

揉合机　混合机　成型机　轧辊式挤压（成型）机　柱塞式挤压（成型）机

转鼓式结片机　甩盘造粒机　挤压（模压）机　螺杆式挤压机　挤压机

(6)磨机、研磨机、磨碾机

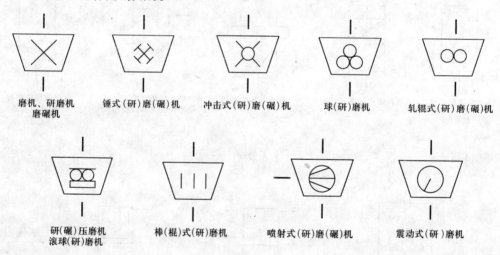

磨机、研磨机
磨碾机　锤式(研)磨(碾)机　冲击式(研)磨(碾)机　球(研)磨机　轧辊式(研)磨(碾)机

研(碾)压磨机
滚球(研)磨机　棒(棍)式(研)磨机　喷射式(研)磨(碾)机　震动式(研)磨机

(7)电解槽,电渗析器,外壳,罩,除氧器,筛子,固体配料机

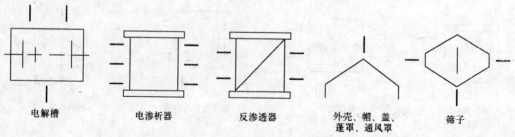

电解槽　电渗析器　反渗透器　外壳、帽、盖、
莲罩、通风罩　筛子

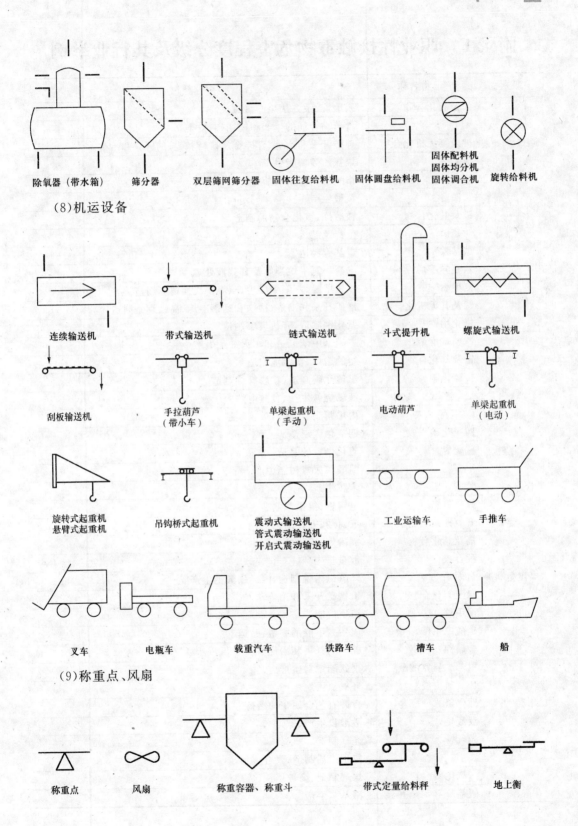

除氧器（带水箱）　筛分器　双层筛网筛分器　固体往复给料机　固体圆盘给料机　固体配料机 固体均分机 固体调合机　旋转给料机

（8）机运设备

连续输送机　带式输送机　链式输送机　斗式提升机　螺旋式输送机

刮板输送机　手拉葫芦（带小车）　单梁起重机（手动）　电动葫芦　单梁起重机（电动）

旋转式起重机 悬臂式起重机　吊钩桥式起重机　震动式输送机 管式震动输送机 开启式震动输送机　工业运输车　手推车

叉车　电瓶车　载重汽车　铁路车　槽车　船

（9）称重点、风扇

称重点　风扇　称重容器、称重斗　带式定量给料秤　地上衡

附录 F　职业性接触毒物危害程度分级及其行业举例

级别	毒物名称	行业举例
Ⅰ级 （极度危害）	汞及其化合物	汞冶炼、汞齐法生产氯碱
	苯	含苯黏合剂的生产和使用（制皮鞋）
	砷及其无机化合物	砷矿开采和冶炼、含砷金属矿（铜、锡）的开采和冶炼
	氯乙烯	聚氯乙烯树脂生产
	铬酸盐、重铬酸盐	铬酸盐和重铬酸盐生产
	黄磷	黄磷生产
	铍及其化合物	铍冶炼、铍化合物的制造
	对硫磷	生产及贮运
	羰基镍	羰基镍制造
	八氟异丁烯	二氟一氯甲烷裂解及其残液处理
	氯甲醚	双氯甲醚、一氯甲醚生产、离子交换树脂制造
	锰及其无机化合物	锰矿开采和冶炼、锰铁和锰钢冶炼、高锰焊条制造
	氰化物	氰化钠制造、有机玻璃制造
Ⅱ级 （高度危害）	三硝基甲苯	三硝基甲苯制造和军火加工生产
	铅及其化合物	铅的冶炼、蓄电池制造
	二硫化碳	二硫化碳制造、粘胶纤维制造
	氯	液氯烧碱生产、食盐电解
	丙烯腈	丙烯腈制造、聚丙烯腈制造
	四氯化碳	四氯化碳制造
	硫化氢	硫化染料的制造
	甲醛	酚醛和尿醛树脂生产
	苯胺	苯胺生产
	氟化氢	电解铝、氢氟酸制造
	五氯酚及其钠盐	五氯酚、五氯酚钠生产
	镉及其化合物	镉冶炼、镉化合物的生产
	敌百虫	敌百虫生产、贮运
	氯丙烯	环氧氯丙烷制造、丙烯磺酸钠生产
	钒及其化合物	钒铁矿开采和冶炼
	溴甲烷	溴甲烷制造
	硫酸二甲酯	硫酸二甲酯的制造、贮运
	金属镍	镍矿的开采和冶炼
	甲苯二异氰酸酯	聚氨酯塑料生产
	环氧氯丙烷	环氧氯丙烷生产
	砷化氢	含砷有色金属矿的冶炼
	敌敌畏	敌敌畏生产、贮运
	光气	光气制造
	氯丁二烯	氯丁二烯制造、聚合
	一氧化碳	煤气制造、高炉炼铁、炼焦
	硝基苯	硝基苯生产

级别	毒物名称	行业举例
Ⅲ级 （中度危害）	苯乙烯	苯乙烯制造、玻璃钢制造
	甲醇	甲醇生产
	硝酸	硝酸制造、贮运
	硫酸	硫酸制造、贮运
	盐酸	盐酸制造、贮运
	甲苯	甲苯制造
	二甲苯	喷漆
	三氯乙烯	三氯乙烯制造、金属清洗
	二甲基甲酰胺	二甲基甲酰胺制造、顺丁橡胶的合成
	六氟丙烯	六氟丙烯制造
	苯酚	酚醛树脂生产、苯酚生产
	氮氧化物	硝酸制造
Ⅳ级 （轻度危害）	溶剂汽油	橡胶制品（轮胎、胶鞋等）生产
	丙酮	丙酮生产
	氢氧化钠	烧碱生产、造纸
	四氟乙烯	聚全氟乙丙稀生产
	氨	氨制造、氮肥生产

附录 G　管道仪表流程图重要说明与表格

一、设备一览表

设备一览表显示了装置(或主项)内所有工艺设备(机器)以及化工工艺有关的辅助设备(机器)。设备(机器)分为定型和非定型两大类,非定型设备(机器)有塔、换热器、槽罐、容器、工业炉等;定型设备(机器)有压缩机、泵、风机、离心机等。编制设备一览表时按此两类分别填写,先填写非定型设备。本节着重介绍一些必填栏目,参照标准 HG/T 20519.2—2009《工艺设计施工图内容和深度统一规定　第 2 部分:工艺系统》。

1.序号:按设备(机器)在设备一览表中填写的先后顺序编制,以阿拉伯数字表示。主要设备优先填写,同类设备顺次填写。

2.设备位号:即管道及仪表流程图中的设备位号。

3.设备名称:即设备(机器)的中文名称,与其在管道及仪表流程图和设备图中的名称一致。

4.设备技术规格及其附件

(1)非定型设备(机器)的技术规格

各类非定型设备的技术规格中,都应填写操作条件和设计条件,即压力、温度、处理能力、介质名称等。当设备有两种或两种以上工况时,操作条件和设计条件应分别填写。

①塔类容器的技术规格,填写外形尺寸如直径和高度,类型如填料塔、板式塔、喷淋塔等,特征内件的名称、型号、规格尺寸及数量。

②换热器的技术规格,填写换热器类型如管式、板式、板翅式、螺旋板式、热管式,外形尺寸如直径、长、宽、高等,换热面积(台或组),换热元件的规格、尺寸和数量。

③槽罐、容器的技术规格,填写外形尺寸(直径、长、宽、高),容积,有关内件和填充物(如加热盘管、除沫器、过滤元件、过滤介质等)及必要的参数。

④反应器的技术规格,填写反应器类型、外形尺寸、催化剂的型号及数量,特殊内件(搅拌器、换热器)的规格、型号和尺寸。

(2)定型设备(机器)的技术规格

根据定型设备(机器)类别不同填写技术规格数据,分类如下:

①压缩机填写类型、段数、处理能力(入口气量)、进出口压力及温度、介质名称,润滑方式为无油润滑时应标注出。

压缩机的驱动机的技术规格和有关参数作为一项独立内容填写。电动机填写功率、转速、电压、类型;汽轮机填写功率、转速、用汽参数等;其他动力机也要写出功率、转速及其他特殊参数等。

②泵填写类型、处理能力(流量、扬程)、介质名称、使用温度、入口压力(入口压力较高时填写)、介质重度、密封型式(如为普通填函密封可不填写),必要时应注出各泵的净正吸入压头。泵的驱动机的技术规格按压缩机的驱动机技术规格要求填写。

③风机填写类型、处理能力(风量、风压)、输送的介质名称及入口状态(压力、温度

等）。风机的出风口方位角度若特殊，则应注明。风机驱动机的技术规格参照压缩机的驱动机技术规格要求填写。

④组合设备（机器）和成套设备（机器）

组合设备（机器）是由不同类别的设备（机器）组成的，技术规格应按其各个不同类别的设备分别编制和填写。例如一个精馏塔，其顶部为一水冷式回流冷凝器，底部为二个釜式蒸汽再沸器，此时分别按换热器和精馏塔填写技术规格。

⑤成套设备（机器）和机组的技术规格填写类型、处理能力、介质条件、操作条件和设计条件；驱动机的技术规格单列。必要时，可按设备（机器）、机组的组成逐个填写每个分项设备（机器）。例如大型多段压缩机组，填写主机之后还要注明有关的段间辅机（例如冷却器、分离器、缓冲罐等）。

5.型号或图纸号：定型设备填写型号；非定型设备（机器）填写制造图图号；成套设备（机器）填写型号，必要时主机、辅机和附属设备的型号也要填写。

6.材料：填写设备（机器）选用的材料，只写出其主体部分材料名称。若主体材料有两种或两种以上材料，尤其是有贵重材料时，将材料依次分项填写。设备（机器）内件和填充物若为单独订货，要分项列出。设备（机器）的材料总构成写在本栏第一行，然后向下依次填写其分项内容，填写时可用中文和材料代号。

7.设备来源或图纸来源：填写设备来源是"外购"、"现场自制"、"业主提供"或"利旧"等。图纸来源填写"本公司"或"另行委托设计"等。

8.管口方位图图号：非定型设备（机器）填写管口方位图图号，必要时定型设备也应填写管口方位图图号。管口方位如依据设备图时应注明字样"按设备图"。

设备一览表

序号	设备位号	设备名称	设备技术规格及其附件	标准型号或图纸号	材料	单位	数量	净重/kg		绝热及隔声		设备来源或图纸来源	管口方位图图号	备注
								单重	总重	型式代号	主要层厚度/mm			
10		填料塔	D4200×12100×25 FRT 21000 Nm²/h 塔槽一体									外购		
												现场自制		
												业主提供		
												利旧		

（单位名称）	设计		设备一览表（例表）		工程名称		图号	
	校核				设计项目			
	审核				设计阶段		版次	

二、管道特性表

管道特性表示例									
管段号	外径×壁厚/mm	管道等级	压力管道类别级别	介质				工作参数	
				名称	状态	起点	终点	温度/℃	表压/MPa
NG1310	159×4.0	K1E	K	氮气	气体	V1030B	C1030A	−17	0.002
NL1030	89×3.5	M1E	M	液氮	液体	液氮系统	V1030A	−196	0.6

管道特性表示例									
设计参数		绝热及防腐			试压要求		焊缝检测要求	泄漏试验要求	清洗介质	PID图尾号
温度（℃）	表压（MPa）	代号	厚度（mm）	是否防腐	试压介质	试验压力（MPa）				
−40	0.2	D	40	否	空气	0.6	超声波探伤	气密试验	水	＊＊＊＊＊＊-＊＊-＊＊
−200	0.8	C	12.5	否	水	1.6	射线探伤	气密试验	水	＊＊＊＊＊＊-＊＊-＊＊

管道特性表中详细描述了每根管道的规格，如管道编号、介质、温度、压力、流量、物料相态、管道材质、公称直径、管道起止点、保温及防腐、法兰面形式等。

1. 管段号：由物料代号、主项编号、管道序号组成，三者之间没有用短线隔开。示例中的管道组合号，NG 是物料代号，13 是主项编号，10 是管道序号，三者连写合称为管段号。

2. 管道等级：管道等级代号由管道公称压力等级代号、管道材料等级顺序号、管道材质类别代号三部分组成。示例中，公称压力等级代号用一位大写英文字母 K/M 表示，管道材料等级顺序号为 1，管道材质类别代号为 E。

3. 压力管道类别级别：管道的公称压力等级代号，用大写英文字母表示。A-G 用于 ASME 标准压力等级代号，H-Z 用于国内标准压力等级代号（其中 I、J、O、X 不用）。

4. 介质：介质一栏需填入介质名称（中英文皆可，需指代清楚），介质状态（如气态、液态），管道的起点设备位号和终点设备位号。

5. 焊缝检测要求：焊缝按质量等级分一、二、三级，在 GB 50205《钢结构工程施工质量验收规范》中，规定了焊缝外观质量检验方法、抽查比例、允许的缺陷和许用偏差，不同质量等级、不同焊接形式的焊缝有不同的检测要求，并不是所有的一、二级焊缝都做探伤检验。

6. 泄漏试验要求：（1）输送剧毒流体、有毒流体、可燃流体的管道必须进行泄漏性试验，且应在压力试验合格后进行；（2）试验介质宜采用空气，试验压力即设计压力。

三、安全阀数据表说明

为防止因设备和管道压力超出设计值造成事故，应在设备和管道上合理设置安全阀和爆破片。当介质为清洁、无颗粒、低黏度流体时，适宜安装安全阀。在必须安装安全泄放装置且不适合设置安全阀的情况下，应安装爆破片或者将安全阀与爆破片串联使用。

1. 公称尺寸：公称尺寸指安全阀阀座公称直径，喉部直径即为流道直径，根据排量计算确定。

安全阀阀座喉部直径与安全阀公称直径对照表									
微启式安全阀阀座喉部直径/mm	12	16	20	25	32	40	65	80		
全启式安全闸阀座喉部直径/mm				20	25	32	50	65	100	125
安全阀公称直径/mm	15	20	25	32	40	50	80	100	150	200

2.起跳压力:即整定压力,是指阀瓣刚开始离开阀座,介质呈连续排出状态时,在安全阀进口测得的压力。正常情况下,根据容器的工作压力确定安全阀的起跳压力,一般取起跳压力等于1.05～1.1倍工作压力(绝压),同时使容器的设计压力大于或等于安全阀起跳压力即可。

3.背压:即泄压阀出口处的压力。

一般的安全阀出口接通大气,背压为0.1 MPa(绝压)。对于危险性介质,如液氨、工艺气体,安全阀的出口不能直接连接大气,只能接入到密闭管线再进一步处理,此时背压不为0.1 MPa(大气压)。

4.进出口压力等级:安全阀的压力等级根据容器的设计压力和设计温度确定,指阀体在指定温度下最大允许工作压力,如 PN16、PN25、PN40、PN64 等。一般情况下,背压不为大气压的安全阀出口法兰的压力等级较高。

安全阀数据表

		序号	1	2	3	4
		编号				
		数量				
安装位置		公称尺寸(DN)				
		管段号				
		管道等级				
		PID 图号				
		管道布置图图号				
使用条件		介质名称				
		介质状态				
		起跳压力/MPa				
		初始背压/MPa				
		操作温度/℃				
		排放量/(kg · h⁻¹)				
技术规格		型号				
		公称尺寸(DN)入口/出口				
		阀座喉部直径/mm				
	材料	阀体				
		阀芯				
	连接形式	入口 压力等级				
		法兰标准				
		密封面				
		出口 压力等级				
		法兰标准				
		密封面				
		重量/kg				
		备注				

		工程名称		20 年	版次
		设计项目		设计阶段	
编制		安全阀数据表	图号		
校核		表(1)			
审核			第　页	共　页	

四、爆破片数据表说明

爆破片是在标定爆破压力及温度下爆破泄压的元件,品种多、结构简单,常见的有平板形、正拱形、反拱形和石墨爆破片,爆破片一次爆破后即报废无法多次使用,因此,不适用于经常超压的场合。爆破片装置能够在黏稠、高温、低温、腐蚀的工况下工作,在压力瞬间急剧上升的场合应优先选用爆破片,是超高压容器的理想安全装置。

1.公称尺寸:即爆破片公称直径,尺寸从几毫米到十几米不等,爆破片的公称直径必须等于或大于安全阀的入口管径。

2.爆破片正面与背面的区分:正面是爆破片接触高压介质一面,背面则是泄放方向一面。

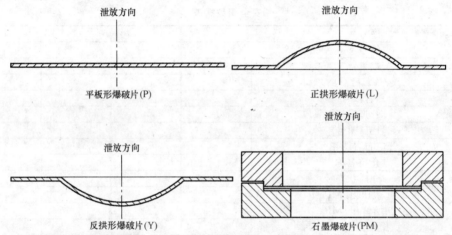

3.设计条件:表中"设计压力"一栏填入容器的设计压力。要求爆破压力就是设计爆破压力,即设计爆破温度下爆破片的爆破压力值,要求爆破压力应小于或等于压力容器的设计压力。要求爆破温度是指爆破元件爆破时的壁温。

4.爆破片类型:爆破片类型即爆破片的类别与型式。爆破片类别有四种,平板形爆破片代号为 P;正拱形爆破片代号为 L;反拱形爆破片代号为 Y;石墨爆破片代号为 PM。但是一个类别的爆破片下分不同形式,如类别为正拱型 L 的爆破片,就又三种型式:正拱普通型 LP,正拱开缝型 LF,正拱带槽型 LC。在填写"爆破片类型"这一栏时,例如正拱普通型爆破片,应填写类别 L 和型式 P,即填入 LP。各种爆破片类型参考标准 GB 567.3—2012《爆破片安全装置 第 3 部分:分类及安装尺寸》。

5.爆破片材料:常用的材料有铝、铜、不锈钢、镍合金、碳钢、石墨等。

6.夹持器:是在容器的适当部位装接、夹持爆破片的辅助元件。夹持器因安装的爆破片类别不同而分为五个类别,每种类别的夹持器,按照夹持器密封面形式不同而下分为不同的型式。

爆破片数据表

		序号	1	2	3	4
		编号				
		数量				
安装位置		公称尺寸(DN)				
		管段号				
		管道等级				
		PID 图号				
		管道布置图图号				
使用条件	介质	名称				
		状态				
		黏度/(MPa·s)				
		凝固点/℃				
		腐蚀性				
		爆破片正面受压压力/MPa				
		爆破片背面受压压力/MPa				
		爆破片正面操作温度/℃				
		爆破片背面操作温度/℃				
设计条件		设计压力/MPa				
		设计温度/℃				
		要求爆破压力/MPa				
		要求爆破温度				
技术规格		爆破片类型				
		排放管公称直径				
	材料	爆破片				
		上夹持器				
		下夹持器				
		夹持器法兰标准				
		夹持器法兰规格				
		夹持器压力等级				
		备注				

				工程名称		20 年	版次
				设计项目		设计阶段	
编制				爆破片数据表 表(6)		图号	
校核							
审核						第　页	共　页

附录 H 承压设备典型的失效机理

附表 H-1   减薄失效机理

退化机理	描述	性质	关键变量	例子
盐酸腐蚀	碳钢和低合金钢的局部腐蚀,特别是在冷凝点（＜400 °F）。奥氏体不锈钢受到点蚀和隙间腐蚀。镍合金在氧化状态下腐蚀	局部	盐酸百分含量,PH值,材料结构,温度	常压塔塔顶原料单元,加氢处理排出流,催化重整排出和再生系统
电化学腐蚀	两种金属相连并浸入电解液中时发生	局部	相连金属的成分,电流的距离	海水和一些冷却水
二硫化氢腐蚀	侵蚀、腐蚀对碳钢和耐酸黄铜造成高的金属损失	局部	HN_4HS 在水中的百分含量,速度和PH值	加氢处理、加氢裂化、炼焦、催化裂化中的热裂化和催化裂化,氨处理和酸液与气体分离系统
二氧化碳（碳酸）腐蚀	二氧化碳是一种弱酸性气体,当它溶于水中变成碳酸后具有腐蚀性。碳酸对碳钢和低合金钢的腐蚀是个电化学的过程,包括正极铁的溶解和负极氢的变化。反应伴随 $FeCO_3$ 和（或）Fe_3O_4 膜的形成,它能否起到保护作用由条件决定	局部	二氧化碳的浓度和工艺条件	炼油厂蒸汽凝结系统,催化裂化的氢设备和蒸汽回收部分
硫酸腐蚀	强酸引起各种材料金属的损失,取决于很多因素	局部	酸百分含量,PH值,材料结构,温度,速度,氧化剂	硫酸烷基化单元,软化水
氢氟酸腐蚀	强酸引起各种材料金属的损失	局部	酸百分含量,PH值,材料结构,温度,速度,氧化剂	氢氟酸烷基化单元,去除矿中的水
磷酸腐蚀	弱酸引起金属损失。通常是水处理中生物腐蚀的附加	局部	酸含量,PH值,材料成分,温度	水处理工厂
石炭酸腐蚀	弱酸引起腐蚀和各种金属的损失	局部	百分含量,PH值,材料结构,温度	重油和脱蜡厂
氨水腐蚀	用于气体处理去除溶解的 HSS 和 CO_2 酸性气体。腐蚀通常是由吸收的酸性气体或氢的产品造成	通常速度低,局部高	氨的种类和浓度,材料结构,温度和酸性气体流速	氨气处理单元
高温硫化物腐蚀(不含有 H_2)	腐蚀过程类似于空气中的氧气腐蚀。在这种情况下碳钢转化为硫化亚铁。转化速度取决于操作温度和硫的浓度	通常是均匀腐蚀	硫的浓度和温度	温度超过450 °F,硫的含量超过0.2%的位置。一般在焦化设备,FCC和加氢单元
高温硫化氢腐蚀	含有氢,更容易产生硫化腐蚀	通常是均匀腐蚀	硫化氢的浓度,温度	温度超过450 °F,硫的含量超过0.2%的位置。加氢处理单元的氢混合点的位置,反应器,反应物流出位置,氢气循环,包括换热器和管道等
环烷酸腐蚀	环烷酸腐蚀是通过有机酸对合金钢进行腐蚀。凝结的范围为 350～750 °F。天然环烷酸危害的量比中立的量高	局部腐蚀	环烷/有机酸的浓度和温度	粗制单元真空圆柱的中间部分,在空气蒸馏单元、炉子和交换管线也会发生
氧化	一定温度以上,发生高温腐蚀,将金属转化为金属氧化物	通常均匀腐蚀	温度,存在的空气,材料结构	炉管的外侧,炉管架,其他暴露在多余燃烧气中的炉子的部件
大气腐蚀	通常腐蚀过程在大气中发生,碳钢转换为 Fe_2O_3	总是均匀腐蚀	氧气的压力,温度范围和湿度	使用碳钢的无保护层的高温工艺很容易发生(如蒸汽管)
隔离状态下的腐蚀(CUI)	CUI 是空气腐蚀的一个典型情况,温度和湿度较高。通常残余的腐蚀物质溶解隔离材料,造成更容易腐蚀的环境	通常高度集中	氧气的压力,温度范围和湿度,隔离内的腐蚀成分	隔离的管道和容器
土壤腐蚀	与土壤接触的金属会发生腐蚀	通常是局部的	材料成分,土壤特性,涂层类型	罐的底部,埋地管线

附表 H-2   **应力腐蚀开裂失效机理**

退化机理	描述	性质	关键变量	例子
氯化物开裂	开裂会从奥氏体不锈钢设备的内部或外部开始,主要是由于制造应力和残余应力。一些应用应力也会引起开裂	晶内开裂	酸的浓度,PH 值,材料结构,温度,制造,接近屈服应力	外部出现在隔离和抗风化能力很差的设备,喷冷却水的下风口,暴露在火和水中的设备。内部出现在氯和水同时存在的地方,如粗制单元的空气柱和反应器排出冷凝流
腐蚀开裂	开裂主要从碳钢设备的内部看市,由制造和残余应力造成	主要是晶间开裂,也可以是晶内开裂	腐蚀性物质的浓度,PH 值,材料结构,温度,应力	腐蚀性物质处理部分,腐蚀性工作,硫醇处理,粗制单元进料预热和脱盐,污水处理,蒸汽系统
多硫酸腐蚀	激活条件下奥氏体不锈钢在湿的多硫酸环境下的开裂。多硫酸是由 FeS 遇到水和氧气转化而来	晶内开裂	材料结构,激活的微观结构,水,多硫酸	通常发生在催化裂化反应器和燃气系统以及脱硫炉和加氢处理的奥氏体不锈钢中发生
胺开裂	胺用于气体处理,溶解酸性气体中的 CO₂和 HSS。开裂通常是由吸收的酸性气体和胺的破坏性产品造成的	晶间开裂	胺的类型和浓度,材料的结构,温度,应力	胺处理单元
氨开裂	碳钢和耐酸黄铜的开裂	碳钢是晶间开裂,锌铜合金是晶内开裂	材料的结构,温度和应力	通常出现在氨生产和处理的位置,例如高浓缩氨的中和
氢引起的开裂和应力导致氢引起开裂	碳钢和低合金钢遇到水和 HSS 时发生。氢原子通过腐蚀,扩散到材料中以及与其他氢原子反应在钢内产生氢气分子的方式破坏材料。破坏的形式可以是起疱和应力释放设备与无应力释放设备的开裂	平面裂纹(缩孔),泡向焊缝靠近时引起晶内开裂	HSS 的浓度,水,温度,PH 值,材料的结构	粗加工,催化裂化压缩,气体回收,加氢处理,污水和焦化单元中水和 HSS 同时出现的地方
硫化物的应力开裂	碳钢和低合金钢遇到水和 HSS 时发生。破坏的形式是无应力释放和应力释放不正确的设备的开裂	晶内开裂,经常伴随制造、附件和维修的裂纹	HSS 的浓度,水,温度,PH 值,材料的结构,焊接热处理的条件,硬化	粗加工,催化裂化压缩,气体回收,加氢处理,污水和焦化单元中水和 HSS 同时出现的地方
热氢	碳钢和低合金钢遇到水和 HSS 时发生。氢原子通过腐蚀,扩散到材料中以及与其他氢原子反应在钢内产生氢气分子的方式破坏材料。退化的形式可以是平面缩孔,可以发生在应力释放设备与无应力释放设备中			粗加工,催化裂化压缩,气体回收,加氢处理,污水和焦化单元中水和 HSS 同时出现的地方
氰化氢	在氰化氢可以促进氢退化时发生,使铁的硫化物保护层剥落	平面开裂和晶内开裂	出现 HCN,HSS 的浓度,PH 值,材料结构	粗加工,催化裂化压缩,气体回收,加氢处理,污水和焦化单元中水和 HSS 同时出现的地方

附表 H-3   **材质裂化失效机理**

退化机理	描述	性质	关键变量	例子
高温氢侵蚀	碳钢和低合金钢遇到高温氢时发生,通常它是烃流体的一部分。在高温(> 500 ℉)下,材料破坏是由甲烷气沿边界形成裂纹引起的。氢扩散进材料,与钢中的碳反应,产生甲烷	晶间裂纹开裂,脱碳	材料结构,氢的分压,温度,工作的时间	发生在加氢脱硫、加氢裂化、加氢重整和生产氢的单元中反应部分
晶粒生长	在钢加热到一定温度以上时发生,碳钢从 1 100 ℉开始,大部分从 1 350 ℉开始,奥氏体不锈钢和镍铬合金在 1 650 ℉开始	局部	最高温度,最高温度的时间,材料的结构	炉管失效,火损害设备
石墨化	由于长期暴露在 825 ℉ 到 1 400 ℉范围内,珠光体颗粒分解成铁素体颗粒,形成石墨	局部	材料的结构,暴露的时间和温度	FCC 反应器
δ 相脆化	奥氏体不锈钢和其他铬含量超过 17%在较长时间暴露在 1 000~1 500 ℉范围内	无显著特点	材料的结构,暴露的时间和温度	铸造炉管和部件,FCC 中的再生回旋器
885 ℉脆断	发生在不锈钢中铁素体在 650~1 000 ℉时老化,降低这一温度延展性	无显著特点	材料的结构,暴露的时间和温度	裂化精制,停工期的铸铁

（续表）

退化机理	描述	性质	关键变量	例子
回火脆化	低合金钢长期维持在 700～1 050 °F 范围内。操作温度下，强度没有明显变化，在周围温度下能引起脆断	无显著特点	材料的结构，暴露的时间和温度	在停工和启动阶段，老的炼油厂可能会出现这样的问题，因为它有足够长的操作。加氢处理和加氢裂化可能产生，因为它们在升高的温度下工作
液态金属脆化	普通延展性的金属与液态金属接触并受到拉伸应力时形成灾难性脆断。例子包括不锈钢与锌的结合和铜基合金与汞的结合	局部	金属结构，拉应力，遇到的液态金属	在原油中发现汞，在随后蒸馏时在某些设备（如冷凝器的管道）低的位置浓缩和集中。由汞引起的工艺仪器的失效已经知道了，从而将液态金属纳入炼油的流体中
渗碳	高温引起碳向金属内扩散。碳含量的增加，会导致铁素体钢和一些不锈钢的硬化。冷却渗碳钢，结构会变脆	局部	材料结构，温度和暴露的时间	有焦炭沉积的炉管是渗碳的一个很好代表
脱碳	加热到中等温度下引起与碳的反应，使铁合金表面失去碳	局部	材料结构，环境温度	碳钢炉管。过度加热
金属粉尘化	高度集中的渗碳钢在 900～1 500 °F 温度下处于氢、甲烷、CO、CO_2，以及轻质烃的混合物中	局部	温度，工艺流的成分	脱氢单元，燃烧加热炉，焦化加热器，裂化单元和气体涡轮机
选择性浸出	多相合金一个相优先损失	局部	工艺流的特点，材料结构	水冷系统中的耐酸管道

附表 H-4　　　　　　　　　　　　机械损伤失效机理

退化机理	描述	性质	关键变量	例子
机械疲劳	使用的循环应力超过材料的承受极限，部件的断裂	局部	循环应力的等级，材料结构	泵和压缩机的往复部件，旋转设备的轴和相连的管，回转减震器等旋转设备
腐蚀疲劳	腐蚀过程、特别是点蚀加速了机械疲劳，由此形成的疲劳	局部	循环应力，材料的结构，工艺流引起的点蚀可能性	蒸气炉的顶盖，锅炉的管道
气蚀	液体中蒸气泡的快速形成和破裂，引起金属表面压力的波动，从而引起气蚀	局部	工艺流体的压力	泵的叶轮的背部，泵的弯曲部位
机械退化	典型的例子是设备和工具的错用，风破坏，设备运送和安装时的误处理	N/A	设备的设计，操作规程	边缘面和机械座的表面没受到表面保护和处理不当时受到损伤
超载	载荷超过设备允许的最大载荷时发生	N/A	设备的设计，操作规程	由于重力过大使支撑结构的静水压力超载。热膨胀和收缩会产生超载问题
超压	压力超过设备允许的最大的工作压力	N/A	设备的设计，操作规程	工艺条件紊乱造成温度过高，造成超压；设备偏离设计的工艺压力
脆断	有低的缺口韧性和低的冲击强度的钢的延展性降低	局部	材料结构，温度	缺乏预防措施的设备增压
蠕变	高温设备的应力低于屈服应力时，发生连续的塑性变形	局部	材料结构，温度和施加的应力	炉管和炉的支撑
应力断裂	施加的应力低于屈服应力的金属在高温下失效的时间	局部	材料结构，温度和施加的应力，暴露的时间	炉管
热震动	设备在短时间内受到大而不一致的热应力的作用，造成微小的膨胀和收缩，由此引起热震动。如果设备的运动对热震动作了限制，会在设备的屈服强度以上产生应力	局部	设备的设计，操作规程	伴随流体偶尔短的中断，或出现在燃烧中
热疲劳	热疲劳是温度的循环变化引起材料应力的循环变化	局部	设备的设计，操作规程	焦化炉受到循环热并伴有热疲劳裂纹。设备上的旁通阀和带有很强的加强圈的管道，在循环温度下工作，也容易产生热疲劳

附录 I　推荐的同类设备平均失效概率值

设备类型	部件类型/管线规格	泄放频率(1年,4种情况)			
		破裂口尺寸			破裂
		6 mm	25 mm	100 mm	
容器	反应器	1.0×10^{-4}	3.0×10^{-4}	3.0×10^{-5}	2.0×10^{-6}
	分离罐	4.0×10^{-5}	1.0×10^{-4}	1.0×10^{-5}	6.0×10^{-6}
	储存罐	4.0×10^{-5}	1.0×10^{-4}	1.0×10^{-5}	6.0×10^{-6}
	过滤器	9.0×10^{-4}	1.0×10^{-4}	5.0×10^{-5}	1.0×10^{-5}
	塔	8.0×10^{-5}	2.0×10^{-4}	2.0×10^{-5}	6.0×10^{-6}
压缩机	离心式压缩机	8.0×10^{-6}	1.0×10^{-3}	1.0×10^{-4}	6.0×10^{-7}
	往复式压缩机	8.0×10^{-6}	6.0×10^{-3}	6.0×10^{-4}	/
换热器	壳体、管箱、管束	4.0×10^{-5}	1.0×10^{-4}	1.0×10^{-5}	6.0×10^{-6}
空冷器	——	2.0×10^{-3}	3.0×10^{-4}	2.0×10^{-6}	6.0×10^{-7}
泵	往复泵	1.0×10^{-7}	2.0×10^{-5}	1.0×10^{-6}	1.0×10^{-3}
	离心泵	8.0×10^{-6}	2.0×10^{-5}	2.0×10^{-6}	6.0×10^{-7}
管道	公称直径 DN20	2.8×10^{-5}	/	/	2.6×10^{-6}
	公称直径 DN40	2.8×10^{-5}	/	/	2.6×10^{-6}
	公称直径 DN100	8.0×10^{-6}	2.0×10^{-5}	/	2.6×10^{-6}
	公称直径 DN150	8.0×10^{-6}	2.0×10^{-5}	/	2.6×10^{-6}
	公称直径 DN200	8.0×10^{-6}	2.0×10^{-5}	2.0×10^{-6}	6.0×10^{-7}
	公称直径 DN250	8.0×10^{-6}	2.0×10^{-5}	8.0×10^{-6}	6.0×10^{-7}
	公称直径 DN300	8.0×10^{-6}	2.0×10^{-5}	2.0×10^{-6}	6.0×10^{-7}
	公称直径 DN400	8.0×10^{-6}	2.0×10^{-5}	2.0×10^{-6}	6.0×10^{-7}
	公称直径＞DN400	8.0×10^{-6}	2.0×10^{-5}	2.0×10^{-6}	6.0×10^{-7}

注:管子为每米长度的失效概率值

附录 J 介质泄漏效应概率表

附表 J-1　　特定事件概率——瞬时泄漏且可能自燃 *

（a）最终状态为液体-自燃温度以上操作

介质	效应的概率					
	起火	蒸气云团爆炸	火球	闪燃	火焰喷射	火池
$C_1 \sim C_2$						
$C_3 \sim C_4$						
C_5						
$C_6 \sim C_8$	1				1	
$C_9 \sim C_{12}$	1				1	
$C_{13} \sim C_{16}$	1				0.5	0.5
$C_{17} \sim C_{25}$	1				0.5	0.5
C_{25+}						1
氢气						
二氧化硫						

（b）最终状态为气体-自燃温度以上操作

介质	效应的概率					
	起火	蒸气云团爆炸	火球	闪燃	火焰喷射	火池
$C_1 \sim C_2$	0.7				0.7	
$C_3 \sim C_4$	0.7				0.7	
C_5	0.7				0.7	
$C_6 \sim C_8$	0.7				0.7	
$C_9 \sim C_{12}$	0.7				0.7	
$C_{13} \sim C_{16}$						
$C_{17} \sim C_{25}$						
C_{25+}						
氢气	0.9				0.9	
二氧化硫	0.9				0.9	

注：阴影区域表示不会产生该效应；* 其操作温度应该比自燃温度至少高 26 ℃。

附表 J-2　特定事件概率——瞬时泄漏且可能自燃 *

（a）最终状态为液体-自燃温度以上操作

介质	效应的概率					
	起火	蒸气云团爆炸	火球	闪燃	火焰喷射	火池
$C_1 \sim C_2$	0.7		0.7			
$C_3 \sim C_4$	0.7		0.7			
C_5	0.7		0.7			
$C_6 \sim C_8$	0.7		0.7			
$C_9 \sim C_{12}$	0.7		0.7			
$C_{13} \sim C_{16}$						
$C_{17} \sim C_{25}$						
C_{25+}						
氢气	0.9		0.9			
二氧化硫	0.9		0.9			

（b）最终状态为气体-自燃温度以上操作

介质	效应的概率					
	起火	蒸气云团爆炸	火球	闪燃	火焰喷射	火池
$C_1 \sim C_2$	0.7		0.7			
$C_3 \sim C_4$	0.7		0.7			
C_5	0.7		0.7			
$C_6 \sim C_8$	0.7		0.7			
$C_9 \sim C_{12}$	0.7		0.7			
$C_{13} \sim C_{16}$						
$C_{17} \sim C_{25}$						
C_{25+}						
氢气	0.9		0.9			
二氧化硫	0.9		0.9			

注：阴影区域表示不会产生该效应；* 其操作温度至少应比自燃温度高 26 ℃。

附表 J3　　　特定事件概率——连续泄漏且不可能自燃*

（a）最终状态为液体-在自燃温度以下操作

介质	效应的概率					
	起火	蒸气云团爆炸	火球	闪燃	火焰喷射	火池
$C_1 \sim C_2$						
$C_3 \sim C_4$	0.1					
C_5	0.1				0.02	0.08
$C_6 \sim C_8$	0.1				0.02	0.08
$C_9 \sim C_{12}$	0.05				0.01	0.04
$C_{13} \sim C_{16}$	0.05				0.01	0.04
$C_{17} \sim C_{25}$	0.02				0.005	0.015
C_{25+}					0.005	0.015
氢气						
二氧化硫						

（b）最终状态为气体-在自燃温度以下操作

介质	效应的概率					
	起火	蒸气云团爆炸	火球	闪燃	火焰喷射	火池
$C_1 \sim C_2$	0.2	0.04		0.06	0.1	
$C_3 \sim C_4$	0.1	0.03		0.02	0.05	
C_5	0.1	0.03		0.02	0.05	
$C_6 \sim C_8$	0.1	0.03		0.02	0.05	
$C_9 \sim C_{12}$	0.05	0.01		0.02	0.02	
$C_{13} \sim C_{16}$						
$C_{17} \sim C_{25}$						
C_{25+}						
氢气	0.9	0.4		0.4	0.1	
二氧化硫	0.9	0.4		0.4	0.2	

注：阴影区域表示不会产生该效应；* 其操作温度应该比自燃温度至少高 26 ℃。

附表 J-4　特定事件概率——瞬时泄漏且不可能自燃*

(a)最终状态为液体-在自燃温度以下操作

介质	效应的概率					
	起火	蒸气云团爆炸	火球	闪燃	火焰喷射	火池
$C_1 \sim C_2$						
$C_3 \sim C_4$						
C_5	0.1					0.1
$C_6 \sim C_8$	0.1					0.1
$C_9 \sim C_{12}$	0.05					0.05
$C_{13} \sim C_{16}$	0.05					0.05
$C_{17} \sim C_{25}$	0.02					0.02
C_{25+}	0.02					0.02
氢气						
二氧化硫						

(b)最终状态为气体-在自燃温度以下操作

介质	效应的概率					
	起火	蒸气云团爆炸	火球	闪燃	火焰喷射	火池
$C_1 \sim C_2$	0.2	0.04	0.01	0.15		
$C_3 \sim C_4$	0.1	0.02	0.01	0.07		
C_5	0.1	0.02	0.01	0.07		
$C_6 \sim C_8$	0.1	0.02	0.01	0.07		
$C_9 \sim C_{12}$	0.04	0.01	0.005	0.025		
$C_{13} \sim C_{16}$						
$C_{17} \sim C_{25}$						
C_{25+}						
氢气	0.9	0.4	0.1	0.4		
二氧化硫	0.9	0.4	0.2	0.4		

注:阴影区域表示不会产生该效应;* 如果操作温度低于自燃温度 26 ℃,则不可能。

附录 K　燃烧爆炸后果面积计算公式常数表

附表 K-1　　燃烧与爆炸设备破坏后果面积计算的常数选取

代表性介质	连续泄漏								瞬时泄漏							
	不可能自燃				可能自燃				不可能自燃				可能自燃			
	气态		液态		气态		液态		气态		液态		气态		液态	
	a	b	a	b	A	b	A	b	a	b	a	b	a	b	a	b
$C_1 \sim C_2$	8.699	0.98	—	—	55.13	0.95	—	—	6.469	0.67	—	—	163.7	0.62	—	—
$C_3 \sim C_4$	10.13	1.00	—	—	64.23	1.00	—	—	4.590	0.72	—	—	79.94	0.63	—	—
C_5	5.115	0.99	100.6	0.89	62.41	1.00	—	—	2.214	0.73	0.271	0.85	41.38	0.61	—	—
$C_6 \sim C_8$	5.846	0.98	34.17	0.89	63.98	1.00	103.4	0.95	2.188	0.66	0.749	0.78	41.49	0.61	8.180	0.55
$C_9 \sim C_{12}$	2.419	0.98	24.60	0.90	76.98	0.95	110.3	0.95	1.111	0.66	0.559	0.76	42.28	0.61	0.848	0.53
$C_{13} \sim C_{16}$	—	—	12.11	0.90	—	—	196.7	0.92	—	—	0.086	0.88	—	—	1.714	0.88
$C_{17} \sim C_{25}$	—	—	3.785	0.90	—	—	165.5	0.92	—	—	0.021	0.91	—	—	1.068	0.91
C_{25+}	—	—	2.098	0.91	—	—	103.0	0.90	—	—	0.006	0.99	—	—	0.284	0.99
氢气	13.13	0.992	—	—	86.02	1.00	—	—	9.605	0.657	—	—	216.5	0.618	—	—
硫化氢	6.554	1.00	—	—	38.11	0.89	—	—	22.63	0.63	—	—	53.72	0.61	—	—
氟化氢	—	—	—	—	—	—	—	—	—	—	—	—	—	—	—	—
一氧化碳	0.040	1.752	—	—	—	—	—	—	10.97	0.667	—	—	—	—	—	—
乙醚	9.072	1.134	164.2	1.106	67.42	1.033	976.0	0.649	24.51	0.667	0.981	0.919	—	—	1.090	0.919
甲醇	0.005	0.909	340.4	0.934	—	—	—	—	4.425	0.667	0.363	0.900	—	—	—	—
环氧丙烷	3.277	1.114	257.0	0.960	—	—	—	—	10.32	0.667	0.629	0.869	—	—	—	—
苯乙烯	3.952	1.097	21.10	1.00	80.11	1.055	—	—	1.804	0.667	14.36	1.00	83.68	0.713	143.6	1.00
乙二醇乙醚醋酸酯	0	1.035	23.96	1.00	—	—	—	—	1.261	0.667	14.13	1.00	—	—	—	—
乙二醇乙醚	2.595	1.005	35.45	1.00	—	—	—	—	6.119	0.667	14.79	1.00	—	—	—	—
乙二醇	1.548	0.973	22.12	1.00	—	—	—	—	1.027	0.667	14.13	1.00	—	—	—	—
环氧乙烷	6.712	1.069	—	—	—	—	—	—	21.46	0.667	—	—	—	—	—	—
芳香族	3.952	1.097	21.10	1.00	80.11	1.055	—	—	1.804	0.667	14.36	1.00	83.68	0.713	143.6	1.00
自燃物质	2.419	0.98	24.60	0.90	76.98	0.95	110.3	0.95	1.111	0.66	0.559	0.76	42.28	0.61	0.848	0.53

附表 K-2　　　　　　　　　　燃烧与爆炸人员伤害后果面积计算的常数选取

代表性介质	连续泄漏								瞬时泄漏							
	不可能自燃				可能自燃				不可能自燃				可能自燃			
	气态		液态		气态		液态		气态		液态		气态		液态	
	a	b	a	b	a	b	a	b	a	b	a	b	a	b	a	b
$C_1 \sim C_2$	21.83	0.96	—	—	143.2	0.92	—	—	12.46	0.67	—	—	473.9	0.63	—	—
$C_3 \sim C_4$	25.64	1.00	—	—	171.4	1.00	—	—	9.702	0.75	—	—	270.4	0.63	—	—
C_5	12.71	1.00	290.1	0.89	166.1	1.00	—	—	4.820	0.76	0.790	0.85	146.7	0.63	—	—
$C_6 \sim C_8$	13.49	0.96	96.88	0.89	169.7	1.00	252.8	0.92	4.216	0.67	2.186	0.78	147.2	0.63	31.89	0.54
$C_9 \sim C_{12}$	5.755	0.96	70.03	0.89	188.6	0.92	269.4	0.92	2.035	0.66	1.609	0.76	151.0	0.63	2.847	0.54
$C_{13} \sim C_{16}$	—	—	34.36	0.89	—	—	539.4	0.90	—	—	0.242	0.88	—	—	4.834	0.88
$C_{17} \sim C_{25}$	—	—	10.7	0.89	—	—	458.0	0.90	—	—	0.061	0.91	—	—	3.052	0.91
C_{25+}	—	—	6.196	0.89	—	—	303.6	0.90	—	—	0.016	0.99	—	—	0.833	0.99
氢气	32.05	0.933	—	—	228.8	1.00	—	—	18.43	0.652	—	—	636.5	0.621	—	—
硫化氢	10.65	1.00	—	—	73.25	0.94	—	—	41.43	0.63	—	—	191.5	0.63	—	—
氟化氢	—	—	—	—	—	—	—	—	—	—	—	—	—	—	—	—
一氧化碳	5.491	0.991	—	—	—	—	—	—	16.91	0.692	—	—	—	—	—	—
乙醚	26.76	1.025	236.7	1.219	241.5	0.997	488.9	0.864	31.71	0.682	8.333	0.814	128.3	0.657	9.258	0.814
甲醇	0	1.008	849.9	0.902	—	—	—	—	6.035	0.688	1.157	0.871	/	/	/	/
环氧丙烷	8.239	1.047	352.8	0.840	—	—	—	—	13.33	0.682	2.732	0.834	—	—	—	—
苯乙烯	12.76	0.963	66.01	0.883	261.9	0.937	56	0.268	2.889	0.686	0.027	0.935	83.68	0.713	0.273	0.935
乙二醇乙醚醋酸酯	0	0.946	79.66	0.835	—	—	—	—	1.825	0.687	0.030	0.924	—	—	—	—
乙二醇乙醚	7.107	0.969	8.142	0.800	—	—	—	—	25.36	0.660	0.029	0.927	—	—	—	—
乙二醇	5.042	0.947	59.96	0.869	—	—	—	—	1.435	0.687	0.027	0.922	—	—	—	—
环氧乙烷	11.00	1.105	—	—	—	—	—	—	34.70	0.665	—	—	—	—	—	—
芳香族	12.76	0.963	66.01	0.883	261.9	0.937	56	0.268	2.889	0.686	0.027	0.935	83.68	0.713	0.273	0.935
自燃物质	5.755	0.96	70.3	0.89	188.6	0.92	269.4	0.92	2.035	0.66	1.609	0.76	151.0	0.63	2.847	0.54

附录 L　推荐的设备失效成本和材料成本数据

附表 L-1　　　　　　　　　　设备损伤成本数据表

设备/部件类型		设备损坏成本,元			
		小规模泄漏 ($d1 = 6$ mm)	中等规模泄漏 ($d2 = 25$ mm)	大规模泄漏 ($d3 = 100$ mm)	破裂泄漏 ($d4 = \min\{D,400\}$)
储存类容器		$3.47\ e\times10^{-4}$	$8.33\ e\times10^{-4}$	$1.39\ e\times10^{-5}$	$2.78\ e\times10^{-5}$
分离类容器		$3.47\ e\times10^{-4}$	$8.33\ e\times10^{-4}$	$1.39\ e\times10^{-5}$	$2.78\ e\times10^{-5}$
反应类容器		$1.00\ e\times10^{-5}$	$2.00\ e\times10^{-5}$	$1.00\ e\times10^{-6}$	$5.00\ e\times10^{-6}$
塔器		$6.95\ e\times10^{-4}$	$1.74\ e\times10^{-5}$	$3.47\ e\times10^{-5}$	$6.95\ e\times10^{-5}$
过滤器		$6.95\ e\times10^{-3}$	$1.39\ e\times10^{-4}$	$2.78\ e\times10^{-4}$	$6.95\ e\times10^{-4}$
热交换器	壳程	$6.95\ e\times10^{-3}$	$1.39\ e\times10^{-4}$	$1.39\ e\times10^{-5}$	$4.17\ e\times10^{-5}$
	管束	$6.95\ e\times10^{-3}$	$1.39\ e\times10^{-4}$	$1.39\ e\times10^{-5}$	$4.17\ e\times10^{-5}$
	管箱	$6.95\ e\times10^{-3}$	$1.39\ e\times10^{-4}$	$1.39\ e\times10^{-5}$	$4.17\ e\times10^{-5}$
空气冷却器		$6.95\ e\times10^{-3}$	$1.39\ e\times10^{-4}$	$1.39\ e\times10^{-5}$	$4.17\ e\times10^{-5}$
DN25mm 管子		$3.50\ e\times10^{-1}$	—	—	$1.39\ e\times10^{-2}$
DN50mm 管子		$3.50\ e\times10^{-1}$	—	—	$2.78\ e\times10^{-2}$
DN100mm 管子		$3.50\ e\times10^{-1}$	$6.90\ e\times10^{-1}$	—	$4.17\ e\times10^{-2}$
DN150mm 管子		$3.50\ e\times10^{-1}$	$1.39\ e\times10^{-2}$	—	$8.33\ e\times10^{-2}$
DN200mm 管子		$3.50\ e\times10^{-1}$	$2.08\ e\times10^{-2}$	$4.17\ e\times10^{-2}$	$1.25\ e\times10^{-3}$
DN250mm 管子		$3.50\ e\times10^{-1}$	$2.78\ e\times10^{-2}$	$5.56\ e\times10^{-2}$	$1.67\ e\times10^{-3}$
DN300mm 管子		$3.50\ e\times10^{-1}$	$4.17\ e\times10^{-2}$	$8.33\ e\times10^{-2}$	$2.5\ e\times10^{-3}$
DN400mm 管子		$3.50\ e\times10^{-1}$	$5.56\ e\times10^{-2}$	$1.11\ e\times10^{-3}$	$3.47\ e\times10^{-3}$
DN>400mm 管子		$6.90\ e\times10^{-1}$	$8.33\ e\times10^{-2}$	$1.67\ e\times10^{-3}$	$4.86\ e\times10^{-3}$
离心泵		$6.95\ e\times10^{-3}$	$1.74\ e\times10^{-4}$	$3.47\ e\times10^{-4}$	$3.47\ e\times10^{-4}$
往复泵		$6.95\ e\times10^{-3}$	$1.74\ e\times10^{-4}$	$3.47\ e\times10^{-4}$	$6.95\ e\times10^{-4}$
离心式压缩机		$3.47\ e\times10^{-4}$	$6.95\ e\times10^{-4}$	$3.47\ e\times10^{-5}$	$6.95\ e\times10^{-5}$
往复式压缩机		$6.95\ e\times10^{-3}$	$1.39\ e\times10^{-5}$	$6.95\ e\times10^{-5}$	$2.08\ e\times10^{-6}$

附表 L-2　　　　　　　　　　材料成本因子表

材料	材料价格系数	材料	材料价格系数
碳钢	1.0	90/10 铜/镍	6.8
1.25Cr-0.5Mo	1.3	复合 600 合金	7.0
2.25Cr-1Mo	1.7	碳钢"特氟龙"衬里	7.8
5Cr-0.5Mo	1.7	复合镍	8.0
7Cr-0.5Mo	2.0	800 合金	8.4
复合 304 不锈钢	2.1	70/30 铜/镍合金	8.5
聚丙烯内衬	2.5	904L	8.8
9Cr-1Mo	2.6	20 合金	11
405 不锈钢	2.8	400 合金	15
410 不锈钢	2.8	600 合金	15
304 不锈钢	3.2	镍	18
复合 316 不锈钢	3.3	625 合金	26
碳钢"纱纶"衬里	3.4	钛	28
碳钢"橡胶"衬里	4.4	合金"C"	29
316 不锈钢	4.8	锆	34
碳钢"玻璃钢"衬里	5.8	合金"B"	36
复合 400 合金	6.4	钽	535

附录 M 设备停工时间的推荐数据表

设备/部件类型		每种泄漏孔泄漏导致的停工时间估计值（outagen），天			
		小规模泄漏 $(d1=6\ mm)$	中等规模泄漏 $(d2=25\ mm)$	大规模泄漏 $(d3=100\ mm)$	破裂泄漏 $(d4=\min\{D,400\})$
储存类容器		2	3	3	7
分离类容器		2	3	3	7
反应类容器		4	6	6	14
塔器		2	4	5	21
过滤器		0	1	1	1
热交换器	壳程	0	0	0	0
	管程	0	0	0	0
空气冷却器		0	0	0	0
DN25mm 管子		0	0	0	1
DN50mm 管子		0	0	0	1
DN100mm 管子		0	1	0	2
DN150mm 管子		0	1	2	3
DN200mm 管子		0	2	3	3
DN250mm 管子		0	2	3	4
DN300mm 管子		0	3	4	4
DN400mm 管子		0	3	4	5
DN>400mm 管子		1	4	5	7
离心泵		0	0	0	0
往复泵		0	0	0	0
离心式压缩机		2	3	7	14
往复式压缩机		2	3	7	14

参考文献

1. 张德姜,赵勇. 石油化工工艺管道设计与安装. 3 版. 北京:中国石化出版社,2013
2. 蔡尔辅,陈树辉. 化工厂系统设计. 2 版. 北京:化学工业出版社,2004
3. 娄爱娟,吴志泉,吴叙美. 化工设计. 上海:华东理工大学出版社,2002
4. 黄振仁,魏新利. 过程装备成套技术. 2 版. 北京:化学工业出版社,2008
5. 化工部合同预算技术中心站. 化工建设工程预算. 北京:化学工业出版社,1994
6. 玉置明善,玉置正和. 化工装置工程手册. 北京:兵器工业出版社,1991
7. 倪进方. 化工过程设计. 北京:化学工业出版社,1999
8. 历玉鸣. 化工仪表及自动化. 5 版. 北京:化学工业出版社,2011
9. 国家中医药管理局上海医药设计院. 化工工艺设计手册. 北京:化学工业出版社,1996
10. 玛克斯·皮特斯,克洛斯·蒂默豪斯. 化工厂的设计和经济学. 3 版. 北京:化学工业出版社,1998
11. 化学工业部化工工艺配管设计技术中心站. 化工管路手册. 北京:化学工业出版社,1996
12. HG/T 20519—2009. 化工工艺设计施工图内容和深度统一规定
13. HG 20559—1993. 管道仪表流程图设计规定
14. HG 20557—1993. 工艺系统设计管理规定
15. HG 20558—1993. 工艺系统设计文件内容的规定
16. GB 50316—2000. 工业金属管设计规范及局部修订条纹(2008 版)
17. GB/T 20801—2006. 工业管道
18. GB 50236—2011. 现场设备、工业管道焊接工程施工及验收规范
19. GB 50184—2011. 工业金属管道工程施工质量验收规范
20. GB 50235—2010. 工业金属管道工程施工及验收规范
21. 王非. 化工压力容器设计:方法问题和要点. 2 版. 北京:化学工业出版社,2009
22. HG/T 20546—2009. 化工装置设备布置设计规定
23. GB/T 4272—2008. 设备及管道保温技术通则
24. GB/T 11790—1996. 设备及管道保冷技术通则
25. GB/T 8175—2008. 设备及管道保温设计导则
26. GB 50264—2013. 工业设备及管道绝热工程设计规范
27. SH 3010—2000. 石油化工设备和管道隔热技术规范
28. 压力管道安全管理与监察规定. 劳动部[劳部发],1996
29. 压力容器压力管道设计单位资格许可与管理规则. 国家质量监督检验检疫总局,2002
30. 压力管道元件制造单位安全注册与管理办法. 国家质量技术监督局,2003
31. 压力管道使用登记管理规则(试行). 国家质量监督检验检疫总局,2003
32. TSG R0004—2012. 固定式压力容器安全技术监察规程
33. 特种设备安全监察条例. 中华人民共和国国务院令第 549 号. 2009

34.压力管道安装安全质量监督检验规则.国家质量监督检验检疫总局,2002

35.TSG R7001—2013.压力容器定期检验规则.国家质量监督检验检疫总局,2013

36.在用工业管道定期检验规程.国家质量监督检验检疫总局,2003

37.特种设备事故报告和调查处理规定.国家质量监督检验检疫总局,2009

38.压力管道安装单位资格认可实施细则.国家质量监督检验检疫总局,2000